Das große Wohnmobil-Handbuch

DAS GROSSE WOHNMOBIL-HANDBUCH

Michael Hennemann

LIEBE LESERIN, LIEBER LESER

Die Idee mit einer rollenden Miniaturversion des eigenen zu Hause die Welt zu entdecken, ist verführerisch. Am Anfang einer jeden Camperkarriere steht dabei die Frage, ob ein Wohnwagen oder Wohnmobil die beste Wahl ist. Komplett möblierte Wohnanhänger waren die ersten Fahrzeuge, mit denen es sich komfortabel unterwegs sein ließ, ohne dass der Reisende dabei auf ein bequemes Bett, fließend Wasser und weitere Annehmlichkeiten zu verzichten brauchte. Zurecht erfreut sich der „gute, alte" Wohnwagen nach wie vor großer Beliebtheit. Aber auch wenn auf dem Markt „autarke" Wohnwagen angeboten werden, bleiben Sie beim Reisen mit dem Caravan auf Campingplätze mit einer guten Ver- und Entsorgung beschränkt, da das begrenzte Volumen des Frischwassertanks nicht für längeres Freistehen ausreicht und oftmals auch fest installierte Abwassertanks fehlen. Dafür sind Wohnwagen, die ja definitionsgemäß nicht über einen eigenen Antrieb verfügen, in der Anschaffung um einiges günstiger als ein Wohnmobil.

Die höhere Investition in ein Wohnmobil lohnt sich vor allem dann, wenn es regelmäßig bewegt wird. Ein Wohnmobil kombiniert Fahren und Wohnen in einem Fahrzeug. Es ist daher ideal für Roadtrips nach dem Motto „Der Weg ist das Ziel". Auch für spontane Kurztrips ist das Freizeitgefährt direkt einsatzbereit. Im Gegenzug ist man mit einem Wohnmobil vor Ort weniger mobil als mit einem Caravan-Gespann, bei dem man den PKW einfach abkoppeln kann, sobald man am Urlaubsort angekommen ist.

Während der Fahrt dagegen punkten Reisemobile mit dem einfacheren Handling. Auch bei der Wahl des Übernachtungsplatzes sind autarke Wohnmobilisten im Vorteil und können neben Campingplätzen auch spezielle Stellplätze ansteuern, deren Netz ständig wächst und die manchmal sogar kostenlos genutzt werden können. Campingbusse schließlich schaffen den Spagat zwischen Alltag und Freizeit und eignen sich als PKW-Ersatz genauso wie für spontane Campingausflüge am Wochenende und die Urlaubreise.

Mit dem Wohnmobil kommen Sie der Natur sehr nahe, ohne den Elementen schutzlos ausgeliefert zu sein und der gewohnte Komfort fährt einfach mit in den Urlaub. Sie verreisen völlig unabhängig, ohne an die Reservierung eines Hotelzimmers gebunden zu sein und schlafen dennoch stets im eigenen Bett. Ob epischer Roadtrip oder kleine Alltagsflucht übers Wochenende, ein eigenes Reisemobil eröffnet die Freiheit in den Urlaub aufzubrechen, wann immer es einem gefällt.

Spontan, flexibel und frei: Das selbst bestimmte Reisen bringt auch viele Fragen mit sich: Welches Wohnmobil passt zu mir? Wie finde ich einen guten Vermieter oder Verkäufer? Wo fahre ich hin? Welches Zubehör brauche ich wirklich für einen gelungen Urlaub? Wo kann ich sicher übernachten?

Aber keine Angst, das Wohnmobil-Leben ist nicht so kompliziert, wie es zu Beginn vielleicht erscheinen mag. Dieses Handbuch liefert das gesammelte Know-How aus über 25 Jahren Campingerfahrung und viele Informationen rund um das Thema Reisemobil, damit Sie perfekt vorbereitet in den Urlaub starten und die schönste Zeit des Jahres völlig entspannt genießen können. Viel Spaß auf dieser Reise!

INHALTSVERZEICHNIS

13 GRUNDWISSEN

14 Das Basisfahrzeug
- 15 Assistenzsysteme und Servicenetz
- 16 Motorisierung
- 17 Abgasnormen, Umweltzonen und Fahrverbote
- 20 Antrieb
- 21 Das Chassis
- 22 Möglichkeiten zur Optimierung des Fahrwerks

24 Aufbauformen
- 24 Campingbusse
- 26 Kastenwagen
- 26 Alkoven-Wohnmobile
- 27 Teilintegrierte Wohnmobile
- 29 Vollintegrierte Wohnmobile
- 30 Übersicht Wohnmobiltypen

36 Schnitt durch ein Wohnmobil

38 Wohnraumaufteilung
- 38 Bettenarten
- 40 Einzelbetten
- 41 Querbett
- 42 Französisches Bett
- 43 Queensbett
- 44 Stock- oder Etagenbett
- 45 Hubbett
- 46 Alkovenbett
- 47 Bad
- 48 Seitenbad
- 49 Variobad oder Schwenkbad
- 50 Längsheckbad
- 51 Raumbad
- 52 Heckquerbad
- 53 Sitzgruppe
- 54 Halbdinette
- 55 Volldinette
- 56 L-Sitzgruppe
- 57 Längssitzgruppe
- 58 Barsitzgruppe
- 59 Rundsitzgruppe im Heck
- 60 Küche
- 61 Längsküche
- 62 L- oder Winkelküche
- 63 Querküche im Heck

65 EIN WOHNMOBIL MIETEN

66 Argumente für und gegen die Miete
- 66 Herausfinden, ob einem die Urlaubsform überhaupt liegt
- 66 Ausprobieren, ob eine bestimmte Bauart zu den eigenen Vorstellungen passt
- 67 Es lassen sich laufende Kosten sparen
- 69 Aktuelle Fahrzeuge in gutem Zustand
- 69 Geringerer Aufwand
- 70 Lange Anreisen werden vermieden
- 71 Nur Vorteile? Das spricht dagegen
- 71 Fazit

73 So finden Sie das richtige Angebot
- 73 Die große Preisfrage
- 74 Auswahl des geeigneten Fahrzeugtyps
- 75 Die Wahl der richtigen Versicherung
- 76 Zusatzkosten für Zubehör und Mehrkilometer
- 77 Wann sollte man mieten?
- 78 Sharing-Plattformen für die private Wohnmobilvermietung
- 80 Wohnmobil-Ausleihe unter Freunden
- 81 Checkliste für die Wohnmobil-Übergabe

83	**EIN WOHNMOBIL KAUFEN**
84	**Was brauchen und wollen Sie?**
84	Auf der Suche nach dem besten Kompromiss
86	Das Anforderungsprofil wird erstellt
86	Wie lange sind Sie unterwegs?
87	Wer fährt mit?
87	Wie groß soll das Fahrzeug sein?
88	Wohin soll die Reise gehen und wie sehen Ihre Reisevorlieben aus?
89	Wo wollen Sie übernachten?
91	Sind Sie Sternerestaurant-Besucher oder Sternekoch?
92	Wie umfangreich ist das Reisegepäck?
93	Welcher Einrichtungsstil darf es sein?
94	Welches Budget steht zur Verfügung?
96	Individuelle Fahrzeugbewertung
98	**Neu oder Gebraucht?**
98	Gebrauchtkauf
100	Der richtige Zeitpunkt
101	Checkliste für den Gebrauchtmobilkauf
102	**Das Wohnmobil finanzieren**
102	Finanzierungsmöglichkeiten im Vergleich
104	Der Kauf
105	Nach dem Kauf
106	Wohnmobilversicherung

115	**DIE BORDTECHNIK IM GRIFF**
116	**Wasserversorgung**
116	Das Frischwassersystem
117	Warmwasseraufbereitung
118	Frischwasserversorgung
120	Trinkwasserkonservierung und Trinkwasseraufbereitung
120	Trinkwasserkonservierung durch Silberionen
121	Wasserdesinfektion mit Chlor
122	Keimfrei ohne Chemie
122	Wasserfilter fürs Wohnmobil
123	Regelmäßige Tankreinigung
124	Grauwasserentsorgung
126	**Toilette**
126	So funktioniert die Kassettentoilette
127	Entleerung der Wohnmobiltoilette
129	Campingtoiletten ohne Chemie
131	**Gasversorgung**
132	Grundlagen der Gasversorgung
135	Gasbedarf ermitteln
136	Füllstand bestimmen
137	Versorgung im Ausland
138	**Heizung und Klimaanlage**
138	Gas-Gebläseheizung
140	Die Bedienung der Truma-Heizung Schritt für Schritt
141	Warmwasserheizung
141	Kraftstoffheizung
142	Klimaanlage
144	**Küche**
144	Herd
145	Dunstabzug
145	Backofen
147	Kühlschrank
150	**Stromversorgung**
151	Landstrom (230 V)
153	Das 12-V-Bordnetz
154	Unterschiede zwischen Batterietypen
155	Kapazität und Lebensdauer

157 Alternative Stromquellen für unterwegs
157 Stromgeneratoren
157 Brennstoffzellen
158 Photovoltaikanlage

161 ZUBEHÖR UND AUSSTATTUNG

162 Küchenausstattung
162 Teller, Tassen, Töpfe

165 Grills und Outdoorküche
166 Holzkohlegrills
166 Gasgrills
167 Elektrogrills
168 Dutch Oven

169 Nivellieren und Abstützen
169 Auffahrkeile
170 Hydraulische Hubstützen

172 Markisen und Vorzelte

174 Campingmöbel
175 Sitzgelegenheiten zum Mitnehmen
177 Campingtische

178 Fahrradmitnahme
178 Heckgarage
178 Kupplungsträger
179 Heckträger
180 E-Scooter als Alternative

181 Packliste

183 MULTIMEDIA

184 Navigation
185 Lösungen für Smartphone/Tablet
185 Externe Navigationsgeräte
187 Naviceiver

188 Radio und Musik hören
188 Streaming im Wohnmobil
189 Mobile Lautsprecher

191 Internet unterwegs
191 WLAN auf Camping- und Stellplätzen
191 Internet über das Mobilfunknetz

193 Fernsehen
194 Terrestrisches Fernsehen (DVB-T2)
195 Satellitenfernsehen (DVB-S(2))
196 Internetfernsehen (WLAN)
196 Campingfernseher

198 Vernetzung, Fernzugriff & Alarmanlagen
198 CI-Bus
199 Alarmanlagen
200 Ortungssysteme
201 Gaswarner

203 VOR DER REISE

204 Die Reiseplanung
204 Wohin soll es gehen?
207 Geeignete Übernachtungsplätze finden
210 Camping- und Stellplatzführer
212 Campingplatz vorbuchen oder nicht?
215 Routenplanung
216 Letzte Reise- vorbereitungen
218 Günstig campen mit Rabattkarten

219	**Fähren buchen**	256	Die Gegenbewegung: Camping unter Palmen
220	Günstig buchen		
223	**Richtig beladen**	258	Checkliste: Handgriffe vor der Weiterfahrt
223	Allgemeine Gewichtsgrenzen und Konsequenzen bei Überladung	**258**	**Nach der Reise**
225	Zuladung berechnen und Gesamtgewicht kontrollieren	259	Außenreinigung
		260	Innenreinigung des Wohnraums
227	Richtig und sicher packen	261	Das Wohnmobil winterfest machen
		262	Das Wohnmobil aus dem Winterschlaf wecken

229 UNTERWEGS MIT DEM WOHNMOBIL

265 SERVICE

230	**Unterwegs in Deutschland und Europa**	266	**Glossar**
230	Maut und Straßengebühren	270	**Adressen**
232	Sicherheit und Verkehrsregeln	278	**Stichwortverzeichnis**
234	**Richtig auf die Fähre**	285	**Bildnachweis**
235	**Übernachten**	288	**Impressum**
236	Campingplätze		
238	Den perfekten Stellplatz finden		
240	Wohnmobilstellplätze		
243	Freistehen/Wildcampen		
245	Sicherheit		
247	**Kinder an Bord**		
248	Der richtige Campingplatz		
250	Camping bei Schlechtwetter		
250	Regen? Für Kinder ein großer Spaß		
251	Wenn gar nichts mehr hilft		
252	Mit Haustieren verreisen		
253	**Camping im Winter**		
253	Winterfest oder wintertauglich?		
254	Wintercamping liegt im Trend		
255	So läuft's auf dem Platz		
256	Das Wichtigste: Die Heizung		

GRUNDWISSEN

Auf dem Besuch einer großen Campingmesse wie dem Caravan Salon in Düsseldorf im Herbst oder der CMT in Stuttgart im Frühjahr kann man schnell den Überblick verlieren. Wohnmobile gibt es von unzähligen Herstellern und in verschiedenen Bauformen. Dabei hat jeder Wohnmobiltyp seine Vor- und Nachteile und egal ob Sie den Kauf eines eigenen Fahrzeugs erwägen oder zunächst einmal ein Wohnmobil mieten möchten, um ohne große Investition herauszufinden, ob Ihnen diese Urlaubsform überhaupt zusagt – in jedem Fall gibt Ihnen dieses Kapitel das notwendige Know-how zur Auswahl von Basisfahrzeug, Aufbauform und der geeigneten Wohnraumaufteilung an die Hand.

DAS BASISFAHRZEUG

Das Transporterfahrgestell eines Autoherstellers bildet die Grundlage des Wohnmobils.

Praktisch alle Wohnmobile sind auf einem Nutzfahrzeug aufgebaut und angesichts der Vielfalt auf dem Markt zeigt sich die Auswahl an Basisfahrzeugen erstaunlich überschaubar.

Die seit Jahrzehnten unangefochtene Nr. 1 bei den Basisfahrzeugen für Freizeitfahrzeuge ist der Fiat Ducato. Laut Eigenaussage von Fiat basieren drei von vier Wohnmobilen in Europa auf einem Ducato-Fahrgestell. Seinen Ursprung hat die Erfolgsgeschichte bereits in der ersten Ausgabe des Ducato zu Beginn der 1980er-Jahre. Er war der erste Transporter mit Frontantrieb, und da die gesamte Fahrzeugtechnik Platz im Fahrerhaus fand, hatten die Wohnmobilhersteller bei der Gestaltung des Wohnaufbaus im hinteren Teil des Fahrzeugs völlig freie Hand. Im Gegensatz zu anderen Automarken erkannte Fiat frühzeitig die Bedeutung des Reisemobilmarktes und arbeitet seit jeher eng mit der Wohnmobilbranche zusammen, um deren spezielle Ansprüche an ein optimales Fahrgestell berücksichtigen und umsetzen zu können. Die Vorherrschaft des Fiat Ducato bröckelt erst seit ein paar Jahren. So bauen die Hersteller vermehrt auf den baugleichen Citroën Jumper (der aus demselben Werk in Italien stammt und sich hauptsächlich im Motor unterscheidet).

Bei den Wohnmobilen in der Oberklasse wird der Mercedes-Benz Sprinter immer beliebter. Die 2018 neu vorgestellte Generation gibt es wahlweise mit Front-, Heck- oder sogar zuschaltbarem Allradantrieb sowie in vier Längen und mit drei Dachhöhen. Das zulässige Gesamtgewicht liegt zwischen 3,0 und 5,5 Tonnen. Darüber hinaus liefert Daimler den Sprinter nun auch als Triebkopf aus, was den Reisemobil-Herstellern den Aufbau der Wohnkabine erheblich erleichtert.

Weitere Nutzfahrzeuge wie VW Crafter, der baugleiche MAN TGE, Renault Master, Ford Transit oder Iveco Daily fristen dagegen ein Nischendasein als Plattform für Wohnmobile.

Platzhirsch bei den kompakten Campingbussen ist der VW T6 bzw. T6.1, den es nicht nur als „original" VW-California, sondern mit ähnlichen oder abweichenden Grundrissen von vielen anderen Ausbauern gibt. Auch in diesem Segment haben die Hersteller in den vergangenen Jahren eine Aufholjagd gestartet und der „Bulli" hat Konkurrenz bekommen: Auf Basis von Ford (Nugget), Mercedes-Benz (Marco Polo, Pössl Campstar), Toyota und Opel (Crosscamp) und Citroën Spacetourer (Pössl Campster) gibt es viele Campingbusse, die teilweise erheblich weniger kosten als ein VW-California.

Assistenzsysteme und Servicenetz

In allen Fällen profitieren Wohnmobile von der technischen Entwicklung, die die Basisfahrzeuge in den letzten Jahren gemacht haben, und der Transportercharme im Cockpit ist Geschichte. Dabei ist nicht nur die Ausstattung im Fahrerhaus wohnlicher geworden, sondern auch der Fahrkomfort liegt dicht am Pkw.

Das gilt insbesondere für wendige Kastenwagen und kompakte Reisemobile. Zudem wird die Sicherheitsausstattung immer besser und sinnvolle elektronische Fahrhilfen wie z. B. Totwinkelassistent, Notbremssystem oder Fernlicht- und Abblendlichtautomatik finden ihren Weg in die aktuellen Wohnmobile. Eine Schande, dass sich so mancher Hersteller zeitgemäße Sicherheitsfeatures extra bezahlen lässt und den Beifahrerairbag nicht serienmäßig, sondern nur als kostenpflichtige Option anbietet. Meist spielt der Hersteller des Basisfahrzeugs für den potenziellen Wohnmobilkäufer eine untergeordnete Rolle, und wenn Sie einen für Sie perfekt geeigneten Wohnaufbau gefunden haben, sollte der Kauf nicht an der „falschen" Automarke scheitern.

Zuverlässig sollte das Basisfahrzeug aber schon sein, schließlich soll es Sie für viele tausend Kilometer sicher und möglichst ohne Probleme durch die Weltgeschichte fahren. Nicht zu vernachlässigen ist in diesem Zusammenhang ein möglichst dichtes Servicenetz auch im Ausland, damit man im Falle eines ohnehin schon ärgerlichen Defekts nicht allzu lange nach einer geeigneten Werkstatt suchen muss. Alle bekannten Basisfahrzeughersteller verfügen in Europa über ein gut ausgebautes Servicenetz. Fiat bietet beispielsweise über 6 500 Werkstätten, die Fahrzeuge auf der beliebten Ducato-Basis betreuen können, Citroën bietet 6 000 Werkstätten in Europa. 1 800 seiner Werkstätten sind laut Fiat besonders auf die Bedürfnisse und Abmessungen von Wohnmobilen eingestellt und sind sogenannte „Fiat Camper Assistance"-Werkstätten.

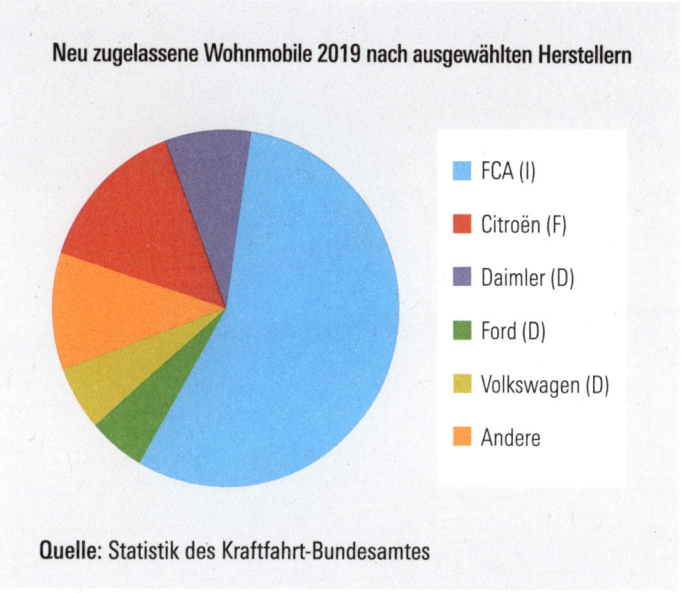

Der Fiat Ducato bildet mit Abstand die beliebteste Wohnmobil-Plattform. Von insgesamt 53 922 neu zugelassenen Wohnmobilen im Jahre 2019 basieren 30.339 auf dem Fiat Ducato.

Motorisierung

Zwar steht bei einer Fahrt mit dem Wohnmobil in erster Linie das Reisen und nicht das Rasen im Vordergrund, aber dennoch ist die Frage nach der benötigten Motorleistung des Basisfahrzeugs nicht ganz unerheblich. Auch wer gerne gemütlich unterwegs ist, freut sich spätestens an stärkeren Steigungen über ausreichend Pferdestärken unter der Haube, um nicht zum Verkehrshindernis zu werden und von hinten heranrauschende Lastzüge zu waghalsigen Überholmanövern herauszufordern.

Der aktuelle Fiat Ducato wird von einem 2,3-Liter-Dieselmotor angetrieben, der in vier Ausführungen mit 120 PS bis 180 PS angeboten wird. Citroën bietet einen 2,2-Liter-Motor zwischen 120 und 165 PS an, dort gibt es im Gegensatz zu Fiat derzeit aber keine Automatikoption. Die Motoren des Mercedes Sprinter leisten 114, 143 oder 163 PS (2,2 Liter) sowie 190 PS (3,0 Liter). Bei Ford sorgt ein 2-Liter-Motor für den Vortrieb, das Leistungsspektrum beginnt bereits bei 105 und endet bei 185 PS.

> **INFO — NOTRUFNUMMERN DER AUTOHERSTELLER**
>
> Im Rahmen einer Mobilitätsgarantie für Neuwagen bieten viele Hersteller eine europaweite Pannenhilfe an. Die Hotlines sind in der Regel rund um die Uhr erreichbar.
>
> ▶ Citroën
> Tel. 0800/54 56 06 0
> (gebührenfrei innerhalb Deutschlands)
> +4989/60 03 01 05, aus dem Ausland
> ▶ Fiat
> Tel. 0800/34 28 11 11,
> alternativ Tel. 0039/02 44 41 21 60
> ▶ Ford Assistance
> Tel. +49221/99 99 29 99
> ▶ Mercedes-Benz
> Tel. 0800/17 77 77 77
> ▶ Volkswagen
> Tel. 0800/897 37 84 23
> ▶ Peugeot
> Tel. 0800/666 64 06 (gebührenfrei innerhalb Deutschlands) + 4989/14 40 78, aus dem Ausland

Die Basismotorisierung ist in vielen Fällen ausreichend für komfortables Fahren, dennoch sind die höher motorisierten Varianten beliebter. Die Chancen, den Aufpreis für die zweitstärkste Motorvariante beim Verkauf wiederzubekommen, stehen also nicht schlecht.

Die Basisfahrzeuge werden immer komfortabler.

Abgasnormen, Umweltzonen und Fahrverbote

Wohnmobile mit Ottomotor sind hierzulande eine Rarität. Warum das so ist, macht ein Blick über den Atlantik deutlich. In den USA und Kanada werden Wohnmobile nicht selten von einem 8- oder 10-Zylinder-Benzin-Motor mit mindestens fünf Liter Hubraum angetrieben und „schlucken" über 20 Liter auf 100 km (Kilometer). Selbst wenn die Wohnmobile in Europa üblicherweise ein paar Nummern kleiner ausfallen als in Nordamerika, bleibt der vergleichsweise sparsame Verbrauch das Hauptargument für den Dieselmotor.

Daran wird sich auf absehbare Zeit kaum etwas ändern, denn bis zum Durchbruch von E-Wohnmobilen ist es noch ein langer Weg. Insbesondere eine reisetaugliche Reichweite von mehreren Hundert Kilometern liegt noch in weiter Ferne, denn die dafür benötigten Batterien sind bislang nicht nur sehr teuer, sondern auch sehr schwer. Dabei kratzen schon konventionelle Freizeitmobile oftmals kritisch am zulässigen Gesamtgewicht.

Bei den meisten Wohnmobilen auf Ducato-Fahrgestell dient die kleinste Variante des 2,3 l Multijet mit 88 kW/120 PS als Basisausstattung und reicht für viele Wohnmobile mit einem zulässigen Gesamtgewicht von 3,5 Tonnen aus.

Inwieweit der Aufpreis für den stärkeren 2,3 l Multijet 140 (103 kW/140 PS, je nach Hersteller ca. +1 100 €) gerechtfertigt ist, ist letztendlich eine Frage der persönlichen Fahrweise. Bei Fahrzeugen über 3,5 Tonnen oder bei Anhängerbetrieb führt aber kaum ein Weg am 2,3 l Multijet 160 (118 kW/160 PS, ca. +3 200 €, bei manchen Hersteller, beispielsweise Globecar oder Pössl, auch deutlich billiger) vorbei. Der saftige Aufpreis für die stärkste Motorvariante 2,3 l Multijet 180 (130 kW/177 PS, ca. +5 000 €) dagegen lohnt sich nur in Ausnahmefällen, z. B. wenn regelmäßig Fahrten ins Gebirge geplant sind.

Ab 140 PS ist der Ducato-Motor seit dem Modelljahr 2020 wahlweise mit einem komfortablen 9-Gang Wandler-Getriebe (ca. +3 500 €) erhältlich. Es ersetzt das zuvor oftmals gescholtene automatisierte 6-Gang-Getriebe und schaltet die Gänge nahezu unbemerkt und ohne Zugkraftunterbrechung.

Das Alko-Hybrid-Chassis kombiniert einen Verbrennungsmotor für große Reichweiten mit einem emissionsfreien Elektromotor für kürzere Distanzen in der Stadt. Die elektrifizierte Hinterachse mit einer Leistung von 90 kW kann bei Bedarf zugeschaltet werden.

Basiswissen

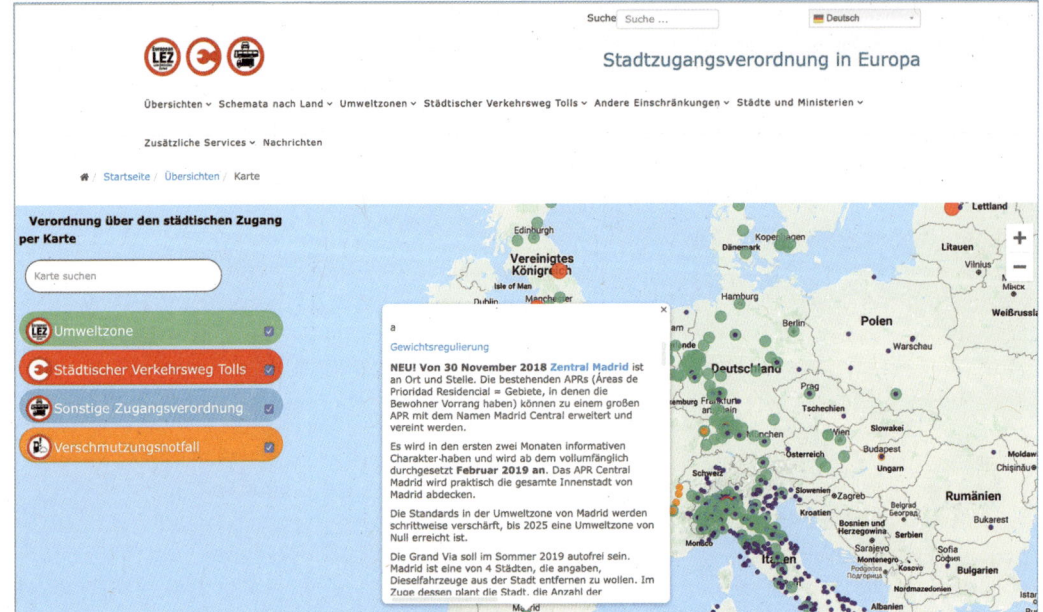

Das Informationsportal der Europäischen Kommission zeigt die verschiedenen Umweltzonen in Europa auf einer Karte und nennt die jeweils vor Ort geltenden Regeln.

Feinstaub und Stickoxide: Dieselmotoren gerieten nicht erst durch den Dieselskandal in die Diskussion. Bereits 2008 wurden in Deutschland die ersten Umweltzonen ausgewiesen, um die Luftqualität und damit die Lebensbedingungen der dort lebenden Menschen zu verbessern. Diese Gebiete, in die nur Fahrzeuge einfahren dürfen, die bestimmte Abgasstandards einhalten, umfassen in der Regel innerstädtische Bereiche und betreffen Wohnmobil-Fahrer insbesondere dann, wenn ein Stellplatz, der in einer Umweltzone liegt, angesteuert werden soll. Eine freie Fahrt in die aktuell (August 2020) laut Umweltbundesamt 58 Umweltzonen gewährt die grüne Plakette. Voraussetzung ist ein Motor, der die Abgasnorm Euro 4 erfüllt. Ältere Dieselfahrzeuge mit Euro 3 lassen sich mit einem Partikelfilter nachrüsten, damit die grüne Plakette an die Windschutzscheibe geklebt werden darf.

> **INFO**
> **UNTERSCHIED ZWISCHEN FAHRVERBOT UND UMWELTZONE**
> Die vom Fahrzeug emittierte Feinstaubmenge entscheidet über die Farbe der Umweltplakette. Daher können ältere Diesel durch die Nachrüstung eines Rußpartikelfilters eine grüne Umweltplakette bekommen.

Unverändert bleibt dagegen die Schadstoffklasse oder Euro-Norm, welche ausschlaggebend für die sogenannten Diesel-Fahrverbote ist und die im Ausland oftmals über die Zuteilung der Umweltplakette entscheidet. So bekommen beispielsweise ältere Dieselfahrzeuge der Schadstoffklasse Euro 3 durch die Nachrüstung eines Partikelfilters in Deutschland zwar die grüne statt der gelben Umweltplakette, bei der Zuteilung der Crit'Air-Vignette für die Umweltzonen in Frankreich dagegen bekommt man nicht die Kategorie „3" für Euro-4-Motoren, sondern nur die Plakette der Kategorie „4" zugeteilt und das kann in einigen Ballungsräumen zu bestimmten Zeiten ein Fahrverbot bedeuten.

Da die Einführung der Umweltzonen nicht überall ausgereicht hat, um die von der EU festgelegten Grenzwerte für Luftschadstoffe einzuhalten, hat das Bundesverwaltungsgericht im Februar 2018 Fahrverbote unter bestimmten Voraussetzungen für zulässig erklärt.

Wer mit seinem Wohnmobil meist auf dem Land unterwegs ist, wird von diesen innerstädtischen Fahrverbotszonen aber kaum Notiz nehmen und selbst bei gelegentlichen Abstechern in die Stadt halten sich die negativen Auswirkungen in Grenzen. Im schlimmsten Fall muss man am Stadtrand parken und mit Bus und Bahn ins Zentrum fahren. Für Anwohner bedeutet ein Fahrverbot allerdings, dass das Wohnmobil nicht mehr direkt vor der Haustür geparkt werden kann.

Aktuell sind von den Fahrverboten in deutschen Innenstädten alle Dieselfahrzeuge, die nicht die Abgasnorm Euro 6 erfüllen, betroffen. Alle nach dem 1. September 2019 neu zugelassenen Reisemobile müssen die Euro 6d-Temp Norm erfüllen. Um die festgelegten Schadstoffgrenzwerte einzuhalten, setzen die Hersteller auf SCR-Katalysatoren (= Selective Catalytic Reduction), bei denen künstlicher Harnstoff (Handelsname „AdBlue") als Reduktionsmittel eingesetzt wird, um die Stickoxide im Abgas in seine harmlosen Bestandteile Stickstoff und Wasserdampf zu zerlegen.

> **INFO** **EINBLICK IN DIE WOHNMOBILPRODUKTION**
>
> Zahlreiche Wohnmobilhersteller lassen Besucher im Rahmen einer Werksführung einen Blick in die Produktionshallen werfen und Sie können hautnah miterleben, wie ein Reisemobil gebaut wird. Bei Interesse sollten Sie möglichst frühzeitig einen Termin anfragen, denn der Andrang ist groß. Das Mindestalter beträgt in den meisten Fällen sechs Jahre. Filmen und fotografieren ist in der Regel leider nicht erlaubt.

Blick hinter die Kulissen: Viele Hersteller bieten eine Möglichkeit zur Werksbesichtigung

Firma	Wo?	Wann?	Eintritt	Kontakt
Carado	01844 Neustadt in Sachsen	mittwochs 10 Uhr	kostenlos	https://www.capron.eu/Werksbesichtigung.php
Carthago	88326 Aulendorf	April bis einschließlich November Montag bis Freitag um 9.30 Uhr	5 €/Erwachsene, 2,50 €/Kinder	https://www.carthago.com/ueber-carthago/werke/werksbesichtigung/
Carthago	88326 Aulendorf	Dezember bis einschließlich März Freitags um 9.30 Uhr	5 €/Erwachsene, 2,50 €/Kinder	https://www.carthago.com/ueber-carthago/werke/werksbesichtigung/
Concorde	96132 Schlüsselfeld-Aschbach	mittwochs ab 15.00 Uhr	kostenlos	https://www.concorde.eu/werksfuehrung.html
Dethleffs	88316 Isny im Allgäu	Donnerstag vormittag	kostenlos	https://www.dethleffs.de/service/service/dethleffs-ausstellungszentrum/werksfuehrung/
Hymer	88339 Bad Waldsee	Termine der nächsten Führung auf der Website	8,50 €/Erwachsene, Kinder kostenlos	https://www.hymer.com/de/de/werksfuehrungen
Knaus				siehe Weinsberg
Morelo	96132 Schlüsselfeld	jeden ersten Freitag im Monat um 12.30 Uhr	kostenlos	https://www.morelo-reisemobile.de/unternehmen/werksfuehrungen
Sunlight				siehe Carado
Weinsberg	94118 Jandelsbrunn	Termine der nächsten Führung auf der Website	kostenlos	https://www.weinsberg.com/de-de/weinsberg/werksfuehrung.html

Umweltzonen und Fahrverbote gibt es nicht nur in Deutschland und immer mehr europäische Metropolen verhängen Einfahrverbote für Fahrzeuge mit älteren Dieselmotoren. Dabei bilden die Zufahrtsbeschränkungen einen unübersichtlichen Flickenteppich. In London ist City-Maut zu entrichten, zum Befahren der französischen Umweltzonen ist die kostenpflichtige Umweltplakette Crit'Air erforderlich und das Stadtzentrum von Madrid ist für Dieselfahrzeuge mit einer Abgasnorm schlechter als Euro 4 grundsätzlich verboten.

Wer einen Städtetrip durch Europa mit dem Wohnmobil plant, kommt daher nicht umhin, vor dem Urlaub die genauen Regelungen in den einzelnen Innenstädten in Erfahrung zu bringen. Eine zuverlässige Anlaufstelle, um sich vor dem Losfahren über die jeweils aktuellen Regelungen zu informieren, bietet z. B. das von der Europäischen Kommission geförderte Internetportal www.urbanaccessregulations.eu.

Antrieb

Wohnmobile in der 3,5-Tonnen-Klasse haben fast ausnahmslos einen Frontantrieb. Dabei sitzt der Motor vor oder über der Vorderachse und treibt die Vorderräder an. Da der Motor quer verbaut wird, verläuft die Kurbelwelle parallel zu den Achsen. Das erleichtert den Ingenieuren die Konstruktion der Kraftübertragung auf die Räder und senkt die Kosten.

Eine Kardanwelle zur Hinterachse ist nicht erforderlich, was hilft, Gewicht zu sparen und sich positiv auf die mögliche Zuladung auswirkt. Weitere Vorteile dieser Antriebsart sind ein guter Geradeauslauf und die Möglichkeit, einen tiefen Rahmen an das Fahrerhaus anzusetzen. Daraus resultiert zum einen später ein angenehm tiefer Einstieg in das Mobil und zum anderen wächst die Gesamthöhe des Aufbaus trotz Stehhöhe nicht in den Himmel. Da der gesamte Antrieb im Fahrerhaus Platz findet, haben die Hersteller bei der Gestaltung des Wohnaufbaus im hinteren Fahrzeugteil nahezu freie Hand, z. B. um Tanks zu montieren.

Allerdings sind die Vorderreifen einer starken Belastung ausgesetzt und in Kurven schiebt das Fahrzeug über die Vorderräder nach außen. Dieses „Untersteuern" lässt sich durch das elektronische Fahrassistenzsystem

Ein leichter Tiefrahmen erhöht die Nutzlast und ermöglicht eine niedrigere Einstiegshöhe.

ESP (= Elektronisches Stabilitätsprogramm) recht gut in den Griff bekommen: Dabei werden gezielt einzelne Räder abgebremst, sobald das Fahrzeug auszubrechen droht. Ein weiterer Nachteil ist der (im Vergleich zum Heckantrieb) größere Wendekreis, da der Lenkeinschlag konstruktionsbedingt kleiner ausfällt.

Für Wohnmobile mit einer Länge von bis zu etwa 7 m halten sich die nachteiligen Auswirkungen eines Frontantriebs im Rahmen. Darüber hinaus wird der lange Überhang an der Hinterachse (insbesondere in Verbindung mit großräumigen und schwer beladenen Heckgaragen) zum Problem. Die Hecklastigkeit nimmt stark zu und insbesondere bergauf leidet die Traktion.

Wohl am häufigsten zeigen sich die Schwächen des Vorderradantriebs am Wohnmobil beim Versuch, eine durchweichte Stellplatzwiese zu verlassen. Dabei drehen die Vorderräder trotz elektronischer Assistenzsysteme leichter durch, als einem lieb ist und schnell hat sich das schwere Mobil tief in den weichen Boden eingegraben. In diesen Fällen leisten ein Klappspaten sowie eine Anfahrhilfe aus dem Zubehörhandel wertvolle Dienste. Diese Kunststoffplatten mit Querprofil werden unter die Antriebsräder gelegt, um den Rädern auf matschigem Untergrund oder Schnee zu mehr Grip zu verhelfen.

Bei großen und vor allem schweren Reisemobilen setzen die Hersteller daher in der Regel auf einen Heckantrieb. Diesen gibt es oftmals nur in Verbindung mit einem LKW-Chassis, was zu höheren Fahrzeugen führt. Der Schwerpunkt über der Hinterachse wirkt sich positiv auf den Vortrieb aus, das gilt insbesondere beim Beschleunigen und an Steigungen. Das Fahrverhalten ist insgesamt neutraler als beim Frontantrieb, allerdings neigt das Fahrzeug bei rutschiger Fahrbahn zum „Übersteuern" und schiebt in den Kurven über die Hinterräder nach außen.

Eine Kombination beider Antriebsarten vereint der Allradantrieb, der seine Stärken vor allem in unwegsamem Gelände sowie auf Eis und Schnee ausspielen kann. Bei Wohnmobilen mit Allradantrieb lassen sich grundsätzlich zwei Varianten unterscheiden. In Expeditions-

mobilen für die Weltreise samt Wüstenfahrten und Flussfurten kommt ein permanenter Allradantrieb zum Einsatz. Er verteilt die Antriebskraft auf beide Achsen des Fahrzeugs und bietet in Zusammenarbeit mit Sperrdifferentialen, die es erlauben, das Drehmoment zwischen den Rädern zu verteilen, ein Höchstmaß an Geländegängigkeit. Geht es dagegen weniger darum, dem Ruf der Wildnis zu folgen, sondern vielmehr darum, die Traktion auf nassem Gras oder an einem verschneiten Hang zu verbessern, erhöht der semipermanente Allradantrieb die Alltagstauglichkeit. Dabei wird nur eine der beiden Achsen ständig angetrieben und erst bei Bedarf, sobald die Antriebsräder durchzudrehen drohen, die Antriebskraft über eine Kupplung auf die zweite Achse übertragen. Preislich beginnt der Einstieg in die Welt der Allrad-Wohnmobile bei etwa 50 000 €. Der Grundpreis des Allrad-Kastenwagens Karman Dexter 560 4x4 auf Basis des Ford Transit beträgt beispielsweise 53 000 € im Vergleich zu knapp 44 000 € für die Version mit Frontantrieb. Einen Aufpreis von rund 12 000 € verlangt Hymer, um seinen Mittelklasse-Teilintegrierten Hymer ML-T auf Basis des Mercedes-Sprinter mit einem zuschaltbaren Allradantrieb auszurüsten. Expeditionsmobile auf Lkw-Basis dagegen kosten meist mehrere Hunderttausend Euro.

Das Chassis

Das Basisfahrzeug wird vom Automobilhersteller in unterschiedlichen Ausbaustufen an den Wohnmobilhersteller geliefert. Entweder als

Das Alko-Chassis lässt sich mit den Triebköpfen unterschiedlicher Autohersteller kombinieren. Die Heckabsenkung ermöglicht großräumige Heckgaragen.

Kastenwagen, der dann ausgebaut wird, als Fahrerhaus mit Rahmen für den Aufbau von Teilintegrierten oder als sogenannter „Windlauf", d. h. selbst das Fahrerhaus kommt ohne Karosserieteile und ist nur mit dem technisch notwendigen wie Motor, Getriebe, Lenkung etc. bestückt, als Grundlage für ein vollintegriertes Wohnmobil.

Beim Chassis stehen wiederum unterschiedliche Formen zur Auswahl. Der Standard-Fiat-Leiterrahmen besteht aus einem doppellagigen Metallgerüst und ist in erster Linie für Transporter gedacht. Das doppelte U-Profil sorgt zwar für eine hohe Stabilität, für den Aufbau eines Reisemobils ist der Standardrahmen aufgrund seines hohen Gewichts und der Aufbauhöhe aber weniger gut geeignet.

Viele Wohnmobile nutzen daher den Flach- oder Tiefrahmen, im Prinzip ein halbierter Leiterrahmen. Das spart Gewicht und das Fußbodenniveau des Wohnmobilaufbaus liegt niedriger. Damit eine ausreichende Stabilität gewährleistet ist, müssen die Wohnmobilhersteller aber bestimmte Vorgaben von Fiat beachten, z. B. die Befestigungspunkte der Bodenplatte. Welche Rahmenart zum Einsatz kommt, können Sie meist den technischen Angaben zum Basisfahrzeug im Katalog der Wohnmobilhersteller entnehmen.

Höherpreisige Wohnmobile nutzen statt des Werkstiefrahmens oftmals einen Tiefrahmen der Firma Alko, dessen Einzelradaufhängungen mit Drehstabfedern (im Gegensatz zu einer Starrachse mit Blattfedern beim Werksrahmen) den Fahrkomfort erhöhen. Der komplett feuerverzinkte Rahmen bietet zudem ein hohes Maß an Flexibilität, da er mit verschiedenen Radständen, Spurweiten und unterschiedlichen Absenktiefen lieferbar ist.

Möglichkeiten zur Optimierung des Fahrwerks

Wohnmobile bauen – wie bereits erwähnt – auf Nutzfahrzeugen auf. Daher ist die Federung im Serienzustand sowohl für den beladenen wie auch den unbeladenen Zustand konzipiert und es steht in erster Linie die Belastbarkeit und weniger der Komfort im Vordergrund. So verwundert es kaum, dass Wohnmobile in den meisten Fällen keine Sänften sind. Durch das Gewicht des Wohnaufbaus arbeitet die Federung ständig im Grenzbereich und so manches Reisemobil federt schon im Stand so weit ein, dass kaum noch Federweg übrig bleibt, wenn ein Schlagloch oder ein Bahnübergang überfahren wird.

> **INFO** **AUSWAHL VON ANBIETERN FÜR FAHRWERKSOPTIMIERUNGEN:**
>
> ▶ www.alko-tech.de
> ▶ www.carsten-staebler.de
> ▶ www.goldschmitt.de
> ▶ www.linnepe.de
> ▶ www.smv.ag
> ▶ www.vbairsuspension.de

Mehrere Spezialfirmen haben es sich auf die Fahnen geschrieben, Fahrkomfort und -sicherheit durch verbesserte Federsysteme zu erhöhen. Das Angebot reicht dabei von günstigen Zusatzspiralfedern bis zum Vollluftfahrwerk. Nach der Montage durch eine Fachwerkstatt muss ein Sachverständiger von TÜV oder DEKRA den Einbau abnehmen. Mit der erstellten Änderungsbescheinigung kann die Nachrüstung dann bei der zuständigen Zulassungsstelle in die Fahrzeugpapiere eingetragen werden.

Da die serienmäßige Federung nicht in der Lage ist, die schwere Last des Wohnaufbaus auf Dauer zu tragen, stellen verstärkte Schraubenfedern für die Vorderachse eine vergleichsweise günstige Möglichkeit dar, den Fahrkomfort zu erhöhen (oder eine verschlissene Serienfederung zu ersetzen). In Verbindung mit einem entsprechenden Gutachten sowie einer geeigneten Rad-Reifen-Kombination ermöglicht eine verstärkte Federung zudem die Erhöhung der Nutzlast. Auch Schraubenfedern für die Hinterachse (Preis ca. 400 bis 500 € + 250 € Einbau) sind im Angebot, um die serienmäßig verbauten Blattfedern zu unterstützen.

Aufgabe der Federung ist es, Fahrbahnunebenheiten abzufangen, damit diese nicht an die Karosserie weitergegeben werden. Wie in

Das ca. 1 500 € teure (plus Montage) Vorderachsfederbein Alko Comfort Suspension (ACS) ersetzt die Serienfederbeine und verhilft dem Fiat Ducato zu sanftem Fahrkomfort und besserer Kurvenlage.

der Physik üblich, kann Energie aber nicht verloren gehen. Daher verformt sich die Federung, sobald sie einen Schlag erhält, würde aber sogleich wieder ausfedern. Damit sich das Fahrzeug nicht aufschwingt, ist zusätzlich ein Stoßdämpfer erforderlich, um das Ausfedern abzumildern. Um das Fahrverhalten zu optimieren, haben viele Hersteller daher auch spezielle Sets aus Federung vorne und Stoßdämpfern hinten im Angebot.

Noch mehr Komfortgewinn versprechen Zusatzluftfedern (ab ca. 700 € + Einbau). Sie werden zusätzlich zu den serienmäßigen Stahlfedern verbaut und sollen diese unterstützen. Im Prinzip handelt es sich um luftgefüllte Gummibälge, die zwischen Rahmen und Hinterachse montiert werden. Durch Druckluft lassen sich die Gummipuffer in der Höhe auf die jeweilige Beladung anpassen. Das übernimmt ganz komfortabel ein 12-V-Kompressor, der üblicherweise in der Heckgarage untergebracht wird und sich ganz bequem durch ein Bedienteil im Fahrerhaus fernsteuern lässt. Da die beiden Gummibälge getrennt voneinander mit Luft befüllt werden können (sogenanntes Zwei-Kreis-System), ist sogar ein Ausgleich von seitlichen Lastunterschieden möglich. Gleichmäßig beladen sollte man das Wohnmobil selbstverständlich dennoch.

Während die Zusatzluftfedern als Unterstützung der Serienfederung dienen, werden bei einer Vollluftfederung (ab ca. 6 000 € + 1 500 € Montage + TÜV) die serienmäßigen Stahlfederelemente komplett durch Luftbälge ersetzt. Tatsächlich handelt es sich um ein ganzes System aus Luftbälgen, Stoßdämpfern, Sensoren und Steuergerät. Die Niveausensoren messen ständig die Höhe und das Steuergerät nivelliert automatisch die Vorder- und Hinterachse, um ein optimales Federungsverhalten zu erzielen und die Straßenlage sowie Kurvenstabilität zu erhöhen.

Das System kann aber noch viel mehr und über ein Bedienteil kann das Fahrzeug bei Bedarf beliebig angehoben oder abgesenkt werden. So lässt sich das Fahrzeug auf dem Stellplatz bei kleineren Unebenheiten ohne weiteres Zubehör waagerecht ausrichten oder einseitig absenken, um den Wassertank vollständig zu entleeren. Bis zu einer Geschwindigkeit von 30 km/h kann die Niveauregulierung sogar während der Fahrt erfolgen. So lässt sich z. B. bei der Auffahrt auf eine steile Fährrampe gezielt das Heck anheben, um den Böschungswinkel zu erhöhen, damit das Hinterteil nicht aufsetzt.

> **INFO** **DIE RICHTIGE BEREIFUNG**
> Der Bereifung eines Wohnmobils wird zu Unrecht oft wenig Aufmerksamkeit geschenkt. Dabei stellen die Reifen die Verbindung zwischen Wohnmobil und Fahrbahn her und verdienen daher besondere Beachtung. Der Unterschied zwischen Sommer- und Winterreifen liegt zum einen in der Gummimischung, deren Haftfähigkeit für niedrige bzw. hohe Temperaturen optimiert ist, zum anderen in der Profilart. Sie ist bei Winterreifen (zu erkennen an dem Symbol einer Schneeflocke vor einem stilisierten Berg auf der Reifenflanke) für eine höhere Haftung auf Matsch, Schnee und Eis ausgelegt. Ganzjahresreifen stellen einen Kompromiss zwischen beiden Reifentypen dar.
> Gesetzlich vorgeschrieben ist in Deutschland eine Mindestprofiltiefe von 1,6 mm, allerdings empfehlen Experten als Sicherheitsreserve eine Profilstärke von 3 bis 4 mm, denn mit geringer werdender Profilstärke lässt die Traktion der Reifen spürbar nach. Eine entscheidende Rolle für die Verkehrssicherheit spielt zudem der Reifenluftdruck. Ein zu geringer Luftdruck belastet den Reifen und erhöht den Kraftstoffverbrauch.

AUFBAUFORMEN

Wohnmobil ist nicht gleich Wohnmobil und ganz grob lassen sich fünf Aufbauvarianten unterscheiden: Campingbus, Kastenwagen, Alkoven, Teilintegrierter und Vollintegrierter. Dabei hat jeder Typ seine Vor- und Nachteile. Auf den folgenden Seiten finden Sie die wichtigsten Grundlagen, um entscheiden zu können, welche Fahrzeugkategorie am besten zu Ihren Vorstellungen passt.

Campingbusse

Der „Bulli" ist der Inbegriff des kompakten Campingbusses schlechthin. Inzwischen gibt es aber zahlreiche interessante alternative Minivans, die sowohl im Campingurlaub wie auch im Alltag jede Menge Freude bereiten. Der kompakte Campingbus ist quasi der Urahn des Wohnmobils. Bereits in den 1950er-Jahren machte die Firma Westfalia den ersten VW-Bus mit einem Ausbausatz zum rollenden Urlaubsdomizil. Noch heute genießt der „Bulli", inzwischen in der sechsten Generation, einen legendären Ruf unter Campingfreunden. Zu den serienmäßigen California-Varianten gesellt sich eine lange Liste alternativer Ausbauer, deren Angebote zwar nicht zwangsläufig günstiger sind, dafür aber sehr maßgeschneiderte Lösungen für die unterschiedlichsten Ansprüche bieten. Von der Minimalausstattung für den Wochentrip oder Festivalbesuch bis zum Expeditionsmobil mit Allradantrieb und Komplettausstattung ist alles möglich.

Dank seines angenehmen, Pkw-ähnlichen Fahrgefühls blieb der VW-Bus als Basisfahrzeug lange Zeit konkurrenzlos. Die übrigen Autobauer konzipierten ihre Kleintransporter dagegen eher als Nutzfahrzeuge, die sich durch lärmende Motoren und andere Unannehmlichkeiten als Grundlage für Freizeitmobile disqualifizierten.

Aufbauformen

Glücklicherweise hat sich das in den letzten Jahren geändert und so gibt es inzwischen zahlreiche interessante Alternativen in der Bulli-Klasse. Konkurrenz belebt bekanntlich das Geschäft und so haben die neuen Anbieter viel frischen Wind und interessante neue Ideen in die Szene gebracht.

Unabhängig vom Basisfahrzeug kombinieren Campingbusse eine komplette Campingausstattung mit absolut alltagstauglichen Abmessungen, wodurch auch der Kraftstoffverbrauch im Vergleich zu einem großen Wohnmobil geringer ausfällt. Mit einer Länge von maximal 5,50 m lassen sie sich selbst in Innenstädten problemlos manövrieren und passen auf jeden Parkplatz. Morgens die Kinder in die Kita bringen, nach dem Büro am Freitag spontan einen Campingplatz ansteuern oder auch mal ein größeres Möbelstück transportieren? Mit einem Campingbus ist das alles kein Problem.

Die Wohnausstattung umfasst in der Regel einen Kochbereich mit Kochstelle, Kühlschrank und Spüle. Fahrer- und Beifahrersitz sind drehbar und werden nach dem Parken in den Wohnraum integriert. Die Sanitärausstattung beschränkt sich in den allermeisten Fällen auf eine tragbare Toilette („Porta Potti") – eine Duschmöglichkeit gibt es allerdings oftmals nur in Form einer Außenbrause.

Grundsätzlich ist das Raumangebot in einem Campingbus naturgemäß begrenzt, und bei der Suche nach dem perfekten Gefährt gilt es, zunächst zu klären, wie viele Personen maximal mitfahren sollen, wie viele Schlafplätze benötigt werden und ob der Fokus eher auf der Nutzung im Alltag oder beim Einsatz als Campingfahrzeug liegt.

Minimalausbauten wie California Beach oder Mercedes Activity bieten eine sehr flexible Nutzung des Innenraumes mit bis zu sieben

Campingbusse verzichten in der Regel auf ein Bad und bieten mit Schlafdach bis zu vier Schlafplätze.

Sitzplätzen und großem Stauraumangebot für den Alltag. Der Aufwand, um einen Campingtrip zu starten, fällt allerdings etwas höher aus, da zunächst die Campingausstattung an Bord gebracht werden und das Küchenmodul installiert werden muss.

Die Mehrzahl der „vollwertigen" Campingausbauten basiert auf dem klassischen Ein-Raum-Grundriss, was heißt, dass alle Aktivitäten des täglichen (Camping-)Lebens in einem Raum stattfinden, und je nachdem, ob gerade Essen, Schlafen oder Sitzen ansteht, muss umgebaut werden.

Mit nur zwei Personen an Bord, lässt sich so recht komfortabel leben: Nach dem Ankommen muss einfach nur das Aufstelldach in Position gebracht werden und man bekommt tagsüber Stehhöhe bei der Arbeit in der Küche und für die Nacht zwei bequeme Betten im Obergeschoss. Fahren auch Kinder oder mehr als zwei Erwachsene mit, muss zum Schlafen zusätzlich die Sitzbank unten im Fond umgebaut werden.

Maximalen Campingkomfort bietet der Zwei-Raum-Grundriss, wie man ihn zum Beispiel beim Ford Nugget findet: Hier ist der Innenraum in zwei separate Bereiche für Kochen/Spülen sowie Schlafen/Wohnen unterteilt, und der Küchenbereich mit Kochfläche, Spüle und Kühlschrank lässt sich unabhängig davon nutzen, ob im vorderen Teil die Liegefläche oder Sitzgruppe aufgebaut ist. In Verbindung mit einem festen Hochdach reduzieren sich die täglichen Umbau- und Umräumarbeiten dann auf ein Minimum – nur in die Tiefgarage kommt man damit natürlich nicht mehr.

Kastenwagen

Kastenwagen sind nicht auf den ersten Blick als Wohnmobil zu erkennen, bieten aber die komplette Unabhängigkeit für autarkes Reisen. Die Ausstattung ist etwas umfangreicher als bei Campingbussen und der auffälligste Unterschied ist sicherlich die separate Nasszelle mit fest installierter Toilette und Dusche.

Der Wohnraum fällt etwas großzügiger aus als bei einem Campingbus und bietet in der Regel durchgehend Stehhöhe. Insgesamt ist der Komfort höher als bei Campingbussen und so lassen sich Betten, Sitzgruppe und Kochnische in der Regel ohne Umbauten nutzen.

Dem begrenzten Platzangebot geschuldet zeigt sich der Grundriss dabei erstaunlich einheitlich. Bis auf wenige Ausnahmen folgt er dem Schema: Querbett hinten, Küche an der seitlichen Schiebetür, Bad auf der gegenüberliegenden Seite und Sitzgruppe (oftmals in Verbindung mit drehbaren Fahrersitzen) vorn. Stauraum gibt es in den Schränken über und unter dem Bett.

Kastenwagen gibt es in Längen von etwa 5,40 m bis 6,40 m Länge, sodass man damit sowohl in Innenstädten wie auch auf engen, kurvenreichen Straßen recht bequem unterwegs ist und die benötigte Stellfläche nicht allzu groß ausfällt.

Alkoven-Wohnmobile

Die charakteristische Wölbung der Schlafnische über dem Fahrerhaus macht die Silhouette von Alkovenmobilen so unverwechselbar, dass ihr Piktogramm auf den Straßenschildern als Sinnbild für Wohnmobile im Allgemeinen verwendet wird.

Im Alkoven ist ein festes Doppelbett untergebracht. Die zwei Schlafplätze stehen ohne Umbauten sofort zur Verfügung, sind allerdings nur über eine Leiter zu erreichen. So entsteht ein zusätzliches Raumangebot im Wohnbe-

Ausgebaute Kastenwagen stellen die kompakteste Form eines „vollwertigen" Wohnmobils dar.

reich, das für ein weiteres Heckbett oder eine Sitzgruppe genutzt werden kann. Alkovenmobile sind daher vor allem bei Familien beliebt und bieten bis zu sieben (!) Schlafplätze.

Darüber hinaus zeichnen sich Alkovenmobile in der Regel durch ein gutes Preis-Leistungs-Verhältnis aus, allerdings ist die wuchtige Bauweise alles andere als aerodynamisch und wirkt sich entsprechend negativ auf den Kraftstoffverbrauch aus.

Die ungewohnte Höhe erfordert an Brücken und Tunneln einen ständigen Blick auf die maximal erlaubte Durchfahrtshöhe und auch sonst muss man darauf achten, nicht an niedrig hängenden Ästen oder Balkonen bzw. Regenrinnen in engen Ortsdurchfahrten hängen zu bleiben.

Alkovenmobile bieten ein großzügiges Raumangebot bei vergleichsweise kurzer Fahrzeuglänge.

Teilintegrierte Wohnmobile

Unübersehbares Erkennungsmerkmal eines jeden Teilintegrierten ist das fahrzeugspezifische Fahrerhaus. Zur großen Beliebtheit dieser Klasse trägt sicher auch der Umstand bei, dass die Mehrzahl der Teilintegrierten unterhalb der 3,5-Tonnen-Grenze bleibt, und daher der normale Führerschein Klasse B ausreicht. Mit einer überschaubaren Länge zwischen 6 m und 7,50 m bleiben die Fahrzeuge zudem angenehm wendig und insbesondere die schmalen, von den Herstellern oft als „Van" titulierten Modelle mit einer Breite von weniger als 2,20 m lassen sich selbst in Städten sowie auf engen Straßen gut manövrieren.

Bei der Gestaltung des Wohnaufbaus legen sich die Hersteller mächtig ins Zeug und bieten eine große Vielfalt an unterschiedlichen Grundrissen und verschiedene Ausstattungsvarianten an. So ist für jeden Geschmack und jeden Geldbeutel etwas dabei. Das Angebot reicht vom schlichten Einsteigermodell ab ca. 50 000 € bis zum Premiummobil mit großer Lounge und üppigem Panoramafenster in der Dachhaube für einen lichtdurchfluteten Innenraum für Preise ab etwa 85 000 €.

Von ganz wenigen Ausnahmen abgesehen wird das Fahrerhaus auf dem Stellplatz in den Wohnraum integriert. Dazu sind die Fahrersitze auf einer Drehkonsole gelagert und können um 180° nach hinten gedreht werden und werden so zum vorderen Teil der als Halbdinette ausgeprägten Sitzgruppe im Bug des Fahrzeugs. Die Sitzbank auf der gegenüberliegenden Seite des Tisches bietet zudem im Fahrbetrieb meist zwei Gurtsitzplätze.

In der Fahrzeugmitte folgen die Nasszelle mit WC und Dusche, wobei gerade bei größerer Besatzung eine getrennte Dusche und Toilette sehr praktisch ist, sowie die Küchenzeile. Bei der Anordnung von Nasszelle und Küchenzeile gibt es kleinere Variationen, die aber in erster Linie Geschmackssache sind. Daher ist es empfehlenswert, auf einer Campingmesse oder beim Händler auszuprobieren, welche Aufteilung Ihnen am ehesten zusagt.

Der Hauptunterschied zwischen den einzelnen Modellen besteht in der Art und Anordnung der Festbetten im Heck. Hier haben Sie die Wahl zwischen einem großen Querbett, Einzelbetten, die längs oder quer angeordnet sein können, oder einem flachen, von beiden Seiten zugänglichen Queensbett (das allerdings oft mit dem Verlust von dringend benötigtem Stauraum in Form einer Heckgarage unter dem Bett einhergeht).

Neben dieser bewährten Standardraumaufteilung Sitzgruppe vorn, Bad/Küche mittig und Schlafzimmer hinten, finden sich in der vielfältigen Welt der teilintegrierten Reisemobile aber auch eine Reihe unkonventioneller

Teilintegrierte sind die beliebteste Wohnmobilkategorie und bieten eine unvergleichlich große Auswahl an Grundrissen und vielfältige Ausstattungsvarianten.

Lösungen für die unterschiedlichsten Ansprüche. So erlebt z. B. die über die Jahre etwas in Vergessenheit geratene Hecksitzgruppe ein Revival oder Doppelstock-Hubbetten im Heck schaffen beim Campen tagsüber einen großzügigen Spielbereich für die Kinder.

Klassischerweise werden Teilintegrierte als Fahrzeug für den Urlaub zu zweit konzipiert, können aber durch ein Hubbett familientauglich gemacht werden. Dieses sitzt üblicherweise am Fahrzeugdach über der Sitzgruppe und kann entweder elektrisch oder manuell herabgefahren werden, sodass ohne großes Polsterpuzzeln zwei zusätzliche Schlafplätze entstehen. Der Schlafkomfort ist dabei hoch, allerdings ist für den Einstieg, wie beim Alkovenmobil auch, in der Regel eine Leiter erforderlich und der hinten liegende Partner muss über den vorne liegenden Mitschläfer klettern, um ins bzw. aus dem Bett zu kommen. Und welche Nachteile gibt es sonst noch? Naturgemäß schränkt das Hubbett unter dem Dach die Stehhöhe ein, was insbesondere für groß gewachsene Menschen zum Problem werden kann, und auch auf ein Panoramafenster über der Sitzgruppe muss man verzichten. Als weiterer Kompromiss sind Sitzgruppe und Hubbett oftmals nicht oder nur mit Abstrichen gleichzeitig nutzbar.

Wer mit den genannten Einschränkungen leben kann, findet in einem teilintegrierten Wohnmobil mit Hubbett ein sehr flexibles Fahrzeug, das im Urlaub nicht nur Platz für die gesamte Familie bietet, sondern dank der kompakten Abmessungen auch im Alltag je nach Modell (gerade) noch als Zweitwagen zur Verfügung steht, in jedem Fall aber deutlich handlicher als ein Vollintegrierter oder ein Alkoven ist.

Zudem eignen sich Teilintegrierte mit Hubbett perfekt für das familieninterne „Wohnmobil-Sharing" über mehrere Generationen hinweg. So brauchen Oma und Oma nicht mit dem klobigen Alkoven in Richtung Winterflucht nach Spanien aufzubrechen und die Folgegeneration kann trotzdem zu viert oder sogar fünft in den Sommerurlaub zum Camping nach Kroatien fahren.

Viele Teilintegrierte verfügen über eine großzügige Heckgarage und der Stauraum reicht in den meisten Fällen selbst für das umfangreiche Urlaubsgepäck. Leider korrespondiert das Platzangebot nicht in allen Fällen mit der möglichen Zuladung und wenn der zur Verfügung stehende Platz voll ausgenutzt wird, ist das zulässige Gesamtgewicht schnell überschritten. Mit einigen Einschränkungen kann sich aber selbst eine vierköpfige Familie bei den meisten Fahrzeugen recht gut mit dem Gewichtslimit arrangieren.

Vollintegrierte Wohnmobile

Bei integrierten Wohnmobilen wird das Originalfahrerhaus durch eine neue Bugmaske ersetzt. So wird das Fahrerhaus komplett in den Wohnbereich integriert und es entsteht eine Optik wie aus einem Guss mit einem riesigen Panoramafenster.

Charakteristisch für Integrierte ist die fehlende Fahrer- und Beifahrertür, das heißt, bei jedem Ein- und Aussteigen führt der Weg ans Steuer durch den Wohnraum. Diese Fahrzeugkategorie wird häufig als „Königsklasse" der Reisemobile tituliert, inzwischen gibt es aber auch eine ganze Reihe von Vollintegrierten im mittleren Preissegment ab etwa 60 000 €.

Die meisten Integrierten kommen auf eine Gesamtmasse von über 3,5 Tonnen, d. h., wer den Führerschein nach 1999 gemacht hat, braucht eine zusätzliche Fahrerlaubnis und bei den günstigeren Integrierten, die manchmal unter der 3,5-Tonnen-Grenze bleiben, ist die Zuladungsmöglichkeit sehr begrenzt.

Aus den großzügigen Abmessungen resultiert ein üppiges Platzangebot, das die Hersteller für unterschiedliche Raumkonzepte nutzen. Am weitesten verbreitet ist dabei die Aufteilung: Sitzgruppe vorn, Küche sowie Bad in der Mitte und ein festes Bett im Heck. Bei vielen Integrierten ist zudem ein Hubbett für zwei zusätzliche Schlafplätze über dem Fahrerhaus serienmäßig mit an Bord. Für das Heckbett hat der Kunde unterschiedliche Varianten an Schlafmöglichkeiten von Einzelbetten bis zum Queens-Doppelbett zur Auswahl.

Die Sitzgruppen, quasi das Wohnzimmer des Mobils, bieten durch gegenüberliegende Längssitzbänke, die für die Fahrt in zwei Gurtsitzplätze umgebaut werden können, oftmals einen regelrechten „Salon" oder sind für das perfekte Loungefeeling als komfortable Rundsitzgruppe im Heck untergebracht. Eine Übersicht der verschiedenen Sitzgruppen-Typen finden Sie ab Seite 53.

Großzügig zeigen sich auch die Küchenbereiche, die zudem mit stattlichen Kühlschränken aufwarten, sowie die Bäder. Hier setzen die meisten Hersteller auf ein großzügiges Raumbad mit getrenntem Dusch- und WC-Bereich. Bei Bedarf kann der Durchgang (meist zwischen Küche und Bett) in das Badezimmer integriert werden. Eine Übersicht der unterschiedlichen Nasszellen-Arten finden Sie ab Seite 47.

Vollintegrierte Wohnmobile bieten den höchsten Wohnkomfort.

Vielfalt der Aufbauformen auf einem Wohnmobilstellplatz

Übersicht Wohnmobiltypen

Auf den folgenden Seiten zeigen wir die Vor- und Nachteile der fünf Aufbauformen noch einmal in übersichtlichen Steckbriefen. Die angegeben Preise dienen nur zur groben Orientierung. Es ist beispielsweise kein Problem, einen VW California (Campingbus) so auszustatten, dass er einen mehr als doppelt so hohen Listenpreis hat wie von uns genannt. Die Luxusliner, deren Preise locker im mittleren sechsstelligen Bereich liegen, haben wir nicht als eigene Fahrzeugklasse gefasst. Wer sich so etwas kauft, weiß (hoffentlich), was er oder sie tut.

Die Fotos dienen dazu, eine Vorstellung von den Platzverhältnissen zu bekommen. Aber selbst die engsten Campingbusse sehen sehr großzügig aus, wenn man sie mit einem extremen Weitwinkelobjekt aufnimmt. Auch hier gilt: Einen echten Eindruck bekommt man auf einer Messe oder bei einem Händler in der Nähe. Zu bedenken ist auch, dass es bei allen Aufbauformen andere als die gezeigten Möblierungen und Dekore gibt. Im folgenden Abschnitt zu den einzelnen Elementen des Wohnraums im Wohnmobil erfährt man mehr darüber, welche Küchen-, Bett-, Badarten und Formen von Sitzgruppen es gibt. Bei den Campingbussen ist die Anzahl der möglichen Wohnraumaufteilungsarten naturgemäß am stärksten begrenzt, bei den Vollintegrierten ist quasi alles möglich. Wenn wir in unserem Steckbrief beim Campingbus schreiben, dass er vorteilhafterweise sehr flexibel ist, ist damit die Art der Nutzung gemeint. Die größte Auswahl an Wohnraumlösungen gibt es bei den Teil- und Vollintegrierten.

Campingbus

+ einsteigerfreundlich
+ kompakt und wendig (oftmals sogar tiefgaragentauglich)
+ sehr flexibel
+ höhere Fahrgeschwindigkeit möglich
− begrenzter (Stau-)Raum
− in der Regel ohne Dusche/WC

Besonders geeignet für: 2 Personen
(+2 Schlafplätze bei vorhandenem Aufstelldach und manchen Hochdachkonstruktionen)

KAUFPREIS: ab ca. 45 000 €

Mit Aufstelldach bieten die kompakten Campingbusse bis zu vier Schlafplätze.

Kastenwagen

+ größerer (Stau-)Raum als beim Campingbus
+ gut geeignet für Familien
+ guter Wohnkomfort
+ eigener Sanitärraum
+ durchgehende Stehhöhe
– weniger städtetauglich als ein Campingbus

Besonders geeignet für: 2 Personen
(je nach Modell sind bis zu 4 oder sogar 5 Personen möglich)

KAUFPREIS: ab ca. 40 000 €

In der Kastenwagen-Klasse erhöht ein Sanitärraum den Reisekomfort und macht unabhängiger von Campingplätzen.

Aufbauformen **33**

Alkovenmobil

+ sehr gut geeignet für Familien
+ großzügiges Raumangebot für Küche und Bad
+ vier feste Betten, je nach Modell mit Umbaubetten bis zu 6 Schlafplätze möglich
− Bett im Alkoven nur über Treppe zu erreichen
− erhöhter Kraftstoffverbrauch

Besonders geeignet für: 4 Personen
(je nach Modell bis zu 6 Personen möglich)

KAUFPREIS: ab ca. 45 000 €

Alkovenmobile sind insbesondere bei Familien beliebt.

Teilintegrierte

+ angenehmes Fahrgefühl
+ umfangreiche Grundrissvielfalt
+ großzügiger Stauraum
+ feste Betten
+ geringer Kraftstoffverbrauch als Alkovenmobil
− z. T. nur ein richtiges Bett (flexibler durch Hubbett, welches allerdings im abgesenkten Zustand die Sitzgruppe blockiert)

Besonders geeignet für: 2 Personen
(+2 Personen bei zusätzlichem Hubbett)

KAUFPREIS: ab ca. 50 000 €

Teilintegrierte punkten mit guten Fahreigenschaften, großzügigem Raumangebot und ausreichend Staukapazitäten.

Vollintegrierte
+ hoher Komfortlevel
+ hochwertige Ausstattung
+ großzügiges Raumangebot
− hoher Preis
− oftmals Führerschein Klasse C1 erforderlich

Besonders geeignet für: 2–4 Personen je nach Modell

KAUFPREIS: ab ca. 60 000 €

Vollintegrierte gelten als „Königsklasse" unter den Reisemobilen und bieten einen hohen Komfort.

Sanitärbereich

Das Badezimmer im Wohnmobil, die sogenannte Nasszelle, umfasst als Basisausstattung ein Waschbecken, eine Duschmöglichkeit und eine Kassettentoilette. Deren Fäkalientank ist von außen zugänglich, um die Entsorgung zu vereinfachen. Die Bandbreite der Bauformen reicht vom Kompaktbad mit einer Grundfläche von nur 1m² bis zu komfortablen Raumbädern über die gesamte Fahrzeugbreite.

Bett

Längs-Einzelbetten bieten zwei getrennte Schlafplätze in Fahrtrichtung. Der Mittelgang erlaubt, oft in Verbindung mit Stufen, einen leichten Ein- und Ausstieg. So können die Reisepartner ins Bett gehen und aufstehen, ohne sich gegenseitig zu stören. Mit einem passgenauen Kissen lassen sich die Einzelbetten zu einem großen Doppelbett mit durchgehender Liegefläche umbauen.

Heckgarage

Die Anordnung des Schlafzimmers im Heck macht geräumige Heckgaragen möglich, in der sperriges Gepäck wie Campingmöbel und/oder Fahrräder bequem mitgenommen werden können. Erleichtert wird das Ein- und Ausladen, wenn die Heckgarage auf beiden Seiten über Türen verfügt.

Gasflaschenkasten

Als Energielieferant zum Heizen und Kochen dient Flüssiggas. Es wird sicher in einem Staukasten untergebracht, der üblicherweise Platz für zwei Gasflaschen bietet. Besonders komfortabel ist eine Umschaltautomatik, die von der leeren auf die volle Flasche wechselt. Ein Auszug erleichtert den Austausch der leeren Gasflasche.

Schnitt durch ein Wohnmobil **37**

Sitzgruppe
Die klassische Halbdinette bietet Platz für bis zu vier Reisende. Die Nutzung der um 180° in den Innenraum gedrehten Sitze des Fahrerhauses nutzt den vorhandenen Raum optimal aus. Aufgrund der kompakten Bauform ist diese Anordnung in Teilintegrierten und Kastenwagen weit verbreitet.

Basisfahrzeug
Die rollende Grundlage für den Wohnaufbau übernimmt ein Transporter. Bei Teilintegrierten und Alkovenmodellen bildet ein Fahrgestell samt Fahrerhaus des Autoherstellers die Basis. Vollintegrierte nutzen nur das Fahrgestell des Basisfahrzeugs. Der gesamte Aufbau inklusive des Fahrerhauses wird vom Wohnmobilhersteller gefertigt.

Küche
Ein Gaskocher mit zwei oder drei Flammen, eine Spüle und ein Kühlschrank, um verderbliche Lebensmittel frisch zu halten: Die Küchenzeile bietet auf kleinem Raum alles, was unterwegs zum Zubereiten von abwechslungsreichen und leckeren Speisen benötigt wird.

WOHNRAUMAUFTEILUNG

Wie sieht der perfekte Grundriss bei einem Wohnmobil aus? Soll es ein kuscheliges Doppelbett sein, braucht jeder sein eigenes Bett oder passen doch Stockbetten besser? Bei der Raumaufteilung haben Sie die sprichwörtliche Qual der Wahl aus einer Vielzahl an Möglichkeiten für die unterschiedlichsten Ansprüche. Dabei finden sich Grundrisse, die für zwei Personen optimiert sind ebenso wie Wohnmobile, die bis zu sechs mitreisenden Personen Platz bieten.

Die Suche nach dem am besten geeigneten Grundriss ist mühsam und letztendlich ist in gewisser Weise immer ein Kompromiss in die eine oder andere Richtung notwendig. Aber der Aufwand lohnt sich, und Sie sollten diese Entscheidung nicht auf die leichte Schulter nehmen, denn an der grundsätzlichen Gestaltung des Innenraums lässt sich im Nachhinein nicht mehr rütteln – sieht man einmal von Farbe und Muster der Sitzbezüge oder Gardinen ab.

Bettenarten

Gemütlich ins Bett kuscheln und nach einer erholsamen Nacht morgens ausgeruht und mit frischem Elan in den neuen Tag starten: Wer möchte das nicht? Folgerichtig nimmt für viele Reisemobilisten ein hoher Schlafkomfort zu Recht einen großen Stellenwert ein.

Grundanforderung an das Bett ist daher zunächst einmal eine ausreichend große Liegefläche, die weder zu schmal noch zu kurz sein darf. Das lässt sich am einfachsten durch Probeliegen herausfinden, was insbesondere groß gewachsenen Menschen zu empfehlen ist, denn wahrlich nicht jedes Bett im Reisemobil ist 2 m lang. Sich nur auf Datenblätter zu verlassen, ist auch riskant, denn angebliche 195 cm im einen Mobil können sich anders anfühlen als 195 cm im Konkurrenzprodukt.

Ansonsten dürfen Sie in aktuellen Reisemobilen einen guten Standard und hohen Liegekomfort erwarten. Man ruht bei den meisten Wohnmobilbetten auf einer Kaltschaummatratze, die relativ leicht, robust sowie für die Hersteller gut zu verarbeiten ist. Zudem stellt der offenporige Schaum eine gute Durchlüftung sicher. Den Unterbau bildet meist ein Lattenrost, weniger verbreitet oder nur gegen Aufpreis zu haben sind Tellerfedern. Wer mit der serienmäßigen Matratze nicht zufrieden ist, muss allerdings auf eine Maßanfertigung zurückgreifen, da die Bettenmaße in Reisemobilen nur selten dem Standard entsprechen.

Auf den ersten Blick nicht sofort ersichtlich, im Hinblick auf die Entscheidung für eine bestimmte Bettenart aber unbedingt zu berücksichtigen: Die gewählte Bettenkonstellation nimmt einen entscheidenden Einfluss auf den zur Verfügung stehenden Stauraum, da sich in vielen Fällen die Heckgarage darunter befindet.

Zudem wirkt sich die Art der Schlafgelegenheiten auf die Länge des Wohnmobils aus. Während Quer- und Längsbetten vergleichsweise wenig Platz beanspruchen und daher kompakte Fahrzeuge möglich machen, finden sich Einzelbetten oder Queensbetten erst in größeren Wohnmobilen ab einer Länge von 7 m aufwärts.

Besonders deutlich wird der enge Zusammenhang zwischen Fahrzeugtyp und Bettenart beim Alkovenmobil. Hier bestimmt der Aufbau die Bettenart, denn die Ausbuchtung über dem Fahrerhaus dient als Schlafkoje. Eine Absturzsicherung in Form eines Netzes ist dabei – wie für Etagenbetten auch – sehr zu empfehlen.

Blick in das Heck eines Teilintegrierten mit Französischem Bett und nebenanliegendem Sanitärbereich.

Das gilt insbesondere, wenn kleinere Kinder darin schlafen.

Heute haben sich im Heck des Fahrzeugs angeordnete Festbetten als Standard in Reisemobilen durchgesetzt. Es gibt sie, wie auf den folgenden Seiten dargestellt, in den unterschiedlichsten Varianten. Allen gemein ist aber der Vorteil, dass man sofort in die Federn schlüpfen kann. Umständliche Umbaulösungen, bei denen verschiedene Polster im Tetris-Stil zusammengepuzzelt werden müssen, um die Sitzgruppe in ein Bett zu verwandeln, gehören der Vergangenheit an und kommen höchstens noch zum Einsatz, um zusätzliche Schlafplätze für Gäste zu schaffen.

Eine komfortable Möglichkeit, um einen oder zwei zusätzliche Schlafplätze ohne aufwendiges Herrichten bereitzustellen, eröffnen Hubbetten. Sie sind in den meisten Fällen über der Sitzgruppe angeordnet und können bei Bedarf unkompliziert in die Schlafposition abgesenkt werden. Als alleinige Schlafmöglichkeiten stellen Hubbetten aber eher die Ausnahme dar.

Erholsamer Schlaf trägt erheblich zum Gelingen einer Reise bei und die gewählte Bettform sollte möglichst optimal zu den Schlafgewohnheiten der mitreisenden Passagiere passen.

Um Ihnen einen Überblick zu verschaffen und die Auswahl zu erleichtern, haben wir auf den folgenden Seiten alle heute üblichen Arten, Betten im Wohnmobil anzuordnen, aufgelistet und kurz mit Vor- und Nachteilen beschrieben. Außerdem können Sie sehen, für welchen Einsatzbereich und in welchen Aufbauformen die jeweilige Bettenart typischerweise zu finden ist.

Einzelbetten

Längs im Heck untergebrachte Einzelbetten sind eine häufig anzutreffende Bettform und bieten einen hohen Schlafkomfort. Sie sind oft sehr hoch angeordnet, um eine ausreichend große Heckgarage zu ermöglichen. Es gibt aber auch in der Höhe verstellbare Ausführungen, um zwischen hoher Heckgarage oder niedrigen Betten wählen zu können. Falls die mittig zwischen den Liegeflächen angeordneten Stufen für den Ein- und Ausstieg nicht benötigt werden, lassen sich die Betten in vielen Fällen durch einen zusätzlichen Mittelpolsterblock zu einer großen, durchgehenden Liegefläche erweitern. Je nach Grundriss kann es vorkommen, dass eines der Betten kürzer ausfällt, z. B. weil sich der Sanitärraum anschließt.

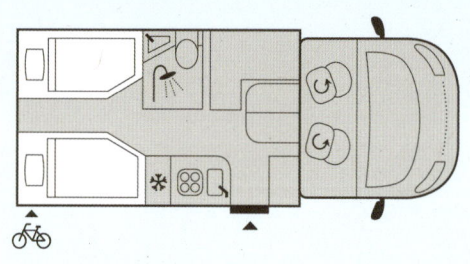

EINSATZBEREICH
Einzelbetten sind insbesondere bei Wohnmobilen für zwei Personen beliebt und in Kastenwagen, Teilintegrierten sowie Vollintegrierten anzutreffen.

+ komfortabler Zugang
+ oft zu großer Liegefläche erweiterbar
− bei hoher Ausführung eingeschränkte Kopffreiheit
− Kleiderschrank unter dem Fußende mitunter schwer zugänglich

Die Einrichtungsvariante mit zwei Einzelbetten verspricht unabhängigen Schlafkomfort gepaart mit einem guten Stauraumangebot.

Querbett

Das Querbett reicht über die gesamte Innenbreite des Fahrzeugs von meist 2,20 m. Diese Bettenart ist weit verbreitet in kompakten Teilintegrierten sowie Kastenwagen und bietet darunter einen großzügigen Stauraum. Nachteilig bei dieser Variante ist die eingeschränkte Zustiegsmöglichkeit. Das betrifft vor allem den hinteren Schläfer, der zwangsläufig über den vorderen Partner kraxeln muss, wenn er nachts aus dem Bett möchte.

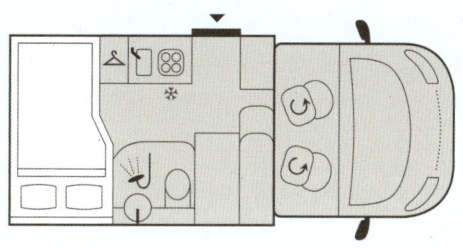

EINSATZBEREICH
Querbetten sind praktisch in jeder Aufbauform vertreten. Besonders beliebt sind sie bei Kastenwagen.

+ großzügige Liegefläche
+ großräumige Heckgarage möglich
+ geringe Fahrzeuglänge möglich
− eingeschränkter Zugang
− Abtrennung vom Wohnraum oft nur in Form eines Vorhangs
− eingeschränkte Kopffreiheit

Im Kastenwagen bleibt unter dem Querbett viel Stauraum fürs Gepäck. In Teilintegrierten findet hier eine geräumige Garage Platz.

Französisches Bett

Beim französischen Bett handelt es sich um ein klassisches Doppelbett, das üblicherweise in Längsrichtung auf einer Fahrzeugseite, mit dem Kopfteil an der Heckwand, eingebaut wird. Ähnlich wie beim Querbett ist der hintere, wandseitige Schlafplatz etwas schwerer erreichbar. Da nebenan fast immer das separate Sanitärabteil liegt, verjüngt sich die Liegefläche zum Fußende hin. Trotzdem fällt die Liegefläche in den meisten Fällen eher schmal aus. Die typische Breite beträgt 1,30 m.

+ einfacher Einstieg durch niedrige Höhe
+ in Kombination mit Seitenbad geringe Fahrzeuglänge möglich
+ offenes Raumgefühl
− eher schmale Liegefläche, die zum Fußende hin noch schmaler wird
− keine große Heckgarage über die gesamte Fahrzeugbreite möglich

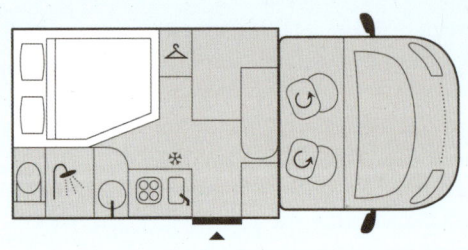

EINSATZBEREICH
Französische Betten sind in der Regel mit einem Längsheckbad direkt daneben kombiniert und daher gut für kompakte Reisemobile geeignet.

Weitere gängige Bezeichnungen für diese Bettenvariante sind Seitenbett oder Längsheckbett.

Queensbett

Das sogenannte Queensbett ist die dritte Variante des Doppelbetts. Es steht meist mit dem Kopfende an der Rückwand ausgerichtet mittig frei im Raum. Die Liegefläche misst zwischen 1,40 m und 1,50 m in der Breite und bis zu 2 m in der Länge. Die Liegefläche ist von beiden Seiten gut zugänglich und das abgerundete Fußende ermöglicht eine hohe Bewegungsfreiheit. So ist ein bequemer Ein- wie auch Ausstieg für beide Reisepartner möglich, ohne dass der andere gestört wird. Queensbetten sind oft in der Höhe verstellbar, um die Größe der Heckgarage anzupassen. Hoch genug für die Fahrradmitnahme sind diese aber nur in Ausnahmefällen.

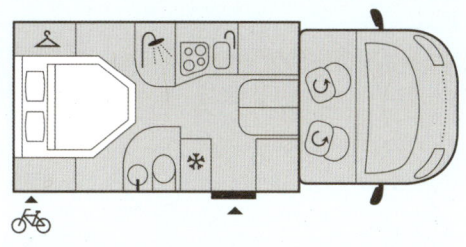

EINSATZBEREICH
Queensbetten sind aufgrund des hohen Platzbedarfs vor allem in größeren Reisemobilen mit vergleichsweise breitem Aufbau zu finden.

+ sehr guter Einstieg
+ je ein Kleiderschrank pro Seite
− hoher Platzbedarf
− oft vergleichsweise kurze Liegefläche
− verbleibender Platz für Heckgarage darunter begrenzt

Ein zentrales Bett an der Fahrzeugrückwand ist eine gute Wahl, wenn ein möglichst hoher Schlafkomfort gewünscht wird und maximale Stauraumkapazität oder kompakte Fahrzeugdimensionen eine untergeordnete Rolle spielen.

Stock- oder Etagenbett

Bei Stock- oder Etagenbetten handelt es sich niemals um die Hauptschlafstätte, sondern um eine praktische Ergänzung, die insbesondere bei Familien-Wohnmobilen sehr beliebt ist. Die beiden Liegeflächen sind üblicherweise quer an der Rückwand untergebracht und die Kinder erhalten so einen eigenen, abgeschlossenen Bereich im hinteren Teil des Mobils. Zur Erweiterung des Stauraums, lässt sich der untere Lattenrost oftmals hochklappen. Die Betten sind in der Regel für Kinder gedacht und für Erwachsene nur eingeschränkt nutzbar, denn üblicherweise liegt das zulässige Höchstgewicht bei 80 bis 90 kg.

+ praktisch für Nachwuchs/Gäste
+ unteres Bett zur Stauraumerweiterung oft umklappbar
− für Erwachsene nur eingeschränkt nutzbar
− bei Nutzung aller Schlafplätze wird Stauraum knapp

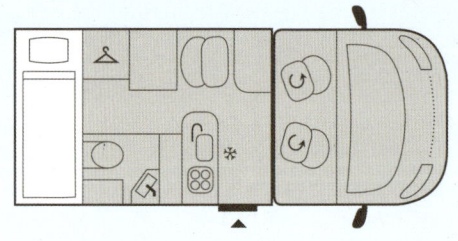

EINSATZBEREICH

Etagenbetten kommen üblicherweise in Familien-Wohnmobilen als Ergänzung zu einem Doppelbett (typischerweise im Alkoven) zum Einsatz.

Stockbetten im Heck ergeben einen separaten Bereich für den Nachwuchs. Wird nur ein Schlafplatz benötigt, entsteht durch Hochklappen der unteren Liegefläche ein großzügiger Stauraum.

Hubbett

Beim Hubbett handelt es sich um ein absenkbares Einzel- oder Doppelbett, das bei Nichtgebrauch unter der Fahrzeugdecke hängt, und zwar typischerweise über der Sitzgruppe bei Teilintegrierten oder im Fahrerhaus bei Integrierten. Es schafft gerade in kompakten Mobilen ein großzügiges Raumgefühl und wird häufig genutzt, um einen Teilintegrierten mit zwei zusätzlichen Schlafplätzen familientauglich zu machen. Hubbetten sind schnell einsatzbereit und schweben im komfortabelsten Fall elektrisch von der Decke in die Schlafposition. Allerdings wird die Stehhöhe über der Sitzgruppe je nach Fahrzeughöhe eingeschränkt und die gleichzeitige Nutzung von Bett und Sitzgruppe ist oftmals nicht möglich. Auch auf eine Dachluke für einen hellen Innenraum muss meist verzichtet werden.

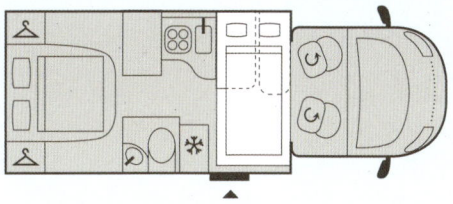

EINSATZBEREICH

Hubbetten dienen häufig als Zusatzbett. Stellen sie die alleinige Schlafmöglichkeit dar, so ergeben sich vielfältige Gestaltungsmöglichkeiten für den Innenraum, z. B. in Form einer Hecksitzgruppe oder einer großzügigen Küchenzeile.

+ platzsparendes, komfortables Bett
− eingeschränkte Stehhöhe
− kein Dachfenster für natürlichen Lichteinfall möglich

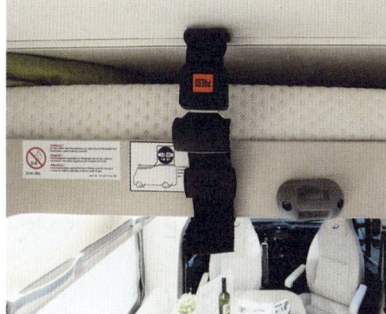

Hubbetten bieten eine komfortable Schlafmöglichkeit. Sie steht im Handumdrehen zur Verfügung und verschwindet tagsüber unter der Fahrzeugdecke.

Alkovenbett

Üblicherweise findet sich ein Doppelbett in der charakteristischen Schlafnische über dem Fahrerhaus, inzwischen bieten einige Hersteller aber auch zwei längs zur Fahrtrichtung angeordnete Einzelbetten im Alkoven an. Bei einigen Varianten lässt sich der Bettunterbau tagsüber nach oben klappen, um eine bessere Stehhöhe im vorderen Fahrzeugteil zu ermöglichen.

+ großzügige Liegefläche
− begrenzte Kopffreiheit, insbesondere im schrägen Teil des Alkoven
− Zustieg nur über Leiter
− bedingt eine große Fahrzeughöhe

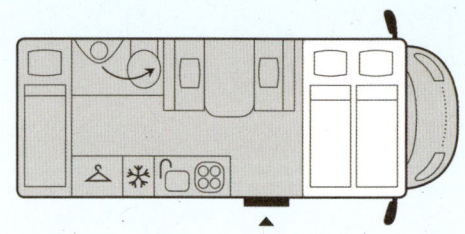

EINSATZBEREICH

Durch die Ausnutzung des Raumes über dem Fahrerhaus bleibt im Wohnraum Platz für weitere Betten. Daher erfreuen sich Alkovenmobile nach wie vor großer Beliebtheit bei Familien und in der Vermietung.

Wohnmobile mit Alkovenbett sind ein wahrer Klassiker der Reisemobilwelt und haben bis heute nichts von ihrem Charme verloren.

Üppiges Raumbad in einem Vollintegrierten

Bad

Am Sanitärbereich scheidet sich die Camperseele. Für die eine Fraktion ist das eigene Badezimmer an Bord unverzichtbar, die andere nutzt das Klo nur im Notfall und die Dusche allenfalls als zusätzlichen Stauraum, um nasse Surfklamotten zu trocknen.

Fakt aber ist: Eine mehr oder wenig umfangreiche Nasszelle gehört, abgesehen von einfachen Campingbussen, die sich in den meisten Fällen auf eine Außendusche beschränken, zur Standardausstattung eines Reisemobils.

Dabei ist es erstaunlich, wie das begrenzte Platzangebot die Konstrukteure zu immer neuen Innovationen antreibt. War noch vor einigen Jahren eine enge Nasszelle mit Waschbecken, Toilette und Duschvorhang weitverbreitet, so können Sie heute aus einer unglaublichen Vielfalt an Bädertypen wählen.

Das Angebot reicht von cleveren Raumsparlösungen für kompakte Fahrzeuge, bei denen die Toilette während des Duschens in einem Staufach hinter der Wand verschwindet, über Trennwände, die man mitsamt Waschbecken wegklappen kann, bis hin zu großzügigen Badezimmern mit separat zugänglicher Toilette und Dusche.

Die Ausstattung lässt in keinem Fall Wünsche offen und von der Duschkabine über Waschbecken, Spiegelschrank und Ablagen bis zur Kassettentoilette ist alles da, was man für die Körperpflege benötigt. Der Fäkalientank kann über ein von außen zugängliches Servicefach entnommen werden, um den Inhalt zu entsorgen.

Auf den folgenden Seiten finden Sie eine Übersicht der heute üblichen Badvarianten in Reisemobilen.

Seitenbad

Das Seitenbad liegt an der linken, seltener der rechten Seitenwand des Fahrzeugs zwischen Bett und Sitzgruppe. Es ist quasi Standard bei kompakten Wohnmobilen unter 7 m Länge sowie bei Kastenwagen. Die typische Ausstattung umfasst eine integrierte Duschkabine mit falt- oder klappbaren Spritzschutztüren (vereinzelt sind auch Vorhänge zu finden), ein Waschbecken sowie eine Toilette. Zur Erhöhung der Bewegungsfreiheit ist das Waschbecken oftmals klappbar oder die Toilettenschüssel drehbar. Seltener anzutreffen sind Toiletten, die in ein Staufach in der Garage geschoben werden müssen, um Platz fürs Duschen zu schaffen. In größeren Mobilen kann die Nasszelle etwas geräumiger ausfallen, sodass auch eine separate Dusche möglich ist.

+ geringer Platzbedarf
− eingeschränkte Bewegungsfreiheit

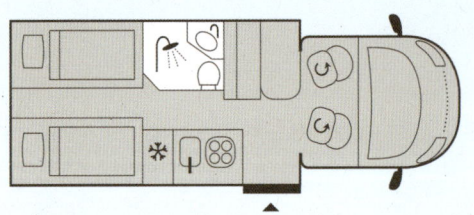

EINSATZBEREICH

Die kompakten Ein-Raum-Bäder sind in allen Aufbauklassen vertreten und richten sich an alle, die nicht regelmäßig an Bord duschen wollen. Mehr Platz bieten verwirrenderweise als „Raumbad" bezeichnete Konstruktionen, bei der der Mittelgang mithilfe einer Lamellentür zum Duschen ins Badezimmer einbezogen wird. Ein Durchgang nach hinten ist dann allerdings nicht mehr möglich; nicht zu verwechseln mit einem klassischen Raumbad (siehe Seite 51).

Kompakte Seitenbäder versuchen den optimalen Dreiklang aus geringem Platzbedarf, großzügigem Raumangebot und guter Alltagstauglichkeit zu finden.

Variobad oder Schwenkbad

Beim Vario- oder Schwenkbad handelt es sich um eine besonders platzsparende Form des Seitenbads. Das Herzstück bildet dabei eine Schwenkwand, an der auf der einen Seite das Waschbecken und auf der anderen Seite die Duscharmaturen montiert sind. So lässt sich der Raum mit einem Handgriff umbauen und zum Duschen wird die Wand, die dann zugleich als Spritzschutz dient, samt Waschbecken über die Toilette geschwenkt.

+ optimale Platzausnutzung
+ vollwertige Dusche mit minimalem Umbauaufwand
− Dusche und WC nicht unabhängig voneinander nutzbar
− nach dem Duschen Trockenwischen erforderlich, bevor die Toilette wieder genutzt werden kann

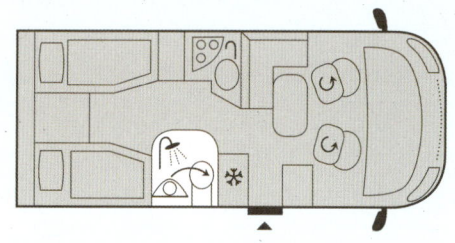

EINSATZBEREICH

Variobäder mit schwenkbarer Duschwand sind vor allem in Kastenwagen zu finden. Sie bieten sich für Camper an, die gelegentlich den Komfort einer eigenen Dusche beim autarken Stehen nutzen wollen, aber auch immer wieder mal den Sanitärbereich eines Campingplatzes aufsuchen.

Die schwenkbare Rückwand macht das Variobad extrem platzsparend. Allerdings steht man zum Zähneputzen und beim Gang auf die Toilette stets in der Duschwanne.

Längsheckbad

Das Längsheckbad tritt – wie bereits im Abschnitt „Betten" erwähnt – in der Regel im Zusammenspiel mit dem französischen Bett auf. Es ist schlauchförmig aufgebaut und üblicherweise ist zunächst der Waschtisch samt Spiegelschrank angeordnet, dann folgt die Toilette und schließlich am Ende die Duschkabine. Durch die Platzierung der Nasszelle an der Rückwand fehlt darunter allerdings der Platz für eine geräumige Heckgarage.

+ komfortabler Sanitärraum
− hoher Platzbedarf
− schränkt Raum im Schlafzimmer ein
− keine Heckgarage möglich

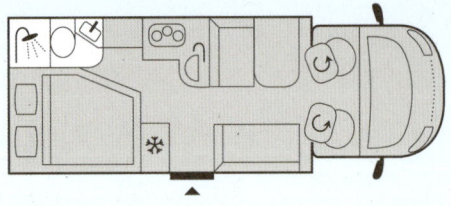

EINSATZBEREICH

Das Längsheckbad ergibt ein geräumiges Badezimmer mit getrennter Dusche und Toilette und wird aufgrund der platzsparenden Kombination mit dem Schlafzimmer nebenan vor allem in kurzen teilintegrierten Wohnmobilen eingesetzt. Durch den Wegfall der Heckgarage ist es aber eher selten anzutreffen.

Wer Wert auf ein möglichst komfortables Badezimmer legt und auf eine großzügige Heckgarage verzichten kann, ist mit dem Längsheckbad gut bedient.

Raumbad

Das Raumbad in seiner klassischen Form ist mehr formidables Badezimmer als spartanische Nasszelle. Es ist meist in der Fahrzeugmitte angeordnet und reicht über die gesamte Fahrzeugbreite. Dabei liegt die Duschkabine auf der einen und das WC mit Waschbecken und Toilette auf der gegenüberliegenden Seite, sodass beide Elemente bei Bedarf separat genutzt werden können. Zudem entsteht unter Einbeziehung des Mittelgangs und durch Schließen der Verbindungstüren nach hinten zum Schlafbereich sowie nach vorne ein zusammenhängendes, großflächiges Badezimmer, welches auch als „Ankleidezimmer" genutzt werden kann.

+ großzügige Bewegungsfreiheit
+ WC und Dusche unabhängig voneinander nutzbar
− hoher Platzbedarf
− beengter WC-Bereich bei separat geschlossener Tür

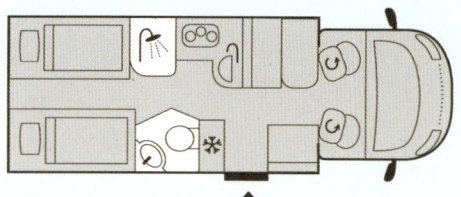

EINSATZBEREICH

Das Raumbad ist aufgrund des Platzbedarfs nur in größeren Wohnmobilen zu finden. Es ist die optimale Lösung für alle Reisemobilfahrer, die überwiegend autark reisen möchten und denen ein vollwertiges Badezimmer wichtiger ist, als kompakte Fahrzeugabmessungen. Auch bei manchem Kastenwagen findet sich die Bezeichnung „Raumbad". Hier meint es allerdings nur die Verlagerung des Duschbereichs in den Mittelgang.

Eigenständige Duschkabine und viel Platz: Den üppigen Bädern in den Wohnmobilen der Oberklasse mangelt es an nichts.

Heckquerbad

Eher selten anzutreffen ist das Querbad im Heck. Es findet sich oft in Kombination mit Einzelbetten in der Fahrzeugmitte. Durch den mittigen Zugang ist eine Erweiterung der beiden Liegeflächen zu einem großen Doppelbett nicht möglich. Die Nasszelle erstreckt sich über die gesamte Fahrzeugbreite und erlaubt, ähnlich wie das Raumbad, ein großzügiges Platzangebot mit separater Duschkabine und viel Bewegungsfreiheit bei der Körperpflege.

+ großzügiges Raumangebot
− hoher Platzbedarf
− keine Heckgarage möglich

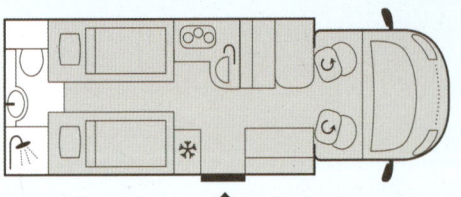

EINSATZBEREICH

Das Querbad im Heck ist vor allem in Teil- und Vollintegrierten der Mittelklasse zu finden. Es wendet sich in erster Linie an Reisemobilisten, denen ein vollwertiges Badezimmer mit komfortabler Duschmöglichkeit wichtiger ist, als ein Doppelbett.

Das Heckquerbad nutzt die komplette Fahrzeugbreite und bietet Platz für eine separate Duschkabine.

Im Wohnbereich sitzen zum Essen und Spielen alle gemütlich beieinander.

Sitzgruppe

Die Sitzgruppe bildet den zentralen Bereich eines jeden Wohnmobils und muss den unterschiedlichsten Aufgaben gerecht werden. Sie dient nicht nur zum Essen, sondern auch, um ein Buch zu lesen, beim Angucken der „Tagesschau" das Weltgeschehen im Blick zu behalten, mit den Kindern eine Partie „Mensch ärgere Dich nicht!" zu spielen oder am Ende eines erlebnisreichen Tages die Beine hochzulegen.

Gefragt ist daher neben einem hohen Maß an Komfort auch eine praktische Aufteilung. Je nach Wohnmobilart ist die Sitzgruppe für zwei bis maximal fünf Personen ausgelegt und es gibt ganz unterschiedliche Konzepte für die verschiedenen Ansprüche. Dabei gilt naturgemäß der Grundsatz: Je größer das Mobil, desto mehr und komfortablere Sitzplätze sind möglich. Besonders komfortable Rundsitzgruppen mit Loungeatmosphäre als Gipfel der Gemütlichkeit gibt es daher praktisch nur bei Vollintegrierten und Linern der Luxusklasse. Aber auch in kleineren Mobilen sind gemütliche Sitzgruppen möglich. Auf den folgenden Seiten finden Sie alle heute im Reisemobil üblichen Ausgestaltungen der Sitzgruppe.

Eine Volldinette mit vier Sitzplätzen findet sich vor allem in Alkovenmobilen.

Halbdinette

Bei der Halbdinette werden im Parkzustand die Fahrerhaussitze um 180° zum Tisch hin gedreht und in die Sitzgruppe integriert. Sie bietet Platz für bis zu vier Reisende und ist mit Abstand die häufigste Bauform. Die Halbdinette bezieht das Fahrerhaus mit in den Wohnraum ein, was sich positiv auf die Raumausnutzung, aber schlecht auf die Wärmeisolierung, auswirkt. Die gute Verstellbarkeit der Cockpitsitze erlaubt ein bequemes „Herumlümmeln".

+ gute Raumausnutzung
+ bequeme Fahrersitze mit zurückstellbarer Lehne
− unisoliertes Fahrerhaus
− Drehen der Fahrersitze erforderlich
− Tischplatte muss verlängert werden, um gut vom Beifahrersitz erreichbar zu sein

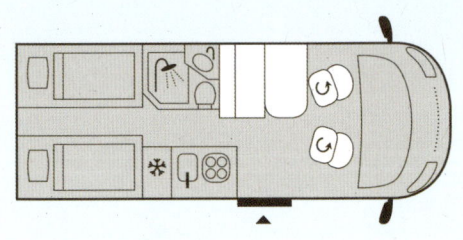

EINSATZBEREICH
Durch die optimale Raumausnutzung sind Halbdinetten in allen Aufbauformen vom Campingbus bis zum Integrierten zu finden.

Durch Einbeziehen der gedrehten Fahrerhaussitze erweist sich die Halbdinette als besonders platzsparend und bietet dennoch ein komfortables Raumgefühl im Wohnbereich.

Volldinette

Die (Voll-)Dinette umfasst zwei gegenüberliegende Sitzbänke um einen dazwischen liegenden Tisch. Diese Form hat ihren Ursprung in den Alkovenmobilen früher Tage, ist heute aber kaum noch verbreitet. Durch Absenken des Tisches und zusätzliche Polster lässt sich die Dinette zu einem (Gäste-)Bett umbauen. Die Kästen unter den Sitzbänken werden als Stauraum, z. B. für die Tanks, genutzt. Ein besonders üppiges Sitzangebot bietet die Doppeldinette mit der Erweiterung um zwei gegenüberliegende Sitze nebenan.

+ bis zu sechs vollwertige Sitzplätze
+ kein Drehen der Fahrersitze erforderlich
+ beim Wintercamping gute Abschottung des Fahrerhauses möglich
− Platz im Fahrerhaus wird nicht genutzt

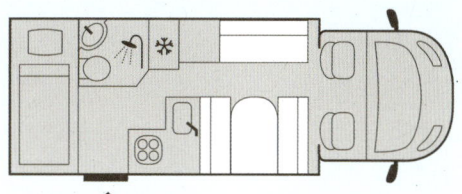

EINSATZBEREICH
Die als Dinette ausgeführte Anordnung der Sitzgruppe ist praktisch nur in Alkovenmobilen anzutreffen. Eine zusätzliche, in Längsrichtung angeordnete Sitzbank schafft Platz für Gäste, z. B. für die gemütliche Spielerunde am Abend.

Bei der klassischen Volldinette bleibt der Platz im Fahrerhaus ungenutzt.

L-Sitzgruppe

Bei der L-Sitzgruppe handelt es sich um die Erweiterung der Halbdinette, bei der die in Fahrtrichtung ausgerichtete Sitzbank um einen seitlichen Schenkel ergänzt wird. Dieser eignet sich in erster Linie zum Hochlegen der Füße, weniger als vollwertiger Sitzplatz, und falls die beiden Gurtplätze benötigt werden, muss die kurze Seite umständlich um- bzw. abgebaut werden.

+ gemütlich bei Zwei-Personen-Besatzung
− hoher Platzbedarf
− kleinerer Tisch

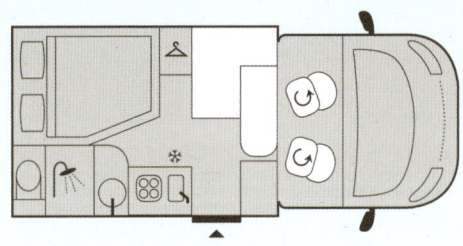

EINSATZBEREICH
Die L-Sitzgruppe ist vor allem bei Teilintegrierten, die sich an Paare richten, verbreitet. Durch die erforderlichen Umbauarbeiten ist sie für Familien mit mitreisenden Kindern weniger gut geeignet.

Ein L-förmiges Sofa beansprucht zwar etwas mehr Platz, verspricht dafür aber gesteigerte Gemütlichkeit.

Längssitzgruppe

Die Längssitzgruppe, nomen est omen, umfasst zwei Längssitzbänke, d h., quer zur Fahrtrichtung und parallel zu den Seitenwänden des Fahrzeugs ausgerichtete Sitzflächen. Der große Vorteil: Ist man zu zweit unterwegs, kann man während einer kürzeren Pause gemütlich Platz nehmen, ohne dass die Fahrerhaussitze gedreht werden müssen. Sollen dagegen drei oder vier Personen mitfahren, müssen die Längsbänke mehr oder weniger aufwendig zu zwei Gurtplätzen in Fahrtrichtung umgebaut werden.

+ gemütlich
+ bei Pausen kein Drehen der Fahrerhaussitze erforderlich
+ offeneres Raumgefühl
− schränkt Durchgangsmöglichkeit nach vorne ein

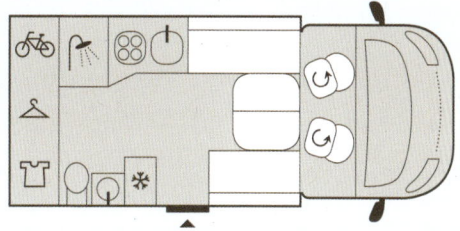

EINSATZBEREICH
Längssitzgruppen sind insbesondere in teilintegrierten Wohnmobilen für zwei Personen beliebt. Für vierköpfige Familien ist diese Anordnung weniger praktisch.

Das Ensemble mit großzügigen Längsbänken bietet Platz für bis zu sechs Personen. Der mittige Tisch erschwert allerdings den Durchgang ins Fahrerhaus. Und bei mehr als zwei Reisenden müssen die Längsbänke zu Gurtsitzplätzen umgebaut werden.

Barsitzgruppe

Bei der Barsitzgruppe gruppieren sich eine L-förmigen Sitzbank oder ein weiterer drehbarer Pilotensitz, eine seitlich angeordnete Längssitzbank sowie die umgedrehten Fahrersitze um den Tisch. Sie ist quasi die erweiterte Luxus-Ausgabe der Standardsitzgruppe.

+ gemütliche, großzügige Sitzgruppenanordnung
+ wohnliches Raumgefühl
− hoher Platzbedarf

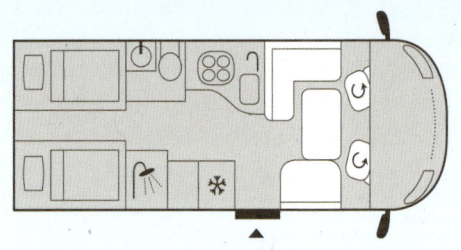

EINSATZBEREICH

Barsitzgruppen ergeben einen gemütlichen, großzügigen Wohnbereich, sind aufgrund des hohen Platzbedarfs aber praktisch nur in großen Integrierten oder Linern möglich.

Luxuriöse Barsitzgruppen sind vor allem in den Reisemobilen der Oberklasse zu finden.

Rundsitzgruppe im Heck

Die Rundsitzgruppe im Heck war für Jahrzehnte ein Klassiker in Alkovenmobilen und feiert seit ein paar Jahren ein Comeback bei den Vollintegrierten. Ihre Stärke ist die auf den ersten Blick ersichtliche wohnliche Gemütlichkeit mit großzügigen Sitzmöglichkeiten, da die volle Fahrzeugbreite ausgenutzt werden kann. Zudem ist die Sitzgruppe beim Reisen in der kalten Jahreszeit weit vom kältempfindlichen Fahrerhaus entfernt.

+ behagliches Wohngefühl
+ viele Sitzmöglichkeiten
+ kann mit (kleiner) Heckgarage kombiniert werden
− nicht immer Gurtplätze für den Fahrbetrieb möglich, und wenn, dann weit von den Fahrersitzen entfernt

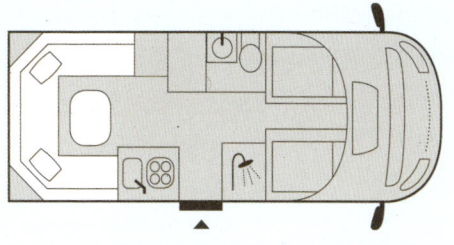

EINSATZBEREICH
Die Hecksitzgruppe richtet sich vor allem an Reisende, denen behagliches Wohnen wichtiger ist, als ein Festbett. Sie wird in der Regel mit einem Bett im Alkoven oder mit einem Hubbett bei Teilintegrierten kombiniert.

Erst seit ein paar Jahren wieder in Mode: Die im Halbkreis angeordnete Hecksitzgruppe verspricht eine besonders gemütliche, wohnliche Atmosphäre.

Geräumige Küche in einem Vollintegrierten

Küche

Das bekannte Sprichwort „Essen hält Leib und Seele zusammen" gilt ohne Frage auch im Urlaub und so fällt der Ausgestaltung des Küchenblocks im Reisemobil eine bedeutende Aufgabe für das Gelingen des Urlaubs zu, zumindest wenn selbst gekocht und nicht nur in Restaurants eingekehrt werden soll.

Kleinster gemeinsamer Nenner für die „Kombüse" in der rollenden Ferienwohnung sind dabei Schränke/Schubladen, Arbeitsfläche, Kühlschrank, Spüle und Kochstelle. Die Unterschiede zwischen den einzelnen Küchenlösungen betreffen vor allem die Abmessungen von Arbeitsfläche und Spüle sowie die technische Ausstattung. So sind beispielsweise in Kastenwagen eher kleinere Kühlboxen verbreitet, wohingegen sich in größeren Wohnmobilen nicht selten riesige Tower-Kühlschränke mit separatem Gefrierfach finden lassen. Nach oben hin sind praktisch alle Features der modernen Küchentechnik von Backofen über Mikrowelle und Dunstabzugshaube (eine einfache Dachluke erfüllt den Job in der Regel aber mindestens genauso zuverlässig) bis hin zu Espresso- oder sogar Spülmaschine erhältlich und letztendlich nur eine Frage des (Auf-)Preises.

Fast wichtiger als die jeweilige Bauform ist der praktische Nutzwert der Küche. So sind beispielsweise die unter der Arbeitsfläche angeordneten Elemente nur schwer zugänglich und die Arbeit in der Küche fällt deutlich einfacher, wenn zumindest der Kühlschrank etwas erhöht oder – noch besser – auf der gegenüberliegenden Seite untergebracht ist. Problematisch sind auch weite Schubladenauszüge. Hier sollten Sie bei der Besichtigung prüfen, inwieweit sich die Schublade öffnen lässt, wenn man direkt davorsteht. Achten Sie außerdem darauf, dass es mindestens ein ausreichend hohes Schrankfach bzw. einen entsprechenden Schubladenauszug gibt, damit angebrochene Flaschen senkrecht gelagert werden können.

In aktuellen Grundrissen finden sich die folgenden Varianten für den Küchenblock:

Wohnraumaufteilung

Längsküche

Die Längsküche umfasst eine Küchenzeile, die üblicherweise seitlich an der Wand in der Fahrzeugmitte zwischen dem Schlafbereich hinten und der Sitzgruppe vorne untergebracht ist. Geschirr und Nahrungsmittel finden ausreichend Stauraum in den Schubladen unter- und in den Hängeschränken oberhalb. In Kastenwagen wird die Küchenzeile meist gegenüber der Sitzgruppe vor der seitlichen Schiebetür angeordnet, was einen einfacheren Zugriff ermöglicht, wenn im Freien serviert und gespeist werden soll.

+ Größe der Arbeitsfläche hängt von der Fahrzeuglänge ab
+ praktisch ist eine bei Bedarf ausklappbare Erweiterung
+ gutes Stauraumangebot in Schubladen und Hängeschränken
− recht hoher Platzbedarf

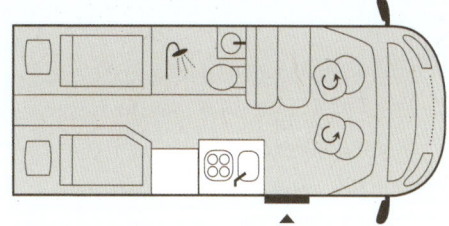

EINSATZBEREICH

Die Längsküche bietet ausreichend Raum für die komfortable Essenszubereitung und ist ideal für Reisemobilisten, die sich nicht an einer größeren Fahrzeuglänge stören oder bereit sind, in anderen Bereichen wie dem Sanitärraum Abstriche zu machen.

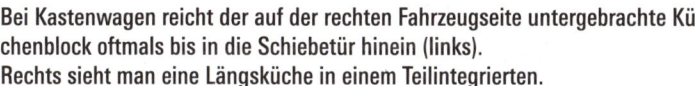

Bei Kastenwagen reicht der auf der rechten Fahrzeugseite untergebrachte Küchenblock oftmals bis in die Schiebetür hinein (links).
Rechts sieht man eine Längsküche in einem Teilintegrierten.

L- oder Winkelküche

Die L- oder Winkelküche findet sich üblicherweise direkt hinter der (Halb-)Dinette und unterscheidet sich von der Längsküche durch eine seitlich in den Mittelgang ragende Arbeitsfläche. Diese Anordnung beansprucht weniger Platz in der Länge und beim Arbeiten ist alles in Griffweite.

+ ergonomische Anordnung und gute Bewegungsfreiheit
− vergleichsweise kleine Arbeitsfläche

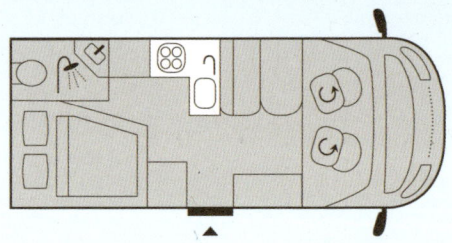

EINSATZBEREICH
Winkelküchen überzeugen durch eine gute Raumausnutzung und ergonomische Anordnung der einzelnen Elemente. Sie sind gut geeignet für alle Köche, die auf eine große Arbeitsfläche verzichten können.

Eine klapp- oder drehbare Erweiterung schafft die dringend benötigte zusätzliche Arbeitsfläche.

Querküche im Heck

Die Querküche im Heck kann sowohl als gerade Küchenzeile wie auch als Küchenblock mit abgewinkelter Spüle oder Arbeitsfläche ausgeführt sein. Diese Küchenart ist über die Jahre etwas in Vergessenheit geraten und eigentlich nur noch in Alkovenmobilen zu finden.

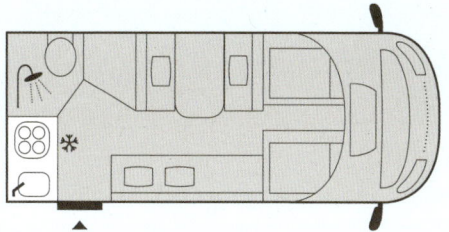

+ platzsparende Anordnung
− Einschränkungen bei Arbeitsfläche und Stauraum
− keine große Fahrradgarage möglich
− Sicherheitsaspekt: Türen und Auszüge können beim Aufprall öffnen

EINSATZBEREICH
Heckküchen sind inzwischen eine echte Rarität und nur noch in wenigen Grundrissen zu finden. Sie sind gut geeignet, wenn der Fokus mehr auf einer geräumigen Küche und weniger auf großen Betten und einer geräumigen Fahrradgarage liegt.

Einst gängiger Standard, heute fast komplett von der Bildfläche verschwunden: Die an der rückseitigen Fahrzeugwand untergebrachte Heckküche zeichnet sich durch eine gute Raumausnutzung aus.

EIN WOHNMOBIL MIETEN

Drum miete, wer sich ewig bindet: Gerade Wohnmobil-Einsteiger sollten diesen Ratschlag in Anlehnung an ein bekanntes Schiller-Zitat beherzigen. Wenn Sie noch nie im Wohnmobil Urlaub gemacht haben, ist es in jedem Fall eine gute Idee, für die allererste Reise ein Wohnmobil zu mieten. So lässt sich ohne großes finanzielles Risiko herausfinden, ob einem diese Reiseform überhaupt zusagt und ob das gewählte Wohnmobil wirklich den eigenen Vorstellungen entspricht.

ARGUMENTE FÜR UND GEGEN DIE MIETE

Für den Traum vom eigenen Wohnmobil müssen Sie tief in die Tasche greifen. Für ein Mittelklassemodell werden zwischen 50 000 € und 80 000 € fällig. Nach oben hin – Stichwort „Luxusliner" – kennt die Investitionssumme praktisch keine Grenzen und selbst ältere Gebrauchte sind kaum unter 20 000 € zu haben. In vielen Fällen kann die Miete des Urlaubsgefährts auch dauerhaft eine sinnvolle Alternative zum Kauf sein. Bei der Abwägung zwischen Kauf und Miete spielen aber neben finanziellen Aspekten auch emotionale Faktoren eine entscheidende Rolle.

Die folgenden Seiten geben Ihnen die wichtigsten Kriterien an die Hand, um zu entscheiden, ob der Kauf oder die Miete für Sie die cleverere Lösung darstellt. Für den Fall, dass Sie sich für die Fahrzeugmiete entscheiden, finden Sie Hinweise dazu, wie sich ein guter Vermieter finden lässt und was es sonst noch alles zu beachten gibt, damit der Urlaub im Mietmobil gelingt.

Herausfinden, ob einem die Urlaubsform überhaupt liegt

Auch wenn die Branche nicht müde wird, immer neue Verkaufserfolge zu verkünden und das Verreisen mit dem Wohnmobil viele Vorzüge bietet: Ein solcher Urlaub ist ganz bestimmt nicht jedermanns Sache. Die üppigen Abmessungen des Gefährts beim Fahren auf engen Straßen, das Zusammenleben auf begrenztem Raum und nicht zuletzt die ungeliebte Entsorgung der Chemietoilette sind nur einige der Punkte, an denen der schöne Wohnmobiltraum einem Realitätscheck unterzogen wird. Ein überzeugter Camping-Hasser sind Sie sicherlich nicht, sonst würden Sie wohl kaum dieses Buch in den Händen halten. Als Wohnmobil-Neueinsteiger ist es aber dennoch ratsam, diese Urlaubsform zunächst einmal auszuprobieren.

Die Miete eines Wohnmobils ist ideal für den ersten Roadtrip bei überschaubaren Kosten. So lässt sich ganz ungezwungen herausfinden, ob die mobile Freiheit im Wohnmobil Ihnen wirklich zusagt. Falls nicht, brauchen Sie nicht lange zu hadern und können im nächsten Jahr einfach einmal einen Urlaub im Caravan ausprobieren oder wieder einer festen Unterkunft den Vorzug geben – über eine schmerzhafte Fehlinvestition brauchen Sie sich ja nicht zu ärgern.

Ausprobieren, ob eine bestimmte Bauart zu den eigenen Vorstellungen passt

Wie Sie bereits im ersten Kapitel gesehen haben, gibt es eine Vielzahl an unterschiedlichen Wohnmobiltypen – und dieses Buch hilft Ihnen bei der Vorauswahl eines zu Ihren Ansprüchen passenden Modells. Durch den Besuch einer Caravanmesse können Sie die Vor- und Nachteile der unterschiedlichen Fahrzeugarten wie Campingbus, Teilintegrierter oder Alkovenmobil persönlich in Augenschein nehmen und eine Probefahrt beim Händler vor Ort gewährt einen ersten Praxiseindruck in das Handling des Wunschfahrzeugs. Ob das gewählte mobile Zuhause aber wirklich perfekt zu Ihren Vorstellungen passt, zeigt sich letztendlich erst unter realen und vor allem wechselnden Bedingungen im Laufe einer längeren Tour.

Während sich das Werbeversprechen der Hersteller, der Umbau der Sitzgruppe zum Bett

Argumente für und gegen die Miete

sei „mit wenigen Handgriffen" erledigt, noch relativ einfach auf dem Hof des Händlers überprüfen lässt, wird erst im täglichen Camping-Alltag deutlich, ob Sie von der ständigen Bettenbauerei auf Dauer doch so genervt sind, dass feste Schlafplätze, die ganz ohne Handgriffe auskommen, vielleicht die bessere Lösung wären.

Kleinere Defizite im Grundriss lassen sich bei strahlend blauem Himmel leicht kaschieren, da das Camperleben zu großen Teilen an der frischen Luft stattfindet. Bei ergiebigem Dauerregen wird dagegen schnell deutlich, ob die gewählte Raumaufteilung dem Einzelnen genug Rückzugsmöglichkeiten bietet und es beispielsweise erlaubt, dass gekocht wird, während der übrige Teil der Besatzung in der Sitzgruppe liest oder spielt. Also: Am besten im Urlaubsalltag ausprobieren, ob ein bestimmter Wohnmobiltyp wirklich zu einem passt.

INFO — SPARTIPP
Wenn Sie ein Wohnmobil bereits mit einer Kaufabsicht im Hinterkopf mieten, lohnt es sich, nach einem Händler/Vermieter Ausschau zu halten, der den Mietpreis später teilweise auf den Kaufpreis anrechnet.

Es lassen sich laufende Kosten sparen

Zu den hohen Anschaffungskosten eines eigenen Wohnmobils addieren sich zwangsläufig laufende Kosten. Zwar ist auch die Miete eines Wohnmobils nicht gerade günstig (mehr dazu

Ein Campingurlaub verspricht einmalige Naturerlebnisse, ist aber nicht jedermanns Sache.

später in diesem Kapitel ab Seite 73), aber immerhin müssen Sie nur zahlen, wenn Sie das Wohnmobil wirklich nutzen. Über wiederkehrende Zahlungen für Versicherung, TÜV, Steuer, Unterhalt und Verschleißteile wie Reifen, Batterien brauchen Sie sich als Wohnmobilmieter dagegen keine Gedanken zu machen. Auch die Suche nach einer geeigneten und unter Umständen mit weiteren Kosten verbundenen Abstellmöglichkeit (besonders problematisch für Stadtbewohner) oder einem Hallenstellplatz für den Winter entfällt.

Angesicht der hohen Anfangsinvestition und beträchtlichen Folgekosten stellt sich die Frage, wann sich ein eigenes Wohnmobil eigentlich „lohnt". Dazu ist zunächst ein detaillierter Blick auf die laufenden Kosten erforderlich. Allerdings spielen dabei eine Reihe individueller Faktoren eine Rolle. So hängt beispielsweise das Intervall der Hauptuntersuchung vom Gesamtgewicht des Fahrzeugs ab (alle zwei Jahre bei Fahrzeugen unter 3,5 Tonnen, jährlich bei Fahrzeugen über 7,5 Tonnen sowie bei Reisemobilen zwischen 3,5 und 7,5 Tonnen ab dem siebten Zulassungsjahr). Die Höhe der Kfz-Steuer bemisst sich nach Fahrzeugart, zulässigem Gesamtgewicht sowie Abgasnorm, und für die Versicherungsprämie macht es einen Unterschied, ob Sie sich für Voll- oder Teilkasko entscheiden. Und wann ein neuer Satz Reifen fällig wird, hängt ganz entscheidend von der Laufleistung ab.

Die folgende Musterrechnung dient daher zur ersten Orientierung. Sie geht von stark verallgemeinerten jährlichen Kosten aus, die im persönlichen Einzelfall deutlich nach oben oder unten abweichen können:

Kfz-Versicherung (Vollkasko)	1 000 €
Kfz-Steuer	320 €
TÜV (120 € alle 2 Jahre)	60 €
Gasprüfung (80 € alle 2 Jahre)	40 €
Inspektion/Reparatur	700 €
Gesamt	**2 090 €**

Für eine realistische und faire Beurteilung sollte darüber hinaus der Wertverlust des eigenen Fahrzeugs in die Berechnung mit einbezogen werden. Gerade bei Wohnmobilen ist der Wertverlust allerdings nur äußerst schwierig zu ermitteln, und die hohe Nachfrage der vergangenen Jahre hat auch die Preise auf dem Gebrauchtmarkt stark in die Höhe getrieben. Gehen wir für das Beispiel der Einfachheit halber von einem Kaufpreis von 60 000 € für ein Reisemobil der Mittelklasse und einem durchschnittlichen Wertverlust von 5 % pro Jahr aus, somit ergibt sich ein rechnerischer Wert von 3 000 €. Selbstverständlich fällt der Wertverlust in den ersten Jahren höher aus und nimmt mit zunehmendem Fahrzeugalter ab, allerdings steigen dafür im Gegenzug auch die Reparaturkosten.

Gut lachen hat angesichts der hohen Kosten nur, wer ein eigenes Wohnmobil regelmäßig nutzt.

Summe laufende Kosten	2 090 €
Wertverlust pro Jahr	3 000 €
Gesamt	**5 090 €**

Die jährlichen Kosten des Wohnmobils summieren sich somit auf eine stattliche Summe – ohne dass man einen einzigen Kilometer damit gefahren ist!

Stellt man diesen Kosten des gekauften Wohnmobils einen typischen Tagesmietpreis in Höhe von 160 € für ein Mittelklassemodell während der Hauptsaison gegenüber, zuzüglich einer einmaligen „Servicepauschale" von 130 €, wie sie bei vielen Vermietern fällig wird, so ergibt sich daraus folgende Rechnung:

Argumente für und gegen die Miete | 69

Die meisten Vermieter haben immer neue Fahrzeuge mit der aktuellen Technik am Start.

Abzug der Servicepauschale	5 090 € – 130 €
typischer Tagesmietpreis	/ 160 €
Mietdauer	31 Tage

Nüchtern betrachtet und rein rechnerisch gesehen, lohnt sich das eigene Wohnmobil also erst, wenn Sie es im Jahr an mehr als vier Wochen nutzen! Dabei gilt es zu bedenken, dass diese Faustregel aus den eingangs erwähnten Gründen zum einen nur sehr grob sein kann und zum anderen natürlich nur die rein ökonomischen Aspekte berücksichtigt. Zudem ist es ein bisschen wie der berüchtigte Vergleich von Äpfeln mit Birnen, denn wenn das eigene Wohnmobil erst einmal vor der Tür steht, werden Sie es mit hoher Wahrscheinlichkeit auch häufiger nutzen und zum Beispiel kurzfristig zu einer Fahrt ins Wochenende aufbrechen.

Aktuelle Fahrzeuge in gutem Zustand

Die großen, überregionalen Anbieter starten in der Regel mit einer runderneuerten Flotte in die neue Saison. Nach zwei Jahren ist fast immer Schluss, die Fahrzeuge sind also immer nur ein paar Wochen oder Monate alt. Somit kommen Sie stets in den Genuss einer aktuellen Fahrzeugflotte und fahren die neuesten, am Markt verfügbaren Modelle mit moderner Ausstattung. Da der Fuhrpark zudem stets überprüft und gut gewartet wird, reduziert sich das Risiko eines Defekts im Urlaub auf ein Minimum.

Geringerer Aufwand

Als Wohnmobilbesitzer müssen Sie sich dagegen nicht nur um die regelmäßige Wartung des Fahrzeugs kümmern, sondern auch dessen Reinigung in die eigenen Hände nehmen. Während sich das Putzen im Mietmobil auf eine Endreinigung beschränkt, von der Sie sich bei Bedarf durch die Zahlung einer Extragebühr sogar freikaufen können, erfordert die Instandhaltung eines eigenen Reisemobils einen nicht unerheblichen, sowohl finanziellen wie auch zeitlichen Aufwand. So muss beispielsweise zusätzlich zur „normalen" Säuberung des Innenraums auch der Wassertank in regelmäßigen Abständen – mindestens aber einmal im Jahr – intensiv gereinigt und desinfiziert werden und von Zeit zu Zeit benötigt auch die Chemietoilette eine Frischekur. Und wenn das Wohnmobil nur den Sommer über genutzt

Mit dem Mietfahrzeug ins Ausland?

Bei den großen, gewerblichen Anbietern sind Reisen ins europäische Ausland in der Regel ohne Probleme möglich. Allerdings sind einzelne Länder wie z. B. die Balkanstaaten ausgenommen. Fahrten in Länder außerhalb Europas sind dagegen aus versicherungsrechtlichen Gründen meist nicht möglich, und wer Grenzübertritte mit dem Mietmobil plant, sollte vor der Buchung die Rahmenbedingungen ganz genau studieren und das Vorhaben mit dem Vermieter im Vorfeld abklären.

wird, muss es für die Überwinterung vorbereitet werden. Die Liste ließe sich praktisch beliebig erweitern, denn zu tun gibt es eigentlich immer etwas am eigenen Wohnmobil.

Lange Anreisen werden vermieden

Ob Polarlichtzauber im fernen Lappland oder die Winterflucht in den sonnigen Süden – auch bei einer Wohnmobiltour ist nicht immer nur der Weg das Ziel. Gerade, wenn die zur Verfügung stehende Urlaubszeit knapp bemessen ist, kann daher die Wohnmobilmiete vor Ort in Verbindung mit einer Fluganreise interessant werden. Das gilt natürlich umso mehr, je weiter entfernt das Reiseziel liegt. Bei Fernzielen in Übersee, sei es der Roadtrip auf der Route 66 quer durch die USA oder eine Entdeckungsreise auf den Spuren des „Herrn der Ringe" in Neuseeland, ist die Miete bei einem Anbieter vor Ort oftmals die einzige praktikable Möglichkeit für eine Wohnmobilreise, sieht man einmal von der eher aufwendigen und teuren Verschiffung des eigenen Mobils ab. Vor allem in Nordamerika, aber auch in Australien und Neuseeland können Sie aus einem breiten Angebot wählen. Selbst Afrika und weithin unbekannte Reiseziele wie z. B. Japan lassen sich mit dem Mietcamper entdecken. Vergleichsweise und vor allem im Verhältnis zur Größe des Kontinents gesehen eher beschränkt ist das Angebot dagegen in Südamerika. Hier sind nur wenige Vermieter aktiv.

Die Küste der Algarve ist bei Wohnmobilisten beliebt. Wem die Anreise in den Süden zu weit ist, kann sich vor Ort einen Camper mieten.

Nur Vorteile? Das spricht dagegen

Die vorangegangenen Seiten haben eine ganze Reihe von guten Argumenten geliefert, die für das Mieten eines Wohnmobils sprechen. Wenn Sie aber Gefallen am Verreisen mit dem Wohnmobil gefunden haben und häufiger unterwegs sein wollen, werden Sie früher oder später an den Punkt kommen, an dem Sie ein Wohnmobil ihr Eigen nennen wollen. Dabei sind es vor allem zwei Gründe, die bei gesteigerter Reiselust gegen die Wohnmobilmiete und für den Kauf sprechen.

Beim Mieten geht die Spontanität verloren

Das Wochenende steht vor der Tür und die Sonne lacht? Als stolzer Wohnmobilbesitzer können Sie sich am Freitagnachmittag direkt nach dem Feierabend hinter das Steuer klemmen und in den Kurzurlaub starten. Gerade diese Spontanität ist eine der unübertroffenen Vorzüge des Wohnmobils, ja vielleicht sogar seine besondere Stärke schlechthin. Bei der Wohnmobilmiete geht leider genau diese Leichtigkeit verloren. Gerade während der Ferienzeiten sind die Wohnmobile schnell ausgebucht und die meisten Vermieter schreiben zudem je nach Saisonzeit eine Mindestmietdauer zwischen fünf und 14 Tagen vor, sodass man kaum spontan ins verlängerte Wochenende starten kann.

Aber selbst, wenn Sie Glück haben und spontan ein passendes, freies Mietmobil finden, geht durch Buchung, Anfahrt zum Vermieter und Übergabe viel wertvolle (Frei-)Zeit verloren. Anschließend muss das Mietmobil dann zusätzlich noch eingeräumt werden, während beim eigenen Mietmobil die wichtigsten Dinge wie Geschirr oder Bettzeug in der Regel bereits an Bord vorhanden sind. Ganz zu schweigen davon, dass sich das gesamte Prozedere am Ende der Reise in umgekehrter Reihenfolge wiederholt.

Eigener Herd ist Goldes wert

Der zweite Punkt ist in erster Linie emotional geprägt und dreht sich um die Frage, welchen Stellenwert Eigentum für Sie persönlich einnimmt. Gemeint ist damit nicht das Wohnmobil als Statussymbol, sondern vielmehr die Tatsache, dass Sie ein Mietmobil so hinnehmen müssen, wie es ist. Zwar ist die Fahrzeugflotte der Vermieter sehr breit aufgestellt und umfasst das ganze Spektrum vom einfachen Campervan bis zum Premiummobil, sodass sich für jeden Geschmack und jede Urlaubsform – egal ob Städtereise zu zweit oder Strandurlaub mit der (Groß-)Familie – das passende Gefährt finden lässt, die völlig freie Auswahl in Sachen Dekore, Polsterstoffe und Ausstattungsdetails haben Sie aber nur beim Kauf eines eigenen Reisemobils. Zudem sind auch dauerhafte, individuelle Optimierungen bei einem Mietmodell selbstverständlich nicht möglich.

Fazit

Wenn Sie sich noch nicht sicher darüber sind, ob ein Wohnmobilurlaub überhaupt Ihr „Ding" ist, dann ist der Grundsatz „Erst mieten, dann kaufen" eine sehr empfehlenswerte Vorgehensweise. Darüber hinaus eröffnet die Wohnmobilmiete Neueinsteigern eine nicht zu unterschätzende Hilfestellung bei der Kaufentscheidung, da die Stärken und Schwächen der unterschiedlichen Fahrzeugmodelle und -typen bei einem ausgiebigen Praxistest im Urlaub

Vor- und Nachteile

Die Vor- und Nachteile für die Fragestellung „Wohnmobil mieten oder kaufen" im übersichtlichen Vergleich

Wohnmobilmiete		Wohnmobilkauf
+	Höhe der Anfangsinvestition und laufende Kosten	−
−	Zeitliche Unabhängigkeit beim Verreisen	+
−	Möglichkeiten zu spontanen Wochenendausflügen	+
−	Stellenwert Eigentum	+
+	Ständig aktuelles Fahrzeug	−
+	Aufwand für Wartung + Pflege	−
+	Unterbringung des Fahrzeugs, wenn es nicht genutzt wird	−

Der europaweit agierende Vermieter Indie Campers nahm seinen Ursprung in der Vanline-Szene, hat aber auch klassische Wohnmobile in der Flotte.

deutlicher zutage treten, als es Testberichte in Zeitschriften oder eine kurze Probefahrt jemals offenlegen könnten. Auch, wenn Sie von vornherein wissen, dass Sie nur gelegentlich in den Campingurlaub fahren möchten oder aber sich noch gar nicht sicher über die zukünftige Lebens- und Familienplanung sind, stellt die Wohnmobilmiete oftmals die klügere Alternative und eine sinnvolle Vorstufe zum Kauf dar.

So können Familien mit größeren Kindern zunächst ein Alkovenmodell für den Jahresurlaub mieten, solange die Kinder noch zusammen mit den Eltern verreisen und dann, sobald der Nachwuchs seine eigenen Wege geht, einen kompakten Teilintegrierten anschaffen.

Umgekehrt ergibt der Kauf eines Wohnmobils mit nur zwei eingetragenen Sitzplätzen wenig Sinn, wenn die persönliche Lebensplanung vorsieht, in absehbarer Zeit eine Familie zu gründen.

Selbstverständlich wird die Entscheidung zwischen Kauf und Miete aber nicht ausschließlich durch praktische und finanzielle Aspekte bestimmt. Ganz im Gegenteil: In vielen Fällen fährt es sich wider die ökonomische Vernunft im eigenen Mobil einfach besser! Wer in ein Wohnmobil investiert, kauft sich damit ein hohes Maß an Freiheit und die Möglichkeit, spontan unterwegs zu sein und dem Alltag einfach für ein paar Tage zu entfliehen.

SO FINDEN SIE DAS RICHTIGE ANGEBOT

Grundvoraussetzung für die Wohnmobilmiete in Deutschland sind ein gültiger Führerschein sowie ein Personalausweis beziehungsweise Reisepass. Zusätzlich muss der Kunde seinen Führerschein seit mindestens einem Jahr besitzen. Für die meisten Fahrzeuge reicht der Führerschein Klasse B und für Reisemobile bis zu 3,5 Tonnen beträgt das Mindestalter beim Großteil der Anbieter 21 Jahre.

Bei großen Alkovenmobilen und Vollintegrierten mit einem zulässigen Gesamtgewicht über 3,5 Tonnen ist der Führerschein Klasse C1 Voraussetzung. Das Mindestalter für die Miete liegt in diesen Fällen üblicherweise bei 25 Jahren und die Vermieter verlangen eine längere Fahrpraxis von zwei oder sogar drei Jahren. Mit dem Führerschein Klasse 3 (vor 1999) können alle angebotenen Mietfahrzeuge gefahren werden.

Im Umkehrschluss heißt das: Fahranfänger unter 21 oder mit weniger als einem Jahr Fahrpraxis können in Deutschland kein Wohnmobil mieten. Bei der Miete im Ausland können die Voraussetzungen abweichen. Außerhalb Europas wird in vielen Fällen ein Internationaler Führerschein benötigt. Dieses Zusatzdokument ist quasi eine Übersetzung des nationalen Führerscheins, die Polizisten und Vermietern im Ausland die Kontrolle der Fahrerlaubnis erleichtern soll. Der Internationale Führerschein ist drei Jahre gültig, kostet ca. 15 € und kann an der für Ihren Wohnort zuständigen Führerscheinstelle beantragt werden (aktuelles biometrisches Lichtbild nicht vergessen!).

Die große Preisfrage

Die Höhe des Mietpreises hängt in erster Linie natürlich von der gewählten Fahrzeugkategorie und der Saison ab. Dabei richten sich die Preise sehr stark an den Ferienzeiten aus und unterscheiden sich von Anbieter zu Anbieter teilweise erheblich. Als Anhaltspunkt sollten Sie bei den gewerblichen überregionalen Anbietern je nach Saison mit Preisen von 60 bis 120 € für einen Zwei-Personen-Campingbus und 90 bis 150 € für ein Familien-Alkovenmodell mit vier Sitz- und Schlafplätzen rechnen.

Klar, im Sommer, wenn alle mit dem Wohnmobil verreisen wollen, ist es am teuersten. Für Familien mit Kindern im schulpflichtigen Alter kann es sich daher durchaus lohnen, einen längeren Anfahrtsweg in Kauf zu nehmen und bei einem Vermieter in einem benachbarten Bundesland, in dem noch oder schon keine Ferien mehr sind, zu buchen, um einen geringeren Tagesmietpreis zu erhalten.

Ganz grob lässt sich der Preisverlauf über das Jahr wie folgt charakterisieren: Als Hauptsaison mit den höchsten Preisen gelten die Monate Juli, August und September. Am günstigsten mieten Sie ein Wohnmobil in der Sparsaison über den Winter von Oktober bis März. Gut zu wissen: Nicht alle Anbieter vermieten ganzjährig, und dort, wo die Wintermiete möglich ist, werden oft zusätzliche kostenpflichtige Extras wie beispielsweise ein einmaliger Aufpreis für Winterreifen oder Schneeketten fällig. In der Zwischensaison von April bis Juni steigen die Preise dann schrittweise auf das Höchstniveau der Sommermonate.

Die Monatsangaben beziehen sich auf die beliebten Reisezeiten in Deutschland. Selbstverständlich hängen die Saisonzeiten auch von der Reisedestination ab und sind

Ein Wohnmobil mieten

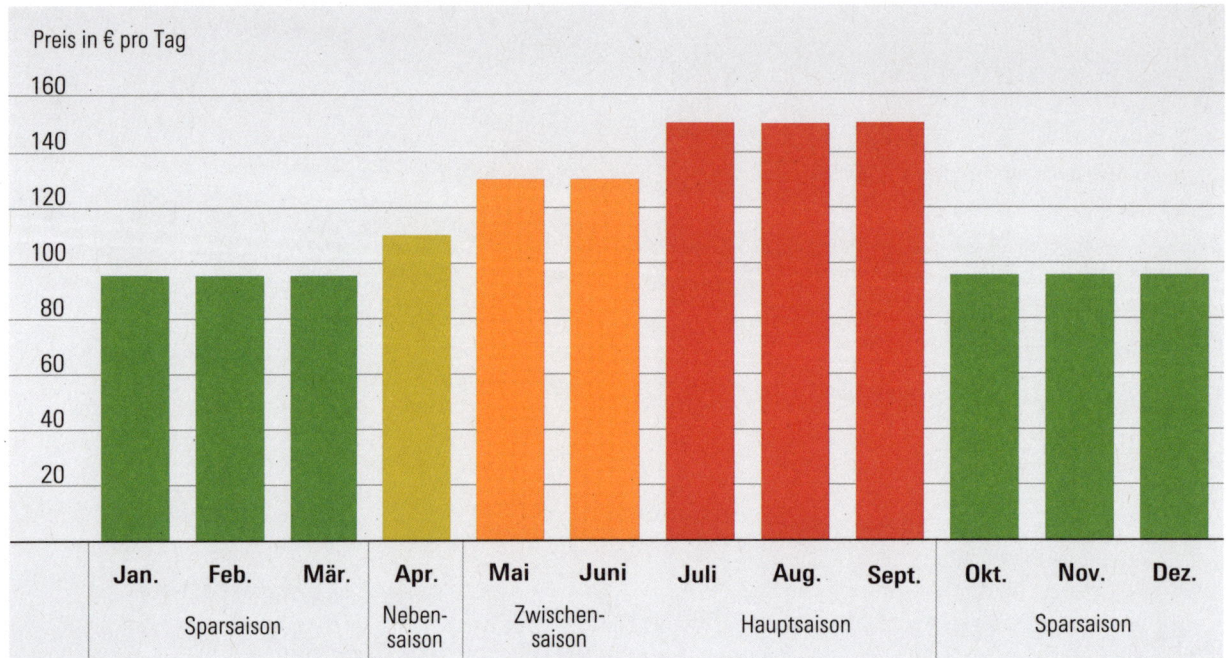

Saisonpreise 2020 für ein kompaktes Vier-Personen-Alkovenmobil beim Vermieter rent easy, zuzüglich 130 € einmaliger Servicegebühr.

beispielsweise auf der Südhalbkugel entsprechend den Jahreszeiten gegensätzlich zu Deutschland.

Zusätzlich zum Tagesmietpreis berechnen die meisten Anbieter eine einmalige Servicepauschale, die unabhängig von der Mietdauer mit durchschnittlich etwa 130 € zu Buche schlägt. Sie umfasst unter anderem die individuelle Einweisung bei der Übergabe, die Bereitstellung einer Gasfüllung und die erforderlichen Toilettenzusätze für die Chemietoilette sowie das Anschlusskabel für den Landstrom. In der Regel ist auch die Außenwäsche des Mobils inkludiert. Die Innenreinigung vor der Rückgabe dagegen ist Sache des Mieters, und wer nicht selber putzen möchte, wird zusätzlich zur Kasse gebeten. Bettwäsche, Küchenausstattung und Campingmöbel sind bei den meisten Vermietern nicht im Preis enthalten und müssen vom Mieter selbst mitgebracht werden.

Abschließend ist bei der Preiskalkulation die vorgeschriebene Mindestmietdauer zu berücksichtigen. Sie beträgt in der Regel um die 7 Tage in der Nebensaison und bis zu 14 Tage in der Hauptsaison.

> **INFO** **KREDITKARTE NICHT VERGESSEN**
> Auf keinen Fall sollten Sie bei der Budgetplanung die Kaution vergessen. Zwar wird die volle Summe zurückgezahlt, wenn Sie das Wohnmobil am Ende der Mietdauer in einwandfreiem Zustand zurückgeben, der Betrag steht Ihnen aber für den Verlauf der Reise nicht zur Verfügung. Der Großteil der Vermieter verlangt eine Kaution in Höhe des Selbstbehalts der Kaskoversicherung von 1 500 €, die bei der Fahrzeugübernahme hinterlegt werden muss. Je nach Anbieter kann dies per Vorabüberweisung, in bar oder per Kreditkarte erfolgen. Klären Sie daher unbedingt im Voraus die genauen Modalitäten und stellen Sie vor Reiseantritt sicher, dass gegebenenfalls das Kreditkartenlimit zur Hinterlegung der Kautionssumme ausreicht, um am Übergabetag keine böse Überraschung zu erleben.

Auswahl des geeigneten Fahrzeugtyps

Die Fahrzeugflotte der meisten Vermieter lässt kaum Wünsche offen und deckt die gesamte Bandbreite an unterschiedlichen Wohnmobiltypen vom Campervan bis zum vollintegrierten Luxusmodell ab. So ist für jeden Geschmack und Geldbeutel etwas dabei.

Familien mit Kindern, bei denen jeder sein eigenes Bett haben soll und nichts umgebaut werden muss, sind mit einem Alkovenmobil gut bedient. Für die Reise zu zweit findet sich bei den Teilintegrierten einen ausgeglichenen Mix aus kompakten Abmessungen außen und großzügigem Raumangebot innen. Wer es gerne besonders luxuriös möchte, entscheidet sich für einen Vollintegrierten. Umgekehrt ist ein Campingvan die richtige Wahl, wenn der Campingurlaub unter dem Motto „Back to the basics" stehen soll. Die grundlegenden Überlegungen bei der Auswahl eines geeigneten Modells, sind in jedem Fall die gleichen wie vor einer Kaufentscheidung (siehe dazu Kapitel 3, ab Seite 84).

Die Wahl der richtigen Versicherung

Neben der Fahrzeuggattung bestimmt vor allem die gewählte Versicherungspolice die Höhe des Mietpreises. Neben der obligatorischen Haftpflichtversicherung sind Miet-Wohnmobile in der Regel vollkaskoversichert und somit auch selbst verschuldete Sach- und Personenschäden abgedeckt. Das gilt sowohl für das gemietete Fahrzeug wie auch das Fahrzeug des Unfallgegners. Allerdings liegt in den meisten Fällen die Selbstbeteiligung bei 1 500 € und selbst wenn Sie keine Schuld am Unfall tragen, müssen Sie im Rahmen des Selbstbehalts für die Reparatur aufkommen. Besonders ärgerlich: Sollten während der Mietdauer mehrere Schadensfälle eintreten, so wird die Selbstbeteiligung jedes Mal erneut in voller Höhe fällig!

Um das Risiko von unerwartet in die Höhe schnellender Reparaturkosten zu vermeiden, kann sich daher der Abschluss einer Zusatzversicherung rechnen, um den Eigenanteil zu reduzieren.

Im Versicherungsjargon wird das CDW (= Collision Damage Waiver) genannt. Allerdings lohnt es sich, hier ganz genau zu rechnen, denn da die Zusatzversicherung tageweise berechnet wird, wird sie mit zunehmender Reisedauer unattraktiver.

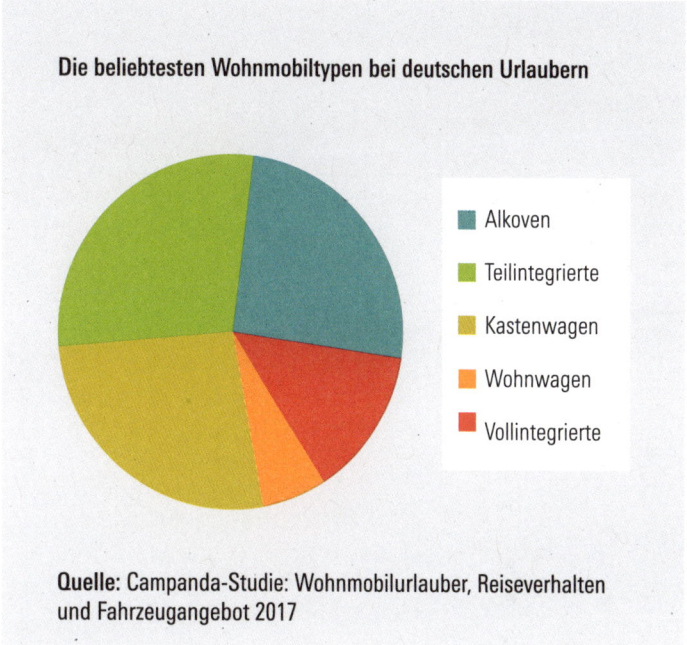

Quelle: Campanda-Studie: Wohnmobilurlauber, Reiseverhalten und Fahrzeugangebot 2017

Weiterhin ist zu beachten, dass sich die CDW-Selbstbeteiligungs-Reduzierung oftmals auf Unfallschäden beschränkt. Wenn Ihnen also eine Tasse aus der Hand fällt und eine Delle in die Tischplatte schlägt, greift diese Art der Zusatzversicherung nicht und Sie bleiben doch auf den Kosten sitzen. Anders sieht das bei sogenannten Kautionsversicherungen aus, die auch für Gebrauchsschäden aufkommen. Da die genauen Bezeichnungen der Zusatzversicherungen nicht einheitlich geregelt sind, empfiehlt es sich, vor Vertragsabschluss beim Anbieter nachzufragen und die genauen Konditionen eingehend zu studieren.

Unter Namen wie Camper-Sorglos-Paket (Würzburger Versicherungen), Camper-Reiseschutz-Paket (Allianz Reiseversicherung) oder Camper-Reiseschutz (ESV/HanseMerkur) bieten verschiedene Versicherungen auch Pakete mit einer Reihe von Versicherungsleistungen an, die einen umfassenden Schutz für einen sorgenfreien Urlaub versprechen. Je nach Anbieter umfassen diese Pakete zusätzlich zur bereits erwähnten CDW Selbstbehalt-Reduzierung/Kautionsversicherungen weitere Leistungen, wie

- Reiserücktrittsversicherung (Übernahme der anfallenden Stornokosten, wenn die Reise aus einem versicherten Grund, dazu zählen z. B. unerwartete schwere Krankheit oder Arbeitslosigkeit, nicht angetreten werden kann),
- Reiseabbruchversicherung (Übernahme von zusätzlichen Rückreisekosten, wenn die Reise ungeplant, z. B. aufgrund eines Unfalls oder einer Krankheit, beendet werden muss),
- Fahrzeug-Interieur-Versicherung oder Gepäckversicherung,
- Schutz vor Vermieter-Insolvenz (Erstattung einer bereits geleisteten Anzahlung bzw. des vollen Mietpreises, falls der Vermieter vor Reiseantritt zahlungsunfähig wird),
- Mietausfall-Versicherung (Schutz gegen Haftpflichtansprüche des Vermieters, falls durch einen während der eigenen Mietdauer verursachten Schaden die Folgevermietung unmöglich wird).

Da viele Vermieter mit den Versicherungen kooperieren, können Sie die umfassenden Camper-Schutzpakete oft direkt im Zuge der Buchung auswählen. Die Kosten belaufen sich, je nach Anbieter, Mietpreis und Höhe des verbleibenden Selbstbehalts, auf 5 bis 20 € pro Tag.

Zusatzkosten für Zubehör und Mehrkilometer

Bei der Auswahl eines Angebots gilt es, neben dem Preis auch das in der Mietgebühr enthaltene Zubehör zu betrachten. In den meisten Fällen umfasst der Grundpreis das Fahrzeug samt Küche, Kühlschrank, Herd, Sanitärbereich mit Waschbecken, Dusche und Kassetten-Chemietoilette (Ausnahme: einfache Campingbusse), Heizung, Frisch- und Abwassertank, Kabeltrommel und Anschlusskabel für den Stromanschluss auf dem Camping- bzw. Stellplatz. Höherwertige und entsprechend teurere Reisemobile sind oftmals zudem mit Navigationsgerät und Rückfahrkamera sowie (automatischer) Sat-Anlage und TV-Gerät ausgestattet.

Anders sieht es dagegen bei speziellen Haltern für Fahrräder oder Surfbretter aus, die je nach Anbieter bereits dabei oder als kostenpflichtiges Extra dazugebucht werden müssen. Auch die z. B. für Italien oder Spanien vorgeschriebenen Warntafeln für überstehende Lasten lassen sich die Vermieter zusätzlich bezahlen. Weitere kostenpflichtige Extras, die bei Bedarf dazugebucht werden müssen, sind beispielsweise Kindersitze oder Schneeketten.

Handtücher, Bettzeug und Küchenausstattung sind in den meisten Fällen nicht mit an Bord, lassen sich aber verhältnismäßig einfach aus dem eigenen Bestand ergänzen, um Geld zu sparen. Nicht so bei campingspezifischem Zubehör wie Campingmöbeln, die man als Wohnmobileinsteiger nicht unbedingt besitzt. Bei einer einmaligen Miete ist es in der Regel günstiger, das Campingset als Extra dazuzubuchen. Ein Blick in die Preisliste macht aber deutlich, dass Sie mit der Anschaffung von eigenem Tisch und Stühlen oftmals schon ab der zweiten Miete günstiger fahren.

Ein letzter Punkt, der je nach gewählter Strecke und Route ins Gewicht fällt, sind die enthaltenen Freikilometer. In den Genuss unbegrenzter Freikilometer kommen meist nur Langzeitmieter. Bei Mietdauern bis zu 14 Tagen gilt dagegen oftmals ein Limit von 200 bis 300 km pro Tag, und wer in der Summe mehr fährt, muss jeden zusätzlichen Kilometer mit 0,15 bis 0,25 € extra bezahlen.

Wie Sie unschwer erkennen, ist es in jedem Fall empfehlenswert, die Preislisten und Konditionen der einzelnen Anbieter sehr ausgiebig miteinander zu vergleichen, um das Angebot mit dem besten Preis-Leistungs-Verhältnis herauszufiltern.

INFO — DÜRFEN HAUSTIERE IM MIETMOBIL MITFAHREN?

Nicht jeder Vermieter, insbesondere gilt diese Einschränkung für Anmietungen im Ausland, gestattet die Mitnahme von Haustieren. Informieren Sie sich daher unbedingt vorab bei der jeweiligen Vermietstation über die genauen Bedingungen. Oftmals wird eine zusätzliche Gebühr für die aufwendigere Reinigung fällig, wenn vierbeinige Freunde mit an Bord waren. Der vorschriftsmäßige Transport der Haustiere obliegt in jedem Fall dem Mieter – und ob Hund oder Katze Gefallen an einem Roadtrip mit dem Wohnmobil finden, steht auf einem ganz anderen Blatt.

So finden Sie das richtige Angebot   77

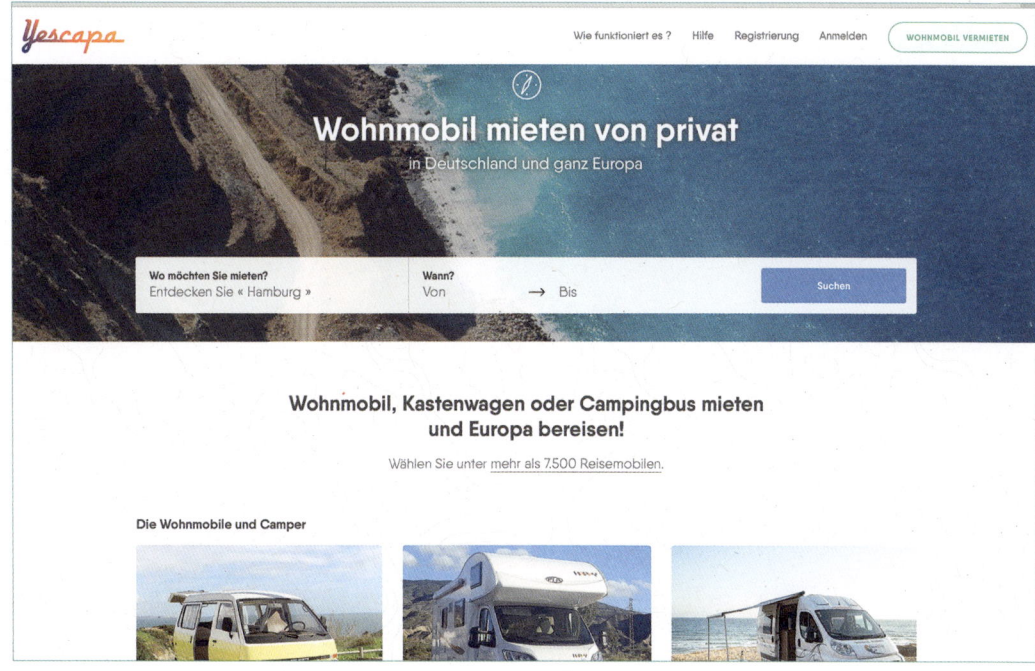

Sharing-Plattformen wie Yescapa ermöglichen das Mieten und Vermieten von privaten Wohnmobilen

Wann sollte man mieten?

Sobald Sie ein geeignetes Reisemobil gefunden haben, sollten Sie möglichst rasch buchen, denn grundsätzlich gilt: Je früher Sie buchen, desto besser stehen die Chancen, dass das Wunschmobil zum Wunschtermin noch verfügbar ist. Gerade Familienmodelle mit Alkoven sind sehr begehrt und für die Ferienzeiten schnell ausgebucht.

Doch wie finde ich den richtigen Anbieter und einen guten Preis? Frühbucherrabatte sind ein weiterer Grund, sich schnell um die Buchung des Urlaubsgefährts zu kümmern. Bei den meisten Anbietern laufen diese Vergünstigungen spätestens im März aus – für die Buchung im gleichen Jahr versteht sich.

Auf der anderen Seite dürfen Sie aber auch auf kurzfristige Last-minute-Angebote hoffen, wenn Sie in Sachen Reisezeit besonders flexibel sind, denn immer wieder einmal versuchen die Anbieter durch reduzierte Angebotspreise Mietlücken zu schließen. Langfahrer-Prämie: je nach Mietdauer um die 3 % bei 21 bis 30 Tagen oder sogar 5 % bei Mietdauer länger als 30 Tage.

INFO BULLI AUF ZEIT

Der „Bulli" als Camper ist Kult und wer seinen Traum vom Hippie-Roadtrip verwirklichen möchte, findet zahlreiche Vermieter, die sich auf den VW-Bus spezialisiert haben. Das Angebot reicht dabei von retro bis modern – und vom nostalgischen Oldtimer über spartanische Surfvans bis zum komfortablen, reisefertigen Volkswagen T6 Ocean ist alles zu haben. Ganz günstig ist der Spaß allerdings nicht. Ein T6-Camper ist in der Hauptsaison kaum unter 120 € pro Tag zu bekommen.

▶ www.ahoi-bullis.com
▶ www.cali-camper.de
▶ www.eccocamper.de
▶ www.fluchtwagen.com
▶ www.funny-camper.com
▶ www.hangtime.de
▶ www.mainbulli.com
▶ www.multicamper.com
▶ www.oceanvan.de
▶ www.rent-a-bulli.de
▶ www.roadsurfer.com
▶ www.spacecamper.de
▶ www.surf-cars.com

Unter www.volkswagen-nutzfahrzeuge.de/de/alles-ueber-volkswagen-nutzfahrzeuge/oldtimer/mietfahrzeuge.html bietet Volkswagen selbst verschiedene Campingoldtimer vom T1 Campingwagen Westfalia SO 34 aus dem Jahr 1962 bis zum T4 California Exklusive mit Hochdach von 1994 zur Miete an.

Sharing-Plattformen für die private Wohnmobilvermietung

In den vergangenen Jahren haben Sharing-Plattformen den Mietwagenmarkt für Campingfahrzeuge erweitert. Diese Internet-Start-ups treten selbst nicht als Vermieter auf, sondern bringen Besitzer von Wohnmobilen und Menschen zusammen, die gerne die Vorzüge eines Wohnmobilurlaubs genießen möchten, aber kein eigenes Gefährt besitzen.

Die bekanntesten Anbieter dieses „Airbnb" für Campingfahrzeuge sind:

- ▶ www.campanda.de
- ▶ www.goboony.de
- ▶ www.paulcamper.de
- ▶ www.shareacamper.de
- ▶ www.yescapa.de

Der Sharing-Gedanke trifft zunehmend auf positive Resonanz und die Zahl der angebotenen Fahrzeuge steigt stetig. Das Spektrum reicht dabei vom nostalgischen Camperbulli bis zum modernen, luxuriösen Integrierten. Allerdings ist gerade im Sommer, wenn die Nachfrage am größten ist, das Angebot am kleinsten, da die meisten Besitzer in der schönen Jahreszeit gerne selbst mit ihrem Mobil unterwegs sind.

Das grundlegende Prinzip ist in allen Fällen ähnlich: Der Wohnmobilbesitzer trägt sein Fahr-

Eine Auswahl überregionaler und internationaler Vermieter

Name	Vermietstationen	Internet
ADAC Wohnmobilvermietung	Deutschland	www.autovermietung.adac.de
Ahorn Rent	Deutschland	www.ahorn-rent.de
Camperboerse	Europa, USA, Kanada, Australien, Neuseeland, Afrika	www.camperboerse.de
Canusa	USA, Kanada	www.canusa.de
Cruise America	USA, Kanada	www.cruiseamerica.com
Deutsche Reisemobil Vermietung GmbH	Deutschland, Österreich	www.drm.de
Indiecampers	Europa	www.indiecampers.com
Jucy Campervan	Australien, Neuselland	www.jucy.com
KuKu Campers	Island	www.kukukampers.de
Mc Rent Holding	Europa, Neuseeland, Japan	www.mcrent.de
Rent and Travel	Deutschland, Schweden, Italien	www.rentandtravel.de
Rent easy	Deutschland, Großbritannien, Niederlande, Norwegen, Portugal, Rumänien	www.rent-easy.de
Touring Cars	Europa	www.touringcars.eu/de
TUI Camper	Europa, USA, Kanada, Australien, Neuseeland, Namibia, Südafrika, Chile	www.tuicamper.com

zeug für Zeiträume, in denen es ungenutzt an der Straße stünde, weil er es selbst nicht braucht, als „verfügbar" in die Datenbank der Sharing-Plattform ein, damit es dort von potenziellen Mietern gefunden werden kann. Diese stellen bei Interesse eine Anfrage und treten so mit dem Besitzer in Kontakt, um das Fahrzeug anzumieten.

Die Portale bieten eine Reihe von Funktionen, um die Suche nach einem passenden Mietmobil zu vereinfachen. Dazu gehören z. B. das Filtern nach Anzahl der Schlafplätze sowie nach speziellen Ausstattungsmerkmalen oder dem Preis.

Die Tagesmietpreise werden in den meisten Fällen vom Vermieter selbst festgelegt. Sie sind in der Regel etwas günstiger als bei den kommerziellen Anbietern, allerdings sind die meisten Fahrzeuge auch deutlich älter. Erfreulich hingegen: Die Fahrzeuge sind üblicherweise campingfertig ausgestattet. Geschirr und Campingmöbel sind bereits an Bord, sodass der Mieter nur noch seine persönlichen Dinge und Bettwäsche mitzubringen braucht.

Aufgrund des oftmals betagten Fahrzeugs und der damit verbundenen hohen Laufleistung steigt naturgemäß das Pannenrisiko und die Gefahr, mit einem technischen Defekt liegen zu bleiben. Daher ist ein sorgfältiges Studium der Mietbedingungen Pflicht und ein Blick in die FAQs auf den Websites der Sharing-Plattformen schafft Klarheit, wie der Pannenservice geregelt ist und was passiert, wenn ein Fahrzeug im schlimmsten Falle nicht mehr fahrtüchtig ist.

Ein Punkt, in dem die Unterschiede zwischen den einzelnen Portalen sichtbar werden, liegt in der geografischen Verteilung des Fahrzeugangebots. Während der Schwerpunkt von Paulcamper in Deutschland liegt, umfasst das Angebot von Shareacamper neben Deutschland auch Australien und Neuseeland. Bei Goboony liegt der Fokus auf dem Heimatland Niederlande und Yescapa ist vor allem in Frankreich und Südeuropa aktiv. Campanda schließlich ist als klassische Wohnmobilvermietung gestartet, neben gewerblichen Anbietern bieten aber mittlerweile auch Privatvermieter ihre Campingfahrzeuge an.

Selbst vermieten

Klar: Überzeugte Reisemobilenthusiasten wären am liebsten das ganze Jahr über auf Achse. In der Realität sieht es nicht ganz so rosig aus und durch die Zwänge des Berufslebens steht das teure Wohnmobil viele Tage ungenutzt still.

Da liegt der Gedanke nahe, das eigene Fahrzeug in dieser Zeit zu vermieten, um so zumindest einen Teil der laufenden Kosten für Versicherung, Steuer und Wartung wieder hereinzubekommen. Die Hürden, um sein eigenes Fahrzeug über eine Sharing-Plattform zu vermieten, sind nicht besonders hoch. Meist reichen eine gültige TÜV-Plakette und ein ständiger Wohnsitz in der EU.

Wer sein persönliches Wohnmobil gegen Entgelt vermieten möchte, brauchte bisher zwangsläufig eine teure Selbstfahrer-Mietversicherung, die bis zu 2 500 € kosten kann und sich daher für das gelegentliche Vermieten kaum lohnt. Die Sharing-Plattformen bieten daher spezielle Zusatzversicherungen an, die im Schadensfall keine Beitragserhöhung nach sich ziehen und tageweise für die Dauer der Vermietung abgeschlossen werden.

Die Höhe des Zusatzverdiensts hängt in erster Linie vom Mietpreis sowie der Anzahl der Vermiettage ab. Von der Höhe der Tagesmiete, die meist durch den Vermieter selbst festgelegt wird, behalten die einzelnen Plattformen, u. a. in Anhängigkeit vom gewählten Versicherungsschutz, eine Provision zwischen 8 % und 25 % für ihr Angebot ein.

Solange alles gut geht, sind Sharing-Plattformen eine feine Sache. Ob einem das Angebot letztendlich zusagt, ist in erster Linie wohl eine Frage der Einstellung. Das gilt sowohl für die Nutzung als Mieter wie auch als Vermieter.

Während kommerzielle Anbieter standardisierte Angebote und einen verlässlichen Service bieten, überwiegt bei den Sharing-Portalen der Community-Gedanke. Hier steht hinter jedem angebotenen Fahrzeug ein Mensch und es lassen sich unkonventionelle Wohnmobile abseits des Massenmarktes mit oftmals liebevoller Ausstattung finden.

Wer andere nur ungern sein Wohnmobil steuern lässt und sich beim Gedanken, dass Fremde im eigenen Bett schlafen, unwohl fühlt, sollte besser die Finger von der privaten

Wohnmobilvermietung lassen. Wird das Wohnmobil dagegen als Nutzfahrzeug gesehen und stören kleinere Defekte oder zusätzliche Kratzer, die im Alltag einfach passieren, nicht weiter, dann eröffnen Sharing-Plattformen eine vergleichsweise einfache Möglichkeit für einen Zusatzverdienst. Ganz ohne bürokratischen Aufwand geht es aber nicht. Einkommensteuer auf den Gewinn wird zwar erst fällig, wenn die Einnahmen aus der Vermietung die laufenden Kosten übersteigen, trotzdem sollte vorab mit einem Steuerberater geklärt werden, inwieweit eine Vermiettätigkeit dem Finanzamt gemeldet und eventuell ein Gewerbe angemeldet werden muss.

Wohnmobil-Ausleihe unter Freunden

Auch wenn die Begriffe „Vermieten" und „Verleihen" im allgemeinen Sprachgebrauch oftmals gleichbedeutend verwendet werden, zieht der Gesetzgeber einen deutlichen Trennstrich und spricht im Falle einer kostenlosen, ungewerblichen Überlassung des Wohnmobils an Freunde oder Bekannte vom Verleih.

Auch dafür sind im Vorfeld unbedingt die Versicherungsbedingungen zu prüfen. Insbesondere günstige Tarife sind oft an bestimmte Fahrer gebunden, und wer vergisst den Kreis der Fahrer zu erweitern, verliert im Falle eines Unfalls den Versicherungsschutz!

Um späteren Ärger aus dem Weg zu gehen und die Freundschaft nicht unnötig aufs Spiel zu setzen, sollte zudem eindeutig geklärt werden, was erlaubt ist und was nicht, z. B. in Bezug auf das Rauchen im Fahrzeug oder die Mitnahme von Haustieren. Auch empfiehlt es sich, sich bereits vorab darüber zu verständigen, wie mit kleinen Defekten umgegangen wird. Die sind zwar oft nicht dramatisch, lassen sich im Campingalltag aber nicht ganz vermeiden, und ein Streit darüber, ob natürlicher Verschleiß oder eine unsachgemäße Bedienung den Defekt verursacht hat, ist schnell entbrannt.

Zur Schlüsselübergabe gehört eine gründliche Einführung in die Funktionsweise des Wohnmobils.

Checkliste für die Wohnmobil-Übergabe

Bevor die Reise mit dem Mietmobil beginnt, gilt es, eine ganze Reihe an Punkten zu beachten, damit Sie im und nach dem Urlaub keine bösen Überraschungen erleben müssen. Auch wenn die Vorfreude auf den Urlaub riesengroß ist und Sie am liebsten sofort in den Urlaub starten möchten: Nehmen Sie sich unbedingt ausreichend Zeit für die Formalitäten sowie eine umfassende Einweisung in die Technik und zur Bedienung des Wohnmobils. Eine Stunde sollten Sie dafür mindestens einplanen.

Um unnötige Wartezeiten zu vermeiden, empfiehlt es sich – das gilt natürlich insbesondere zur Hauptreisezeit im Sommer – mit der Mietstation eine exakte Uhrzeit für die Übergabe zu vereinbaren. Unterzeichnen Sie das Übergabeprotokoll in jedem Fall erst, wenn keine Fragen mehr offen sind.

- **Etwaige Schäden am Fahrzeug:** Selbst kleinste Kratzer und Dellen gehören ins Übergabeprotokoll, damit Sie bei der Rückgabe nicht für Schäden zur Kasse gebeten werden, die Sie gar nicht verursacht haben.
- **Innenraumkontrolle:** Schließen alle Türen und Klappen ordnungsgemäß? Funktionieren Wasserversorgung und Heizung? Sind zugesagtes Inventar und Zubehör vollständig und in gutem Zustand?
- **Blick unter die Motorhaube:** Wo werden Wisch- und Kühlwasser aufgefüllt? Wie wird der Ölstand kontrolliert? Wo sitzt die Batterie (für Starthilfe!). Wo befinden sich Reserverad bzw. Pannenset?
- **Wasserversorgung an Bord:** Wo liegt der Einfüllstutzen für das Frischwasser, wo der Schieber zum Entleeren des Abwassertanks?
- **Funktionsweise der Gasversorgung:** Wo sitzt der Haupthahn? Wo sind die einzelnen Absperrmöglichkeiten für die Zuleitungen zu Kocher, Kühlschrank und Heizung zu finden? Wie werden die Gasflaschen gewechselt? Müssen sie während der Fahrt zugedreht werden oder gibt es einen Crash-Sensor? Wie wird dieser nach einer irrtümlichen Auslösung zurückgesetzt?
- **Stromversorgung:** Wo wird das CEE-Kabel aufbewahrt und wie muss es angeschlossen werden? Wo ist der Sicherungskasten untergebracht?
- **Umgang mit der Toilettenkassette:** Wie wird sie entnommen? Wie ist die richtige Dosierung des Chemiezusatzes?
- **Zentrales Bedienpanel:** Wie werden Ladezustand der Bordbatterie sowie die Füllstände von Frisch- und Abwasser abgelesen? Wie wird die Heizung geregelt?
- **Gaskocher:** Wie funktioniert die Zündsicherung?
- **Kühlschrank:** Wie erfolgt die Umschaltung zwischen den Betriebsarten (220-V-Landstrom, 12-V-Batterieversorgung und Gasbetrieb)?
- **Fliegengitter und Verdunkelung:** Lassen Sie sich die Funktion besser einmal vorab demonstrieren, damit die oftmals empfindlichen Faltplissees nicht in Mitleidenschaft gezogen werden.
- **Sanitärbereich:** Gerade bei kompakten Waschräumen mit kombinierter Toilette und Dusche gibt es unzählige Varianten, wie das Waschbecken weggeklappt oder der Toilettensitz gedreht werden muss.
- **Was ist im Falle eines Unfalls oder einer Panne zu tun?** Ist die Telefonnummer des entsprechenden Pannendienstes leicht zugänglich notiert, z. B. auf einem Aufkleber an der Windschutzscheibe?
- **Betriebsanleitung (sowohl für Basisfahrzeug wie auch Wohnaufbau) vorhanden?** Angesichts der Vielfalt an neuen Informationen gerät das ein oder andere Detail schnell in Vergessenheit und so manche Frage oder Unklarheit tritt erst im laufenden Betrieb auf.

EIN WOHNMOBIL KAUFEN

Die Reiselust ist geweckt und ein eigenes Wohnmobil soll her? Egal ob neu oder gebraucht: Die Anschaffung eines eigenen Wohnmobils sollte kein Spontankauf sein, denn das neue Freizeitfahrzeug soll auf Dauer zu Ihnen passen. Je genauer Sie sich vorab Gedanken machen und je exakter die Anforderungen an das persönliche Traummobil benannt werden, desto besser. Dieses Kapitel ebnet Ihnen den Weg zum perfekten Wohnmobil für ungetrübten mobilen Urlaubsspaß.

WAS BRAUCHEN UND WOLLEN SIE?

Zwischen der ursprünglichen Idee „jetzt wird gekauft" und der Fahrzeugübernahme vom Händler liegt ein weiter Weg mit so manchem Stolperstein. Welches ist nun die beste Herangehensweise zum Erwerb des Traummobils, an dem man hoffentlich lange Jahre seine Freude haben wird und mit dem man viele unvergessliche Urlaubsmomente erleben darf? Welches Wohnmobil soll es sein? Muss es ein Neufahrzeug sein oder fahren Sie besser mit einem Wohnmobil aus zweiter Hand? Welches Budget steht zur Verfügung und kommt eventuell eine Finanzierung infrage? Bevor Sie mit dem eigenen Wohnmobil in den Urlaub düsen können, sind in jedem Fall eine ganze Reihe von Fragen zu klären.

Auch wenn die Vorfreude naturgemäß groß ist, gilt es, Ruhe zu bewahren und die Entscheidung in erster Linie anhand nüchterner Fakten zu fällen, denn der Wohnmobilkauf ist ein bedeutender Schritt, der in jedem Fall wohlüberlegt sein will. 73 431 € betrug der Durchschnittspreis beim Kauf eines Reisemobils laut Caravaning Industrie Verband (CIVD) im Jahre 2019 und der Erwerb eines eigenen Wohnmobils dürfte für viele Menschen die zweitgrößte Anschaffung nach dem Kauf einer Immobilie sein.

Auf der Suche nach dem besten Kompromiss

Die Hersteller haben zunehmend Wohnmobil-Neulinge im Blick und bieten deshalb vermehrt einfachere Modelle mit solider Ausstattung an. Dennoch bleiben Preise zwischen 40 000 € und 50 000 € für ein reisefertiges Wohnmobil ein triftiger Grund, um sich vor dem Unterschreiben des Kaufvertrags ausreichend Zeit zu nehmen. Der Besuch einer Caravaningmesse hilft dabei, sich einen Überblick über die unglaubliche Vielfalt des Reisemobil-Angebots zu verschaffen. Sie können viele Modelle unterschiedlicher Hersteller direkt miteinander vergleichen und selbst in Augenschein nehmen. Aber egal wie verlockend das Messeangebot auch sein mag und wie eindringlich der Händler ein „einmaliges Angebot" anpreist: Spontankäufe sind selten eine gute Idee und spätestens, wenn sich die Besatzung während des Urlaubs schon am ersten Regentag auf die Nerven geht, weil das Wohnmobil zu klein gewählt wurde, entpuppt sich das vermeintliche Schnäppchen im Handumdrehen als kostspielige Fehlinvestition. Eine Fehlinvestition, die sich allenfalls durch einen in der Regel mit hohen finanziellen Verlusten verbundenen Verkauf wieder korrigieren lässt.

Am besten machen Sie sich schon vor einem Messebesuch schlau darüber, welche Konditionen der lokale Händler bietet. Die sind oftmals nicht grundlegend schlechter und statt umfangreicher Ausstattungspakete, die eventuell nicht alle zwingend benötigt werden, dürfen Sie sich über eine reibungslose Abwicklung vor Ort freuen und brauchen im Falle von Reparaturen keine langen Anfahrtswege in Kauf nehmen.

Während Sie ein Messefahrzeug unmittelbar nach Hause fahren können, sollten Sie sich beim Kauf beim Händler aber unbedingt nach den Lieferzeiten erkundigen. Bei Neufahrzeugen, die nach Ihren Wünschen in Bestellung gegeben werden, sind Wartezeiten zwischen 6 und 12 Monaten nicht ungewöhnlich. Wenn es

schnell gehen soll, können Sie zu einem Wohnmobil greifen, das bereits auf dem Hof des Händlers steht, müssen aber eventuell Abstriche in Sachen Ausstattung machen.

==Das ultimative Wohnmobil, das sich für jeden und für jedes Einsatzszenario gleichermaßen gut eignet, gibt es leider nicht.== Wer ein möglichst kompaktes Wohnmobil sucht, das im Alltag die Funktion eines Zweitwagens übernehmen kann und problemlos auf einem Pkw-Parkplatz unterkommt, muss zu Zugeständnissen beim Wohnkomfort bereit sein. Selbst in größeren Wohnmobilen bleibt der zur Verfügung stehende Platz begrenzt und bei der Raumaufteilung wird immer ein Kompromiss in die eine oder andere Richtung notwendig. Wer Wert auf eine besonders geräumige Küche legt, um auch unterwegs ein umfangreiches Drei-Gänge-Menü zubereiten zu können, muss anderswo Abstriche machen und beispielsweise einen kleineren Kleiderschrank in Kauf nehmen. Zusätzliche Schlafplätze bei unveränderten Abmessungen lassen sich durch ein Hubbett realisieren, das im abgesenkten Zustand aber oft die Sitzgruppe blockiert.

Natürlich sind sich die Hersteller dieser Begrenzungen bewusst und bieten eine Vielzahl an unterschiedlichen Wohnmobilarten in verschiedenen Varianten und mit unzähligen Ausstattungsoptionen an, um den unterschiedlichen Vorlieben der Kunden möglichst gut gerecht zu werden. Die Bandbreite der Bauformen ist enorm und reicht vom Hochdachkombi, der zum Minicamper ausgebaut wird, bis zum Luxusliner mit ausfahrbarem Erker für den Preis eines soliden Einfamilienhauses. Dazu gesellen sich zahlreiche Sonderformen wie Expeditionsmobile auf Basis eines Lkw oder Unimogs mit Allradantrieb, sodass die Reise nicht dort enden muss, wo die Straße aufhört. Die Herausforderung beim

Bevor Sie ein eigenes Wohnmobil in der ersten Reihe parken können, müssen Sie zunächst einmal herausfinden, welches Modell für Sie persönlich am besten geeignet ist.

Alkoven oder Integrierter? Wohnmobile sind so vielfältig, wie die Menschen, die damit unterwegs sind.

Das Anforderungsprofil wird erstellt

Das erste Kapitel hat Ihnen bereits gezeigt, worin sich die einzelnen Wohnmobiltypen und Grundrisse unterscheiden. Die dort aufgeführten Vor- und Nachteile der jeweiligen Fahrzeuggattung und Raumaufteilungen helfen im weiteren Verlauf bei der Vorauswahl, um die Liste der für den Kauf infrage kommenden Modelle einzugrenzen. Was aber sind meine ganz persönlichen Anforderungen an das Wohnmobil und welche Vor- oder Nachteile fallen daher besonders ins Gewicht? Das wissen nur Sie selbst. Sie müssen daher eine ganze Reihe von Punkten bedenken. „Wie oft und wohin möchten Sie verreisen?", „Wer fährt mit?" und „Wo kann das Mobil, wenn Sie gerade nicht auf Reisen sind, im Alltag abgestellt werden?" sind nur drei Beispiele aus einem umfangreichen Fragenkatalog, den Sie zuerst klären sollten.

Letztendlich wird die Kaufentscheidung wohl auch durch den nüchternen Blick in den Wohnmobilkauf liegt darin, den für Sie persönlichen bestmöglichen Kompromiss zu finden. eigenen Geldbeutel bestimmt, und es gilt, die eigenen Ansprüche in Sachen Wohnmobilgröße, -ausstattung und -komfort in Relation zum Preis zu setzen. Ein wichtiger Schritt ist die Erstellung eines klar definierten Anforderungsprofils. Das ist recht aufwendig, aber je exakter Sie sich über Ihre Wünsche im Klaren sind und je genauer Sie wissen, worauf es Ihnen bei Ihrem Reisemobil ankommt, desto besser.

Wie lange sind Sie unterwegs?

Als Erstes sollten Sie sich Gedanken über Ihre Reisegewohnheiten und Urlaubsvorlieben machen. Dabei sollten Sie auch die Wünsche der Reisepartner im Augen behalten. Insbesondere die Frage, wie oft und wie lange Sie unterwegs sein möchten, ist von Bedeutung, denn in der Regel wachsen mit steigender Häufigkeit und längerer Dauer der Reisen auch die Ansprüche an die Ausstattung und den Komfort des Wohnmobils. Geht es dagegen nur um ein oder zwei Urlaubsfahrten im Jahr, kommt für Sie eventuell auch eine einfachere Ausstattung oder ein gebrauchtes Fahrzeug mit älterer

Technik infrage. Auf den folgenden Seiten finden Sie die wichtigsten Kriterien, die ein Anforderungsprofil bestimmen.

Wer fährt mit?

Die Anzahl der mitfahrenden Personen bestimmt die benötigte Anzahl an zugelassenen Sitzplätzen mit Drei-Punkt-Gurten und Betten. Achtung: Die Zahl der Schlafplätze entspricht nicht zwangsläufig der Anzahl an Gurtsitzplätzen! Dabei kommt es nicht nur auf die ausreichende Anzahl an Schlafplätzen an, sondern Sie müssen auch deren Abmessungen ein kritisches Augenmerk widmen. So manches Queensbett entpuppt sich in den Abmessungen weniger üppig als erwartet. Die obere Etage von Stockbetten unterliegt oftmals einer Gewichtsbeschränkung und nicht nur besonders groß gewachsene Menschen sollten bei Querbetten durch eine Liegeprobe sicherstellen, dass Füße und Kopf nicht an den seitlichen Fahrzeugwänden anstoßen.

Neben einer genügenden Anzahl an ausreichend großen Liegeflächen trägt auch die Auswahl der richtigen Bettenart entscheidend zum Urlaubsglück bei. Während es für Großeltern, die hin und wieder die Enkel zum Camping am Wochenende mitnehmen, in vielen Fällen völlig in Ordnung sein dürfte, dass die Sitzgruppe abends zur Liegefläche umgebaut werden muss, sind für den mehrwöchigen Roadtrip mit Kind und Kegel feste Betten die bessere Lösung, da das umständliche, allabendliche Bettenpuzzeln entfällt. Durch Stockbetten bekommen die Kinder einen eigenen Schlafraum und können im Heck von bereits erlebten oder neuen Campingabenteuern träumen, während es sich die Eltern noch an der Sitzgruppe im Bug gemütlich machen.

Tierbesitzer achten zudem darauf, dass auch für den mitreisenden Hund oder die mitreisende Katze ein sicherer Platz für die Fahrt zur Verfügung steht.

Wie groß soll das Fahrzeug sein?

Es liegt auf der Hand: Je kompakter die Abmessungen, desto mobiler ist das Fahrzeug. Nahezu uneingeschränkte Alltagstauglichkeit bieten kompakte Campingbusse, die dank

In 10 Schritten zum eigenen Wohnmobil

1. **Vorüberlegungen:** Wählen Sie den geeigneten Wohnmobil-Typ und legen Sie die gewünschte Ausstattung sowie das unbedingt benötigte Zubehör fest.
2. **Kassensturz:** Wie teuer darf das Wohnmobil maximal sein? Berücksichtigen Sie bei der Finanzplanung unbedingt auch die laufenden Kosten für Versicherung, Steuern, Unterhalt und Wartung.
3. **Fahrzeugsuche:** Grenzen Sie das breite Angebot auf die Modelle ein, die am besten zu Ihrem persönlichen Kriterienkatalog passen. Studieren Sie dazu die Herstellerkataloge und statten Sie auch den Wohnmobil-Händlern in der näheren Umgebung zu Ihrem Wohnort einen Besuch ab. Tipp: Auf Caravaningmessen können Sie viele verschiedene Modelle unterschiedlicher Hersteller unmittelbar miteinander vergleichen.
4. **Modellwahl:** Legen Sie sich schließlich auf ein bestimmtes Modell fest und vereinbaren Sie unbedingt eine Probefahrt.
5. **Es wird ernst:** Wenn alles stimmt, ist es an der Zeit, mit dem Händler in die Preisverhandlung zu treten und die genauen Lieferzeiten zu klären.
6. **Finanzierung:** Falls erforderlich, sollten Sie zudem klären, welche monatliche Rate Sie stemmen können, und die möglichen Finanzierungsangebote bei Herstellern, Händlern und Ihrer Hausbank einholen, um diese miteinander vergleichen zu können.
7. **Kaufabschluss:** Sobald die Finanzierung unter Dach und Fach gebracht ist, können Sie den Kaufvertrag unterzeichnen. Prüfen Sie dabei Punkt für Punkt, ob auch alle getroffenen Absprachen und das zugesagte Sonderzubehör schriftlich fixiert sind.
8. **Abwarten:** Nun heißt es geduldig sein. Wartezeiten von über sechs Monaten sind bei Neufahrzeugen leider eher die Regel als die Ausnahme.
9. **Kaufabwicklung:** Endlich ist es so weit und Sie können das Traummobil in Empfang nehmen.
10. **Nach dem Kauf:** Bevor es in den Urlaub gehen kann, muss eine Versicherung abgeschlossen und das Wohnmobil angemeldet werden.

einer Länge von unter 5 m fast so wendig wie ein Pkw und oftmals sogar tiefgaragentauglich sind. Auch kurze Kastenwagen oder Wohnmobile bis zu 6 m Länge lassen sich noch gut und ohne größere Einschränkungen durch die City manövrieren. Darüber hinaus werden Handling und Parkplatzsuche dann deutlich schwieriger.

Auf der anderen Seite bedeutet ein längeres, breiteres und höheres Fahrzeug ein gesteigertes Platzangebot im Innenraum. Allerdings müssen Sie für den gesteigerten Wohnkomfort einen höheren Treibstoffverbrauch und weitere Einschränkungen oder Nachteile in Kauf nehmen. So steigen mit wachsender Fahrzeuggröße die Kosten für Fährpassagen oder Mautabschnitte und auch die Miete des Hallenplatzes für die Überwinterung wird teurer. Hier gilt es, ganz genau abzuwägen, was Ihnen persönlich wichtig ist, um einen geeigneten Kompromiss zu finden. Eine Probefahrt vor dem Kauf schafft Klarheit, ob und wie gut Sie mit den Fahrzeugdimensionen zurechtkommen.

Die Maximalgröße des Reisemobils wird auch durch den vorhandenen Führerschein vorgegeben. Während Besitzer eines alten Klasse-3-Führerscheins selbst busähnliche Luxusliner bis zu einem zulässigen Gesamtgewicht von 7,5 Tonnen steuern dürfen, dürfen Fahrer, die Ihren Pkw-Führerschein nach 1998 erworben haben (EU-Führerschein Klasse B), nur Fahrzeuge bis zu 3,5 Tonnen bewegen. Für größere Fahrzeuge zwischen 3,5 und 7,5 Tonnen zulässigem Gesamtgewicht wird dann zusätzlich die Klasse C1 benötigt, die jeweils nach fünf Jahren durch die Vorlage einer Gesundheits- und Augenuntersuchung verlängert werden muss.

==Die Hersteller haben auf die Einführung der europäischen Fahrerlaubnisklassen reagiert== und durch Gewichtseinsparungen beim Chassis, den Möbeln sowie der Inneneinrichtung vom Kühlschrank bis zur Heizung bewegt sich der Großteil der heute auf dem Markt angebotenen Reisemobile unterhalb der 3,5-Tonnen-Grenze. Trotz der Fortschritte im Leichtbau entsteht die paradoxe Situation, dass gerade größere Fahrzeuge eigentlich spartanischer ausgestattet sein müssten und die Auswahl der Zusatzausstattung erfordert höchste Zurückhal-

tung, damit eine ausreichende Zuladungsmöglichkeit erhalten bleibt. Dennoch stoßen gerade kompaktere Wohnmobile bei einer Besatzung mit vier Personen und einem entsprechend umfangreichen Gepäck mit persönlichen Dingen, Getränken, Vorräten und Hausrat schnell an die Grenze des Erlaubten und das Mobil wird überladen (eine Beispielrechnung zur Zuladung finden Sie auf Seite 225).

Zusätzlich zur benötigten Fahrerlaubnis wirkt sich die Fahrzeugklasse auch auf das Verhalten im Verkehr aus. So gelten für schwere Reisemobile von 3,5 bis 7,5 Tonnen ==die gleichen Vorschriften wie für Lkw== wie z. B. ein Tempolimit von 80 km/h außerhalb geschlossener Ortschaften bzw. 100 km/h auf Autobahnen. Auch alle Verkehrszeichen, die mit dem Lkw-Zusatzzeichen versehen sind, wie beispielsweise ein Lkw-Überholverbot auf Autobahnen, sind zu beachten. Auch weitere Lkw-spezifische Vorschriften werden relevant, so brauchen schwerere Mobile für die Benutzung der mautpflichtigen Autobahnen in Österreich zwingend die sogenannte Go-Box zur Abrechnung der Gebühren, während Fahrzeuge unterhalb von 3,5 Tonnen mit einer Vignette wie ein üblicher Pkw auskommen.

Wohin soll die Reise gehen und wie sehen Ihre Reisevorlieben aus?

Obwohl ein Wohnmobil die totale Freiheit verspricht, um im Urlaub hinfahren zu können, wohin man möchte, lohnt es, sich vor dem Kauf Gedanken darüber zu machen, wie oft, wie lange und wohin Sie hauptsächlich verreisen möchten. Selbstverständlich stellen gelegentliche Städtetrips innerhalb Deutschlands ganz andere Anforderungen an das Reisemobil als eine monatelange Winterflucht an die spanische Mittelmeerküste oder ein Skiurlaub in den Alpen.

Wenn Sie überwiegend im Sommer verreisen und eher warme Regionen mit geringer Niederschlagswahrscheinlichkeit bevorzugen, wird sich ein Großteil des Camperlebens draußen vor dem Wohnmobil abspielen. Dann dürfen die Abmessungen des Fahrzeugs durchaus etwas kleiner ausfallen, allerdings sollten Sie sich über eine „Wohnraumerweiterung" und

Sonnenschutz in Form einer Markise Gedanken machen. Wenn Sie nicht jeden Tag ein neues Ziel ansteuern, sondern einen Campingplatz als Basislager nutzen, kann dagegen ein Vorzelt die bessere Alternative sein.

Die Themen Spritverbrauch und Mautgebühren spielen eine eher nebensächliche Rolle, solange Sie nur gelegentlich und meist in der näheren Entfernung zu Ihrem Wohnort unterwegs sind. Je häufiger Sie aber auf Reisen sind und je länger die zurückgelegten Strecken werden, desto stärker sollten diese Punkte bei der Kaufentscheidung berücksichtigt werden.

Während sich bei der Fahrt in den sonnigen Süden gute Belüftungsmöglichkeiten, ein üppiger Kühlschrank und ein ausreichend großer Wassertank auszahlen, freut man sich auf der Fahrt Richtung Nordkap bei wechselhaftem Wetter über eine gemütliche, geräumige Hecksitzgruppe. Wintercamper dagegen achten insbesondere auf einen doppelten Boden oder beheizte Frisch- und Abwassertanks sowie innen installierte Wasserleitungen und Ablasshähne. Eine gute Isolation dagegen zahlt sich in jedem Fall aus, egal ob Sie eher warme oder kalte Reiseziele bevorzugen, damit sich das Mobil weder zu schnell aufheizt noch auskühlt.

Wo wollen Sie übernachten?

Für die Übernachtung mit einem Wohnmobil haben Sie die Wahl zwischen Campingplatz, Stellplatz oder dem sogenannten „Freistehen". Dabei stellt der Aufenthalt auf einem Campingplatz die geringsten Anforderungen an das Reisemobil. Eine Anschlussmöglichkeit für die Stromversorgung bietet praktisch jedes Wohnmobil. Die Größe von Frisch- und Abwassertank sowie der Kassettentoilette spielen eine eher untergeordnete Rolle, da die entsprechenden Ver- und Entsorgungsmöglichkeiten direkt

Ein Luxusmobil der Linerklasse bietet ein Höchstmaß an Komfort. Die unhandlichen Abmessungen und der hohe Preis sind aber nicht jedermanns Sache.

auf dem Campingplatz zur Verfügung stehen. Über die Anforderungen an die Nasszelle entscheidet in diesem Fall in erster Linie die persönliche Einstellung gegenüber den gemeinschaftlich genutzten Sanitäreinrichtungen auf dem Campingplatz. Wer kein Problem mit der morgendlichen Promenade zum Waschhaus hat, kommt mit einer kompakten Nasszelle aus – oder kann sogar ganz darauf verzichten.

Quasi den Gegenpol zum Aufenthalt auf einem Campingplatz stellt das sogenannte „Freistehen" dar. Die Übernachtung im Wohnmobil im öffentlichen Raum ist in Deutschland zur „Wiederherstellung der Fahrbereitschaft" für eine Nacht erlaubt, solange es nicht durch anderslautende Schilder untersagt wird. In der Praxis stellt es daher grundsätzlich kein Problem dar, wenn für die Übernachtung z. B. ein öffentlicher Waldparkplatz angesteuert wird, solange man sich umsichtig verhält. ==Im Ausland wird die Übernachtung am Straßenrand dagegen nur selten geduldet.==

Stellplätze schließlich liegen je nach Ausstattung irgendwo zwischen Campingplatz und „Freistehen". Dabei unterscheidet sich das Infrastrukturangebot teilweise erheblich. Das Spektrum der Stellplatz-Szene reicht vom einfachen, oft kostenlosen Platz ohne jegliche Einrichtung über spezielle Bereiche für Wohnmobile auf öffentlichen Parkplätzen mit Stromsäulen und Ver- und Entsorgungsmöglichkeiten bis hin zu modernen, voll ausgestatteten „Wohnmobilhäfen", die mit WC- und Duschmöglichkeiten, Geschirrspüler und Brötchenservice am Platz kaum Wünsche offen lassen. Letztere unterscheiden sich in vielen Fällen dann allerdings auch im Sachen Preisgestaltung kaum noch von Campingplätzen.

Soll überwiegend auf einfacheren Stellplätzen übernachtet oder frei gestanden werden, ist ein möglichst autarkes Wohnmobil gefragt. Je größer der Frischwassertank für die Wasserversorgung sowie der Abwassertank gewählt werden, der das gebrauchte Schmutzwasser aus Spüle und Dusche aufnimmt, desto seltener muss eine Ver- und Entsorgungsstation angesteuert werden. Die Größe eines Frischwassertanks reicht von ca. 40 Litern in Kastenwagen bis zu mehreren hundert Litern bei großen Wohnmobilen. Wie viel Wasser benötigt wird, hängt neben dem Nutzungsverhalten auch von der Personenzahl ab. Als ganz grobe Faustregel sollten Sie bei sparsamem Verbrauch zum Kochen, Zähneputzen und Händewaschen sowie für die Toilettenspülung von ==mindestens 5 Liter pro Person und Tag ausgeben==. Bei zwei Personen können somit durchaus vier bis fünf Tage zwischen den Entsorgungsstopps liegen. Umgekehrt ist der 100 Liter fassende Frischwassertank umgehend leer, wenn in einer vierköpfigen Familie jedes Mitglied nur fünf Minuten am Morgen duscht. Das Volumen des Abwassertanks muss selbstverständlich zur Größe des Frischwassertanks passen. Es kann aber etwas geringer ausfallen, da ein Teil des Was-

Campingplätze bieten eine komfortable Strom- und Wasserversorgung.

sers zum Kochen und für die Toilettenspülung „verbraucht" wird. Üblicherweise liegen die Kapazitäten der Tanks in Wohnmobilen der 3,5-Tonnen-Klasse bei um die 100 Liter für den Frisch- und 85 Liter für den Abwassertank. Ausführliche Informationen zum Wassersystem an Bord finden Sie im nächsten Kapitel ab Seite 116.

Um möglichst lange Standzeiten ohne externe Stromversorgung zu gewährleisten, ist eine leistungsstarke Aufbaubatterie erforderlich, die bei Bedarf um alternative Energiequellen wie eine Solaranlage auf dem Dach oder eine Brennstoffzelle erweitert werden kann. Um die Frage „Wie groß sollte die Batterie sein?" beantworten zu können, muss zunächst der eigene Stromverbrauch ermittelt werden, der je nach persönlichem Anspruch, Jahreszeit und Reiseziel schwankt.

Das folgende Rechenbeispiel geht von einem minimalen Stromverbrauch für Reisen in Mitteleuropa aus, bei dem die Heizung nur kurz am Morgen und Abend läuft. Wird die Heizung im Sommer gar nicht benötigt, fällt der Strombedarf niedriger aus. Im Winter dagegen, wenn die Heizung rund um die Uhr läuft, die Beleuchtung länger eingeschaltet ist und mehr Fernsehen geschaut wird, ist der Bedarf höher. Eine detaillierte Anleitung, um den persönlichen Strombedarf berechnen zu können, finden Sie ab Seite 156.

Der Stromverbrauch eines elektrischen Verbrauchers ergibt sich durch das Multiplizieren der Leistung des Geräts (in Watt) mit der Betriebszeit (in Stunden).

Heizung (nur morgens und abends für 45 Minuten):
30 W x 1,5 h = 45 Wh

Wasserversorgung (Pumpe, Boiler etc.):
10 W x 0,5 h = 5 Wh

Beleuchtung:
10 W x 2 h = 20 Wh

Akkus von Smartphone, Tablet, Digitalkamera laden:
10 W x 1 h = 10 Wh

90 Min. Fernsehkonsum (Sat-Anlage + TV):
50 W x 1,5 h = 75 Wh

In der Addition ergibt sich daraus ein Tagesverbrauch von 155 Wh. Um die benötigte Batteriekapazität in Amperestunden (Ah) zu berechnen, ist abschließend noch die Batteriekapazität in Wattstunden (Wh) durch die Batteriespannung zu teilen: 155 Wh / 12 V = 13 Ah.

Da Batterien nicht dauerhaft mehr als 50 % entladen werden sollten (das gilt vor allem für Gel- und AGM-Batterien, eine Übersicht der unterschiedlichen Batterietypen finden Sie ab Seite 154) sollte die Batteriekapazität mit dem Faktor 2 multipliziert werden. Um im Beispiel also drei Tage autark ohne externen Stromanschluss stehen zu können, ist folglich eine Batteriekapazität von mindestens 13 Ah x 2 x 3 = 78 Ah erforderlich.

Für längere Standzeiten abseits des Stromnetzes können Sie entweder eine größere Batterie wählen, eine zweite Batterie gleicher Bauart einbauen oder aber den täglich verbrauchten Strom mit einer Solaranlage nachladen. Weitergehende Informationen zu diesem Thema finden Sie ab Seite 158.

Sind Sie Sternerestaurant-Besucher oder Sternekoch?

Wer den Gaskocher im Wohnmobil nur gelegentlich zum Aufsetzen von Kaffee- oder Teewasser benötigt und überwiegend Komfort-Campingplätze ansteuert und regelmäßig das dortige Restaurant besucht bzw. die auf dem Platz vorhandene voll ausgestattete Kücheneinrichtung nutzt, wird Größe und Beschaffenheit der Küchenzeile im Reisemobil weniger Wert beimessen, als Hobbyköche, die auch unterwegs gerne eine Drei-Gänge-Menü zaubern.

Als Standard-Kochgelegenheit dient bei der überwiegenden Mehrzahl der Wohnmobile ein fest verbauter Gaskocher, der über die Flüssiggasanlage des Wohnmobils aus einer handelsüblichen 11-kg-Gasflasche versorgt wird. Bei Wohnmobilen ab der Mittelklasse sind gegen Aufpreis oft auch zusätzliche Küchengeräte wie Backofen oder Mikrowelle möglich. Ausführliche Informationen zur Ausstattung der Küche finden Sie ab Seite 144.

Zwei Punkte, die es in Hinsicht auf ein möglichst ungetrübtes Kochvergnügen zu beachten gilt: Viele Hersteller spendieren der

Küchenzeile ein Kochfeld mit drei Flammen. Das sieht auf den ersten Blick recht praktisch aus, in der Praxis lassen sich aufgrund der üblichen Abmessungen von Pfannen und Töpfen aber gar nicht alle drei Kochstellen gleichzeitig nutzen. Gerade in kompakteren Küchenzeilen ist die Arbeitsfläche zum Gemüseschnippeln oft sehr knapp bemessen. Eine zusätzliche, bei Bedarf ausklappbare Arbeitsplattenerweiterung ist daher ein echter Segen.

Wählen Sie die Wohnmobilküche passend zu Ihren Kochgewohnheiten.

Wie umfangreich ist das Reisegepäck?

Schließen Sie einmal die Augen und überlegen Sie sich, welches Gepäck Sie für einen 14-tägigen Sommerurlaub benötigen: Kleidung, Schuhe, Handtücher zum Duschen und für den Strand oder den See, Bettwäsche, Spiele, Hygieneartikel, Lebensmittel und Geschirr. Dazu noch Fahrräder, ein Schlauchboot und … Es kommt so einiges zusammen (eine vollständige Packliste, damit Sie nichts vergessen, finden Sie in Kapitel 5 auf Seite 181).

Achten Sie daher bei der Kaufentscheidung unbedingt auf ausreichend und vor allem zweckmäßige Staumöglichkeiten, wie die Eignung des Kleiderschranks, eine Aufbewahrungsmöglichkeit für Schuhe sowie Schubladen für das Besteck. Wo können sperrige Gegenstände wie Campingmöbel, Gummiboot und Grill untergebracht werden? Wenn die umfangreiche Angelausrüstung stets in der Duschkabine aufbewahrt werden muss, weil der Platz in der Heckgarage nicht ausreicht, ist früher oder später Ärger vorprogrammiert.

Sperrige Sportgeräte wie Fahrräder, Kajaks oder Surfbretter können bei Bedarf durch zusätzliche Halterungen außen am Mobil transportiert werden. Allerdings ist der Transport von Surfbrettern, Kanus oder sogar Dachboxen auf dem Wohnmobildach nicht unbedingt einfach. Am vielfältigsten ist die Auswahl von geeigneten Dachträgersystemen für Kastenwagen. Aber selbst für Alkovenmobile oder Campingbusse mit ausstellbaren Schlafdächern werden entsprechende Lösungen angeboten. In den meisten Fällen wird dazu eine Dachreling samt Querträgern montiert und selbst „bootsuntaugliche" Fahrzeuge, für die der Hersteller selbst keine Reling anbietet, lassen sich mit etwas Geschick entsprechend aufrüsten. Hersteller von Sportgerätehaltern ist beispielsweise die Firma Thule. Ein besonders vielfältiges Angebot an Dachträgern für den Bootstransport finden Sie bei www.zoelzer.de.

Die Montage der Dachreling umfasst oftmals eine Heckleiter, alternativ bietet sich eine separate Teleskopleiter an, um die Ladung auf das Dach zu wuchten. Das erledigt man am besten zu zweit, es gibt aber auch Laderollen, über die das Boot auf das Dach geschoben werden kann. In jedem Fall sind natürlich die erlaubte Dachlast sowie der unumgängliche Zuwachs in der Höhe zu beachten. Die

3,50-m-Marke ist bei einem Alkovenmobil mit Kajak auf dem Dach schnell überschritten.

Angesichts des hohen Aufwands, sowohl für die Montage des Dachträgers wie auch für die Verladung des Kanus auf dem Dach, bietet sich für gelegentliche Ausflüge auf das Wasser ein Faltboot oder ein aufblasbares SUP als Alternative an, da diese aufgrund der kompakten Abmessungen problemlos in der Heckgarage mitfahren können.

Die meisten Wohnmobile verfügen zwar über ausreichend dimensionierte Staumöglichkeiten, um auch umfangreiches Gepäck aufzunehmen, leider entspricht der vorhandene Platz nicht zwingend der erlaubten Zuladung. Wird dann der zur Verfügung stehende Stauraum bis aufs Letzte ausgereizt, ist das zulässige Gesamtgewicht schnell überschritten. Daher sollten Sie schon vor dem Kauf einen kritischen Blick auf die mögliche Zuladung werfen und prüfen, ob gegebenenfalls eine Auflastung erfolgen kann (zum Thema „Richtig beladen" siehe Seite 162).

Welcher Einrichtungsstil darf es sein?

Sitzgruppe, Bett und Schränke: Erst durch die Möbel wird das Wohnmobil zum gemütlichen Zuhause. Sicherlich wird sich niemand ausschließlich aufgrund einer bestimmten Holzmaserung oder eines stimmungsvollen Lichteffekts für oder gegen ein bestimmtes Wohnmobil entscheiden – wobei die Hersteller extra Lichtdesigner beschäftigen, um ihre Fahrzeuge im wahrsten Sinne des Wortes im guten Licht erscheinen zu lassen.

Dennoch sollte das Interieur zum eigenen Geschmack passen. Und da eben dieser bekanntlich sehr verschieden sein kann, bieten die Hersteller die Inneneinrichtung meist in unterschiedlichen Farben, Oberflächen und Polsterstoffen an. Falls Sie sich bei einem Wohnmobil, das ansonsten perfekt zu Ihren Vorstellungen passt, nur an den gesetzten, dunklen Holztönen stören, sollten Sie mit dem Verkäufer abklären, ob es die Möbel wahlweise nicht auch in hellen, freundlichen Tönen gibt.

Über ein ansprechendes Dekor hinweg darf die Qualität des Möbelbaus selbstverständlich nicht außer Acht gelassen werden.

Stauschränke über dem Bett in einem Teilintegrierten.

Eine hochwertige Verarbeitung erkennen Sie unter anderem an konstanten Spaltmaßen und versteckten Verschraubungen. Zudem sollten die Schränke möglichst stabil sein und während einer Probefahrt weder klappern noch mit anderen Geräuschen auf sich aufmerksam machen.

Um Gewicht zu sparen, ist verleimtes Sperrholz für den Möbelbau in Wohnmobilen weit verbreitet. Meist kommt dünnes Pappelsperrholz zum Einsatz, auf das eine Furnierschicht und anschließend eine Dekorfolie aufgebracht wird. Leichter, aber teuer und daher nur in Modellen der Oberklasse zu finden, ist Balsaholz. Eine Alternative für die Konstruktion leichter, aber robuster Möbel stellen Leichtbauplatten dar. Dabei handelt es sich um Sandwichplatten aus zwei dünnen Holzschichten, die einen Pappkern mit einer wabenförmigen Struktur umschließen. Für Tisch- und Arbeitsplatten werden üblicherweise robuste HPL-Platten verwendet. Die Abkürzung steht für High Pressure Laminate, es handelt sich also um einen Verbundwerkstoff aus mehreren dünnen Schichten von Holzfasern und Papier, die mit Harz getränkt und unter Hochdruck verpresst werden, sodass eine äußerst harte und widerstandsfähige Oberfläche entsteht.

Während in aktuellen Reisemobilen hinterlüftete Möbel zum Standard gehören, um eine optimale Zirkulation der aufsteigenden Heizungswärme zu gewährleisten, besteht bei

Wirklich zu Hause im Wohnmobil fühlt man sich erst, wenn die Innenraumgestaltung den eigenen Geschmack trifft.

älteren Wohnmobilen, die zwischen Außenwand und Schränken keinen Abstand aufweisen, die Gefahr von Feuchtigkeitsflecken und Schimmelbildung.

Einfache Kunststoff-Klappenaufsteller, die die Klappen der Oberschränke offenhalten, sind fast ausnahmslos durch solide und langlebige Federbandscharniere ersetzt. In der Küchenzeile sind Schränke mit Einlegeböden nur noch in günstigen Einsteigermodellen zu finden, ansonsten haben sich komfortable Auszüge durchgesetzt und Soft-Close-Mechanismen sorgen dafür, dass sich Schubladen, Türen und Klappen sanft und geräuschlos schließen.

Die Unterscheidung zwischen günstigen Einsteigermobilen und teuren Premiummodellen lässt sich weniger an der Materialauswahl und Fertigungsqualität festmachen, als vielmehr im Möbeldesign. So finden sich in der unteren Preisklasse zwar robuste, aber schlichte Möbel, da eckige Formen einfacher und damit preisgünstiger in der Herstellung sind. In den teureren Modellen dagegen dominieren ansprechende, geschwungene Linien und gewölbte Fronten.

Welches Budget steht zur Verfügung?

Angesichts verführerischer Hochglanzprospekte und aufwendiger Internetpräsentationen gerät es leicht in Vergessenheit, aber: Das Wunschmobil soll nicht nur den persönlichen Anforderungen optimal entsprechen, sondern muss auch ins Budget passen und nicht selten spielt der Preis die Hauptrolle bei der Kaufentscheidung.

Achten Sie unbedingt auf versteckte Zusatzkosten. Leider ist die Preispolitik der Hersteller oft nicht besonders transparent. So werden obligatorische Zusatzkosten im Kleingedruckten der Preisliste versteckt. Typische Beispiele dafür sind Kosten für die Zulassungspapiere (Gasprüfung, Zulassungsbescheinigung, Papiere für die europaweite Typgenehmigung) und Frachtkosten. Diese Kosten müssen in jedem Fall zum Grundpreis addiert werden.

Sehr zu begrüßen ist es da, dass mehr und mehr Hersteller von der Unsitte Abstand nehmen, mit einem niedrigen Grundpreis für die absolute Basiskonfiguration zu werben, der dann durch diverse, mehr oder weniger obligatorische Zusatzoptionen in die Höhe getrieben wird. Dennoch müssen Sie bei jedem Modell neu vergleichen, ob für Sie nötige oder selbstverständlich erscheinende Ausstattungen wirklich im Preis enthalten sind. Noch immer werden Kunden regelmäßig für zeitgemäße Sicherheitsausstattungen wie Beifahrerairbag oder Isofix-Haltebügel zur besonders sicheren Befestigung von Kindersitzen extra zur Kasse gebeten. Ein anderer Hersteller hat diese und andere Extras womöglich bereits in seinem (meist höheren) Grundpreis eingeschlossen, sodass nur ein intensives Studium der Ausstattungs- und Preislisten weiterhilft. Die möglichen Optionen lassen den Gesamtpreis schnell kräftig ansteigen und betreffen das Basisfahrzeug (z. B. stärkere Motorisierung, Fahrer-Assistenzsysteme) ebenso wie die Innenausstattung. Hier fallen die möglichen Extras oft besonders umfangreich aus und reichen von der Leiter für den Aufstieg in den Alkoven über extra Polster, um die Sitzgruppe zu einem Notbett umzubauen, bis hin zu Mikrowelle oder Backofen für die Küchenzeile. Wenn Sie Ihr Anforderungsprofil geklärt haben, können Sie eine ganz persönliche Normausstattung erstellen, für die Sie dann ganz gezielt die Preise bei einzelnen Modellen heraussuchen. Erst dann sind die Preise wirklich vergleichbar. Versuchen Sie es nicht mit überschlägigen Rechnungen im Kopf, die Ausstattungsvielfalt ist dafür inzwischen viel zu groß.

Weitverbreitet sind auch Paketoptionen, z. B. Chassis-Paket, Lichtpaket oder Komfortpaket. Hier bietet der Hersteller ein Bündel mehrerer Extras zu einem günstigeren Preis an, als die einzelnen Zusatzoptionen in der Summe kosten würden. Leider ist das Angebot von Hersteller zu Hersteller sehr unterschiedlich und unübersichtlich.

Wenn Sie Preise für Ihre persönliche Normausstattung errechnet haben, bekommen Sie vermutlich einen Schreck, weil Sie bereits einen fünfstelligen Betrag über dem Basispreis landen. Liegen Sie auch über Ihrem Budget, geht es dann ans Streichen (oder Weitersuchen nach einem günstigeren Angebot). Der Rotstift sollte aber nicht am falschen Ende angesetzt werden, denn einiges Zubehör lässt sich im Nachhinein, wenn überhaupt, nur mit großem Aufwand und hohen Kosten nachrüsten.

Bei der Auswahl der Motorleistung liegt das auf der Hand, wer aber zum Beispiel aus Kostengründen zunächst auf die Installation einer Rückfahrkamera verzichtet, tut gut daran, zumindest die erforderlichen Kabel ab Werk verlegen lassen, um eine nachträgliche Installation zu erleichtern, falls man im Nachhinein doch feststellt, dass sich das große Gefährt mit Sicht nach hinten einfach besser manövrieren lässt.

Wer sich an den serienmäßig oft schmalen Aufbautüren stört, sollte bereits besser beim Kauf die Verbreiterung auf 70 cm Türbreite wählen. Gleiches gilt für ein Update der Heizung. Die Serienausstattung der meisten Wohnmobile umfasst eine auf die Fahrzeuggröße abgestimmte Gas-Umluftheizung der Firma Truma mit integriertem Wasserboiler.

Die Liste an Extraausstattung, die den Kaufpreis in die Höhe treibt, ist lang.

Die Technik hat sich über Jahre bewährt. Die Heizungen arbeiten zuverlässig und reichen völlig aus, um das Fahrzeug warm zu bekommen. Ein angenehmeres Raumklima und eine gleichmäßigere Verteilung der Wärme lässt sich mit einer Warmwasserheizung erreichen, die nach dem gleichen Funktionsprinzip wie die Heizung zu Hause mit einem geschlossenen Wasserkreislauf arbeitet, in dem die Wärme per Umwälzpumpe verteilt wird. Eine Warmwasserheizung für das Wohnmobil ist allerdings erheblich aufwendiger, teuer und schwerer (Hersteller ist meist die Firma Alde, Aufpreis rund 2 500 €). Die Wahl des Heizsystems (ausführliche Informationen dazu finden Sie ab Seite 138) müssen Sie in jedem Fall bei der Bestellung des Fahrzeugs tätigen, denn eine spätere Umrüstung ist aufgrund der erforderlichen Umbaumaßnahmen praktisch unmöglich.

Zu den weiteren Ausstattungsextras, die bei Bedarf besser gleich mitbestellt werden sollten, zählen unter anderem ein größerer Kühlschrank, eine Anhängerkupplung sowie zusätzliche Dachluken und Fenster. Soll im Winter gecampt werden, ist die Isolierungsoption des unter dem Fahrzeug montierten Abwassertanks quasi Pflicht. Eine entsprechende Nachrüstung ist nur mit großem Aufwand möglich.

Solarmodul, Markise und Heckträger dagegen sind Beispiele für Zubehör, das sich vergleichsweise gut zu einem späteren Zeitpunkt nachrüsten lässt, wenn sich das Portemonnaie wieder etwas vom Kauf des Reisemobils erholt hat.

Bei aller Vorfreude auf das neue Wohnmobil sollten Sie sich aber beim Kauf in keinem Fall finanziell zu stark verausgaben, damit noch ausreichend Geld in der Urlaubskasse verbleibt und Sie mit dem neuen Mobil überhaupt vereisen können. Zudem sollten Sie bei der Budgetplanung neben dem Kaufpreis auch die laufenden Kosten nicht aus dem Blick verlieren, damit ein Polster für unvorhergesehene Reparaturen anlegt werden kann.

Sollte sich im Laufe der Kostenkalkulation zeigen, dass das gewünschte Neufahrzeug die eigenen finanziellen Möglichkeiten übersteigt, gibt es unterschiedliche Wege, doch noch zu einem eigenen Wohnmobil zu kommen. Möglichkeit eins ist der Kauf eines Fahrzeugs, dass zwar nicht zu 100 % der individuellen Wunschkonfiguration entspricht, dafür aber mit einem deutlich höheren Rabatt angeboten wird. Falls Abstriche in der Ausstattung für Sie nicht infrage kommen, sollten Sie den Kauf eines Wohnmobils aus zweiter Hand als Alternative in Betracht ziehen.

Individuelle Fahrzeugbewertung

Nachdem Sie sich über die Anforderungen und Eigenschaften, die das Wohnmobil erfüllen soll, im Klaren sind, ist es an der Zeit, sich auf dem Markt nach geeigneten Modellen umzusehen und die Spreu vom Weizen zu trennen.

Als gute Anlaufstelle für den Anfang eignen sich neben den Websites der Hersteller – wer lieber Papier mag, kann dort oftmals auch gedruckte Kataloge bestellen – die entsprechenden Testberichte der einschlägigen Fachzeitschriften wie Promobil oder Reisemobil International.

Ein Gefühl der realen Größenverhältnisse und einen belastbaren Eindruck davon, ob ein bestimmter Grundriss wirklich zu den eigenen Vorstellungen passt, liefert aber erst ein Besuch des Fachhändlers vor Ort oder einer der zahlreichen Campingmessen (eine Auswahl der wichtigsten überregionalen Messetermine finden Sie im Anhang ab Seite 270).

Hier können Sie unterschiedliche Reisemobile verschiedener Hersteller live erleben, unmittelbar miteinander vergleichen und vor allem selbst ausprobieren, denn der persönliche Eindruck ist durch nichts zu ersetzen. Was nützt das beste Testergebnis in einer Zeitschrift, wenn Sie mit dem Aufstieg ins Aufstelldach nicht klarkommen, beim Probeliegen der Kopf an die Wand stößt und die Füße über die Bettkante hinausragen oder der Schubladenauszug der Seitenküche so weit herausragt, dass der komplette Mittelgang versperrt wird?

Selbstverständlich sind die Anforderungen an das perfekte Wohnmobil von Mensch zu Mensch ganz unterschiedlich. Der eine will auch im Urlaub nicht auf seinen Kaffeevollautomaten verzichten, der andere liebt den Ausblick aus dem Panoramaaufstelldach und ein Dritter schließlich braucht ein besonders üppiges Badezimmer an Bord. Um später keine Enttäuschungen mit dem neuen Wohnmobil zu erleben, ist es darüber hinaus von großer Bedeutung, auch die gegensätzlichen Gewohnheiten der einzelnen Reiseteilnehmer zu berücksichtigen. Verreisen zum Beispiel Langschläfer und Frühaufsteher gemeinsam, so ist ein Hubbett, das im herabgelassenen Zustand die Küchenzeile und die Sitzgruppe blockiert, ein absolutes No-Go.

Was für den einen in seinem mobilen Zuhause als absolut unverzichtbar gilt, ist für den anderen kaum von Interesse. Der beigefügte Bewertungsbogen (ab Seite 112) hilft Ihnen dabei, die verschiedenen Aspekte und Merkmale von der Ausstattung des Basisfahrzeugs über die einzelnen Bereiche des Wohnraums von Kochen über Waschen und Sitzen bis hin zum Schlafen unterschiedlich stark zu gewichten, um das perfekt zu Ihren persönlichen Wünschen passende Wohnmobil zu finden.

Entscheiden Sie zunächst für jede Zeile mit einem Wert zwischen 1 (gar nicht wichtig) bis 10 (lebensnotwendig), wie viel Bedeutung Sie dem jeweiligen Ausstattungsmerkmal beimessen. Nun können Sie die Bögen in ausreichender Stückzahl kopieren und füllen dann auf dem Messerundgang oder beim Händlerbesuch für jedes Wohnmobil in der engeren Auswahl jeweils einen Entscheidungsbogen aus und bewerten jedes der aufgeführten Kriterien anhand einer Punkteskala von 0 (inakzeptabel) bis 5 (perfekt).

Anschließend multiplizieren Sie die individuell vergebenen Punkte mit dem persönlichen Wichtungsfaktor und brauchen abschließend nur noch die Ergebnisse der einzelnen Zeilen zu addieren. Voilá: Das Modell mit der höchsten Gesamtpunktzahl entspricht Ihren Erwartungen am ehesten. Wer ganz genau wissen möchte, wo es das meiste Wohnmobil fürs Geld gibt, kann auch den jeweiligen Kaufpreis durch die Gesamtpunktzahl teilen.

Wohnmobile versprechen die große Freiheit. Aber erst, wenn das Fahrzeug exakt zu den eigenen Bedürfnissen passt, wird der Urlaub perfekt.

NEU ODER GEBRAUCHT?

Ein Neukauf bietet ohne Zweifel Vorteile: Man bekommt ganz genau das Fahrzeug, das man haben möchte, hat die neueste Technik an Bord (wichtig z. B. bei der Abgastechnologie) und auch sonst ein paar Vorteile. Der größte Nachteil: der Preis und der folgende Wertverlust. Auch wenn vom Händler nicht unbedingt der Listenpreis aufgerufen wird, dürfen Wohnmobilkäufer nicht auf allzu satte Rabatte hoffen, denn angesichts der guten Verkaufszahlen hält sich die Bereitschaft der Händler zu Preisnachlässen in engen Grenzen. Was tatsächlich möglich ist, hängt natürlich auch von Marke und Modell, dem jeweiligen Händler sowie dem Kaufzeitpunkt ab. Realistisch ist ein Preisnachlass von bis zu 10 % vom Listenpreis, der auf Messen und im Winter vielleicht auch etwas höher ausfallen kann. Falls sich im Verkaufsgespräch das Gefühl einstellt, dass kein weiterer direkter Rabatt mehr gewährt wird, sind je nach Verhandlungsgeschick Vorteile in Form von kostenloser Zusatzausstattung wie einer Markise, einem Wartungspaket oder einer Garantieverlängerung möglich.

Gebrauchtkauf

Laut dem Caravaning Industrie Verband wechselten im ersten Halbjahr 2019 über 39 000 Reisemobile ihren Besitzer und spätestens beim Blick auf den Kontoauszug erscheint der Gebrauchtkauf in vielen Fällen als attraktive Alternative zum Neufahrzeug.

Verglichen mit Pkw ist die Nutzungsdauer von Wohnmobilen recht lang, was sich auf das Preisniveau von Reisemobilen aus zweiter Hand auswirkt. Zudem hat die seit Jahren steigende Nachfrage den Gebrauchtmarkt regelrecht leergefegt. Der aufgerufene Preis für junge Gebrauchte in gutem Zustand liegt oft erstaunlich wenig unter dem eines Neufahrzeugs. In der Regel ist zumindest eine vergleichsweise umfangreiche Ausstattung an Bord.

==Wirklich günstige Wohnmobile haben dagegen nicht selten schon zehn Jahre oder mehr auf dem Buckel.== Viel Geld sparen lässt sich auch mit exotischen Modellen weniger bekannter Hersteller oder Selbstausbauten. Diese begeistern nicht selten durch unkonventionelle Lösungen, die nicht zwangsläufig schlecht sein müssen. Sie stellen aber ein gewisses Risiko in Sachen Reparaturen dar und lassen sich in den meisten Fällen nur sehr schlecht wieder verkaufen. Solche Angebote sind daher in erster Linie für Bastler interessant.

Laufleistung

Bei Wohnmobilen, die nur für wenige Wochen im Jahr bewegt wurden, hält sich die Laufleistung oftmals im überschaubaren Rahmen. Dennoch sollten Sie beim Basisfahrzeug ganz genau nachsehen (beispielsweise im Serviceheft) und beim Verkäufer nachhaken, welcher Wartungsaufwand in absehbarer Zeit zu erwarten ist. Besonders kostenintensiv ist beispiels-

Stärken und Schwächen von Neufahrzeugen

Vorteile	Nachteile
Wunschfahrzeug in perfekter Konfiguration	hoher Preis
Innenraum und Möbel nicht abgewohnt	relativ starker Wertverlust
Sicherheit, Gewährleistung, Mobilitätsgarantie	eventuell „Kinderkrankheiten"
	lange Lieferzeit

weise der Wechsel des Zahnriemens oder eine Erneuerung des Rußpartikelfilters.

Schadstoffausstoß

Ein weiterer Punkt, der beim Kauf eines älteren Fahrzeugs zu bedenken ist, ist der Schadstoffausstoß des Motors. Angesichts steigender Umweltauflagen ist eine grüne Plakette fast schon ein Muss – ansonsten ist die Zufahrt zu innerstädtischen Stellplätzen in Umweltzonen tabu. Auch im Ausland entstehen immer mehr Sperrzonen, in denen nur Fahrzeuge mit geringem Schadstoffausstoß erlaubt und ältere Fahrzeuge daher ausgeschlossen sind (siehe dazu auch den Abschnitt in Kapitel 1 ab Seite 17).

Zustand des Innenraums

Beim Kauf eines gebrauchten Wohnmobils kommt es nicht nur auf den technischen Zustand des Basisfahrzeugs an, sondern Sie müssen auch Innenraum und Bordtechnik einer kritischen Prüfung unterziehen. Dabei sind Zustand von Polstern, Lattenrosten und Matratzen sowie der Scharniere, Griffe, Schlösser und Möbeloberflächen relativ einfach zu beurteilen und kleine Kratzer oder die zwangsläufig vorhandenen Gebrauchsspuren ändern nichts am Nutzwert des Wohnmobils. Allerdings sollten Sie sich im Klaren darüber sein, dass sich auch Wohnmobile weiterentwickeln und Sie umso mehr Abstriche beim Komfort machen müssen, je älter das Fahrzeug ist. Während Möbel, Herd, Wassertanks und Toilette meist sehr langlebig sind und mit ein paar kleineren Reparaturen wie dem Austausch eines Scharniers oder einer Dichtung in der Regel sogar das Basisfahrzeug „überleben", können mit den Jahren die Rohrleitungen sowie die Elektronik Probleme bereiten. Vor allem die Lebensdauer der Bordbatterie ist begrenzt und je nach Alter, Zustand und Batterietyp kommen in absehbarer Zeit Kosten in Höhe von mehreren Hundert Euro auf Sie zu.

Obacht dagegen bei Feuchteschäden. Steigt Ihnen beim Betreten des Wohnraums ein muffiger Geruch in die Nase oder entdecken Sie gar Schimmelflecken, dann ist äußerste Vorsicht angebracht und im Zweifelsfall sollten Sie besser die Hände von diesem Angebot lassen.

Im nächsten Schritt ist die Bordtechnik an der Reihe. Dazu zählen die Sanitäreinrichtungen (sind alle Wasserhähne in Ordnung, arbeitet die Wasserpumpe zuverlässig?), die Kücheneinrichtung (Funktion von Kühlschrank und Kocher) sowie die Heizung.

Bestehen Sie auf die Funktionsprüfung der mit Gas betriebenen Geräte (Heizung, Kühlschrank, Kocher). Falls der Verkäufer keine Gasflasche bereitstellen will, sollten Sie sich auf keine Diskussion einlassen und im Zweifelsfall lieber mit einer eigenen Gasflasche im Gepäck wiederkommen. Ein Defekt in der Gasanlage, das gilt insbesondere für die Heizung, kann schnell hohe Reparaturkosten nach sich ziehen. Gute Indizien für den allgemeinen Pflegezustand des Fahrzeugs liefern Blicke in den Kühlschrank sowie auf das Dach, die Gummidichtungen der Fenster sowie die Markise, wo sich schnell Moos oder Algen bilden.

INFO **PROFESSIONELLER CAMPER-CHECK**
Während ein muffiger Geruch oder Wasserflecken im Wohnraum, die auf einen Wasserschaden hindeuten, oder Defekte an der Bordelektrik sich selbst durch Laien recht einfach identifizieren lassen, fällt die Beurteilung des Basisfahrzeug bei mangelnder Sachkenntnis schon deutlich schwerer, denn Rost am Unterboden oder Beschädigungen an Chassis bzw. Karosserie sind nicht unbedingt auf Anhieb erkennbar.

Stärken und Schwächen von Gebrauchtfahrzeugen

Vorteile	Nachteile
geringer Anschaffungspreis (allerdings ist gerade bei jungen Gebrauchtmobilen der Preisvorteil oft nicht so groß wie erhofft)	Mobiliar je nach Alter und Zustand bereits abgenutzt
sofort verfügbar	ältere Basisfahrzeuge erhöhen das Risiko von steigenden Reparaturkosten
vergleichsweise geringer Wertverlust	Wegfall der Gewährleistung bei Kauf von privat
	ältere Technik

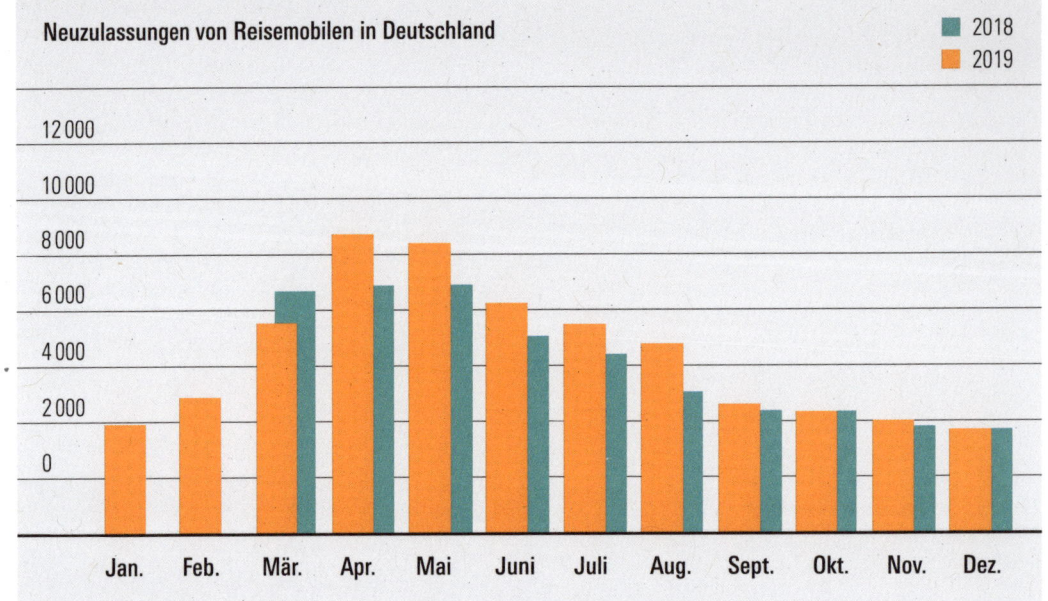

Neuzulassungen von Reisemobilen in Deutschland 2018/2019 im Jahresverlauf. Quelle: CIVD-Auswertung der Zahlen des Kraftfahrt-Bundesamtes

Wer auf Nummer sicher gehen und böse Überraschungen beim Kauf eines gebrauchten Wohnmobils vermeiden möchte, kann das unabhängige Urteil über den technischen Zustand des Fahrzeugs einer Fachwerkstatt überlassen, um versteckte Mängel oder nicht fachgerecht reparierte Unfallschäden vor dem Kauf zu entdecken. Eine solche Gebrauchtwagenexpertise kostet zwischen 90 € und 120 € und wird z. B. von Prüfunternehmen wie TÜV oder Dekra angeboten:

- ▶ https://www.tuev-nord.de/de/privatkunden/verkehr/auto-motorrad-caravan/tuev-nord-vertrauenscheck/
- ▶ https://www.tuvsud.com/de-de/branchen/mobilitaet-und-automotive/wohnmobil-und-caravan/schaden-und-wertgutachten
- ▶ https://www.dekra.de/de/dekra-siegel-gebrauchtfahrzeuge/

Der richtige Zeitpunkt

Der Kauf eines Wohnmobils aus zweiter Hand ist wie der Pkw-Gebrauchtkauf in hohem Maße Vertrauenssache. Der Kauf von privat ist in der Regel günstiger, beim Händler dagegen profitieren Sie von einer größeren Auswahl und Gewährleistung. Vergleichsweise gute Konditionen bieten die Abverkäufe der Vermieter, die regelmäßig ihre Fahrzeugflotte erneuern. Die Fahrzeuge sind in der Regel zwischen sechs und 24 Monate alt und in gutem technischen Zustand. Bei Mobilen, die eine Saison vermietet waren und weniger als 50 000 km auf dem Tacho haben, ist ein Nachlass von bis zu 20 % auf den Listenpreis möglich.

Der beste Zeitpunkt für einen Kauf, egal ob Gebraucht- oder Neufahrzeug, ist am Saisonende im Herbst. Dann möchten die Verkäufer ihre Fahrzeuge loswerden, um Platz für die Mobile der kommenden Saison zu schaffen.

Einen Sommerschlussverkauf dürfen Sie zwar nicht erwarten, aber nach dem Caravan Salon finden die neuen Reisemobilmodelle den Weg zu den Händlern und das Angebot an Neufahrzeugen aus dem Vorjahr ist am größten und Ausstellungsfahrzeuge sowie Sondermodelle sollen durch Preisvorteile möglichst rasch abverkauft werden. Im Frühjahr dagegen erwacht das große Kaufinteresse und die Schnäppchenchance ist eher gering.

Checkliste für den Gebrauchtmobilkauf

Je mehr Zeit Sie sich für die Fahrzeugbesichtigung nehmen, desto besser. Lassen Sie sich alles ganz genau zeigen und fragen Sie im Zweifelsfall lieber einmal mehr nach, als zu wenig. Ein Wohnmobil hat viel mehr Teile als ein gewöhnliches Auto, und es ist vollkommen selbstverständlich, dass Sie den Wassertank in Augenschein nehmen wollen und die Gasgeräte testen wollen. Arbeiten Sie während der Besichtigung einfach diese Checkliste ab, damit Sie nichts vergessen.

Papiere
- Sind die Fahrzeugpapiere (Zulassungsbescheinigung Teil I und II, gelbes Prüfungsheft für die Flüssiggasanlage) vollständig?
- Stimmt die angebrachte Umweltplakette mit den Unterlagen überein?
- Gibt es ein Serviceheft und sind alle zugesagten Kundendienste dokumentiert?
- Sind die Bedienungsanleitungen für Basisfahrzeug, Wohnmobilausbau und alle Zusatzgeräte vorhanden?

Basisfahrzeug und Aufbau
- Ist das Fahrzeug unfallfrei? Dieses sollte im Kaufvertrag explizit bestätigt – bzw. etwaige Vorschäden detailliert im Vertrag festgehalten – werden.
- Ist die Frontscheibe frei von Steinschlägen?
- Sind die Dichtgummis an Türen und Fenstern nicht porös und ohne Risse?
- Sind die Fensterscheiben bzw. Dachfenster klar und ohne Risse?
- Lassen Sie sich gut öffnen und schließen?
- Überprüfen Sie alle Anbauten wie Sat-Antenne, Markise und Heckträger auf Funktion.

Wohnraum
- Lassen sich alle Klappen und Schubladen öffnen und schließen? Sind die Auszüge, Scharniere und Schlösser in Ordnung?
- Lassen sich die Verdunkelungsrollos und Fliegengitter leichtgängig und problemlos öffnen und schließen?
- Funktioniert die Beleuchtung?
- Sind Wasserleitung und Frischwassertank in hygienischem Zustand und ohne Algenbewuchs?

Bordelektronik
- Funktioniert das zentrale Bedienpaneel reibungslos? Werden die Füllstände von Frisch- und Abwassertank sowie der Batterie angezeigt und lässt sich die Temperatur der Heizung steuern?
- Brennen alle Kochstellen des Herds gleichmäßig mit blauer Flamme?
- Funktionieren die Wasserhähne und leistet die Pumpe ausreichend Druck?
- Zündet die Heizung ohne Probleme und tritt an allen Ausströmungsöffnungen warme Luft aus?
- Arbeitet der Kühlschrank einwandfrei, sowohl im Gas- wie auch im Strombetrieb (12 V / 240 V), und werden die Kühlrippen nach einiger Zeit kalt?
- Wie alt und in welchem Zustand ist die Aufbaubatterie?

Probefahrt
- Treten während der Fahrt keine ungewöhnlichen Geräusche auf?
- Lässt sich das Getriebe leichtgängig schalten?
- Stimmt die Motorleistung?
- Wird die Bordbatterie während der Fahrt geladen?

DAS WOHNMOBIL FINANZIEREN

Keine Frage: Die Barzahlung ist der günstige Weg zum Traummobil. Mit dem Begleichen des Kaufpreises gehört das Fahrzeug sofort Ihnen und Sie brauchen sich keine Gedanken über die Kosten für einen Kredit zu machen. Allerdings geht es um viel Geld, und wer die benötigte Summe nicht auf der hohen Kante hat, aber nicht lange sparen möchte, muss einen Kredit aufnehmen. Die Finanzierungsmöglichkeiten für Reisemobile gleichen dabei in vielen Belangen der Finanzierung eines Pkws.

Auf test.de finden Sie Beiträge mit umfassenden Informationen zur Autofinanzierung und einen Finanzierungsrechner, mit dem Sie die Angebote unterschiedlicher Anbieter vergleichen und herausfinden können, mit welcher der möglichen Finanzierungsvarianten Sie persönlich besser fahren.

Finanzierungsmöglichkeiten im Vergleich

Grundsätzlich gibt es zur Finanzierung eines neuen Wohnmobils die folgenden Möglichkeiten. Welche davon im persönlichen Einzelfall die günstigste Lösung ist, lässt sich nicht pauschal beantworten.

▶ 1. KLASSISCHER RATENKREDIT

Dabei wird üblicherweise eine Anzahlung in Höhe zwischen 20 % und 40 % des Kaufpreises geleistet und die Differenz per Kredit finanziert, der in konstanten, monatlichen Raten zurückgezahlt wird. Nach dem Kauf geht das Reisemobil in den Besitz des Käufers über. Die Höhe der monatlichen Belastung hängt dabei von der Kreditsumme, der Laufzeit, dem persönlichen finanziellen Spielraum und dem effektiven Jahreszins ab. Der Vorteil bei der Ratenzahlung liegt in einer klaren Kostenstruktur und verlässlichen monatlichen Belastungen. Für möglichst niedrige Raten sind allerdings eine hohe Anzahlung oder eine lange Laufzeit erforderlich. Aufgrund des geringeren Wertverlusts von Wohnmobilen im Vergleich zu Pkws sind zwar Laufzeiten von bis zu zehn Jahren möglich, eine möglichst kurze Laufzeit, um den Zinsaufwand zu minimieren, ist dennoch erstrebenswert.

▶ 2. BALLON-KREDIT (SCHLUSSFINANZIERUNG)

Hier handelt es sich um eine spezielle Form der Ratenfinanzierung, bei der das dicke Ende am Schluss wartet. Zunächst sind die Raten über einen langen Zeitraum sehr niedrig. Die geringen Monatsraten sind verlockend, dürfen aber nicht darüber hinwegtäuschen, dass bis zu 50 % des Kaufpreises als Schlussrate offen bleiben. Hier ist Vorsicht geboten und die Belastung am Ende der Laufzeit darf nicht unterschätzt werden. Diese Form der Finanzierung ist eigentlich nur sinnvoll, wenn in absehbarer Zukunft ein planbarer, größerer Geldbetrag zu erwarten ist, beispielsweise weil Sie mit der Anschaffung des neuen Reisemobils nicht warten möchten, bis die Lebensversicherung oder ein Sparvertrag fällig wird.

▶ 3. DREI-WEGE-FINANZIERUNG

Die dritte Möglichkeit stellt eine Variante des Ballon-Kredits dar, bieten Ihnen am Ende aber drei Möglichkeiten. Sie leisten eine Anzahlung, müssen aber nicht den gesamten Kaufpreis finanzieren und profitieren

Das Wohnmobil finanzieren

von niedrigen, monatlichen Raten. Dank eines Rückgaberechts, das sich die Anbieter allerdings meist teuer bezahlen lassen, können Sie am Ende der Laufzeit entscheiden, ob Sie das Reisemobil durch die Zahlung einer (hohen) Abschlussrate kaufen oder an den Händler zurückgeben oder weiterfinanzieren.

Wer bietet Finanzierungslösungen für Reisemobile?

Sowohl die Hersteller (z. B. Erwin Hymer Group Finance, Knaus Tabbert Finance) wie auch die Händler möchten ihren Kunden den Kauf der teuren Gefährte schmackhaft und möglichst einfach machen und arbeiten zu diesem Zweck mit Banken zusammen, die sich auf die Finanzierung von Freizeitfahrzeugen spezialisiert haben. Häufige Geldhäuser in diesem Zusammenhang sind beispielsweise die Santander Consumer Bank, Auto Bank und FCA-Bank. Zusätzlich sollten Sie sich in jedem Fall auch bei Ihrer Hausbank über die Konditionen für ein

Leasing als Alternative zur Finanzierung

Wenn der Besitz eines eigenen Wohnmobils für Sie keine gravierende Rolle spielt, kann auch das Leasing interessant sein. Das gilt vor allem für Selbstständige, die die Anzahlung und Leasingraten als Betriebsausgaben geltend machen können. Die monatliche Rate fällt im Vergleich zum Ratenkredit oftmals deutlich niedriger aus. Allerdings erwerben Sie durch den Leasingvertrag nur ein Nutzungsrecht für das Wohnmobil über einen bestimmten Zeitraum. Das Fahrzeug selbst bleibt Eigentum des Leasinganbieters. Nachträgliche Änderungen wie die Montage einer Satellitenanlage sind daher nur nach Rücksprache möglich. Am Ende der Vertragslaufzeit können Sie den Leasingvertrag verlängern, das Wohnmobil an den Händler zurückgeben oder zum verbliebenen Kaufpreis erwerben. Dessen Höhe ergibt sich je nach Vertrag aus einer Restwert- oder Kilometerabrechnung. Letztere Variante ist in der Regel die bessere Wahl, da man die jährlich zurückgelegten Kilometer anhand der Erfahrung aus der Vergangenheit meist zuverlässiger einschätzen kann, als den Wertverlust des Fahrzeugs.

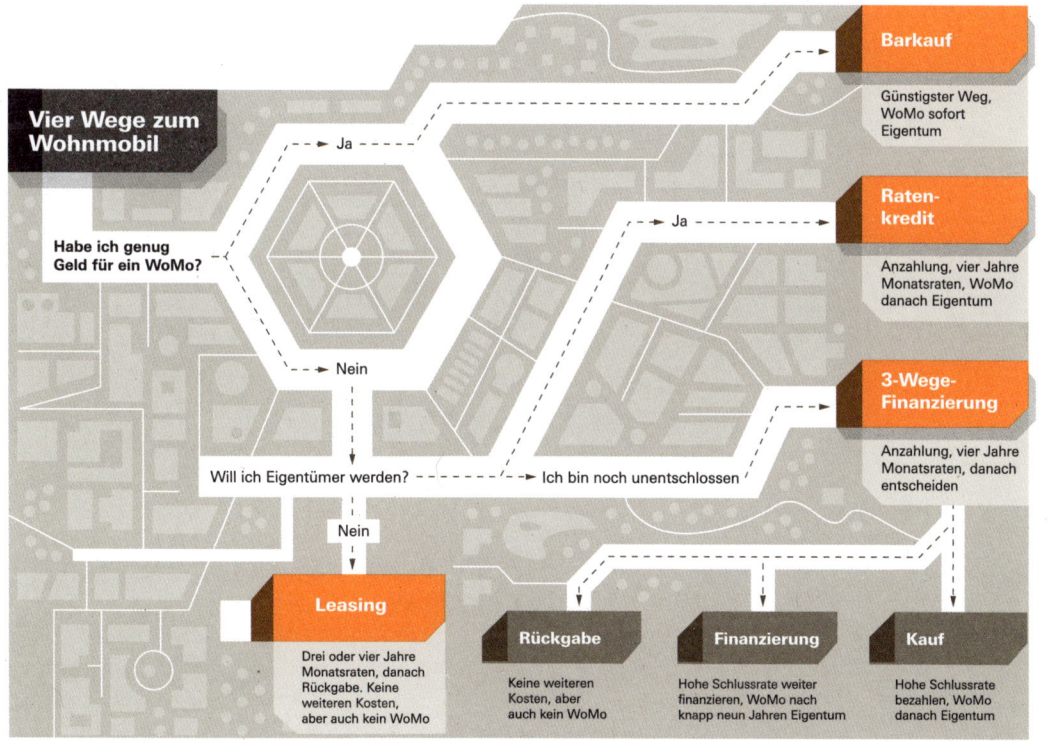

Ein neues Wohnmobil kostet eine Stange Geld. Unsere Grafik zeigt die unterschiedlichen Finanzierungsmöglichkeiten sowie die jeweiligen Vor- und Nachteile.

Verbraucherdarlehen informieren. Hausbesitzer können alternativ ein Hypothekendarlehen aufnehmen, welches sich meist durch günstigere Konditionen auszeichnet, da die eigene Immobilie als Sicherheit dient. Allerdings fallen in diesem Fall zusätzliche Kosten an, beispielsweise für den Notarbesuch, um die Grundschuld der Immobilie im Grundbuch eintragen zu lassen, und die Möglichkeiten, den Kredit durch Sonderzahlungen rascher zu tilgen, sind weniger flexibel.

Bei einer Kreditvergabe durch ihre Hausbank treten Sie gegenüber dem Händler als Barzahler auf und können mit etwas Verhandlungsgeschick eventuell einen Barzahlerrabatt aushandeln.

Bevor Sie die Finanzierung unter Dach und Fach bringen, ist es unbedingt zu empfehlen, mehrere Anbieter miteinander zu vergleichen. Als Richtschnur für die Beurteilung von Angeboten mit unterschiedlicher Ratenhöhe und Laufzeit dient der effektive Jahreszins. Er gibt in Prozent an, welche Kosten Sie für Darlehen pro Jahr bezahlen müssen, und grundsätzlich ist das Angebot mit dem niedrigsten Wert am günstigsten.

INFO — **VERSTECKTE ZUSATZKOSTEN**
Bei der Ausweisung des effektiven Jahreszinses sind die Banken dazu verpflichtet, alle mit dem Kredit in Zusammenhang stehende Kosten zu berücksichtigen. Das hält die Geldhäuser aber nicht davon ab, die Kosten durch mehr oder weniger versteckte Zusatzleistungen in die Höhe zu treiben. Typisches Beispiel ist eine Restschuldversicherung, die oftmals mit angeboten wird. Sie springt ein, wenn der Schuldner die laufenden Raten aufgrund von Tod, Arbeitsunfähigkeit oder Arbeitslosigkeit nicht mehr bedienen kann. Hier ist Vorsicht geboten, denn die Policen sind in der Regel sehr teuer und werden schon beim Abschluss fällig.

Voraussetzungen für eine Wohnmobilfinanzierung

Voraussetzung ist wie bei jedem Kredit eine Bonitätsprüfung, bei der die Bank die Kreditwürdigkeit des potenziellen Käufers bei der Schufa abfragt. Eine Anzahlung ist für die Kreditvergabe nicht in jedem Fall erforderlich, aber sehr zu empfehlen, um die Darlehenssumme und damit die Zinsbelastung zu senken.

Die Laufzeit des Kredits hängt entscheidend von der Ausgangshöhe des Kredits und den finanziellen Möglichkeiten des Schuldners ab. Um den Kredit möglichst rasch zu tilgen, ist eine kurze Laufzeit erforderlich, allerdings sollte die monatliche Rate einen ausreichenden Puffer für unerwartete Ausgaben lassen.

Hier gilt es, ganz genau zu rechnen, um ein optimales Verhältnis zwischen der Höhe der monatlichen Raten und der Dauer der Laufzeit zu finden. Darüber hinaus sollten Sie beim Abschluss auf eine Möglichkeit von Sondertilgungen bestehen. So lässt sich der Kredit schneller zurückzahlen, falls Sie einmal besonders gut bei Kasse sind.

Der Kauf

Sobald Sie sich für ein bestimmtes Modell entschieden haben, können Sie sich auf die Suche nach dem günstigsten Angebot machen. Spätestens jetzt sollten Sie eine Probefahrt vereinbaren. Wie es der Name nahelegt, ist ein Wohnmobil nicht ausschließlich zum „Wohnen", sondern auch zum „Fahren" da, und erst wenn Sie selbst hinter dem Steuer Platz genommen haben, können Sie beurteilen, wie Sie mit dem jeweiligen Fahrzeug im Straßenverkehr zurechtkommen (so ist z. B. die hohe Sitzposition ungewohnt und durch den hohen Aufbau wird die Sicht zur Seite eingeschränkt) und ob Ihnen die gewählte Motorleistung ausreicht.

Falls der Händler in einer Gegend mit viel Verkehr liegt, empfiehlt es sich, mit dem Verkaufspersonal zu besprechen, ob nicht die Möglichkeit zu einer Probefahrt in einer ruhigeren Umgebung möglich ist. Selbst gelenkt haben, sollten Sie das neue Reisemobil vor dem Kauf aber in jedem Fall.

Haben Sie die Kaufentscheidung getroffen, geht es an die Vertragsverhandlungen, und es ist Verhandlungsgeschick gefragt, um einen möglichst großen Rabatt herauszuholen. Achten Sie darauf, dass jegliche Zusatzausstattung vom Navigationsgerät über eine zusätzliche

Dachluke bis hin zur Gasflasche schriftlich festgehalten wird. Anschließende Nachverhandlungen sind praktisch ausgeschlossen. Außerdem sollten Sie auf die Zusage eines festen Liefertermins bestehen. Vermeiden Sie nach Möglichkeit die Angabe einer Lieferfrist oder schwammige Zusagen wie „schnellstmöglich" und bestehen Sie auf die Nennung eines konkreten Datums.

Üblicherweise legt Ihnen der Verkäufer zunächst eine „verbindliche Bestellung" zur Unterschrift vor. Ein Widerrufsrecht besteht anschließend in der Regel nicht mehr. Der Kaufvertrag kommt aber erst zustande, wenn der Verkäufer die Bestellung ausdrücklich annimmt.

Nach dem Kauf

Sobald das bestellte Fahrzeug beim Händler eingetroffen ist, wird dieser Sie benachrichtigen und Sie können das neue Wohnmobil abholen. Überzeugen Sie sich bei einer Probefahrt, dass das Fahrzeug keine Mängel aufweist. Wenn alles in Ordnung ist, steht dem Urlaub im neuen rollenden Feriendomizil nichts im Wege. Bevor Sie zum großen Roadtrip aufbrechen, empfiehlt sich zunächst eine kürzere Reise, um mit dem neuen Wohnmobil vertraut zu werden und im Praxisbetrieb zu prüfen, ob alles so funktioniert wie es soll.

Gewährleistung und Garantie

Ein tropfender Wasserhahn, nicht funktionierende Steckdosen oder ein Kühlschrank, der nicht kühlt – die Liste an möglichen Defekten bei einem Wohnmobil ist lang. Auch wenn die Hersteller im eigenen Interesse strenge Qualitätskontrollen durchführen, können Fehler passieren und das ist für alle Beteiligten ärgerlich.

Wer aber kommt für die Reparaturkosten im Schadensfall auf? Dabei ist grundsätzlich zwischen zwei Sachverhalten zu unterscheiden, die im allgemeinen Sprachgebrauch gerne vermischt werden. Die Sachmängelhaftung (Gewährleistung) ist ein gesetzlicher Anspruch gegenüber dem Händler. Bei der Garantie handelt es sich um eine freiwillige Zusage, die in der Regel vom Hersteller versprochen wird. Für Mängel am neu gekauften Wohnmobil muss daher in der Regel der Verkäufer einstehen und z. B. ein defektes Fenster reparieren oder einen nicht funktionierenden Kühlschrank austauschen. Das kann je nach Art der Reparatur kürzer oder länger dauern, zwei Wochen sind in den meisten Fällen aber angemessen.

Garantieverlängerung

Wie bereits erwähnt, handelt es sich beim Garantieversprechen um eine freiwillige Leistung des Herstellers. Ergänzend zur üblichen Garantiedauer von zwei Jahren, gewähren viele Wohnmobilhersteller eine zusätzliche Dichtigkeitsgarantie von fünf bis zwölf Jahren für ihre Aufbauten.

Um sich vor dem Risiko hoher Reparaturkosten am Ende der Herstellergarantie zu schützen, bieten viele Händler die Möglichkeit, die Garantieleistung um bis zu drei Jahre zu verlängern. Eine solche Garantieverlängerung umfasst je nach Angebot die Bauteile des Basisfahrzeugs, z. B. Motor und Getriebe, sowie die Komponenten des Aufbaus, z. B. das Wasser- und Abwassersystem. Achtung: Damit der Schutz greift, müssen die vom Hersteller vorgeschriebenen Pflege- und Wartungsintervalle eingehalten werden.

Über die Kosten und Modalitäten im Detail sollte man sich in jedem Fall gut beraten lassen – und ob sich der Abschluss einer Garantieverlängerung rentiert oder nicht, hängt von einer ganzen Reihe Faktoren ab.

Grundsätzlich lässt sich sagen, dass eine Garantieverlängerung umso sinnvoller wird, je höher der Anschaffungspreis ist. Auch Besitzer, die ihr Reisemobil häufig und intensiv nutzen, werden eher von einem Reparaturkostenschutz profitieren.

Gut zu wissen: Soll ein Fahrzeug innerhalb der Dauer der Garantieverlängerung weiterverkauft werden, kann die Zusatzversicherung an den neuen Besitzer übertragen werden.

	12 Monate Garantie	24 Monate Garantie	36 Monate Garantie
< 4,5 t	549 €	999 €	1 499 €
> 4,5 t	799 €	1 599 €	2 499 €

Preisbeispiele für die Neuwagen-Anschlussgarantie für Fahrzeuge bis 24 Monate nach Erstzulassung der Erwin Hymer Group.
Quelle: www.hymer.com/de/de/service/anschlussgarantie

==Die gesetzlich geregelte Gewährleistungsfrist beträgt zwei Jahre. Bei Gebrauchtfahrzeugen kann die Frist auf zwölf Monate gekürzt werden.== Tritt der Defekt innerhalb von sechs Monaten nach dem Kauf auf, so geht der Gesetzgeber von der Vermutung aus, dass der Fehler schon von Beginn an vorhanden war. Nach dieser Frist kehrt sich die Beweislast um, und Sie als Käufer müssen nachweisen, dass der Mangel bereits bei der Fahrzeugübergabe vorhanden war.

Ein oft auftretender Streitpunkt beim Thema Sachmängelhaftung ist der kleine, aber feine Unterschied zwischen einem tatsächlichen technischen Mangel und dem üblichen Verschleiß, der nicht in jedem Fall so eindeutig ausfällt, wie z. B. bei abgenutzten Bremsbelägen oder Reifen, die beide nicht unter die Gewährleistung fallen. In jedem Fall stellt die gütliche Einigung mit dem Händler die beste Lösung dar. Sollte der sich aber nicht kooperativ zeigen, ist in schwerwiegenden Fällen eine juristische Beratung dringend angeraten, um sich zusätzlichen Ärger zu ersparen, denn das Thema Sachmängelhaftung ist sehr komplex.

Im Gegensatz zur Sachmängelhaftung ist die Garantie eine freiwillige Leistung und wird üblicherweise vom Hersteller eingeräumt. Ein typisches Beispiel dafür ist z. B. eine Dichtigkeitsgarantie, die viele Hersteller von teil- oder integrierten Wohnmobilen ihren Kunden geben. Die versprochenen Leistungen sind dabei oft an bestimmte Voraussetzungen geknüpft, wie beispielsweise ein maximaler Kilometerstand oder eine regelmäßige Prüfung.

Wohnmobilversicherung

Ein Reisemobil stellt einen beträchtlichen Wert dar und erfordert daher einen adäquaten Versicherungsschutz. Pflicht ist – wie bei jedem anderen Auto auch – die Haftpflichtversicherung, ohne die ein Fahrzeug in Deutschland gar nicht zugelassen werden kann. Sie deckt alle Schäden ab, die Sie bei anderen Menschen oder deren Hab und Gut verursachen.

Teil- oder Vollkasko?

Die darüber hinausgehende Kaskoversicherung ist freiwillig und unterteilt sich in Teil- oder Voll-

Die Unterschiede der einzelnen Versicherungsarten im Überblick

	Haftpflicht (Pflicht)	Teilkasko (optional)	Vollkasko (optional)
Schäden an fremden Fahrzeugen, Personen sowie Sach- und Vermögensschäden	X		
Fahrzeug-Diebstahl		X	X
Unwetterschäden		X	X
Zusammenstoß mit Tieren		X *	X *
Marderbiss		X **	X **
Glasbruch		X	X
Selbstverschuldete Unfälle			X
Schäden durch Vandalismus			X

* oftmals sind nur Haarwildschäden, z. B. Reh oder Wildschwein, nicht aber Unfälle mit anderen Tiere wie z. B. Hunden versichert
** oft sind nur kleinere Kabelschäden versichert

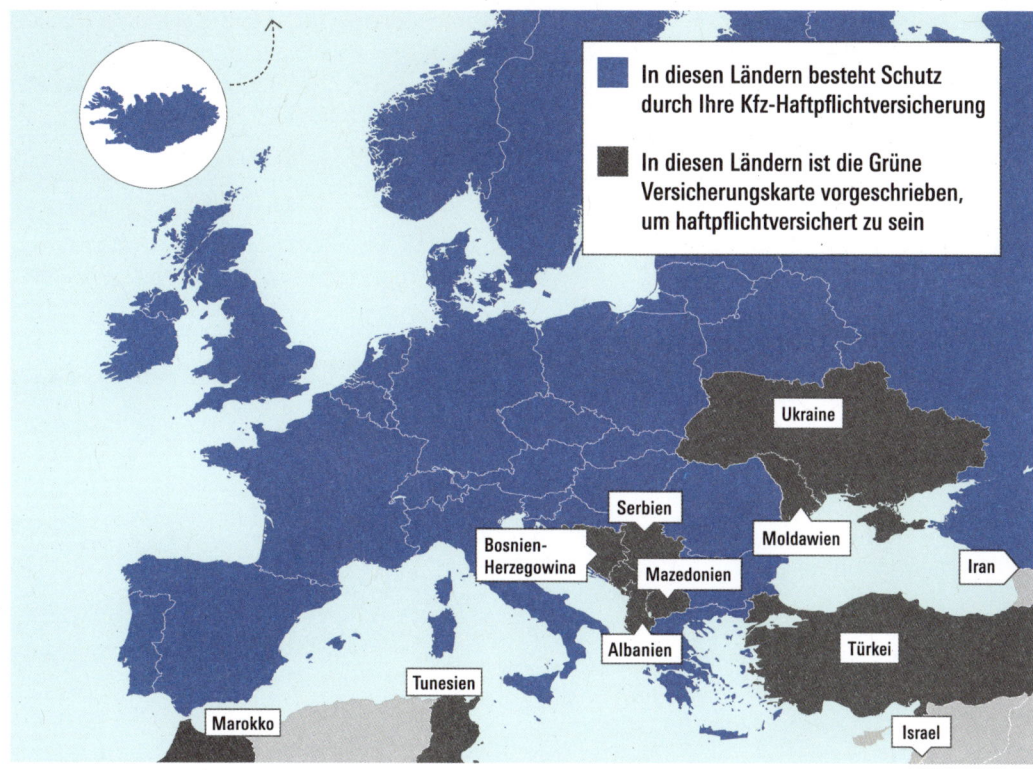

Vor der Fahrt ins Ausland ist unbedingt der Geltungsbereich der Kfz-Versicherung zu klären.

kasko. Die Teilkasko versichert das Fahrzeug gegen Brand, Explosion, Diebstahl, Marderbiss, Glasbruch oder Elementarschäden. Die Vollkasko deckt zusätzlich Vandalismus und Schäden am Fahrzeug ab, die man selbst verursacht.

Insbesondere bei Neufahrzeugen und bei hohem Schadenfreiheitsrabatt für unfallfreies Fahren ist eine Vollkaskoversicherung sehr sinnvoll. Bei Finanzierungs- und Leasingfahrzeugen ist sie oftmals obligatorisch.

Die Höhe der Versicherungsprämie bemisst sich u. a. an der Höhe des Listenneupreises zum Zeitpunkt der Erstzulassung des Reisemobils. Dabei sollten Sie nicht vergessen, auch alle fest am Fahrzeug montierten Anbauteile wie Solarmodule, Heckträger oder Markise mitanzugeben, damit diese im Versicherungsschutz eingeschlossen werden.

Zusätzliche Punkte, die sich auf die Beitragshöhe auswirken, sind die Schadenfreiheitsklasse (SG), die bei Wohnmobilen weniger breit gestaffelt ist als bei Pkw sowie die Selbstbeteiligung. In unserem Preisvergleich beträgt der Unterschied zwischen 300 € statt 1 000 € Selbstbeteiligung im Schadensfall in der Kaskoversicherung im Schnitt 150 € im Jahr.

Kompliziert wird die Auswahl der am besten geeigneten Versicherungsgesellschaft, durch ein nahezu unüberschaubares Dickicht an Faktoren, die sich auf die Höhe der Versicherungsprämie auswirken. Rabatte gibt es z. T. für GfK-Dächer, da diese unempfindlicher gegen Hagelschäden sind, aber auch der Beruf (Beamter oder nicht), die Dauer des Führerscheinbesitzes, die jährliche Fahrleistung und vieles mehr spielen eine Rolle. Weitere Informationen zum Thema Wohnmobil-Versicherung finden Sie in einem kostenpflichtigen Artikel auf test.de.

Der Kfz-Versicherungsvergleich der Stiftung Warentest greift Ihnen auf der Suche nach der für Sie optimalen Wohnmobil-Versicherung unter die Arme. Das Onlineangebot kostet 7,50 € und umfasst neben dem eben genannten Testbericht auch einen 13-monatigen Zugang zum individuellen Versicherungsvergleich, sodass Sie auch im folgenden Jahr ein günstiges Versicherungsangebot ermitteln können.

> **INFO** **SPEZIAL-VERSICHERUNGSMAKLER FÜR FREIZEITFAHRZEUGE**
>
> Neben den klassischen Versicherungsgesellschaften gibt es Versicherungsmakler, die sich auf Reisemobile spezialisiert haben und u. a. auch exotische Fahrzeugtypen wie Pick-up-Kabinen versichern. Im folgenden eine Auswahl von Anbietern:
> - Horbach (Helvetia): www.horbach24.de
> - RMV (Kravag): www.rmv-versicherung.de
> - Accuara (HDI): www.wohnmobilversicherung.de
> - ESV Schwenger (HDI): www.esv-schwenger.de
> - CA Camping Assekuranz (HDI + Kravag) www.reiesmobilversicherung.de
> - Jahn & Partner (Nürnberger + Helvetia): www.jahnundpartner.de
> - Andreas Schwarz: www.freizeit-schwarz.de

Versicherungsschutz auf Auslandsreisen

Spätestens wenn es mit dem Wohnmobil auf große Reise ins Ausland gehen soll, ist es an der Zeit, sich über den Geltungsbereich der Kfz-Versicherung zu informieren. Grundsätzlich gilt die Kfz-Versicherung in den geografischen Grenzen Europas sowie den außereuropäischen Gebieten im Geltungsbereich der EU.

Fahrten in Anrainerstaaten wie Marokko, Tunesien und in den europäischen Teil der Türkei sind oftmals kostenlos mitversichert. Als Nachweis benötigt man allerdings die sogenannte grüne Versicherungskarte, die man rechtzeitig vor der Reise beim Versicherer anfordern muss. Für Reisen in andere Regionen müssen Sie vor Reiseantritt den Geltungsbereich der Versicherung erweitern lassen.

Fahrzeugschutzbriefe

Ein Fahrzeugschutzbrief stellt eine sinnvolle Ergänzung zur Versicherung dar und zahlt sich vor allem im Falle einer Panne aus. Je nach Angebot umfassen die gängigen Schutzbriefe neben der Unfallhilfe und dem Abschleppen des Fahrzeugs auch den Krankenrücktransport, einen Schlüsselservice sowie den Ersatz von Reisedokumenten.

Fahrzeugschutzbriefe sind entweder bereits Bestandteil der Versicherung oder können separat dazugebucht werden und werden u. a. von den folgenden Automobilclubs angeboten:

App-Tipp

Mit der vom Europäischen Verbraucherzentrum herausgegebenen Smartphone-App „Mit dem Auto ins Ausland" haben Sie viele praktische Informationen für die Regelungen im Straßenverkehr auf dem Smartphone immer mit dabei: https://www.evz.de/de/apps-und-publikationen/ apps/mit-dem-auto-ins-ausland/

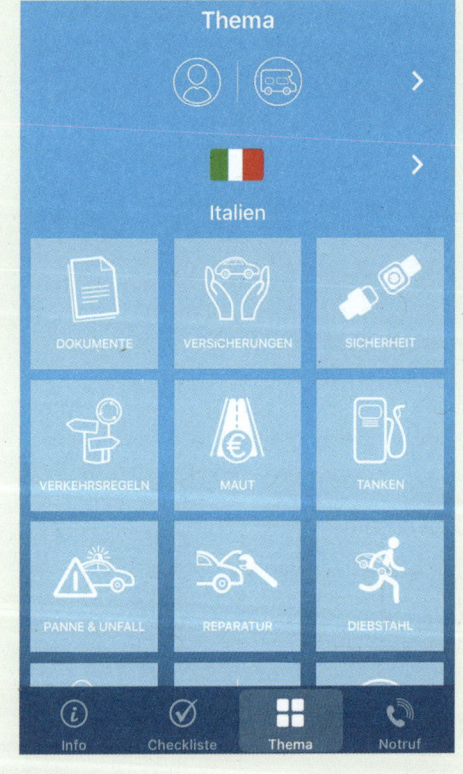

- Allgemeiner deutscher Automobilclub: www.adac.de
- Automobilclub-Verkehr: www.acv.de
- Auto Club Europa: www.ace.de
- Autoclub von Deutschland: www.avd.de
- Mobil in Deutschland: www.mobil.org
- Verkehrsclub Deutschland: www.vcd.org

Als Besitzer eines Reisemobils müssen Sie die Konditionen sehr genau unter die Lupe nehmen, da je nach Anbieter unterschiedliche Höchstgrenzen für die Fahrzeugabmessungen und das Gewicht gelten. Daher ist vor Vertragsabschluss unbedingt sicherzustellen, dass das eigene Wohnmobil im Schadenfall ohne Probleme und Zusatzkosten abtransportiert werden kann.

Inhaltsversicherung

Für die Dauer des Urlaubs ist das Wohnmobil ein zweites Zuhause auf Zeit und es fährt häufig eine Menge Gepäck und umfangreiche Multimediatechnik mit. Das lockt leider auch Diebe auf den Plan, und wenn das persönliche Hab und Gut entwendet wird, ist die Urlaubsfreude schnell getrübt. Mit der richtigen Versicherung lässt sich der Ärger um den Verlust der persönlichen Gegenstände zwar nicht vermeiden, aber immerhin können finanzielle Einbußen abgefedert werden.

Falls das Reisemobil bei einem Einbruch leer geräumt wird, übernimmt die Teilkasko allerdings nur die Schäden, die der Langfinger z. B. beim Einwerfen der Scheiben oder Aufbrechen der Tür verursacht hat. Die entwendeten Gegenstände dagegen sind nicht versichert. Dabei gilt der einfache Grundsatz: Alles, was nicht fest mit dem Auto verbunden ist, ist nicht versichert: Das fest eingebaute Autoradio ist versichert, eine tragbare Bluetooth-Box auf dem Tisch im Wohnraum nicht.

Auch eine vorhandene Hausratversicherung greift beim Diebstahl aus dem Wohnmobil in der Regel nicht, da sich deren Schutz auf das Wohngebäude beschränkt. Um auch hier Schutz zu genießen, müssen Sie einen Tarif abschließen, der den Hausratsschutz ausdrücklich auf Kfz erweitert, die an der Straße parken. Solche Zusätze gibt es. Ansonsten greift die Hausratspolice nur bei Einbruch in feste Gebäude wie Ferienwohnungen oder Hotelzimmer. Ein Wohnmobil gilt nicht als Gebäude – wohl aber Garagen oder öffentliche Parkhäuser. Wenn das Wohnmobil darin steht, ist es versichert. Aufgrund der meist niedrigen Deckungssumme sowie des Ausschlusses von elektronischen Geräten ist auch eine Reisegepäckversicherung nicht optimal. Den umfangreichsten

Kosten sparen mit Saisonkennzeichen

Wintercamping ist nicht jedermanns Sache und wenn das Wohnmobil nicht über das ganze Jahr genutzt wird, kann sich ein Saisonkennzeichen lohnen, um die Beiträge für die Wohnmobilversicherung und die Höhe der Kfz-Steuer zu reduzieren, ohne dass das Fahrzeug jedes Jahr aufs Neue komplett stillgelegt und im Frühjahr wieder angemeldet werden muss. Unsere Modellrechnungen zeigen, dass im Schnitt 38 % Ersparnis möglich sind, wenn das Fahrzeug vom 1. April bis zum 31. Oktober angemeldet ist. Aber Vorsicht: Ein eigentlich günstiger Tarif kann als Saisonkennzeichen teuer sein.

Die einmaligen Kosten für die Beantragung eines Saisonkennzeichen belaufen sich auf rund 30 €. Da die Gebühr nicht bundeseinheitlich festgelegt ist, variieren die tatsächlich anfallenden Kosten je nach Wohnort und Zulassungsbehörde. Dabei müssen Sie sich einmalig auf die Gültigkeitsdauer festlegen. Gut zu wissen: Der Schadensfreiheitsrabatt verbessert sich meist nur, wenn das Fahrzeug mindestens sechs Monate nicht ruht.

Die meisten Wohnmobilfahrer entscheiden sich für den Zeitraum von April bis Oktober. Die Nutzungsmöglichkeit des Wohnmobils ist unweigerlich an den gewählten Zulassungszeitraum gekoppelt. Angesichts eines milden Frühlings schon im März in die Campingsaison zu starten oder an einem sonnigen Novemberwochenende zu einer Spritztour aufzubrechen, ist nicht möglich.

Optisch unterscheiden sich Saisonkennzeichen von regulären Kfz-Kennzeichen durch die beiden Zahlen zwischen eins und zwölf am rechten Rand, die den Zulassungszeitraum angeben. In der Winterpause muss das Reisemobil auf einem privaten Grundstück oder in einer Garage geparkt werden. Das Abstellen am Straßenrand ist nicht gestattet und kann mit einem Bußgeld in Höhe von 40 € geahndet werden.

Gut zu wissen: Liegt der Termin der Hauptuntersuchung außerhalb des Zulassungszeitraum, so muss die Fahrt zur Prüfstelle unmittelbar zu Beginn der neuen Saison erfolgen.

Schutz für das Urlaubsgepäck im Wohnmobil bietet eine spezielle Inhaltsversicherung. Sie umfasst das gesamte Hab und Gut an Bord von Kleidung über Schuhe, Kochzubehör, Digitalkamera, Fernseher, Laptop und Tablet bis hin zu Sportgeräten wie Schlauchbooten, Kajaks, Surfbrettern samt Fahrrädern und Motorrollern. Grundsätzlich ausgenommen sind dagegen Bargeld, Kreditkarten, Schmuck, Dokumente und oft auch Smartphones. Es gelten aber Höchstsummen (z. B. 10 000 €), die Sie vor dem Vertragsabschluss kennen müssen.

Die Jahresprämie für eine Inhaltsversicherung beläuft sich auf 100 bis 200 €. Dabei ist der Inhalt des Wohnmobils nicht nur gegen Diebstahl, sondern auch gegen einen Schaden bei Brand, Explosion oder Umweltkatastrophen wie Blitzschlag oder Überschwemmung versichert. Der Schutz bezieht sich dabei auf alle beweglichen Teile im Reisemobil und so werden z. B. Campingmöbel, die auf dem Campingplatz aus dem Vorzelt entwendet werden nicht ersetzt.

Ob eine Inhaltsversicherung sich lohnt, lässt sich nicht pauschal sagen und hängt vom Einzelfall ab. Am besten listen Sie daher auf, welchen Wert das mitgeführte Gepäck in Ihrem Fall besitzt, um entscheiden zu können, ob eine Inhaltsversicherung abgeschlossen werden sollte oder nicht.

Vor dem Vertragsabschluss empfiehlt sich, wie bei jeder anderen Versicherung auch, das Kleingedruckte unter die Lupe nehmen. Prüfen Sie, ob die Deckungssumme ausreicht, das gilt insbesondere, wenn Sie teure Sportgeräte wie beispielsweise E-Bikes mitführen. Zudem sollten Sie kontrollieren, was im Einzelnen versichert ist, denn gerade bei Elektrogeräten gibt es große Unterschiede zwischen den Anbietern. Manchmal sind Tablets und Notebooks versichert, manchmal nicht. Auch macht mancher Versicherer strenge Vorgaben in Bezug auf die Schlösser, mit denen Fahrräder an den Heckträger angeschlossen werden müssen, damit der Versicherungsschutz im Ernstfall greift.

Zulassung

Üblicherweise übernimmt der Händler die notwendigen Formalitäten, um das neu erworbene Wohnmobil zuzulassen. Falls Sie, z. B. beim Kauf eines gebrauchten Wohnmobils von privat, die Zulassung selbst erledigen müssen, wenden Sie sich an die für Ihren Wohnsitz zuständige Zulassungsstelle. Für den reibungslosen Ablauf der Anmeldung werden eine ganze Reihe von Dokumenten benötigt, und zwar Ausweis, Versicherungsbestätigung (eVB-Nummer als elektronische Versicherungsbestätigung), die EG-Übereinstimmungserklärung (COC) sowie die Zulassungsbescheinigung Teil II. Außerdem wird eine Einzugsermächtigung zur Begleichung der Kfz-Steuer verlangt.

Kfz-Steuer

Der Steuerbescheid kommt umgehend nach der Anmeldung des Reisemobils ins Haus. Die Höhe der Kfz-Steuer für ein Wohnmobil richtet sich nach der zulässigen Gesamtmasse und der Schadstoffklasse.

Eine komfortable Möglichkeit, um die Höhe der Kfz-Steuer bereits vor dem Kauf abzuschätzen, bietet das Bundesfinanzministerium auf seiner Website https://www.bundesfinanzministerium.de/Web/DE/Service/Apps_Rechner/KfzRechner/KfzRechner.html.

Die Steuersätze umfassen eine große Spannweite und reichen, je nach Schadstoffklasse, von 10 bis 40 € je angefangene 200 kg Gesamtgewicht. Für ein aktuelles Wohnmobil mit einem zulässigen Gesamtgewicht von 3,5 Tonnen und der besten Schadstoffklasse S4 beläuft sich die jährliche Kfz-Steuer z. B. auf 10 x 16 € + 8 x 10 € = 240 €.

Die Schadstoffklasse ist nur mit dem Umweg über die Emissions-Schlüsselnummer zu ermitteln. Diese finden Sie in der Zulassungsbescheinigung Teil I im Feld 14.1 (in der Mitte des Dokumentes) bzw. im alten Fahrzeugschein (bis 9/2005) im Feld „zu 1" (im oberen Teil des Dokumentes). Anhand der beiden Ziffern dieses Codes können Sie der folgenden Tabelle die dazugehörige Schadstoffklasse entnehmen.

Emissions-Schlüsselnummer im Fahrzeugschein

Die Emissions-Schlüsselnummer verrät die Schadstoffklasse.

Wohnmobile bis 2800 kg zulässigem Gesamtgewicht	Wohnmobile über 2800 kg zulässigem Gesamtgewicht	Schadstoffklasse
11–14, 16, 18–24, 28, 29, 34, 40, 77	10–12, 30–32, 40–43, 50–53	S1
25–27, 35, 41, 49, 50–52, 71	20–22, 33, 44, 54, 60, 61	S2
30, 31, 36, 37, 42, 44–48, 67–70, 72	34, 45, 55, 70, 71	S3
32, 33, 38, 39, 43, 53–66, 73	35, 80, 81	S4
74, 35A0 – 35 M0	83, 84, 35A0 bis 35 M0	S5
36N0 – 36 Z0, 66A0 – 66C0		S6
75	90, 91	EEV
00–10, 15, 17, 88, 98	00, 01, 02, 88, 98	sonstige

Kraftfahrzeugsteuer für Wohnmobile

Für die Steuerhöhe eines Wohnmobils sind nur Gewicht und Schadstoffklasse entscheidend.

	Schadstoffklasse S4 und besser	Schadstoffklasse S3 oder S2	Schadstoffklasse S1 oder Schlechter
Steuersatz je 200 kg Gesamtgewicht bis zu 2000 kg	16 €	24 €	40 €
Steuersatz je 200 kg Gesamtgewicht über 2000 kg	10 €	10 €	10 € (2000 – 5000 kg) / 15 € (5000 – 12000 kg) / 25 € (über 12000 kg)
max.	800 €	1000 €	

Individueller Bewertungsbogen für den Wohnmobilkauf

Hersteller/Modell

Extraausstattung Fahrzeug

☐ Aufpreis Motorisierung ☐ Assistenzsysteme (ABS, EPS, ASF ...) ☐ Navi ☐ Radio
☐ Rückfahrkamera

Extraausstattung Wohnaufbau

☐ Klimaanlage ☐ Fernseher/Satellitenanlage ☐ Solaranlage ☐ Markise ☐ Fahrradträger

Kalkulation

Fahrzeug Grundpreis	
Summe Extras Fahrzeug	
Summe Extras Wohnaufbau	
Obligatorische Zusatzkosten (Zulassungspapiere, Überführung)	
Errechneter Gesamtpreis	
Angebotener Gesamtpreis	

Persönliche Einschätzung	(0 = inakzeptabel, 5 = perfekt)						Gewichtung	Punktzahl (Bewertung × Gewichtung)
	0	1	2	3	4	5		
Fahrzeug allgemein								
Basisfahrzeug (Technik, Motorisierung, Verbrauch, Umweltnorm)								
Aufbau (Form, Materialien, Verarbeitung)								
Außenabmessungen/Manövrierbarkeit								
Einstieg (Türbreite, Höhe, Verriegelung)								
Gasfach (Abdichtung, Crash-Sensor, Zugang)								
Heckgarage/Stauraum (Größe, Zugang, Befestigungsmöglichkeiten, Zuladung)								
Wohnraum								
Raumgefühl allgemein (Stehhöhe, Helligkeit, Bewegungsfreiheit)								
Sitzplätze vorne (Komfort, Sichtfeld, Armlehnen, Drehfunktion)								
Sitzplätze hinten (Komfort, Isofix)								
Dinette (Position, Größe, Tischfläche)								
Schrankeinbauten und Verstaumöglichkeiten (Garderobe, Kleiderschrank, Dachschränke, Fächer)								

Persönliche Einschätzung	(0 = inakzeptabel, 5 = perfekt)						Gewichtung	Punktzahl (Bewertung × Gewichtung)
	0	1	2	3	4	5		
Fenster/Dachluken								
Multimedia (TV-Position, USB-Steckdosen, Soundanlage)								
Schlafzimmer								
Größe der Liegeflächen								
Qualität von Lattenrost und Matratzen (Liegeprobe!)								
Zugang zu den Betten								
Küche								
Nutzbarkeit der Kochfläche, Größe der Spüle								
Größe der Arbeitsfläche								
Ablagen und Verstaumöglichkeiten								
Kühlschrank (Volumen, Position, Energie)								
Fahrerhausverdunklung, Rollos, Jalousien, Fliegengitter								
Platzangebot								
Funktion von Waschbecken, Toilette und Dusche								
Bad								
Spiegel, Beleuchtung, Staumöglichkeiten								
Belüftungsmöglichkeiten								
Kapazität der Aufbaubatterie								
Volumen Frisch-/Abwassertank								
Zentrales Infopanel, Anzahl und Lage der Steckdosen, USB-Steckdosen								
Heizung (Leistung, Klima, Warmwasser, Steuerungsmöglichkeiten via Internet/Smartphone)								
Sonstiges								
Allgemeine Verarbeitung (Qualität des Möbelbaus, Verschlüsse, Scharniere etc.)								
Eignung fürs Wintercamping								
Entfernung zum Händler								

DIE BORDTECHNIK IM GRIFF

Damit Sie es auf der Reise genau so gemütlich haben wie zu Hause, muss im Wohnmobil die Wasser- und Energieversorgung sichergestellt sein. Dabei steht der Komfort an erster Stelle und eine ganze Reihe von ausgeklügelten Installationen mit Heizung, Boiler, Pumpe, Kocher und vielem mehr sorgt dafür, dass Sie sich jederzeit und überall wie gewohnt die Hände unter dem Wasserhahn mit fließend warmem Wasser waschen oder das Handy zum Aufladen an eine USB-Steckdose anschließen können und es drinnen mollig-warm wird, selbst wenn es draußen stürmt und regnet. Während Sie sich zu Hause auf die Stadtwerke verlassen können, müssen Sie sich unterwegs selbst um Elektrizität, Frischwassernachschub und Entsorgung von Grauwasser und Fäkalien kümmern.

WASSERVERSORGUNG

Wasser ist ein kostbares Gut. Es wird nicht nur zum Trinken und Kochen benötigt, sondern auch zum Duschen, Geschirrspülen und Zähneputzen. Dank eines hoffentlich üppig dimensionierten Wassertanks reisen Sie mit Wohnmobil oder Caravan unabhängig von der öffentlichen Wasserversorgung, und selbst beim stationären Aufenthalt auf einem gut ausgestatteten Campingplatz bedeutet das bordeigene Wassersystem einen Komfortgewinn, zum Beispiel weil man zum Händewaschen vor dem Essen nicht erst zum Sanitärgebäude laufen muss.

Das Frischwassersystem

Wasser an, Wasser marsch – eine durchdachte Wasserinstallation lässt Sie auch unterwegs den Vorzug von fließendem Wasser genießen. Der Frischwassertank wird am besten mit dem eigenen Schlauch über einen Einfüllstutzen an der Außenwand des Wohnmobils mit Trinkwasser befüllt. Ein im Tank verbauter Sensor misst den Wasserstand und zeigt den verbleibenden Tankinhalt auf dem zentralen Bedienpanel an.

Aus dem Tank wird das Wasser bei Bedarf von einer Pumpe über Rohr- und Schlauchleitungen zu den Verbrauchern transportiert, beispielsweise Duschkopf oder Toilettenspülung. Dabei lassen sich zwei Pumpenarten unterscheiden. Tauchpumpen hängen frei im Tank. Sobald der Wasserhahn geöffnet wird, leitet ein Mikroschalter ein elektrisches Signal an die Pumpe weiter, damit diese ihre Arbeit aufnimmt. Das Pumpenrad beginnt zu rotieren und das Wasser wird durch die Leitung zum Wasserhahn gefördert. Durch den unkomplizierten Aufbau sind Tauchpumpen vergleichsweise günstig und werden vor allem in einfacheren Wohnmobilen bis zur Mittelklasse verbaut. Unbedingt zu vermeiden ist ein Trockenlaufen der Pumpe über einen längeren Zeitraum, weil ein Hahn unbemerkt geöffnet wird. Schnell kann die Pumpe überhitzen und im schlimmsten Fall droht ein Totaldefekt.

Deutlich robuster sind die aufwendigeren Druckwasser- oder Membranpumpen. Sie werden außerhalb des Tanks installiert und, ähnlich wie die Wasserinstallation zu Hause, durch den Wasserdruck gesteuert. Sobald ein Wasserhahn geöffnet wird, fällt der Wasserdruck in der Leitung ab und der in der Pumpe integrierte Druckschalter startet den Motor. Eine Verkabelung zwischen Armatur und Pumpe ist daher nicht notwendig. Membranpumpen zeichnen sich durch ihre hohe und gleichmäßige Förderleistung aus. Sie halten bedeutend länger als Tauchpumpen, sind dafür aber auch deutlich teuer. Achtung: Auch bei einem Leck in der Leitung fällt der Druck im System ab und die Pumpe nimmt ihre Arbeit auf. Grundsätzlich sollten Tauchpumpen daher über Nacht sowie bei längerer Abwesenheit über den separaten Schalter am zentralen Bedienpanel ausgeschaltet werden, um eine unbemerkte Flutung des Innenraums zu vermeiden.

Die Truma Combi-Heizung umfasst einen Wassertank und die erwärmte Luft strömt durch vier Ausgänge in den Innenraum.

Blick in das Kompaktbad eines Teil-integrierten

Warmwasseraufbereitung

Damit warmes Wasser aus dem Wasserhahn läuft, muss ein Warmwasserbereiter zwischengeschaltet werden. Zur Auswahl stehen verschiedene Varianten, je nachdem wie viel Wasser benötigt wird, wie schnell es zur Verfügung stehen und welcher Energieträger genutzt werden soll. Boiler funktionieren wahlweise mit Strom, Gas oder im Mischbetrieb. Besonders komfortabel sind Kombigeräte, wie die weit verbreitete Truma Combi, die einen Warmwasserboiler und eine Warmluft-Gebläseheizung in nur einem Gerät beherbergt. Beim Heizungsbetrieb im Winter wird sowohl das Wasser wie auch die Luft erwärmt. Im Sommer wird nur das Wasser erhitzt. Zusätzlich zum Gasbetrieb können Wasser und Luft beim Anschluss an den Landstrom ausschließlich oder zur Unterstützung über die 1 800 W starken Elektro-Heizstäbe erwärmt werden. Das Fassungsvermögen der angebotenen Boiler beträgt zwischen 5 und 15 Liter. Dabei reicht eine kleine 5-Liter-Therme für die tägliche Katzenwäsche und das Zähneputzen mit warmem Wasser. Wünschen Sie dagegen auch warmes Wasser zum Duschen, so benötigen Sie einen größeren Boiler mit einem Fassungsvermögen ab 10 Liter.

INFO FROSTWÄCHTER

Dieses automatische Ventil schützt die Wasserinstallation vor Frostschäden und ist meist in Heizungsnähe verbaut. Es öffnet selbstständig bei einer Temperatur von 3 °C, damit der Boiler entleert wird. Im Winter sollte das Fahrzeug daher vor dem Einfüllen des Frischwassers geheizt sein. Sonst löst der Frostwächter aus und das Wasser läuft gleich wieder unten aus dem Fahrzeug heraus. Schließen lässt sich das Ventil erst ab einer Temperatur von etwa 7 °C. Dazu drehen Sie zunächst den blauen Drehknopf oben, bis er parallel zum Wasseranschluss steht und einrastet. Anschließend drücken Sie den blauen Knopf auf der Gehäuserückseite, um das Ablassventil zu schließen.

Achten Sie auf gute Zapfstellen, um Keimen keine Chance zu geben.

Frischwasserversorgung

Rund 80 % der Reisekrankheiten sind laut Weltgesundheitsorganisation auf verunreinigtes Trinkwasser zurückzuführen, denn Erreger im Wasser können zu Durchfall oder schlimmeren Erkrankungen führen.

Punkt Nummer eins in Bezug auf gute Wasserqualität an Bord ist die kritische Auswahl der geeigneten Zapfstelle. Machen Sie im Zweifelsfall lieber einen großen Bogen um dreckige Wassersäulen und warten Sie mit dem Wassernachfüllen lieber, bis Sie eine vertrauenerweckende Installation gefunden haben.

Als sichere Quelle, um sauberes Trinkwasser zu bunkern, eignen sich vor allem Camping- und Stellplätze. Weitere mögliche Anlaufstellen, um (teilweise gegen ein kleines Entgelt) Frischwasser zu zapfen, bieten Tankstellen, Gaststätten und auch Friedhöfe. In Südeuropa gibt es in kleineren Dörfern oftmals noch einen Trinkwasserbrunnen im Ortszentrum.

Auf Campingplätzen ist die Wasserversorgung üblicherweise im Übernachtungspreis inbegriffen, an den Ver- und Entsorgungsstationen auf Stellplätzen zapft man das Frischwasser meist an einem Münzautomaten – meist gibt es 100 Liter für 1 €.

Das Frischwasser wird über einen Einfüllstutzen außen am Wohnmobil eingefüllt. Er liegt hinter einem abschließbaren Stopfen bzw. einer Serviceklappe. Beim Tankstopp im Ausland sollten Sie es tunlichst vermeiden, dem Tankwart den Schlüssel für den Frischwasser-Einfüllstutzen auszuhändigen, um eine Verwechslung mit dem Dieseltank auszuschließen.

Links: Bei räumlicher Trennung von Ver- und Entsorgung ist eine Verwechslung nahezu ausgeschlossen.

Rechts: Kombisäulen sind dagegen nicht optimal.

Der Frischwassertank eines Wohnmobils hat je nach Modell ein Fassungsvermögen zwischen 80 und 150 Liter. In Campingbussen sind meist kleinere Tanks mit einem Volumen um die 50 Liter verbaut, in den Wohnmobilen jenseits der 3,5-Tonnen-Grenze finden sich oftmals riesige 200 Liter fassende Frischwassertanks.

INFO — VORSICHT, ÜBERGEWICHT!
Ein üppiger Wassertank bringt ein hohes Maß an Autarkie, in gefülltem Zustand aber auch ein enormes zusätzliches Gewicht auf die Waage. Oftmals werden große Tanks daher mit einer sogenannten Fahrstellung ausgestattet, bei der über ein spezielles Ablassventil nur zwischen 20 und 50 Liter im Tank verbleiben. Durch diesen „Kniff" erzielen die Hersteller ein geringeres Fahrzeug-Leergewicht und können eine höhere Zuladung in den technischen Daten angeben. Bei längeren Strecken wie bei der An- oder Abreise ist es letztendlich aber in jedem Fall sinnvoll, den Tank für die Fahrt nur mit so viel Wasser wie nötig und erst am Urlaubsort voll zu befüllen, da das geringere Gewicht natürlich auch den Spritverbrauch senkt.

Grundsätzlich empfiehlt es sich, die vorhandenen Schläuche an einer Frischwasserzapfstelle zu meiden, da man nicht sicher sein kann, wozu diese von vorherigen Nutzern bereits verwendet wurden. Leider sieht man immer wieder unwissende (oder ignorante?) Camper, die mit dem Frischwasserschlauch die Toilettenkassette spülen.

Zur Grundausstattung eines Wohnmobils gehört daher ein Frischwasserschlauch aus Gummi oder Polyethylen, der im Idealfall trinkwassergeeignet, in jedem Fall aber PVC-frei sein sollte. Ein normaler, handelsüblicher Gartenschlauch erfüllt diese Kriterien in der Regel nicht!

Bei einem klaren Schlauch lassen sich Verunreinigungen besser erkennen und ein möglichst großer Durchmesser erlaubt eine rasche Betankung – ein Vorteil, der sich insbesondere an Automaten mit zeitgesteuerter Wasserabgabe auszahlt. Einziger Nachteil ist der höhere Platzbedarf.

Zusätzlich sehr zu empfehlen sind Hahnstücke mit unterschiedlichen Gewinden (1", ½", ¾"), um für verschiedene Wasserhahngrößen gewappnet zu sein.

Als gute Alternative und Ergänzung dazu eignet sich eine Gießkanne, die zudem gute Dienste leistet, wenn die Wasserzapfstelle außerhalb der Schlauchreichweite liegt oder die Anschlüsse nicht passen. Bei längeren Aufenthalten auf Camping- oder Stellplätzen mit zentraler Wasserversorgung spart man sich zudem ein Bewegen des Fahrzeugs, da man das Wasser einfach mit der Kanne transportieren kann. Besonders komfortabel sind spezielle Frischwasser-Einfüllkannen aus lebensmittelechtem Polyethylen aus dem Campinghandel. Deren Ausgießtülle ist mit einem Entlüftungskanal ausgestattet, sodass das Wasser problemlos herausfließen kann.

Unabhängig davon, mit welchem Hilfsmittel Sie den Frischwassertank befüllen, schadet es in keinem Fall, den Hahn zunächst voll aufzudrehen und das Wasser etwas laufen zu lassen. So können stehende Wasserreste abfließen und Leitung sowie Schlauch werden gut durchgespült und die Keimbelastung wird deutlich reduziert.

Ein langer Schlauch, der vielleicht auch einmal auf dem Boden gelegen hat oder längere Zeit in der Sonne liegt, bietet Bakterien ein willkommenes Biotop. Außerdem besteht die Gefahr, dass weniger erfahrene Camperkollegen den Schlauch zum Spülen in ihre Fäkalienkassette gesteckt haben.

Trinkwasserschlauch und ein Satz Kupplungen sollten immer an Bord sein. Nach dem Wasserzapfen unbedingt das Restwasser aus dem Schlauch entfernen, um einer Verkeimung vorzubeugen.

Trinkwasserkonservierung und Trinkwasseraufbereitung

Wasser ist das am stärksten kontrollierte Lebensmittel in Deutschland und wenn Sie sich an einem hiesigen Camping- oder Stellplatz mit Frischwasser versorgen, können Sie darauf vertrauen, dass das Wasser Trinkwasserqualität hat, sofern es an der Zapfstelle nicht anders angegeben ist. Auch in den meisten anderen mittel- und nordeuropäischen Ländern hat das Leitungswasser eine hohe Qualität. Die regelmäßige Überwachung greift aber nur bis zum Hahn an der Zapfstelle. Als nicht steriles Naturprodukt kann selbst das beste Wasser verderben. Gerade bei hohen Temperaturen im Sommer finden Keime und Erreger im Trinkwassersystem des Wohnmobils hervorragende Bedingungen vor und können hohe Konzentrationen erreichen, die gesundheitsgefährlich werden. Grund zur Panik besteht aber nicht, und wenn einige grundlegende Regeln beachtet werden, die wir Ihnen im Folgenden vorstellen, lassen sich Keime im Frischwassertank zuverlässig vermeiden.

In vielen süd- und osteuropäischen Ländern wird Leitungswasser dagegen standardmäßig stark gechlort. Das ist bei richtiger Dosierung zwar nicht gesundheitsschädlich, wirkt sich aber negativ auf den Geschmack aus. Je nach Reiseregion kann es daher sinnvoll sein, für die Trinkwasserversorgung auf industriell abgefülltes Wasser aus dem Supermarkt zurückzugreifen und das Wasser aus dem Tank im Wohnmobil nicht zu trinken.

Trinkwasserkonservierung durch Silberionen

Wenn Sie Ihren Tank wie unter „Regelmäßige Tankreinigung" (siehe Seite 123) beschrieben regelmäßig reinigen, in (Nord-)Europa unterwegs sind und einen regelmäßigen Wasserdurchsatz haben und alle paar Tage sauberes Frischwasser tanken, brauchen Sie im Prinzip nichts weiter zu tun und können getrost auf den Zusatz von Chemikalien verzichten. Allerdings gilt: Je länger das Wasser im Tank verweilt, desto größer wird die Gefahr einer Verkeimung. Wenn Sie Wohnmobil oder Caravan nur gelegentlich nutzen und nicht jedes Wochenende damit unterwegs sind, ist es sinnvoll, die Keimvermehrung durch Zugabe eines chemischen Zusatzes zu stoppen.

Die Wirksamkeit der Mittel für die Trinkwasserkonservierung im Campingmobil beruhen in der Regel auf der Basis von Silberionen. Es gibt entsprechende Produkte unter vielen Namen im Handel, so zum Beispiel Micropur Classic von Katadyn, Purosil von Multiman, Certisil argento oder Aqua Clean von Yachticon. Die Präparate werden in Tablettenform, als Pulver und als Flüssigkonzentrat angeboten. Es braucht lediglich in der richtigen Dosierung dem Trinkwasser zugesetzt werden und innerhalb einer Einwirkzeit von etwa zwei Stunden werden Pilze, Viren und Bakterien inaktiviert und das Wasser vor Wiederkeimung geschützt, sodass es für einen Zeitraum von bis zu sechs Monaten frisch bleibt.

Silberionen sind in geringer Konzentration für den gesunden menschlichen Organismus unbedenklich und wurden schon in der Antike zur Wasserkonservierung eingesetzt. Auch wenn Produkte auf Silberbasis seit der jüngsten Novelle der Trinkwasserverordnung nicht mehr für die Aufbereitung von Wasser zulässig sind, sind diese ohne Probleme im Campingfachhandel erhältlich und dürfen durch Endverbraucher auch nach wie vor zur Aufbereitung des eigenen Trinkwassers beim Camping angewendet werden, aber beispielsweise nicht bei der gewerblichen Vermietung eines Wohnmobils.

Einen dauerhaften Langzeitschutz ohne zusätzlichen Arbeitsaufwand versprechen Produkte, die einfach in den Frischwassertank gelegt oder gehängt werden. So sparen Sie sich beim Wasserzapfen das Hantieren mit einem Messbecher, um die richtige Menge an Konservierungsmittel entsprechend der Bedienungsanleitung zu dosieren, da bei jeder Tankbefüllung jeweils die exakte Menge an benötigten Silberionen selbstständig aus dem Trägermaterial gelöst wird. Problem dabei: Das funktioniert nicht immer. Laut einer Analyse, die das Institut SGS Fresenius 2018 im Auftrag von Auto Bild ausführte, wirkte nur das Silbernetz von WM-Aquatec. Andere Produkte wie eine Silberkugel oder ein Silberstick setzten nicht genug Silberionen frei und das Wasser im Tank verkeimte.

Wasserdesinfektion mit Chlor

Voraussetzung für die Wirksamkeit von chemischen Zusätzen auf Silberbasis ist die Verwendung von sauberem Wasser. Sie wirken dagegen nicht desinfizierend und sind nicht in der Lage, bereits verunreinigtes Wasser zu säubern. Bei Fernreisen in Länder mit unzureichender Trinkwasserversorgung oder der Wasserentnahme aus zweifelhaften Quellen wie Zisternen oder Brunnen ist ein Zusatz zur Trinkwasserdesinfektion (meist auf Chlorbasis) nötig, um gesundheitliche Probleme durch verunreinigtes Trinkwasser zu vermeiden. Da die Chlorbehandlung nur wenige Tage vorhält, kommen meist Kombipräparate zum Einsatz, die die Vorteile der beiden Substanzen Chlor und Silber kombinieren und das Trinkwasser sowohl desinfizieren wie auch vor einer Wiederverkeimung schützen. Handelsübliche und weit verbreitete Produkte sind z. B. Aqua Clean Quick von Yachticon, Micropur Forte von Katadyn oder Chlorosil von Multiman. Wie man sieht, unterscheiden sich die Namen der Produkte

Ver- und Entsorgungsstation an einem Stellplatz an der portugiesischen Algarveküste

mit und ohne Chlor manchmal nur geringfügig. Deshalb beim Einkauf aufpassen, dass man das richtige Produkt erwischt.

Keimfrei ohne Chemie

Abkochen ist die einfachste und bekannteste Variante, um keimfreies Wasser ohne den Einsatz von Chlor oder anderen Chemikalien zu erhalten. Das Verfahren ist ohne Zweifel sehr wirkungsvoll und im Notfall eine gute Möglichkeit, um Trinkwasser zu erhalten, das man bedenkenlos verwenden kann. Leider ist es aber auch energieintensiv und sehr umständlich, da das Wasser mindestens zehn Minuten lang sprudelnd kochen sollte.

Deutlich weniger Energie verbraucht die Trinkwasserdesinfektion durch UV-Licht. Die kurzwellige, ultraviolette Strahlung schädigt das Erbgut der Mikroorganismen und tötet so Bakterien und Keime wirkungsvoll ab, versprechen die Hersteller der meistens für den Hauseinsatz gedachten Geräte. Es gibt aber auch Geräte für Wohnmobilisten von den Firmen Purion und vom Camping-Wasserversorgungsspezialisten Reich. Reich hat zwei unterschiedliche UV-Clean-Entkeimungsgeräte im Angebot. Während die Variante mit Tauchstrahler (ca. 400 €) im Wassertank versenkt wird und sich alle vier Stunden für 15 Minuten einschaltet, wird das Durchflussgerät mit Puritec Strahler (ca. 600 €) zwischen Wassertank und Wasserhahn installiert und ein Durchflusssensor schaltet den UV-Strahler ein, sobald Wasser entnommen wird, solche Geräte bietet auch die Firma Purion in verschiedenen Größen an. Damit der Tauchstrahler funktioniert, sollte der Tank aber relativ klein und vor allem relativ kompakt ohne versteckte Ecken und Enden gestaltet sein, sonst erreicht die UV-Strahlung diese Bereiche nicht. Leitungen sind auch so nicht vor dem Verkeimen geschützt. Die Durchflussgeräte dagegen garantieren keinen keimfreien Tank. Um das klassische Sauberhalten der Wasseranlage kommt man auch mit diesen relativ teuren technischen Geräten nicht herum. Generell: Tests haben wir zu einzelnen Geräten nicht durchgeführt, können also über die Wirksamkeit der einzelnen Verfahren nur Vermutungen äußern.

Wasserfilter fürs Wohnmobil

Sowohl Abkochen wie auch Chemiezusatz oder Bestrahlung mit UV-Licht helfen nur gegen Bakterien. Schwebstoffe, giftige chemische Inhaltsstoffe oder schlechten Geschmack dagegen lassen sich damit nicht beseitigen. Bei Fernreisen mit Expeditionscharakter, auf denen „unsicheres" Wasser aus Bächen, Seen oder Brunnen entnommen werden muss, sind daher Wasserfilter gefragt, um unbedenkliches Trinkwasser zu erhalten. Auch sind Filter gut für Allergiker geeignet, für die eine Aufbereitung von Trinkwasser mit Silberionen zur Konservierung beziehungsweise Chlor zu Desinfektion aus gesundheitlichen Gründen nicht infrage kommt. Zusätzlich sind Filter in der Lage, den Chlorgeschmack des Leitungswassers in südlichen Gefilden zu beseitigen.

Die grundsätzliche Funktionsweise eines Filters ist schnell erklärt. Am Einlass wird das Wasser in den Filter gepumpt und fließt durch das Filtermedium. Hier bleibt alles hängen, was nicht durch die feinen Poren des Filters passt, sodass sauberes Wasser aus dem Auslass strömt.

Entscheidend für die Wirkung des Filters ist das verwendete Filtermedium. Während feinporige Keramikeinsätze Partikel bis zu einer Größe von 0,2 μm (Mikrometer) und damit Bakterien, Viren Parasiten und Schwebstoffe zurückhalten, bleiben in der Filterstruktur von Aktivkohle sogar gelöste Stoffe hängen. Zur optimalen Reinigungswirkung werden daher oft auch unterschiedliche Materialien kombiniert.

Wasserfilter für Wohnmobile können vor oder nach dem Frischwassertank zum Einsatz kommen. Befüllungsfilter werden am Befüllungsschlauch vor dem Einfüllstutzen des Fahrzeugs montiert, sodass Verunreinigungen gar nicht erst im Tank landen. Für längere Standzeiten im Tank sollte es daher zusätzlich beispielsweise mit Chemie wie Silberionen gegen eine Wiederverkeimung geschützt werden. Je nach Modell verlängert ein Befüllfilter den Zeitbedarf beim Frischwassertanken mehr oder weniger stark. Dabei unterscheidet sich die Durchflussmenge zwischen den einzelnen Filterarten zum Teil erheblich. Während Hohlfaser-Membranfilter sich kaum auf den Wasser-

Mit einem Filter lässt sich der Eintrag von Verunreinigungen in das Frischwassersystem verhindern.

durchfluss auswirken, müssen Sie bei Patronenfiltern bis zu 45 Minuten Geduld mitbringen, um einen 100-Liter-Tank komplett mit Frischwasser zu befüllen.

Entnahmefilter werden zwischen der Pumpe am Wassertank und dem Wasserhahn installiert. So wird das Wasser erst im Moment der Entnahme gefiltert und es läuft immer sauberes Wasser aus dem Hahn. Ein solches System, das auch auf Expeditionen genutzt wird, kostet ab etwa 300 € aufwärts (z. B. water-jack assembly von Famous Water). Je nach Qualität des Ausgangswassers besteht aber die Gefahr, dass Frischwassertank und Leitungen verkeimen, sodass der Filter sich schneller zusetzt und häufiger gereinigt werden muss.

Regelmäßige Tankreinigung

Neben dem einwandfreien Zustand des eingefüllten Wassers ist ein keimfreier Wassertank die wichtigste Voraussetzung für eine gute Wasserqualität im Wohnmobil, denn in einem verunreinigten Tank verdirbt selbst das beste Trinkwasser rasch. Um gesundheitsschädliche Algen, Keime, Pilze und Bakterien loszuwerden, müssen regelmäßig einmal im Jahr – am besten vor Beginn der Campingsaison im Frühjahr – Frischwassertank und Leitungen gereinigt werden. Es ist eine Reinigung der Trinkwasseranlage in drei Schritten üblich:

1. Schritt: Zunächst rückt man dem Biofilm (d. h. dem Belag von Mikroorganismen) am besten mechanisch zu Leibe. Mit Bürste oder Topfschwamm wird der Film so aufgebrochen und beschädigt, dass ein danach eingesetztes chemisches Präparat gut wirken kann. Am besten reinigt man auch Leitungen, die man erreichen kann, mit filigranen Flaschenbürsten. Danach die Anlage ausspülen.

2. Schritt: Nun kann man ein chemisches Mittel einsetzen: Gut geeignet ist Wasserstoffperoxid (auch Aktivsauerstoff genannt). Auch Chlordioxid oder Natrium- bzw. Calciumhypochlorit haben sich in der Praxis bewährt. Zusammen mit der mechanischen Reinigung sind nach dieser einige Stunden (je nach Mittel) dauernden chemischen Behandlung die Algen und Bakterienbeläge an Innenwänden von Tank, Leitungen und Pumpe in aller Regel vollständig verschwunden. Danach das gesamte Wasser wieder an einer Service-Station ablassen und gut nachspülen.

3. Schritt: Auch wenn Kalk selbst zwar nicht gesundheitsschädlich ist, so empfiehlt sich abschließend dennoch eine Entkalkung des kompletten Frischwassersystems, um Bakterien den Nährboden zu entziehen. Gut geeignet, um Kalkablagerungen zu entfernen, ist Zitronensäure. Sie benötigen dafür keine Fertigprodukte mit weiteren Zusätzen und müssen auch nicht den Tank bis zum Rand damit auffüllen. Der Kalk setzt sich bevorzugt in den Leitungen und Auslässen ab. 100 g Zitronensäure auf etwa 20 Liter Wasser sollten reichen, um die Leitungen eines Mittelklassewohnmobils zu entkalken. Diese Menge Zitronensäure kostet in der Drogerie gekauft ungefähr 1 €. Das Zitronensäurepulver sollten Sie vor dem Einfüllen in einer kleineren Menge Wasser mischen. Ab jetzt unbedingt den Boiler auslassen. Öffnen Sie alle Hähne einmal, damit sich die saure Lösung in der gesamten Trinkwasseranlage verteilt. Dann mindestens 30 Minuten einwirken

lassen. Sie können zwischendurch die Hähne noch einmal kurz öffnen und die Säure wieder einwirken lassen. Am Ende lassen Sie die Zitronensäure aus dem Frischwassertank vollständig ablaufen und spülen mit reichlich frischem Wasser nach. Erst wenn der Boiler Frischwasser enthält, darf er wieder in Betrieb genommen werden. Und weil es so naheliegt, noch ein Hinweis: Essigessenz ist nicht geeignet! Die löst zwar ebenfalls Kalk, ist jedoch zu aggressiv und kann daher auch die Dichtungen angreifen.

Sie finden im Handel auch Komplett-Sets, die alle benötigten Reinigungsprodukte für die Tankreinigung und -desinfizierung enthalten. Wer ein Wohnmobil gebraucht kauft und die Trinkwasseranlage einer Grundreinigung unterziehen will, kann auch dafür ein extra für diesen Zweck stärker dosiertes Fertigpaket kaufen. Während die „RedBox" des Herstellers Multiman für die kontinuierliche Pflege gedacht ist, soll man mit der sogenannten „Blackbox" des Herstellers auch stark verschmutzte Trinkwasseranlagen sanieren und regenerieren können. Unbedingt nötig sind solche recht teuren Fertigpakete nicht.

Beachten Sie bei der Reinigung unbedingt die Anleitung, Dosierung und Einwirkzeit des jeweiligen Präparates und vergessen Sie abschließend nicht, gründlich zu spülen, um die Reinigungschemikalien vollständig aus dem Trinkwassersystem zu entfernen. Selbstverständlich sollte der Tank dabei grundsätzlich nur an einer Ver- und Entsorgungsstation entleert werden (siehe Grauwasserentsorgung).

Grauwasserentsorgung

Das benutzte Wasser aus Spüle und Dusche, das sogenannte Grauwasser, fließt über Rohre in den Abwassertank. Die Fäkalien der Toilette (mehr dazu ab Seite 126) werden separat gesammelt (Schwarzwasser). Abwassertank und

Früher oder später ist mit jedem Wohnmobil der Stopp an einer Ver- und Entsorgungsstation angesagt.

Fäkalientank müssen in regelmäßigen Abständen an einer Entsorgungsstelle entleert werden.

Da ein Teil des Wassers zum Kochen verbraucht wird oder in die Toilette fließt, ist das Fassungsvermögen des Abwassertanks meist etwas geringer als das des Frischwassertanks. Wie voll der Abwassertank ist, lässt sich einfach mit einem Blick auf das zentrale Bedienpanel kontrollieren.

Grundsätzlich sollten Sie aber mit dem Entleeren nicht zu lange warten und gerade im Sommer empfiehlt sich spätestens alle drei Tage der Stopp an einer Entsorgungsstation. Bei hohen Temperaturen wird das Abwasser schnell faulig und die Gefahr von unangenehmen Gerüchen im Wohnraum steigt. Zwar sind die meisten Wassersysteme in aktuellen Mobilen standardmäßig mit einem Siphon ausgestattet, allerdings kann dieser „Geruchsverschluss" bei Kurvenfahrten oder stärkeren Bremsmanövern trocken laufen. Achten Sie daher neben der regelmäßigen Entsorgung des Grauwassers immer auch darauf, dass sämtliche Abflüsse fest mit dem entsprechenden Stopfen verschlossen sind, damit sich kein übler Geruch aus dem Abwassertank im Inneren des Wohnmobils ausbreiten kann.

Da nicht jeder Gulli an die Kanalisation angeschlossen ist, darf das Grauwasser nur an den dafür vorgesehenen Ver- und Entsorgungsstationen (abgekürzt VE-Station) entsorgt werden. Eine solche Entsorgungsmöglichkeit findet sich praktisch an jedem Campingplatz sowie an einer Vielzahl von Stellplätzen und mitunter auch direkt an Kläranlagen. In Frankreich, Spanien und Portugal bieten zudem große Supermarktketten wie Carrefour oder Intermarché eine Ver- und Entsorgungsstation. Schnelle, unkomplizierte Hilfe bei der Suche

Vollständige Tankentleerung

Wenn das Wohnmobil für längere Zeit nicht genutzt wird, sollten sowohl der Frisch- wie auch der Abwassertank und die Leitungen vollständig entleert werden. Das gilt insbesondere im Winter, um Frostschäden zu vermeiden. Der Grauwassertank kann wie gewohnt entleert werden, beim Frischwassertank gibt es meist ein separates Ablassventil oder einen Verschluss am Tankboden, der durch die Serviceöffnung des Tanks erreicht werden kann. Außerdem die Toilettenspülung nicht vergessen und, sofern vorhanden, den Frostwächter betätigen, damit der Boiler leerläuft.

---

nach der nächsten Ver- und Entsorgungsmöglichkeit im In- und Ausland bieten Smartphone-Apps wie „Park4Night" oder „Stellplatz-Radar" der Zeitschrift promobil.

Am häufigsten verbreitet für die Grauwasserentsorgung ist ein in den Boden eingelassener Gullideckel. Zum Entsorgen rangiert man das Wohnmobil nun, am besten mit der Hilfe einer zweiten Person zum Einweisen, so über den Bodeneinlass, dass der Auslassstutzen des Reisemobils treffgenau darüberliegt. Anschließend können Tankverschluss und Schieber geöffnet werden, um den Tankinhalt abzulassen. Ebenfalls recht häufig anzutreffen sind Entsorgungssäulen, die mit einem breiten Schlauch und einem Metalltrichter am Ende ausgestattet sind. Dieser muss dann unter dem Ablassrohr des Reisemobils platziert werden. Je nach Tankgröße und Füllstand kann das Prozedere einige Minuten dauern und die Zeit kann gut genutzt werden, um parallel dazu den Frischwassertank wieder aufzufüllen.

TOILETTE

Eine fest installierte Toilette gehört zur Standardausstattung eines jeden Wohnmobils ab der Kastenwagenklasse. So bequem das eigene „stille Örtchen" an Bord auch ist, die Campingtoilette bringt das unangenehme Übel mit sich, dass die anfallenden Fäkalien regelmäßig entsorgt werden müssen.

So funktioniert die Kassettentoilette

Bei den im Wohnmobil installierten WCs handelt es sich um Kassettentoiletten, die in der überwiegenden Zahl der Fälle von einer der beiden Firmen Dometic oder Thetford stammen. Andere Hersteller sind kaum verbreitet. Kassettentoiletten unterscheiden sich in der Optik kaum von einem gewöhnlichen WC und bestehen aus einer Kloschüssel (in den meisten Fällen im Gegensatz zum gewohnten WC von zu Hause aus Kunststoff und nicht aus Keramik) mit Deckel, darunter liegt, getrennt durch einen Schieber, der Fäkalientank. Das Spülwasser kommt meist aus dem Frischwassertank (wobei ein Magnetventil den Rücklauf des Wassers aus der Leitung in den Frischwassertank verhindert), seltener aus einem separaten Spülwassertank. Die Urform der Campingtoilette ist die tragbare, vom Fahrzeug unabhängige Ausführung („Porta Potti") mit integriertem Fäkalien- und Frischwassertank. Sie ist bei Campingbussen ohne separate Nasszelle noch oft zu finden.

Der Fäkalientank einer fest installierten Kassettentoilette umfasst meist knapp 20 Liter und kann über eine Serviceklappe von außen entnommen werden. Mittlerweile sind fast alle Tanks mit einem Ausziehgriff und Rollen ausgestattet, um den Transport zu erleichtern.

Wie oft der Tank geleert werden muss, hängt natürlich davon ab, von wie vielen Personen die Toilette genutzt wird, aber auch von der Jahreszeit, denn bei höheren Temperaturen im Sommer nimmt auch die Geruchsentwicklung zu. Erfahrungsgemäß ist mit zwei Erwachsenen und zwei Kindern im Sommer spätestens alle zwei Tage die Entleerung des Kassettentanks fällig. Grundsätzlich ist es nicht empfehlenswert, die unliebsame Aufgabe zu vertagen, bis die Anzeige in den roten Bereich springt. Bei einer Entleerung im 3- bis 4-Tage-Rhythmus wird der Tank nicht zu schwer und kann leichter entsorgt werden. Außerdem verringert das regelmäßige Durchspülen eine gerade bei höheren Temperaturen im Sommer drohende unangenehme Geruchsentwicklung.

Der Fäkalientank wird mit einem Chemikalienzusatz versehen, der die Geruchsbildung

Kassettentoiletten im Wohnmobil ähneln auf dem ersten Blick dem gewohnten WC von zu Hause. Allerdings landen die Fäkalien in einem Tank und nicht in der Kanalisation.

verhindern und die Zersetzung der Hinterlassenschaften beschleunigen soll, damit sich der Tank unkompliziert entleeren lässt.

Die Sanitärzusätze werden in unterschiedlichen Formen und Zusammensetzung angeboten. Besonders einfach zu handhaben sind Tabs, die einfach in den Tank geworfen werden können. Flüssige Zusätze müssen dagegen genau abgemessen werden. Hierbei sollte man sich aus Umweltschutzgründen exakt an die Dosiervorgaben des Herstellers halten, denn entgegen dem Prinzip „Viel hilft viel" bringt eine zu großzügige Verwendung der Chemiezusätze keine zusätzliche Wirkung.

An der Frage, ob man für die Toilette im Wohnmobil teures Spezialtoilettenpapier benötigt, welches sich besonders schnell zersetzt oder nicht, scheiden sich die Geister. Handelsübliches Klopapier tut es auch, zumindest, solange man nicht zur besonders dicken 4-Lagen-Variante greift. Grundsätzlich gilt: Je weniger Papier im Tank, desto besser. Wer sich nicht daran stört, kann das benutzte Toilettenpapier alternativ auch im Mülleimer entsorgen.

Entleerung der Wohnmobiltoilette

Die Entsorgung der Chemietoilette ist an den meisten Ver- und Entsorgungsstationen möglich, die schon im Zusammenhang mit der Möglichkeit zum Frischwasserzapfen erwähnt wurden. Im Prinzip eignet sich zwar jede Toilette, die an eine Kläranlage angeschlossen ist, was nicht immer der Fall sein muss. Gerade auf naturnahen Campingplätzen trifft man häufig auf Pflanzenkläranlagen, die durch die Sanitärzusätze geschädigt werden können. Auch im Ausland ist längst nicht jede Toilette an die Kanalisation angeschlossen und die Toilettenchemie würde ungeklärt in Flüssen, Seen oder Sickergruben und später dann auf landwirtschaftlich genutzten Feldern landen. Daher sollte diese Entsorgungsvariante die Ausnahme bleiben und nur im absoluten Notfall zum Einsatz kommen. Ist bereits vorab klar, dass keine offizielle Entsorgungsstelle zur Verfügung stehen wird, sollte besser auf die Zugabe der Sanitärchemie verzichtet werden.

Zum Ausgießen und Spülen des Fäkalientanks empfiehlt es sich, Handschuhe anzuzie-

Der Fäkalientank darf nur an Entsorgungsstellen geleert werden, die an die Kanalisation angeschlossen sind.

Die Fäkalienkassette ist bequem von außen zugänglich.

Der Sanitärzusatz sollte stets direkt in die Kassette und nicht über die Kloschüssel eingefüllt werden, um die Gummidichtungen am Schieber nicht anzugreifen.

Der richtige Umgang mit dem Fäkalientank

- 3 Teleskophandgriff zum Ziehen
- 1 Tragegriff
- 4 Schwenkbares Ausgussrohr mit Schraubdeckel
- 5 Schraubdeckel der Ausgießtülle
- 7 Drehknopf zum Öffnen des Schiebedeckels
- 8 Schieber
- 6 Entlüftungsknopf
- 2 Transportrollen

1. Zunächst den Schieber schließen und die Kassette am Tragegriff (1) aus dem Fach nehmen (bzw. bei mobilen Modellen vom Oberteil trennen).
2. Den Fäkalientank zur Entsorgungsstation tragen. Neuere Modelle verfügen oft über integrierte Rollen (2), sodass man diese auch ganz bequem mit dem ausziehbaren Griff (3) hinter sich herziehen kann.
3. Das Ausgussrohr (4) ausklappen, die Kassette leicht schräg nach oben halten und den Schraubverschluss (5) öffnen.
4. Nun das Rohr langsam in Richtung Ausgussschacht neigen und den Inhalt langsam ausgießen.
5. Zusätzlich den Entlüftungsknopf (6) vorsichtig (ansonsten wird's wirklich unangenehm) drücken. So geht die Entleerung schneller und ohne Spritzer vonstatten.
6. Ist der Tank komplett entleert, Spülwasser aus dem Schlauch der Entsorgungsstation (niemals Kassettentoiletten am normalen Wasch- oder Spülbecken oder der Frischwasserzapfstation reinigen!) nachfüllen.
7. Die Kassette etwas hin- und herschwenken, um weitere Feststoffe von den Tankwänden zu lösen, und wieder ausgießen.
8. Die vorangegangenen Schritte wiederholen, bis das Wasser beim Ausgießen klar ist.
9. Abschließend mit dem Drehknopf (7) den Schiebedeckel (8) öffnen, die Sanitärflüssigkeit einfüllen und entsprechend der Anleitung 1 bis 2i Liter Wasser dazugeben.
10. Den Schraubverschluss (5) säubern, fest zuschrauben und das Ausgussrohr (4) wieder einklappen.

hen. Die grundlegenden Schritte bei der Entsorgung haben wir links aufgelistet.

Die Ver- und Entsorgung unterscheidet sich von Platz zu Platz. Neben mehreren verschiedenen Serienmodellen wie der Holiday Clean Anlage oder der unten abgebildeten Sanistation gibt es zahlreiche mehr oder weniger praktische Eigenbaulösungen des jeweiligen Betreibers. Ob Edelstahlbecken, Gitterrost im Boden oder Ausguss hinter Rollladentor, das sich erst nach Münzeinwurf öffnet – letztendlich ist das Prozedere beim Entleeren des Fäkalientanks in den meisten Fällen ähnlich. Wie so oft, steckt der Teufel allerdings im Detail, und vor der ersten Nutzung ist daher eine genaue Lektüre der ausgehängten Anleitung vor Ort sehr zu empfehlen.

Relativ neu und besonders komfortabel sind die Automaten der Firma CamperClean, die die Entleerung der Kassettentoilette auf Knopfdruck vollautomatisch erledigen: Nach dem Einsetzen des Tanks (und Einwerfen der Münzen, in der Regel kostet dieser Service um die 2 €) werden die Fäkalien abgesaugt, der Tank gespült und abschließend mit der richtigen Menge Sanitärzusatz befüllt. Eine feine Sache, die leider noch nicht sehr verbreitet ist.

> **INFO** **PRAXISERPROBTE TIPPS FÜRS CAMPING-KLO**
>
> ▶ Vor der Sitzung Schieber öffnen und etwas Wasser aus der Spülung laufen lassen. So bleiben Mechanik und Dichtungen von den Auswirkungen der Stoffwechselprodukte verschont und die Reinigung fällt leichter.
> ▶ Regelmäßig Pflege mit Silikonspray oder -fett hält die Schieberdichtungen fit.
> ▶ Scheuermittel oder Essigreiniger haben in der Campingtoilette nichts zu suchen. Wer nicht auf die teuren Spezialreiniger aus dem Campingfachhandel zurückgreifen möchte, beschränkt sich auf Neutralreiniger.

Mobilen Klos, die in die Jahre gekommen sind, lässt sich mit den vergleichsweise günstigen Renovierungskits der Hersteller, die aus einem neuen Fäkalientank und einem WC-Sitz bestehen, eine Verjüngungskur spendieren.

Campingtoiletten ohne Chemie

Der Umwelt zuliebe werden inzwischen eine ganze Reihe biologisch abbaubarer Sanitärzusätze angeboten. Gänzlich ungiftig sind aber auch diese Substanzen nicht, und wer gänzlich auf Chemie verzichten will, kann entweder die standardmäßig verbaute Kassettentoilette aufrüsten oder sich für eine alternative Toilettentechnologie entscheiden. Im Folgenden stellen wir verschiedene, interessante Alternativen kurz vor.

Neben dem Umweltaspekt spielt dabei auch der Wohnkomfort eine Rolle: Die Toilettenchemie stinkt für empfindliche Nasen doch sehr wahrnehmbar.

Auf vielen Stellplätzen ist eine Entsorgung erst nach Bezahlung möglich.

Kassettentoilette mit Entlüftungssystem

Die Nachrüstung einer Absaugeinrichtung für die serienmäßige Kassettentoilette stellt eine vergleichsweise preisgünstige Möglichkeit zum Chemieverzicht dar. Am weitesten verbreitet sind die Lösungen der Firma Sog. Dabei springt ein Ventilator an, sobald der Schieber an der Toilette geöffnet wird. Es entsteht ein Unterdruck, die Gerüche werden abgesaugt und nach draußen transportiert. Ein Aktivkohlefilter verhindert, dass es vor dem Wohnmobil nach Toilette stinkt und sich die Stellplatznachbarn gestört fühlen. Nicht nur die Geruchsentwicklung wird beseitigt, sondern die erhöhte Sauerstoffzufuhr beschleunigt die Zersetzung der Fäkalien und es kann auf Sanitärzusätze verzichtet werden. Praktischer Hinweis: Vor dem Herausnehmen der Kassette den Absaugschlauch entfernen und das Loch mit dem dafür vorgesehenen Stopfen verschließen.

Alternativen zur Kassettentoilette

Bei der Zerhackertoilette tritt nach der Nutzung ein Elektromotor mit Häckseleinrichtung in Aktion, um Fäkalien und Toilettenpapier in Verbindung mit reichlich Spülwasser (mindestens 1 Liter pro Toilettengang) zu einem dickflüssigen Brei zu zerkleinern, der sich ohne weitere Chemie entsorgen lässt. Der Wasserbedarf ist erhöht, und es wird ein recht großer Fäkalientank benötigt. Auch das Gewicht ist höher als bei einer klassischen Kassettentoilette.

Trockentoiletten kommen völlig ohne Wasser aus und im einfachsten Fall handelt es sich um einen Eimer mit einem Plastikbeutel, in dem ein Streugut wie z. B. Sägespäne oder Rindenmulch – ähnlich wie bei einem Katzenklo – die Gerüche bindet. Der Beutel kann hinterher in jeder Mülltonne entsorgt werden. Eine Weiterentwicklung der Trockentoilette stellt die Trenntoilette dar, bei der Urin und Kot separat gesammelt werden. Bei der Schilderung des Funktionsprinzips rümpft vielleicht manch einer die Nase, in der Praxis funktionieren solche Systeme aber gut und praktisch geruchsfrei.

Wenn Geld keine Rolle spielt, ist die Verbrennertoilette eine sehr clevere und hygienische Alternative. Die Ausscheidungen werden in einem wasserdichten Papierbeutel gesammelt, der anschließend in der darunterliegenden Brennkammer verglüht. Zurück bleibt nur ein Häufchen Asche, das überall problemlos entsorgt werden kann. Allerdings schmälern die hohen Kosten (Anschaffungspreis samt Einbau ab ca. 4 000 €, 500 Papierinlets kosten ca. 50 €) sowie der hohe Strom- und Gasbedarf für die Verbrennung der Exkremente die Einsatztauglichkeit.

Die einfachste und wohl am häufigsten gewählte Variante, um beim Klo im Wohnmobil ohne Chemie auszukommen, stellt sicherlich die Nachrüstung einer Entlüftung für die Standard-Kassettentoilette dar. Trockentoiletten erfreuen sich bei Selbstausbauern einer gewissen Beliebtheit, sind aber in Serienmodellen nicht zu finden. Die weiteren Alternativen in Form von Trenn-, Zerhacker- und Verbrennertoilette sind praktisch nur bei möglichst autarken Expeditionsmobilen für Langzeitreisende von Interesse.

GASVERSORGUNG

Bei der Energieversorgung im Wohnmobil spielt Flüssiggas eine zentrale Rolle. Es kommt sowohl beim Herd und im Warmwasserboiler sowie zum Betrieb von Heizung und Kühlschrank zum Einsatz.

Die im Campingbereich verwendeten Flüssiggase bestehen aus kurzkettigen Kohlenwasserstoffen und werden unter hohem Druck in Flaschen abgefüllt. Beim Austritt aus der Flasche expandiert die Flüssigkeit, geht in den gasförmigen Zustand über und kann verbrannt werden.

Der Inhalt der in Deutschland gebräuchlichen Gasflaschen besteht aus einer Mischung, die überwiegend Propan (95 %) und einen geringen Anteil Butan (5 %) enthält. ==Je nach Land und Jahreszeit kann das Mischungsverhältnis stark variieren.== Die Zusammensetzung spielt dabei vor allem im Winter eine Rolle. Propan hat einen höheren Brennwert als Butan und verdampft bis zu einer Temperatur von -42 °C. Butan dagegen ist nicht wintertauglich und geht schon bei Temperaturen um den Gefrierpunkt (genauer: Siedepunkt bei -0,5 °C) nicht mehr vom flüssigen in den gasförmigen Zustand über.

Die Gasflaschen zur Energieversorgung im Wohnmobil unterscheiden sich in mehreren Punkten voneinander, dazu zählen beispielsweise Materialien, Größe und Handhabung. In Wohnmobilen am weitesten verbreitet sind ==graue Stahlflaschen== mit einer Füllmenge von 5 kg oder 11 kg. Es handelt sich dabei um Eigentumsflaschen, die beim ersten Mal gekauft werden müssen. Leere graue Gasflaschen können unabhängig vom Gasanbieter überall dort gegen eine volle Flasche getauscht werden, wo graue Flaschen im Angebot sind. Dieses ist in Deutschland an vielen Stellen möglich, z. B. auf Campingplätzen, an Tankstellen oder in Baumärkten. Wichtig: Denken Sie beim Tausch unbedingt an die rote Schutzkappe, ansonsten verweigern viele Händler die Annahme der leeren Flasche. Der Preis für die „Füllung" einer 11-kg-Flasche beträgt rund 20 €. Aufgrund ihrer Stahlhülle sind die grauen Gasflaschen leider keine Leichtgewichte. Ihr Eigengewicht beträgt schon im leeren Zustand rund 12 kg. Eine volle 11-kg-Flasche bringt also rund 23 kg auf die Waage und das Schleppen und Einsetzen einer Gasflasche in den Gasflaschenkasten am Fahrzeug ist weder komfortabel noch rückenschonend.

Ein Gasflaschenauszug erleichtert das Hantieren mit den schweren Gasflaschen.

Ein einfacheres Handling versprechen die weniger verbreiteten, silberfarbenen Aluminiumflaschen mit einer Gewichtsersparnis von rund 6,5 kg (Eigengewicht ca. 5,5 kg). Sie stellen zudem eine gute Option dar, wenn das Wohnmobil nur eine geringe Zuladungsmöglichkeit aufweist. Die Aluminiumflaschen sind ebenfalls Kaufflaschen und in der Erstanschaffung mehr als doppelt so teuer (ca. 120 €) wie Stahlflaschen (ca. 50 €). Zudem gestaltet sich der Tausch einer leeren gegen eine volle Flasche oftmals schwierig, da das Händlernetz deutlich weniger gut ausgebaut ist. Auf der Suche nach einem Händler in der Nähe hilft die Website www.alugas.de weiter.

Rote Pfandflaschen sind die dritte mögliche Form. Sie bleiben Eigentum des Händlers und können, falls sie irgendwann einmal nicht mehr benötigt werden, beim Händler gegen die Vorlage des Kaufbelegs zurückgegeben werden. Das grundsätzliche Leer-gegen-voll-Tauschprinzip ist auch bei den roten Pfandflaschen gegeben und Sie zahlen nur die Kosten für eine Gasfüllung. Allerdings sind die roten Flaschen herstellergebunden und ein Tausch ist nur beim jeweiligen Vertriebspartner möglich. Das macht die Beschaffung einer vollen Gasflasche unterwegs mitunter kniffelig. Wenn Sie viel mit dem Wohnmobil und über längere Zeiträume unterwegs sind, ist es daher empfehlenswert, eine eigene graue Gasflasche käuflich zu erwerben.

In kompakten Campingbussen oder Kastenwagen finden sich recht häufig die blauen Flaschen des Herstellers Campinggaz. Die Kaufflaschen sind mit reinem Butan befüllt und werden in zwei Größen mit einer Füllmenge von 1,8 kg oder 2,75 kg angeboten. Daher werden Sie oftmals mit einer Dieselheizung kombiniert. So wird das Gas nur zum Kochen benötigt und die kleinere Flasche hilft, Platz zu sparen. Sowohl die Flasche wie auch die Füllung sind allerdings vergleichsweise teuer (Flasche R 907 ca. 50 €, Füllung 2,75 kg ca. 30 €).

Grundlagen der Gasversorgung

Die benötigten Gasflaschen dürfen nur im dafür vorgesehenen Gasflaschenkasten aufbewahrt werden. Dieser ist gegenüber dem Wohnraum abgedichtet, damit bei einem Leck kein Gas eindringen kann, und mit einer Zwangsbelüftung am Boden ausgestattet (Gas ist schwerer als Luft, sammelt sich also am Boden), die nicht verschlossen werden darf. Mit der vorhandenen Befestigung, meist in Form von Gurten, werden die Flaschen für den Transport gesichert.

An das Gewinde der Gasflasche wird dann ein Druckregler angeschlossen, der den Flaschendruck von bis zu 16 bar auf einen Betriebsdruck von 30 mbar für die angeschlossenen Geräte reduziert. Achtung: Der Anschluss an die Gasflasche erfolgt mit einem Linksgewinde, d. h. die Überwurfmutter des Gasdruckreglers muss entgegen dem Uhrzeigersinn festgeschraubt werden. Handfest reicht dabei völlig. Um das Gewinde nicht zu beschädigen, sollten Sie auf eine Rohrzange verzichten. Falls die Kraft im Handgelenk nicht reicht, hilft ein spezieller Gasflaschenschlüssel aus dem Campingfachhandel weiter (ca. 10 €).

Sehr komfortabel ist eine Zwei-Flaschen-Anlage und die meisten neuen Wohnmobile sind mit einem Doppelgasdruckregler ausgestattet. Dabei dient eine der beiden Flaschen an Bord als Betriebsflasche, aus der Herd, Heizung und Warmwasser mit Gas versorgt werden. Sinkt der Druck in der Flasche unter ei-

Gasdruckregler mit Umschaltautomatik für zwei Flaschen

Gasversorgung

Damit Herd, Kühlschrank und Heizung mit Gas versorgt werden können, muss das Ventil aufgedreht und die Schlauchbruchsicherung aktiviert werden.

nen bestimmten Wert, so schaltet der Gasregler selbstständig auf die zweite Flasche um, und es ist sichergestellt, dass alle Verbraucher durchgehend ihren Dienst verrichten können. So besteht keine Gefahr, dass die Lebensmittel im Kühlschrank verderben, weil der Gasvorrat unbemerkt zur Neige gegangen ist. Und Sie müssen nicht nachts bei kalten Temperaturen aus dem kuscheligen Bett, um die Gasflasche zu wechseln, damit die Heizung weiter läuft.

Nach dem Anschluss der Flaschen an die Gasversorgung können die Ventile aufgedreht werden, um die Gasversorgung in Betrieb zu nehmen. Beim weit verbreiteten DuoControl-Gasdruckregler der Firma Truma muss außerdem die Schlauchbruchsicherung aktiviert werden, indem der grüne Knopf am Hochdruckschlauch für etwa 5 Sekunden gedrückt gehalten wird. Um Herd, Kühlschrank oder Heizung zu nutzen, müssen zudem die Absperrventile der einzelnen Verbraucher geöffnet werden. Diese sind in einem zentralen Verteilerblock zusammengefasst, der meist in einem Schrank in der Küchenzeile untergebracht ist.

Natürlich stellt sich im Zusammenhang mit der Gasanlage die Frage, inwieweit gasbetriebene Geräte während der Fahrt betrieben werden dürfen. Laut Europäischer Heizgeräterichtlinie muss jedes Neufahrzeug seit 1/2007 mit einer Sicherung gegen Gasaustritt bei Leitungsabriss ausgestattet sein, damit die Flüssiggasanlage während der Fahrt in Betrieb genommen werden darf. Die meisten modernen Wohnmobile sind daher serienmäßig mit Sicherheitsabsperrventilen wie z. B. Truma DuoControl CS (ca.

Über die Schnellschlussventile im Wohnraum lässt sich jeder Gasverbraucher separat absperren.

> ### Vorübergehender Wegfall der Pflicht zur Gasprüfung bis 2023
>
> Im Zeitraum vom 1. Januar 2020 bis zum 1. Januar 2023 ist vorübergehend nicht zwingend eine erfolgreiche Gasprüfung erforderlich, um die Hauptuntersuchung (HU) zu bestehen. Diese Sonderreglung schmälert aber in keiner Weise die Bedeutung einer Gasprüfung und ist rein verwaltungstechnischer Natur, da das Bundesverkehrsministerium die Anforderungen an die Messgeräte neu festlegt.
>
> Im eigenen Interesse sollten Sie daher nicht auf die regelmäßige Gasprüfung verzichten und die Kosten in Höhe von 25 bis 50 € in die Sicherheit sind gut investiert. Im Schadensfall können Sie so der Versicherung nachweisen, dass die Gasanlage in ordnungsgemäßen Zustand war und Sie vermeiden Ärger auf Campingplätzen, die oftmals in ihrer Hausordnung den Nachweis einer aktuellen Gasprüfung vorschreiben.

180 €) oder TGO Multimatic CPU (ca. 220 €) ausgestattet, damit im Falle eines Zusammenstoßes die Gaszufuhr unterbrochen wird. Ältere Fahrzeuge mit Erstzulassung vor 1/2007 genießen zwar Bestandschutz, sodass keine Einschränkung für den Betrieb der Gasanlage während der Fahrt besteht. Zur eigenen Sicherheit sollten Sie die Gasflaschen während der Fahrt aber besser zudrehen oder eine entsprechende Sicherheitsabsperreinrichtung nachrüsten. Die genannten Regelungen gelten für die gesamte EU mit Ausnahme von Frankreich. Hier müssen Gasflaschen in älteren Fahrzeugen mit Erstzulassung vor 1/2007 während der Fahrt selbst bei nachgerüstetem Sicherheitsventil grundsätzlich zugedreht sein.

Die Sicherheitsfunktion des Truma-Gasreglers arbeitet rein mechanisch: Das Gasabsperrventil wird durch eine kleine Stahlkugel offengehalten, die mittig auf einer speziellen Halterung ruht. Kommt es zu einer Erschütterung, fällt die Kugel aus der Halterung und schließt das Ventil. Die Gaszufuhr ist unterbrochen. Falls der Crash-Sensor versehentlich auslöst, z. B. wenn ein Gaskasten mit Schubladenauszug zu ruckartig eingeschoben wird, muss der Crash-Sensor zurückgesetzt werden. Beim erwähnten Truma-Regler muss dazu der gelbe Resetknopf kräftig gedrückt, leicht im Uhrzeigersinn gedreht und etwa 5 Sekunden in dieser Position gehalten werden. Der Multimatic CPU von TGO arbeitet mit einem Magnetventil, das sich bequem durch einen Schalter zurücksetzen lässt.

Bei Fährüberfahrten muss das Gas aus Sicherheitsgründen grundsätzlich abgedreht werden. Daran sollte man sich im eigenen Interesse halten, auch wenn es nicht immer kontrolliert wird. Je nach Fährgesellschaft kann für die Passage eventuell ein Stromanschluss gebucht werden. Ist nur der 12-V-Betrieb des Kühlschranks über das Bordnetz möglich, können Kühlakkus helfen.

Generell muss die Flüssiggasanlage im Wohnmobil alle zwei Jahre von einem zertifizierten Sachverständigen überprüft werden, um deren ordnungsgemäße Funktion und Dichtigkeit sicherzustellen (Gasprüfung). Zusätzlich müssen alle beweglichen Teile der Anlage, also Druckregler und Schläuche, alle zehn Jahre ausgetauscht werden. Dies ist im Übrigen eine gute Gelegenheit, um die Anlage auf den neuesten Stand der Technik zu bringen, und beispielsweise einen einfachen Gasdruckregler durch eine praktische Zwei-Flaschen-Umschaltung zu ersetzen oder einen Gasdruckregler mit Crash-Sensor zu installieren. Bei der Komplettabnahme der Gasanlage vor der ersten Inbetriebnahme werden die Seriennummern aller eingebauten Geräte im gelben Prüfheft festgehalten. Hier werden auch die nachfolgenden Prüfungen und der jeweils nächste Prüfungstermin angegeben. Zudem wird bei erfolgreich bestandener Gasprüfung eine Prüfplakette am Fahrzeug angebracht. Falls Sie bei der Auslieferung Ihres Wohnmobils kein gelbes Prüfheft ausgehändigt bekommen haben, wird Ihnen die Prüfstelle im Rahmen der ersten Gasprüfung ein Exemplar ausstellen. Dieses Nachweisheft sollten Sie auf keinen Fall im Wohnmobil aufbewahren, ansonsten würde es im hoffentlich niemals eintretenden Fall, dass das Wohnmobil abbrennt, schwer, die erfolgte Gasprüfung und damit den ordnungsgemäßen Zustand der Gasanlage gegenüber der Versicherung nachzuweisen.

> **INFO** **VERHALTEN IM NOTFALL**
> Bei richtiger Handhabung und regelmäßiger Wartung der Gasanlage sowie dem sachgemäßen Transport der Gasflaschen ist der Umgang mit Flüssiggas im Wohnmobil sehr sicher. Falls Sie doch einmal Gasgeruch im Fahrzeug feststellen, gilt: Auf keinen Fall rauchen oder einen elektrischen Schalter bedienen und vor allem Ruhe bewahren.
> 1 Löschen Sie alle offenen Flammen.
> 2 Schalten Sie alle Gasgeräte aus.
> 3 Drehen Sie alle Gasflaschen zu.
> 4 Sorgen Sie für eine ordentliche Durchlüftung.
> 5 Lassen Sie die Anlage schnellstmöglich von einem Fachmann checken.

Gasbedarf ermitteln

Wie lange der Gasvorrat reicht, hängt von verschiedenen Faktoren ab. Dazu zählen neben Jahreszeit, Urlaubsort, Größe und Isolierung des Reisemobils und der Anzahl an mitreisenden Personen auch das persönliche Nutzungsverhalten und – allem voran – die gewünschte Komforttemperatur im Wohnraum.

Bei angenehmen Außentemperaturen im Sommer, wenn nur Herd, Kühlschrank und gelegentlich der Warmwasserboiler in Betrieb sind, reichen zwei 11-kg-Gasflaschen erfahrungsgemäß gut für drei bis vier Wochen. Im Winter dagegen, wenn es draußen bitterkalt ist, und die Heizung im Dauerbetrieb läuft, kann das Gas schon nach vier bis fünf Tagen zur Neige gehen.

Die hier abgebildete Tabelle hilft Ihnen dabei, den eigenen Gasbedarf besser abschätzen zu können. Notieren Sie dazu, welche Gasgeräte (Boiler, Herd, Kühlschrank, Heizung) Sie nutzen und wie lange durchschnittlich am Tag. In der Tabelle finden Sie den typischen Gasverbrauch der jeweiligen Geräteklasse. Wenn Sie es ganz genau wissen wollen, können Sie den exakten Verbrauch Ihrer Geräte in der Bedienungsanleitung nachschlagen.

Anschließend multiplizieren Sie dann die Nutzungsdauer mit dem jeweiligen Verbrauch. Im Folgenden ein Rechenbeispiel:

Sie nutzen die Heizung auf der mittleren Stufe für zwei Stunden am Abend und eine Stunde am Morgen:	
3 Std. x 250 g/Std.	= 750 g
Der Warmwasserboiler läuft täglich für eine Stunde:	
1 Std. x 120 g/Std.	= 120 g
Zum Kochen kommt der Herd täglich ebenfalls eine Stunde zum Einsatz:	
1 Std. x 100 g/Std.	= 100 g
Der Kühlschrank läuft rund um die Uhr:	
24 Std. x 18 g/Std.	= 432 g

Durchschnittswerte der wichtigsten Gasverbraucher

Verbraucher	Durchschnittlicher Verbrauch	Betriebsdauer pro Tag (in Std.)	Gasbedarf pro Tag
Heizung	je nach Heizstufe 150 bis 500 g/Std.		
Warmwasserboiler	ca. 120 g/Std.		
Herd	ca. 100 g/Std.		
Kühlschrank	ca. 18 g/Std.		
		Summe:	

Die Addition der einzelnen Werte ergibt einen durchschnittlichen Tagesverbrauch von:

750 g + 120 g + 100 g + 432 g =   1 402 g

Um abschließend die Reichweite des Gasvorrates zu berechnen, brauchen Sie nur noch die vorhandene Gasmenge durch den Tagesverbrauch zu teilen. Für eine 11-kg-Gasflasche gilt also:

11 000 g / 1 402 g / Tag =   7,8 Tage

Tipps, um den Gasverbrauch zu senken
Mit den folgenden Tipps lässt sich der Gasverbrauch senken, damit eine Gasfüllung möglichst lange reicht:

1. Regelmäßiges Lüften hilft dabei, die Feuchtigkeit aus dem Wohnmobil zu bekommen. Wie von zu Hause gewohnt, empfiehlt sich kurzzeitiges Stoßlüften, damit die Oberflächen nicht vollständig auskühlen.
2. Über Kältebrücken geht viel Heizleistung verloren. Mit passgenauen Thermomatten lässt sich der Wärmeverlust der einfach verglasten Scheiben im Fahrerhaus eindämmen.
3. Achten Sie im Sommer darauf, die Kühlschranktür nicht unnötig lange geöffnet zu halten.

Dagegen halten wir den oft verbreiteten Tipp, den Wohnraum nicht vollständig auskühlen zu lassen und die Heizung des Mobils auf einer niedrigen Heizstufe laufen zu lassen aus Energiesparsicht für Quatsch. Der Komfortgewinn lässt sich aber nicht leugnen, denn auch wenn das Wohnmobil klein ist, braucht die Heizung doch einige Zeit, bis der Innenraum wieder erwärmt ist.

Füllstand bestimmen
Reicht mein Gasvorrat noch aus? Zwar lässt sich der ungefähre Gasverbrauch recht gut abschätzen, aber gerade bei Systemen mit nur einer Gasflasche ist es beruhigender, wenn man den genauen Füllstand der Flasche im Blick hat, damit nicht plötzlich Kühlschrank, Heizung und Kocher ausfallen.

Im Gegensatz zu Frisch- und Abwassertank, deren Füllstände komfortabel auf dem zentralen Bedienpanel kontrolliert werden können, ist eine Anzeige für den Füllstand der Gasflasche(n) bislang in Wohnmobilen kaum vorhanden. Immerhin bietet der Zubehörhandel eine Reihe von Hilfsmitteln an, um die verbleibende Gasmenge recht präzise zu ermitteln. Die Tage, in denen das Camper-Orakel befragt werden musste, um herauszufinden, wann es Zeit ist, sich um den Gasflaschentausch zu kümmern, gehören der Vergangenheit an. Inzwischen gibt es erste Systeme, die den Gasflascheninhalt bequem auf einem im Wohnraum installierten Display anzeigen oder an das Smartphone senden und rechtzeitig davor warnen, wenn der Gasvorrat zur Neige geht.

Die einfachste Methode, um den Füllstand der Gasflasche zu ermitteln, kommt aber ganz ohne zusätzliche Hilfsmittel aus: Gasflasche ausbauen, anheben und ein bisschen rütteln. Mit etwas Erfahrung lässt sich so durchaus zuverlässig abschätzen, ob die Gasflasche noch halbvoll oder schon fast leer ist.

Wer es genauer wissen will, kann die Flasche nach dem Ausbauen wiegen. Gut geeignet zum immer Dabeihaben ist z. B. eine kleine Kofferwaage mit stabilem Haken. Um das Füllgewicht zu ermitteln, braucht man anschließend nur das Flaschengewicht (ist als Tara-Angabe auf dem Flaschenkragen eingedruckt) vom ermittelten Gesamtgewicht abzuziehen.

Wer den Füllstand der Gasflasche ohne Ausbau derselben ermitteln möchte, kann zu speziellen Messgeräten in handlicher Stiftform greifen. Geräte wie der Gas-Checker von Dometic (ca. 50 €) oder der LevelCheck von Truma (ca. 70 €) arbeiten mit Ultraschall und werden seitlich an die Gasflasche gehalten. Eine rote LED signalisiert, dass der Stift an den leeren Teil der Flasche gehalten wird. Hält man den Stift an den gefüllten Teil der Flasche, leuchtet die LED grün. Durch mehrmaliges Anhalten des Stiftes in unterschiedlichen Höhen lässt sich der Füllstand der Gasflasche bestimmen.

Noch einen Schritt weiter gehen Geräte mit Fernanzeige. Die grundlegende Messung erfolgt dabei ebenfalls entweder durch Wiegen oder per Ultraschall. Das fest im Gasflaschenkasten verbaute Messgerät kann entweder über Batterien oder das Bordnetz mit Strom versorgt werden. Letzteres zieht allerdings einen erhöhten Montageaufwand nach sich, da ein Loch in die Wand des Gasflaschenkasten gebohrt und abschließend abgedichtet werden muss. Das Messergebnis wird dann entweder per Kabel (z. B. Gaslock Gaslevel, ca. 80 €, www.gaslock-shop.de) oder via Funk (z. B. Liquid-Level Camping Companion, ca. 229€, Wiegeplatte für zweite Flasche + 60 €, www.liquid-level.de) auf ein externes Display weitergeleitet. Angezeigt wird je nach Modell u. a. der aktuelle Füllstand der Gasflasche in Prozent, der derzeitige Verbrauch und wie lang der vorhandene Gasvorrat voraussichtlich noch ausreicht.

Lösungen, die die Messung per Bluetooth an das Smartphone des Wohnmobilbesitzers übermitteln, sind z. B. die Gaswaage W8 von Brunner (ca. 110 €, www.brunner.it) oder Levelcontrol von Truma (ca. 150 €, www.truma.com). Letzteres erlaubt im Zusammenspiel mit der Truma iNet Box zudem eine bequeme und präzise Fernabfrage des Gasfüllstands von unterwegs.

Versorgung im Ausland

Während die Gasversorgung in Deutschland ein Kinderspiel ist, erweist sich der Gasflaschentausch im Ausland je nach Destination kniffelig bis unmöglich. Da die Gasflaschengewinde in Europa nicht im Ansatz standardisiert sind, führt kein Weg daran vorbei, sich gründlich darüber zu informieren, inwieweit die ausländischen Flaschen kompatibel zum Anschluss im Wohnmobil sind. Das gilt erst recht für Reisen ins außereuropäische Ausland.

Ein Tausch oder die Füllung der in Deutschland üblichen Gasflaschen ist ohne Probleme und weitere Adapter nur in Belgien, Dänemark, den Niederlanden, Österreich, Polen, Slowenien, Tschechien und Ungarn möglich. Für die übrigen Länder gibt es grundsätzlich zwei Möglichkeiten, unterwegs den Gasvorrat aufzustocken: Entweder Sie besorgen sich einen sogenannten Gasfülladapter (Europa-Füll-Set, ca. 20 €), um Ihre Gasflaschen aus Deutschland durch eine autorisierte

Mit einem handlichen Füllstandsanzeiger lässt sich schnell feststellen, wie viel Brennstoff noch in der Gasflasche steckt, ohne dass diese dafür ausgebaut werden muss.

Füllstelle befüllen zu lassen. Alternativ besorgen Sie sich vor der Reise entsprechende Zwischenstücke (Euro-Entnahme-Set, ebenfalls ca. 20 €), mit denen sich ausländische Flaschen an die in Deutschland gebräuchlichen DIN-Druckregler anschließen lassen.

> **INFO** **TANKFLASCHEN FÜR AUTOGAS**
> Autogas (LPG) ist an vielen Tankstellen in Europa erhältlich (Suche z. B. unter www.autogas.de) und zudem günstiger, als das in Flaschen abgefüllte Campinggas. Gerade, wenn man viel und oft unterwegs ist, liegt daher der Gedanke nahe, die Gasversorgung auf LPG-Autogas umzustellen und einen festen Gastank oder eine Gastankflasche einzubauen. Auch das lästige Schleppen der schweren Gasflaschen entfällt.
> Tatsächlich bewegt man sich hier aber leider in einer Grauzone und je nachdem wie die Prüforganisation und der jeweilige Prüfer die Normen und Vorschriften auslegt, kann es Probleme bei der Gasprüfung geben. Streitpunkt ist dabei in erster Linie die Frage, ab wann eine Gastankflasche als fest eingebauter Tank gilt, da nur solche an Autogastankstellen befüllt werden dürfen. Wer über eine Umrüstung nachdenkt, sollte sich daher unbedingt vorab mit der zuständigen Prüfstelle in Verbindung setzen und die genauen Bedingungen erfragen, um die Gasprüfplakette ohne Probleme zu erhalten.

HEIZUNG UND KLIMAANLAGE

Niedrige Temperaturen sind kein Grund, nicht mit dem Wohnmobil auf Tour zu gehen. Dank leistungsstarker Heizungen ist es kein Problem, die Campingsaison bereits im Frühjahr zu beginnen oder in den Herbst hinein zu verlängern, und selbst beim Wintercamping wird es im Reisemobil mollig warm. Steuern lassen sich die meisten Heizungen ganz bequem über das zentrale Bedienpanel oder ein separates Bedienfeld im Innenraum des Wohnmobils. Hier können Sie die gewünschte Raumtemperatur einstellen sowie mehrere Einschaltzeiten programmieren.

Ein vielfältiges Angebot an Systemen und Modelle mit verschiedenen Heizleistungen sorgen für behagliche Wärme sowohl in kleinen wie auch großen Mobilen. Aber welche Heizung ist die richtige?

Unterscheiden lassen sich die Heizungstypen zum einen durch das Medium der Wärmeübertragung, nämlich Luft oder Wasser, und zum anderen in der Art des Energieträgers. Zur Auswahl stehen Gas, Diesel und, mit Einschränkungen, elektrischer Strom.

Bei einer Luftheizung wird die Luft direkt über einen Brenner beziehungsweise ein Heizelement erhitzt und die erwärmte Luft mithilfe eines Gebläses im Wohnraum verteilt. Bei einer Warmwasserheizung dagegen wird die Wärme über einen Wasserkreislauf transportiert und verteilt. Die folgenden Seiten stellen Ihnen die unterschiedlichen Wärmequellen für das mobile Heim vor, erläutern ihre jeweilige Funktionsweise und erörtern die Vor- und Nachteile der einzelnen Varianten.

Gas-Gebläseheizung

Der Typ der gasbetriebenen Warmluftheizung ist weit verbreitet und quasi die klassische Form der Wohnmobilheizung. Der wichtigste Grund für die Beliebtheit dieser Heizungsart ist sicherlich der benötigte Brennstoff, denn Gas wird ohnehin zum Kühlen und Kochen benötigt. Warum also nicht auch damit heizen?

VORTEILE DER GAS-GEBLÄSEHEIZUNGEN:
+ rasche Erwärmung des Innenraums
+ Wasser und Luft können sowohl gemeinsam wie auch getrennt erwärmt werden
+ variabler Einbau möglich

NACHTEILE:
− deutliche Betriebsgeräusche durch das Gebläse
− hoher Gasverbrauch (insbesondere bei kalten Außentemperaturen im Winter)
− keine Strahlungswärme und ungleichmäßige Wärmeverteilung

Blick auf die Heizungsanlage eines Teilintegrierten

Heizung und Klimaanlage 139

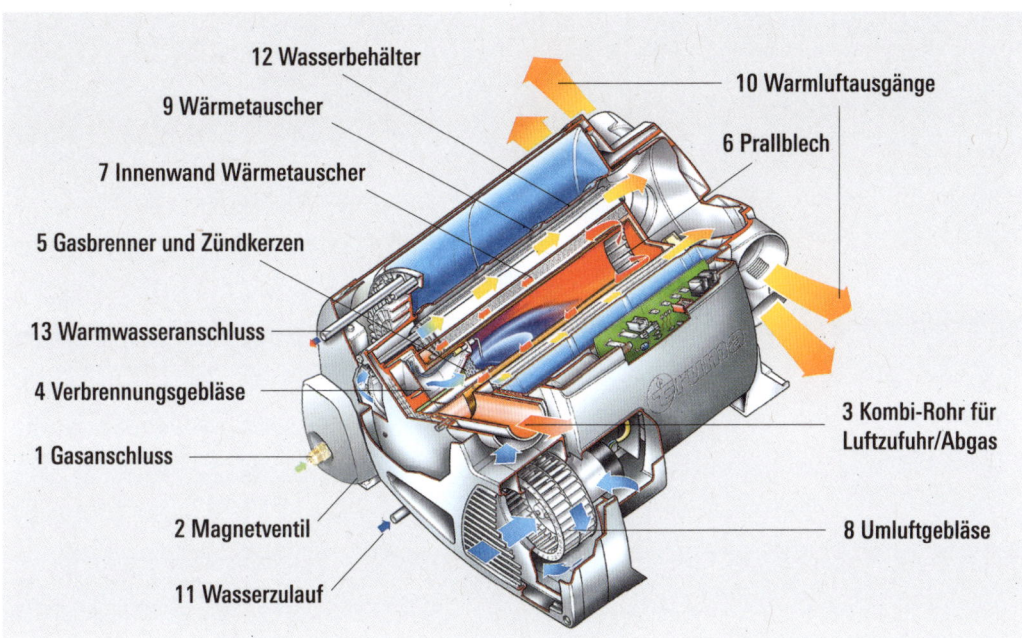

Schnittzeichnung durch eine Gas-Luft-Heizung mit integriertem Wasserboiler.

Marktführer bei den Gebläseheizungen für Wohnmobile ist die Firma Truma. Die angebotenen Geräte umfassen Leistungsstufen von 4000 W und 6000 W. Welche Heizungsgröße benötigt wird, hängt in erster Linie von den Fahrzeugdimensionen ab. Für Campervans und mittelgroße Wohnmobile genügen 4000 W Heizleistung (Truma 4). Zum Aufwärmen großer Integrierter oder wenn es im Winter schnell gehen soll, ist das 6000-W-Modell (Truma 6) erforderlich. Sehr beliebt sind Kombimodelle mit einem integrierten Wassertank für die parallele Bereitstellung von Warmwasser. Das größte Manko einer Gebläseheizung ist sicherlich die ungleichmäßige Wärmeverteilung. Je nach Position der Ausströmer kann es durchaus vorkommen, dass diejenige Person, die auf dem Drehsitz im Fahrerhaus sitzt, noch fröstelt, während es im restlichen Teil des Mobils schon (zu) warm ist, und in Ecken, an denen die warme Luft gar nicht ankommt, bildet sich schnell Kondenswasser. Die E-Varianten der Truma-Heizung haben zusätzliche elektrische Heizstäbe verbaut, die bei einem Stromanschluss auf dem Stellplatz zum Einsatz kommen können.

So funktioniert eine moderne Gasheizung mit integriertem Wasserboiler:
Der Gasanschluss (1) verbindet die Heizung mit der Gasversorgung im Wohnmobil und die einströmende Gasmenge wird durch das Magnetventil (2) gesteuert. Die für die Verbrennung benötigte Luft strömt über das seitliche Kombi-Rohr für Luftzufuhr und Abgas (3) ein und wird vom Verbrennungsgebläse (4) in die Brennkammer transportiert. Die zwei Zündkerzen am Gasbrenner (5) entzünden das Gas-Luft-Gemisch und die heißen Abgase werden am Prallblech (6) abgelenkt und strömen an der Innenwand des Wärmetauschers (7) vorbei zum bereits bekannten Abgaskamin (3).
Die zu erwärmende Luft wird über das Umluftgebläse (8) eingesaugt und streicht am Wärmetauscher (9) vorbei, wird erhitzt und anschließend über die vier Warmluftausgänge (10) im Innenraum des Wohnmobils verteilt.
Über den Wasserzulauf (11) wird der Wasserbehälter (12) mit Wasser aus dem Frischwassertank gefüllt. Hier wird das Wasser durch den Wärmetauscher (7) erhitzt und kann über das Warmwasseranschlussrohr (13) an die

Wasserhähne in Küche und Bad sowie die Dusche abgegeben werden.

Die Heizung ist mit einem externen Temperaturfühler im Innenraum des Wohnmobils verbunden und mit steigender Temperatur wird die Heizung langsam reduziert. Sobald die am Bedienpanel eingestellte Temperatur erreicht ist, schaltet sich der Brenner ab. Werden die gewünschten Temperaturen unterschritten, läuft die Heizung automatisch wieder an. Im Sommer kann das Wasser unabhängig von der Heizung erwärmt werden.

Die Bedienung der Truma-Heizung Schritt für Schritt

In Wohnmobilen besonders weit verbreitet ist die Truma Combi-Warmluftheizung mit integriertem Warmwasserboiler. Dabei ist das Heizen des Innenraums sowohl mit wie auch ohne Wasserinhalt uneingeschränkt möglich und im Sommer lässt sich das Wasser erhitzen, ohne dass die Heizung läuft.

1 Wenn Sie warmes Wasser wünschen, müssen Sie als Erstes den Boiler mit Wasser füllen. Dafür drehen Sie den Warmwasserhahn auf oder stellen die Einhebelarmatur auf warm und öffnen den Hahn. Das Ablassventil im Kaltwasserzulauf muss geschlossen sein. Dann die Pumpe anlaufen lassen, bis der Boiler gefüllt ist (sieht man daran, dass Wasser aus dem Hahn kommt).

2 Damit die Heizung nach dem Einschalten den Innenraum des Reisemobils aufwärmen kann, müssen Sie zunächst sicherstellen, dass die an mehreren Stellen verbauten Luftaustrittsdüsen geöffnet und so ausgerichtet sind, dass die warme Luft an den gewünschten Stellen ankommt.

3 Prüfen Sie vor der Inbetriebnahme, dass der Kamin außen am Wohnmobil frei ist, und entfernen Sie gegebenenfalls vorhandene Abdeckungen.

4 Öffnen Sie das Drehventil an der Gasflasche im Gaskasten und den Gasabsperrhahn am zentralen Verteilerblock.

5 Tippen Sie auf den Drehknopf, um das Heizungsbedienteil einzuschalten. Alternativ lässt sich die Heizung auch über das zentrale Bedienpanel bedienen.

6 Der Startbildschirm zeigt Ihnen in der oberen Statuszeile, ob die Heizung ein- oder ausgeschaltet ist, die vorgewählte Boilertemperatur (40° oder 60°), die Betriebsart (je nach Ausführung sind Gas, Elektro oder eine Kombination aus beidem möglich) sowie die Gebläsestufe. Darunter steht die aktuelle Raumtemperatur in Grad Celsius (°C).

7 Um die gewünschte Raumtemperatur einzustellen, wählen Sie das Wohnmobil-mit-Thermometer-Symbol und drücken den Knopf, um das Einstellmenü zu öffnen. Nun können Sie die Gradzahl durch Drehen des Knopfs nach links reduzieren bzw. erhöhen, indem Sie nach rechts drehen. Tippen Sie abschließend auf den Knopf, um den eingestellten Wert zu übernehmen.

8 Das Flammen-Symbol an der ersten Position der Statuszeile zeigt, dass die Heizung

Luftaustrittsdüsen

Kamin außen

Heizungsbedienteil

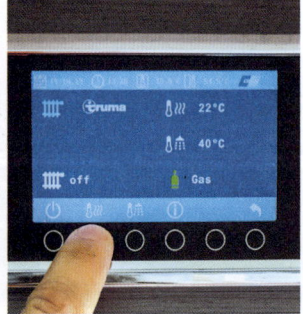
Zentrales Bedienpanel

Heizung und Klimaanlage

eingeschaltet ist. Es blinkt, solange die gewählte Raumtemperatur noch nicht erreicht ist.

> **INFO — ELEKTRISCHE ZUSATZHEIZER**
> Falls die serienmäßige Heizung an ihre Grenzen stößt, bieten elektrische Heizlüfter eine unkomplizierte und preiswerte Option als Ergänzung. Dank kompakter Abmessungen und geringem Gewicht sind sie sehr flexibel und können z. B. genutzt werden, um das Vorzelt aufzuheizen. Auch in der Übergangszeit leisten die mobilen Heizgeräte gute Dienste und sind insbesondere dann interessant, wenn der Strom auf einem Camping- oder Stellplatz pauschal abgerechnet wird. Bei üblichen Strompreisen von 0,50 € pro Kilowattstunde (kWh) oder mehr geht das Heizen mit Strom ansonsten schnell auf den Geldbeutel. Allerdings untersagt so mancher Betreiber angesichts des hohen Stromverbrauchs die Nutzung von elektrischen Heizgeräten.

Warmwasserheizung

Kernstück der Warmwasserheizung ist ein Wasserkessel, in dem ein Gemisch aus Wasser und Glykol erhitzt wird. Dieses strömt durch Konvektoren in den Wänden der Wohnkabine, die dann den Innenraum gleichmäßig aufheizen.

Das Funktionsprinzip ist das gleiche wie bei der Heizung zu Hause, allerdings gestaltet sich die Installation im Wohnmobil recht komplex. ==Eine solche Anlage ist praktisch nicht nachzurüsten== und kommt als Option daher nur beim Kauf eines Neufahrzeugs infrage.

Vergleichsweise weit verbreitet sind Wasserheizungen in Form einer Standheizung bei Pkw und den Basisfahrzeugen, dann allerdings üblicherweise mit Diesel als Brennstoff (z. B. Webasto Thermo-Top, Eberspächer Hydronic). Diese Heizungen sind in den Kühlwasserkreislauf integriert, um einen schonenden Motorstart zu ermöglichen. Die über Wärmetauscher miterwärmte Gebläseluft spart nach frostigen Nächten zudem das Eiskratzen vor dem Losfahren.

Warmwasserheizungen für den Wohnraum stammen fast ausschließlich vom ursprünglich schwedischen Hersteller Alde (der bereits 1997 von Truma übernommen wurde) und werden vor allem in teureren Wohnmobilen ab etwa 75 000 € aufwärts verbaut. Wasserheizungen kommen ohne Gebläsemotor aus und arbeitet daher vollständig geräuschlos.

VORTEILE DER WARMWASSERHEIZUNG:
+ gleichmäßige Wärmeverteilung, inklusive Fußbodenheizungsoption
+ angenehme Strahlungswärme
+ Betrieb sowohl mit Gas wie auch Strom möglich

NACHTEILE:
− komplexe Installation, kaum nachrüstbar
− lange Aufheizzeit
− teuer

> **INFO — SMARTER HEIZKOMFORT**
> Es gibt bekanntlich für alles eine App. Während man noch vor ein paar Jahren entweder die Heizung durchlaufen lassen musste, um nach einem Ausflug von einem mollig-warmen Wohnmobil empfangen zu werden, oder alternativ umständlich eine Zeitschaltuhr programmieren konnte, lassen sich heute sowohl die Heizsysteme als auch die Klimaanlagen ganz bequem per Smartphone von unterwegs steuern. Die entsprechenden Empfänger hat jeder namhafte Heizungshersteller im Programm und mit der dazugehörigen App lässt sich vor der letzten Pistenabfahrt mit wenigen Fingertipps die Heizung einschalten und die bei der Rückkehr zum Reisemobil gewünschte Temperatur wählen.

Kraftstoffheizung

Wie es der Name nahelegt, bezieht diese Heizungsform ihren Brennstoff aus dem Kraftstofftank des Fahrzeugs. Zusätzlich wird eine 12-V-Energieversorgung für den Betrieb von Glühstift und Gebläse benötigt.

Die wichtigsten Hersteller von Diesel-Gebläseheizungen sind Truma, Webasto und

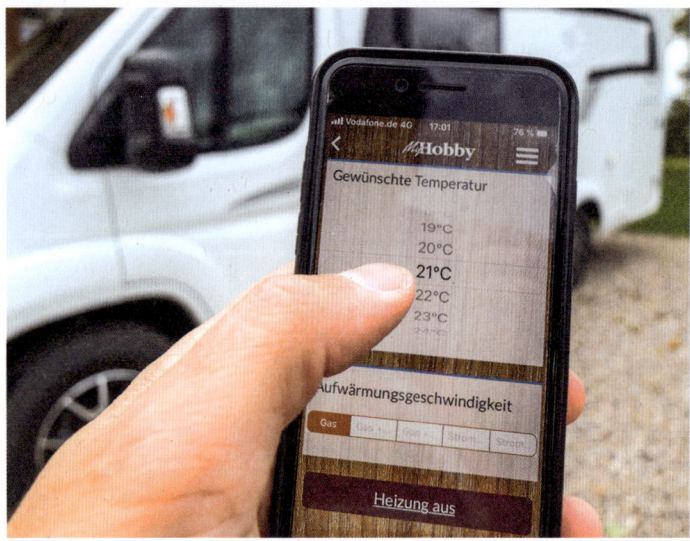

Heizungssteuerung per Smartphone

Eberspächer. Auch kombinierte Varianten mit integriertem Wasserboiler werden angeboten. Kraftstoffheizungen sind besonders beliebt bei den Ausbauern von Campingbussen, denn sie wirken sich gleich in zweifacher Hinsicht positiv auf den meist notorisch knappen Stauraum aus. So spart zum einen die Unterflurmontage Platz im Innenraum, zudem kann auf eine zweite Gasflasche verzichtet werden oder es kommt gar nur eine besonders kompakte 2,75-kg-Campingazflasche zum Einsatz.

Zu den Nachteilen dieser Heizungsart zählen die permanente Geräuschentwicklung der klackernden Dieselpumpe sowie ein Abgasgeruch außerhalb des Fahrzeugs. Dank Katalysator und guter Dämmung verrichten moderne Kraftstoffheizungen ihren Dienst allerdings sehr leise und nahezu geruchlos.

Bei einer durchschnittlichen Heizleistung von 1 000 W verbraucht eine Kraftstoffheizung etwa 0,1 Liter Diesel. Angesichts von Kraftstofftanks mit einem Fassungsvermögen von 80 Liter oder mehr, steht dem ausgedehnten Wintercampingvergnügen also nichts entgegen. Größtes Manko ist der recht hohe Stromverbrauch. Er liegt z. B. bei der Webasto Air Top 2 000 STC je nach Heizleistung zwischen 1,1 und 2,5 Ah. Geht man von einem mittleren Strombedarf von 1,5 A (Ampere) aus, so ergibt sich ein täglicher Strombedarf von 36 Ah, wenn die Heizung im Winter rund um die Uhr läuft. Schwachpunkt der Heizung ist daher beim Autarkcampen in erster Linie die Bordbatterie.

VORTEILE VON KRAFTSTOFFHEIZUNGEN:
+ Brennstoff immer mit dabei
+ Unterflurmontage und kleine Gasflasche sparen knappen Stauraum

NACHTEILE:
– höherer Stromverbrauch als Gasheizung
– Geräuschentwicklung
– Abgasgeruch

Klimaanlage

Schönes Wetter beim Camping ist toll. Hat sich die Hitze aber erst einmal im Wohnmobil festgesetzt, wird schnell der Ruf nach Abkühlung laut – spätestens, wenn es ans Einschlafen geht und nicht einmal das Öffnen der Dachluke für Linderung sorgt. Eine Klimaanlage im Fahrerhaus hilft zwar während der Fahrt, einen kühlen Kopf zu bewahren, quittiert aber den Dienst, sobald das Fahrzeug steht und der Motor nicht mehr läuft.

Erste von zwei möglichen Bauformen für den Wohnraum ist die Dach-Klimaanlage. Sie kann anstelle einer Luke oben auf dem Fahrzeug montiert werden (Dachlast beachten!) und die gekühlte Luft wird über einen Ausströmer in den Innenraum geleitet. Außer Stromkabeln sind keine weiteren Anschlüsse notwendig, sodass sich dieser Gerätetyp gut zur Nachrüstung eines gebrauchten Wohnmobils eignet. Nachteil dieser Lösung ist die wachsende Fahrzeughöhe. Durch ein Eigenwicht von um die 30 kg wandert auch der Schwerpunkt weiter nach oben, was sich insbesondere bei Kurvenfahrten negativ zeigt. Und nicht zu vergessen: Durch den Wegfall der Dachluke wird der Innenraum einer natürlichen Lichtquelle beraubt.

Die Staukasten-Klimaanlage verschwindet vollständig aus dem Blickfeld und wird beispielsweise in der Sitztruhe untergebracht. Sie ist daher für kleine Fahrzeuge mit akutem Stauraummangel weniger gut geeignet. Im Gegenzug sind in der Waschstraße keine Probleme zu befürchten und der Schwerpunkt des Fahrzeugs bleibt unverändert. Allerdings erhöht sich der Aufwand für den Einbau. Unter anderem müssen Löcher in den Fahrzeugboden gebohrt werden, damit die entstehende Abwärme abtransportiert werden kann.

Die Verteilung der Kaltluft lässt sich durch Schläuche sehr variabel gestalten. So ist ein kühler Luftstrom am Bett möglich und für eine angenehme Nachtruhe reicht eine geringere Kühlleistung aus, als bei einer zentral im Fahrzeug angeordneten Dach-Klimaanlage.

Die bekanntesten Hersteller von Klimaanlagen für Wohnmobile sind Dometic, Teleco und Truma. Viele Hersteller bieten Dachklimaanlagen als Zusatzausstattung an. Mitunter steht auch die Option zur Vorbereitung für eine Dachklimaanlage auf der optionalen Ausstattungsliste, d. h., es werden bereits die erforderlichen Leitungen im Dach verlegt. Dachklimaanlagen sind je nach Hersteller und Modell zwischen 2 000 € und 2 500 € zu haben und lassen sich mit etwas handwerklichem Geschick selbst montieren. Für die erforderlichen Elektroarbeiten samt Kabel und Sicherungen für den Anschluss an das 230-V-Stromnetz verlangt der Spezialist rund 150 €. Für die Nachrüstung einer Staukasten-Klimaanlagen sind rund 2 000 € zu veranschlagen.

Klimaanlagen sind wahre Stromfresser und insbesondere die kurzzeitig benötigte Strommenge beim Anlaufen des Kompressors kann auf Campingplätzen mit geringer Absicherung zu Problemen führen.

An einen dauerhaften Betrieb einer Klimaanlage abseits des Stromnetzes ist kaum zu denken, sieht man einmal vom Einsatz eines lauten und wenig ökologischen Stromgenerators ab. Steht eine ausreichend große Batteriereserve samt Wechselrichter zur Verfügung, kann die Klimaanlage immerhin kurzfristig vor dem Einschlafen eingeschaltet werden, um das aufgeheizte Wohnmobil etwas abzukühlen.

Als weiteres Argument gegen eine Klimaanlage ist zu bedenken, dass für die effektive Kühlung alle Fenster und Türen geschlossen sein müssen. Ob eine Klimaanlage im Wohnmobil benötigt wird, bleibt letztendlich eine persönliche Entscheidung, und gerade für hitzeempfindliche Personen kann deren Installation eine gute Option sein, um auch in heißen Regionen komfortabel zu campen.

Das Lüften über die Dachluke funktioniert nur, solange sich die Außenluft abends deutlich abkühlt.

KÜCHE

Erst durch eine Küche an Bord wird ein Wohnmobil zum Wohnmobil. So sieht es zumindest die Straßenverkehrsordnung, die zwingend eine fest eingebaute Kochstelle vorschreibt, damit ein Fahrzeug als Wohnmobil zugelassen werden kann.

In der Tat wollen wohl nur die wenigsten Wohnmobilisten auf die Küchenzeile im Wohnmobil verzichten, eröffnet diese doch auf kleinem Raum vielfältige Möglichkeiten zur Selbstversorgung. Eine Übersicht über die unterschiedlichen räumlichen Anordnungsmöglichkeiten für die Küche im Reisemobil finden Sie in Kapitel 1.

Selbst, wer im Urlaub nicht gerne den Kochlöffel schwenkt, profitiert von den Vorzügen. Ob Kaffee am Morgen oder kleiner Hunger zwischendurch, wenn die eigene Küche stets mitfährt, ist man flexibel und speist auch unabhängig von Restaurantöffnungszeiten.

Die Küche präsentiert sich je nach Wohnmobil-Klasse von besonders kompakt bis großzügig. Deutlich begrenzter als in einer geräumigen Einbauküche daheim, fällt das zur Verfügung stehende Platzangebot zum Vorbereiten und Kochen der Speisen aber schon aus.

Täglich Nudeln mit Tomatensauce oder Ravioli aus der Dose müssen dennoch nicht sein und mit ein paar Vorüberlegungen gelingt ein abwechslungsreicher, gesunder und schmackhafter Speiseplan. Am besten geeignet sind Gerichte, die höchstens zwei Töpfe benötigen, oder – genauer gesagt – sich auf maximal zwei Flammen gleichzeitig kochen lassen. Kurze Koch- und Garzeiten helfen, Gas zu sparen. Um den Gasverbrauch weiter zu minimieren, empfiehlt es sich zusätzlich, die Zutaten möglichst klein zu schnippeln und die Nachwärme zum Garen zu nutzen, z. B., indem man den Reis ziehen lässt. Keine besonders gute Idee sind in aller Regel Lebensmittel, die bei der Zubereitung starke Gerüche entwickeln (z. B. gebratener Fisch), aber auch da sind die Geschmäcker verschieden.

> **INFO – STATT SCHWEREM CAMPINGKOCHBUCH: REZEPTE-APPS**
>
> Auf dem Buchmarkt finden sich zahlreiche Kochbücher, die sich explizit der Campingküche verschrieben haben. Die vielen tollen Fotos in diesen opulent aufgemachten Prachtbänden, lassen einem zwar das Wasser im Munde zusammenlaufen, eignen sich aufgrund von Format und Gewicht aber besser für das heimische Bücherregal.
> Eine vielfältige Ideenquelle ohne Zusatzgewicht sind Rezepte-Apps für das Smartphone. In den Appstores für iOS oder Android tummelt sich eine breite Auswahl an oft kostenlosen Angeboten. Eine spezielle Rezept-Kategorie „Wohnmobil" bietet z. B. die App von chefkoch.de.

Herd

Herzstück der Küche im Wohnmobil ist der Gasherd. Zur Inbetriebnahme brauchen Sie – wenn sowohl das Flaschenventil- als auch das entsprechende Schnellschlussventil geöffnet ist – nur den Knopf am Herd einzudrücken und nach links zu drehen. Anschließend kann das ausströmende Gas entzündet werden. Die Mehrzahl der modernen Gasherde ist mit einer komfortablen elektrischen Zündung ausgerüstet, sodass für das Entzünden der Flamme kein Feuerzeug oder Streichholz benötigt wird.

Aus Sicherheitsgründen sind alle Gasherde im Wohnmobil mit einer Zündsicherung ausgestattet, die die Gasversorgung unterbricht, sobald die Flamme erlischt. Daher müssen Sie den Bedienknopf an der Stirnseite des Kochers zu Beginn für etwa 2 bis 3 Sekunden gedrückt halten, damit die Flamme dauerhaft brennt. Die Flammensicherung wird durch einen Temperaturfühler sichergestellt (das ist der kleine Stift, der in die Flamme ragt). Falls die Flamme einmal nur einseitig brennt, ist höchstwahrscheinlich ein Teil der Brenneröffnungen verstopft. Damit die Flamme wieder ringsum brennt, können Sie diese mit einem Zahnstocher oder einer Drahtbürste vom Schmutz befreien.

Als Alternative zu den Gaskochern kommen Induktionskochplatten infrage. Aufgrund des hohen Strombedarfs finden sich diese aber nur in großen Wohnmobilen mit entsprechend üppig dimensionierten Batteriekapazitäten. In jüngster Vergangenheit gibt es auch immer öfter Hybrid-Kocher mit zwei Gasflammen und einer Induktionskochstelle, die das Beste aus beiden Welten versprechen. Bei der Übernachtung fernab vom Stromnetz kommt der Gaskocher zum Einsatz, steht man auf einem Stell- oder Campingplatz mit ausreichend abgesicherter Stromversorgung, lassen sich die Annehmlichkeiten des Induktionskochfelds in Anspruch nehmen und man darf sich unter anderem über blitzschnelle Kochzeiten freuen. Günstig ist der Aufpreis für das Kochen mit Strom allerdings nicht: Das Thetford 981 Hybrid-Kochfeld mit zwei Gas- und einer Induktionskochstelle kostet beispielsweise rund 1 000 €, während ein einfacher, dreiflammiger Gaskocher für rund 300 € zu haben ist.

Dunstabzug

Der beim Kochen zwangsläufig entstehende fettgetränkte Dunst stellt den vielleicht größten Vorbehalt gegen das Kochen im Wohnmobil dar. Tatsächlich wabert der Geruch schnell durch den gesamten Innenraum und macht sich auch in Schlafzimmer und Wohnraum breit.

Ein kräftiger Durchzug durch Öffnen von Türen und Fenster verspricht auf den ersten Blick Linderung, schadet in der Praxis aber mehr als er hilft. Die Folge ist nämlich vor allem ein heftiges Flackern der Herdflammen. Deutlich besser wirkt meist eine geöffnete Dachhaube. Wem das nicht reicht, der findet

Mit dem Schalter zur elektronischen Zündung wird die Flamme entfacht. Damit sie an bleibt, müssen Sie den Bedienknopf für einige Sekunden gedrückt halten.

im Zubehörhandel spezielle Dunstabzugshauben für das Wohnmobil. Günstig, und vergleichsweise einfach zu installieren, sind Umluftgeräte. Wer auch im Wohnmobil nicht auf eine „richtige" Abluthaube, die die Abluft nach draußen transportiert, verzichten kann, sollte diese aufgrund des hohen Montageaufwands am besten schon ab Werk mit bestellen, falls der Hersteller diese Option anbietet.

Am zuverlässigsten lassen sich schlechte Gerüche im Innenraum allerdings vermeiden, indem das Kochen nach draußen verlagert wird – zumindest, wenn es um geruchsintensive Zubereitungen in der Pfanne geht. Besonders bequem für die Nutzung einer zusätzlichen Kochplatte oder eines Gasgrills vor dem Wohnmobil oder im Vorzelt ist eine Gassteckdose an der Außenwand des Wohnmobils. So braucht man keine separate Gasflasche und das Gerät lässt sich einfach an die zentrale Gasversorgung des Wohnmobils anschließen. Einige Hersteller bieten einen Außengasanschluss als aufpreispflichtiges Extra an. Die Kosten für den nachträglichen Einbau einer Außengassteckdose inklusive Dichtigkeitsprüfung durch eine Fachwerkstatt betragen um die 300 €.

Backofen

Abhängig vom Grundriss und den übrigen Küchengeräten wie beispielsweise dem Kühlschrank bieten viele Hersteller in der Extraliste einen Gasbackofen für ihre Wohnmobile an, der je nach Hersteller mit 600 bis 900 € zu Bu-

Besonders bequem gelingt das draußen Brutzeln mit einer Gassteckdose.

che schlägt. Bevor diese Option gewählt wird, sollten Sie sich aber darüber klar werden, dass gerade bei kompakten Mobilen wichtiger Stauraum verloren geht.

Ausreichend Platz für einen Backofen ist eigentlich erst in großen Wohnmobilen ab 7 m Länge aufwärts und kleine Elektro-Mini-Backöfen lohnen sich allenfalls, wenn überwiegend auf Camping- oder Stellplätzen übernachtet wird.

Um mangels Ofen nicht auf frisches Backwerk verzichten zu müssen, schwören viele Reisemobilisten auf den Omnia-Backofen. Dieses praktische Küchengerät aus Schweden ist Kult – sogar eine eigene Facebook-Gruppe gibt es! – und besteht aus drei Teilen, die zusammen nicht einmal 500 g wiegen. Für weniger als 50 € wird so praktisch jeder Gasherd zum Mini-Ofen für Pizza, Kuchen und Co.

Herzstück ist die einer Guglhupfform ähnliche, runde Aluminiumbackform mit einem Durchmesser von 25 cm und einem Loch in der Mitte. Nachdem diese mit dem Backgut befüllt wurde, wird sie auf das Untergestell aus rostfreiem Stahl gestellt, welches ebenfalls ein mittiges Loch aufweist und das einen Abstand zwischen Flamme und Teig schafft, damit nichts anbrennt. Obendrauf kommt der charakteristische, rote Aluminiumdeckel.

Der clevere, dreiteilige Aufbau verteilt die Hitze sehr gleichmäßig. Die Form wird nicht nur von unten erwärmt, sondern erzeugt gleichzeitig eine passable Oberhitze, da die Wärme durch den mittleren Ring nach oben aufsteigen kann und vom Deckel zurück auf die Backware geleitet wird.

Achtung: Die gesamte Form inklusive Deckel wird im Betrieb sehr heiß. Um sich die Finger nicht zu verbrennen, sind Topflappen Pflicht!

Zusätzlich zur eigentlichen Backform gibt es weiteres praktisches Zubehör, das den Einsatzbereich noch einmal erweitert. Mit dem Aufbackgitter lassen sich Fertigbrötchen aus dem Supermarkt aufbacken und es gelingen auch kleinere Teilchen wie Kekse oder Muffins. Die passgenaue Silikonform macht die Reinigung nach dem Backen zum Kinderspiel. Es gibt auch einige Nachahmerprodukte, für diese ist aber oft kein Zubehör erhältlich.

Kühlschrank

Blauer Himmel, strahlender Sonnenschein und warme Temperaturen – wer wünscht sich das nicht im Urlaub? Noch besser wird ein Sommertag wie aus dem Bilderbuch mit einem gut gekühlten Cocktail in der Hand. Außerdem sollen natürlich Gemüse, Käse und Wurst möglichst lange frisch bleiben und die Butter fürs Frühstücksbrötchen nach Möglichkeit nicht von „streichfähig" zu „flüssig" wechseln.

Ein Kühlschrank hat viele Vorzüge und gehört zur Grundausstattung im Wohnmobil. Das breite Angebot reicht von der kleinen 13-Liter-Kühlbox bis zum riesigen 177-Liter-Tower-Kühlschrank. All diese Geräte lassen sich prinzipiell an unterschiedlichen Stellen einbauen. In manchen Kühlschränken gibt es sogar ein Gefrierfach (was viel Platz kostet), bei einigen neuen Modellen kann man das Gefrierfach herausziehen, wenn es nicht benötigt wird.

In Kastenwagen oder kleineren Reisemobilen findet sich oft ein kompakter Kühlschrank unter der Küchenarbeitsplatte. So wird der knappe Stauraum gut ausgenutzt, allerdings muss man in die Knie gehen, um an den Inhalt heranzukommen. Neuerdings finden man in Kastenwagen auch Ausziehkühlboxen an der Stirnseite der Küche, die das Problem umgehen und auch gut von außen zugänglich sind. Vollintegrierten oder geräumigen Teilintegrierten, bei denen der Platz keine so große Rolle spielt, spendieren die Hersteller in der Regel hoch aufragende, schmale Kühlschränke, die entweder neben der Küchenfläche oder gegenüber auf der anderen Seite des Mittelgangs platziert sind. Sie verfügen über ein Volumen von über 100 Litern und meist auch ein Gefrierfach.

In heutigen Wohnmobilen sind Absorberkühlschränke mit etwa 140 Liter Fassungsvermögen weit verbreitet.

Absorber- und Kompressorkühlschränke im Vergleich

Die Tabelle zeigt die Unterschiede zwischen den beiden gängigen Kühlschranktypen im Wohnmobil.

	Absorberkühlschrank	Kompressorkühlschrank
Energieträger	Gas, 12 V, 230 V	12 V, 230 V
Energieverbrauch	Gas: gering; Strom: hoch	relativ gering
Kühlleistung	gut bei Gas und 230-V-Stromanschluss, eingeschränkt bei 12-V-Bordnetz; Kühltemperatur wird nur langsam erreicht; eingeschränkte Funktion bei hohen Außentemperaturen	gute Kühlleistung; Kühltemperatur wird schnell erreicht; unabhängig von Außentemperaturen
Betriebsgeräusch	beinahe lautlos	je nach Dämmung und Einbauort leises bis deutlich hörbares Brummen
Sonstiges	möglichst waagerechte Ausrichtung für optimale Leistung erforderlich	Betrieb auch in Schräglage möglich

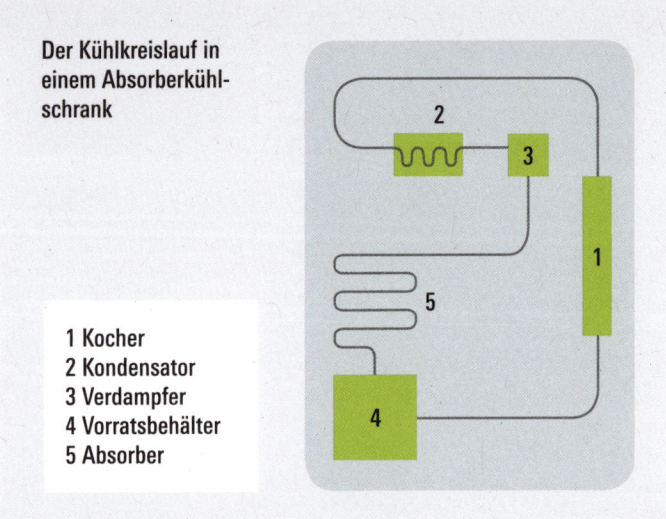

Der Kühlkreislauf in einem Absorberkühlschrank

1 Kocher
2 Kondensator
3 Verdampfer
4 Vorratsbehälter
5 Absorber

Besonders praktisch sind Kühlschranktüren mit zwei Scharnieren, sodass die Tür wahlweise nach links oder nach rechts geöffnet werden kann. Egal ob aus der Sitzgruppe Getränkenachschub geholt werden soll oder beim Kochen das frische Gemüse benötigt wird: Der Zugriff auf den Inhalt ist in beiden Fällen einfach möglich, ohne dass die Tür im Weg ist.

Im Wohnmobil sind hauptsächlich zwei unterschiedliche Kühlschranktypen verbreitet, die beide ihre Vor- und Nachteile haben. Kompressorkühlschränke funktionieren wie die aus dem Haushalt bekannten Geräte und zeichnen sich durch eine starke Kühlleistung aus, funktionieren aber nur mit Strom und setzen daher einen Stromanschluss oder ausreichend Batteriekapazität voraus. Da die gesamte Kühltechnik etwas kompakter ausfällt als bei den Absorberkühlschränken, werden Kompressorkühlschränke gerne in Campingbussen und Kastenwagen verwendet.

Absorberkühlschränke sind wahre Multitalente und lassen sich sowohl mit Flüssiggas wie auch mit 12-V-Bordspannung oder am Landstromanschluss mit 230 V (Volt) betreiben. Die überwiegende Mehrzahl der Reisemobile ist mit dieser Kühlschrankvariante ausgestattet.

Und so funktioniert das Kühlen durch Erhitzen: Zunächst wird die Ammoniak-Wasser-Lösung im Kocher (1) durch einen Gasbrenner oder mit einem Heizelement erhitzt, um den Ammoniak aus der Lösung zu treiben.

Die Ammoniak-Blasen steigen nach oben in den Kondensator (2), während das Wasser zurück ins Kocherrohr läuft. Der Kondensator wird durch Lamellen auf der Außenseite abgekühlt und der Ammoniak verflüssigt sich. Im nächsten Schritt wird das flüssige Ammoniak in den Verdampfer (3) im Innenraum des Kühlschranks geleitet, wo es seiner Umgebung beim Verdampfen Wärme entzieht. Das schwere Ammoniak-Wasserstoff-Gemisch fällt in den Vorratsbehälter (4). Im Absorber (5) schließlich wird der Wasserstoff vom Ammoniak getrennt und das vom Kocher aufsteigende Wasser nimmt das aufsteigende Ammoniakgas auf (= Absorption). Der reine Wasserstopf steigt wieder in den Verdampfer (3).

An älteren oder einfacheren Geräten wird die Art der Energiequelle durch einen Drehregler eingestellt. Komfortable Geräte verfügen über eine automatische Betriebsartwahl (je nach Hersteller AES oder SES genannt) und der Kühlschrank wählt selbsttätig die jeweils optimale Versorgungsart. Während der Fahrt wird der Kühlschrank über das 12-V-Netz des Fahrzeugs versorgt. Ist das Fahrzeug auf dem Campingplatz an das Stromnetz angeschlossen, schaltet der Kühlschrank auf 230 V um und in allen anderen Fällen ist der Gasbetrieb aktiv. Aufgrund der offenen Flamme ist der Kühlbetrieb mit Gas an Tankstellen nicht gestattet. Aus Sicherheitsgründen schaltet die Automatik daher erst 15 Minuten nach Abstellen des Motors auf Gasbetrieb um. Vor längeren Tankstopps empfiehlt es sich, vorsorglich

Betriebsart-Wählschalter zum Umschalten zwischen Gas, 12V oder Netzspannung.

von Hand in den 12-V-Strom-Modus zu wechseln, bei älteren Geräten ohne Automatik ist das in jedem Fall erforderlich.

Die Funktion eines Absorberkühlschranks beruht allein auf der Wärmezufuhr. Es werden weder Motoren noch Mechanik oder andere bewegliche Teile benötigt. Daher sind die Geräte sehr langlebig und arbeiten praktisch völlig geräuschlos.

An ihre Grenze stoßen Absorberkühlschränke bei brütender Hitze. Die Kühlleistung ist stark von der Außentemperatur abhängig und mehr als etwa 25° Unterschied sind technisch nicht möglich. Ebenfalls zu Problemen führen Temperaturen unterhalb von 10 °C, da dann der Ammoniakkreislauf nicht in Gang kommt. Abhilfe schafft eine Winterabdeckung für die Kühlgitter aus dem Campingfachhandel. Da das Funktionsprinzip auf der Schwerkraft basiert, nimmt die Kühlleistung unabhängig von der Umgebungstemperatur schon bei leichter Schräglage des Wohnmobils merklich ab.

Keine Probleme damit haben Kompressorgeräte. Beim Übergang in den gasförmigen Zustand im Verdampfer (1) entzieht das Kältemittel dem Innenraum Wärmeenergie. Das entstehende Gas wird vom elektrisch angetriebenen Kompressor (2) abgesaugt und verdichtet. Das unter hohem Druck stehende, aber noch gasförmige Kältemittel strömt zum Kondensator (3) auf der Rückseite des Geräts. Hier gibt das Kältemittel Wärme an die Umgebung ab und wird wieder flüssig. Anschließend fließt das Kühlmittel zur Druckabsenkung durch ein Kapillarrohr mit sehr geringem Durchmesser, der sogenannten Drossel (4), zurück zum Verdampfer (1) und der Kühlkreislauf beginnt von Neuem.

Das Anspringen des Kompressors ist als leichtes Brummen zu vernehmen. Aktuelle Modelle sind recht gut gedämmt und verfügen zum Teil über einen speziellen Nachtmodus mit geringer Kühlleistung, damit selbst geräuschempfindliche Schläfer nicht um ihre Nachtruhe fürchten müssen.

Die Einschränkung auf Strom als einzige mögliche Energiequelle senkt auf der einen Seite den Gasverbrauch, auf der anderen Seite „zieht" ein Kompressorkühlschrank je nach

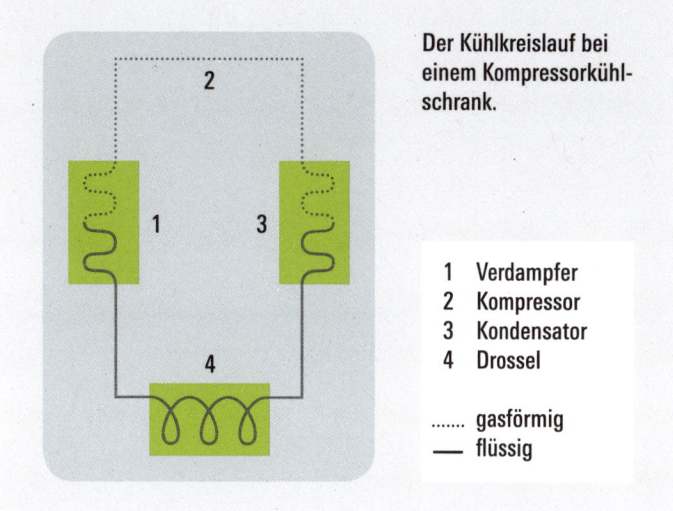

Der Kühlkreislauf bei einem Kompressorkühlschrank.

1 Verdampfer
2 Kompressor
3 Kondensator
4 Drossel

······ gasförmig
—— flüssig

Kühltipps

▶ Parken Sie das Reisemobil nach Möglichkeit immer so herum, dass die Seite, auf der der Kühlschrank verbaut ist, im Schatten steht.
▶ Bei Absorbergeräten sollte das Wohnmobil möglichst waagerecht auf dem Stellplatz ausgerichtet werden.
▶ Um den Kühlschrank nach dem Einschalten möglichst rasch auf die gewünschte Temperatur zu kühlen, schließen Sie das Wohnmobil am besten an den Landstrom an und bestücken ihn mit gut vorgekühlten Lebensmitteln.
▶ Einige Campingplätze bieten ihren Gästen Kühltruhen für Kühlakkus, die sie nutzen können, um die Kühlleistung zu verbessern und Energie zu sparen.
▶ Denken Sie daran, Absorbergeräte vor dem Tankstopp von Gas- auf Strombetrieb umzustellen.

Jahreszeit, Gerät und Kühlleistung bis zu 40 Ah pro Tag. Kein Problem mit Stromanschluss. Autarkcamper brauchen aber eine gut dimensionierte Bordbatterie – am besten in Verbindung mit einer Photovoltaikanlage.

STROMVERSORGUNG

Licht, Heizungsgebläse oder Pumpe für Wasserversorgung und Toilettenspülung: Ohne Strom geht im Reisemobil nicht viel. Dazu gesellen sich eine Vielzahl weiterer, alltäglicher elektrischer Geräte von Zahnbürste über Kaffeemaschine bis hin zu Laptop, Handy und Fernseher, die auch im Urlaub nicht gemisst werden wollen und mit Strom versorgt werden müssen.

Grundsätzlich lassen sich bei der Stromversorgung im Reisemobil zwei voneinander getrennte Stromkreise unterscheiden. Ist das Wohnmobil an die Stromsäule auf einem Camping- oder Stellplatz angeschlossen, so liegt an den Steckdosen im Wohnraum eine 230-V-Wechselspannung an und alle aus dem Alltag bekannten elektrischen Geräte können problemlos genutzt werden.

Ist das Fahrzeug nicht ans Stromnetz angeschlossen, liegt an den Steckdosen kein Strom an. Die Stromversorgung erfolgt dann über die Bordbatterie und Kühlschrank, Wohnbeleuchtung im Aufbau, das Fernsehgerät und auch Wasserpumpe sowie Heizung werden mit Gleichspannung betrieben. Das Gleichstrom-Netz für den Wohnraum entspricht dabei dem Bordnetz und der Lichtmaschine des Basisfahrzeugs. In der überwiegenden Mehrzahl der Fälle handelt es sich daher um eine Spannung von 12 V. Lediglich bei Linern oder Expeditionsmobilen auf Lkw-Basis kommen alternativ 24 V zum Einsatz.

Schemazeichnung der beiden getrennten Stromkreise im Reisemobil. Beim Anschluss an den Landstrom wird die 230-V-Netzspannung für die 12-V-Verbraucher entsprechend umgewandelt.

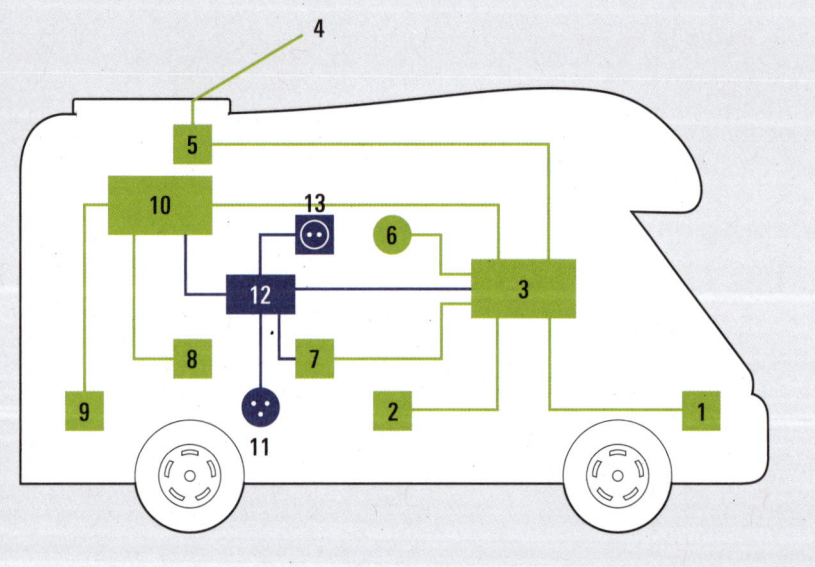

12 V
1. Starterbatterie
2. Bordbatterie
3. 12-V-Elektroblock mit Ladefunktion für Bordbatterie
4. Solarpanel
5. Solarregler
6. 12-V-Steckdosen
7. Heizung/Kühlschrank
8. Frischwassertank
9. Abwassertank
10. Zentrales Bedienpanel

230 V
11. 230-V-CEE-Anschluss (außen)
12. 230-V-Sicherungskasten für
13. 230-V-Steckdosen

Spezielle 12-V-Verbraucher (im Campingfachhandel gibt es eine große Auswahl an 12-V-Geräten vom Wasserkocher über Staubsauger bis zum Miniföhn) lassen sich an die kleinen, runden 12-V-Steckdosen im Innenraum anschließen. Wunder sollten Sie von diesen Geräten aber nicht erwarten. Während ein Haushaltswasserkocher für 230-V-Wechselspannung eine Leistung von um die 2 000 W bietet, begnügen sich die 12-V-Wasserkocher mit einer Leistung um die 200 W. Dementsprechend lange dauert es, bis das Wasser kocht, und schon für eine Tasse heißes Kaffeewasser wird die Geduld auf eine etwa 10-minütige Probe gestellt. In neueren Wohnmobilen sind oft zusätzlich USB-Steckdosen verbaut, an denen sich Handy, Tablet und andere Geräte direkt aufladen lassen.

Das zentrale Bedienpanel liefert Ihnen alle wichtigen Informationen rund um die Stromversorgung. Sie können kontrollieren, ob die Landstromversorgung ordnungsgemäß funktioniert und den Ladezustand sowie die Spannung sowohl der Starter- als auch der Wohnraumbatterie prüfen. Zusätzlich gibt es die Möglichkeit, den gesamten 12-V-Stromkreis zu deaktivieren, zum Beispiel, um bei längerer Abwesenheit ein versehentliches Entladen der Bordbatterie zu vermeiden.

Landstrom (230 V)

Für den Anschluss des Wohnmobils an die externe Stromversorgung auf einem Camping- oder Stellplatz benötigen Sie ein CEE-Anschlusskabel mit dreipoligen, blauen Anschlüssen. Der CEE-Stecker kommt an die Stromsäule, das andere Ende mit der CEE-Kupplung wird an die Außensteckdose des Fahrzeugs gestöpselt. Entsprechend der DIN-Norm (DIN VDE 100–721) darf die Kabellänge maximal 25 m betragen, was aber auf den meisten Stell- und Campingplätzen völlig ausreicht, um das Wohnmobil an die Stromsäule anzuschließen.

Flexibler ist eine Adapterlösung bestehend aus einem Verlängerungskabel oder einer Kabeltrommel (immer vollständig abrollen!) und einer CEE-Kupplung auf Schukostecker auf der einen sowie einem CEE-Stecker auf Schukokupplung auf der anderen Seite. So kann das

Standard für den Anschluss des Wohnmobils an die Stromsäule auf dem Camping- oder Stellplatz ist der dreipolige, blaue CEE-Stecker.

Mobil auch an die üblichen „Haushaltssteckdosen" angeschlossen werden, die man mitunter noch auf kleineren Camping- oder Stellplätzen und im Ausland antrifft. Achten Sie in jedem Fall darauf, dass die Kabel für die Nutzung im Außenbereich geeignet sind, d. h. also mindestens der Schutzart IP44 entsprechen und gegen Spritzwasser geschützt sind. Um Steckverbindungen wirkungsvoll gegen Nässe und Schmutz zu sichern, gibt es im Campinghandel spezielle Sicherheitsboxen. Mit Plastiktüten und Klebeband geht es aber auch.

Die Abrechnung des verbrauchten Stroms wird auf den Campingplätzen recht unterschiedlich gehandhabt. Mitunter ist die Stromabgabe bereits im Übernachtungspreis enthalten, mal muss man den Zählerstand selber ablesen und den Verbrauch beim Check-out nennen, manchmal notiert der Platzwart die Zählerstände bei An- und Abreise und auch Pauschaltarife mit einem festen Strompreis pro Tag sind möglich.

Auf Stellplätzen erfolgt die Stromabgabe meistens nur gegen Vorauszahlung am Automaten. In Deutschland sind Münzautomaten weit verbreitet. Meist kostet 1 kWh 0,50 oder 1 € und es ist empfehlenswert, immer einen ausreichenden Münzvorrat parat zu haben. Ebenfalls recht häufig ist eine Zeitsteuerung und nach dem Münzeinwurf fließt der Strom für vier, acht oder zwölf Stunden. Hier lohnt es sich, genau zu kalkulieren, zu welchem

An Stellplätzen erfolgt die Stromversorgung meist in Selbstbedienung. Vor dem Einstöpseln empfiehlt sich das Studium der vor Ort ausgehängten Anleitung.

Zeitpunkt der Münzeinwurf erfolgt, damit nicht mitten in der Nacht der Heizlüfter ausfällt, weil der Strom gekappt wurde. Meist können für größere Strommengen oder längere Zeiten mehrere Münzen hintereinander eingeworfen werfen, das Geld für den nicht verbrauchten Strom wird aber in der Regel nicht zurückerstattet. Weitere Möglichkeiten der Bezahlung sind Magnetkarten oder Jetons, die man vorab an der Rezeption oder einem Automaten erhält.

Obacht heißt es an Stromsäulen mit zentralem Münzeinwurf und mehreren Steckdosen: Hier muss zunächst über die Zifferntasten oder einen Drehschalter die Nummer der gewünschten Steckdose ausgewählt werden, bevor das Geld eingeworfen wird.

Alles in allem gestaltet sich die externe Stromversorgung auf einem Camping- oder Stellplatz recht unkompliziert und der Strom fließt – wie von zu Hause gewohnt – auch im Wohnmobil einfach aus der Steckdose.

Das häufigste Problem in diesem Zusammenhang stellt die Absicherung der externen Stromsäule dar. Viele Camping- und Stellplätze in Deutschland sind mittlerweile mit 10 A oder sogar 16 A abgesichert. Auf kleineren Campingplätzen oder im Ausland springt die Sicherung dagegen schnell heraus.

Der Stromverbrauch eines elektrischen Verbrauchers lässt sich leicht mit der Formel „Stromstärke" (in Ampere) = „Leistung" (in Watt) geteilt durch die „elektrische Spannung" (in Volt) berechnen. Für einen Föhn mit einer Leistung von 2 000 W gilt also: 2 000 W / 230 V = 8,7 A. Die Stromsäule des Stellplatzes sollte also mit mindestens 9 A abgesichert sein, um problemloses Haaretrocknen zu gewährleisten.

Das Rechenspiel zeigt aber auch, dass Sie es vermeiden sollten, mehrere starke Verbraucher gleichzeitig zu betreiben, und es empfiehlt sich, parallel zum Föhn nicht noch den Wasserkocher anzuschalten, da die Stromversorgung ansonsten schnell überlastet ist. Besonders tückisch sind Geräte wie Klimaanlagen, die zu Beginn für einen Sekundenbruchteil einen besonders starken Anlaufstrom erfordern, der die Nennleistung um den Faktor 3–4 übersteigen kann.

INFO: HAUSHALTSGERÄTE AM BORDNETZ BETREIBEN

Ob Kaffeemaschine oder Föhn: Um einen haushaltsüblichen 230-V-Verbraucher auch abseits des Stromnetzes zu betreiben, wird ein sogenannter Wechselrichter (andere übliche Bezeichnungen sind Spannungswandler oder Inverter) benötigt. Dieser formt den 12-V-Gleichstrom in 230-V-Wechselstrom um. Wechselrichter werden in unterschiedlichen Ausführungen und Leistungsstufen angeboten. 300 W reichen für kleinere Verbraucher wie elektrische Zahnbürste oder Ladegeräte für die Digitalkamera. Sollen dagegen auch Espressomaschine oder Haartrockner unterwegs mit Strom versorgt werden, müssen es 1 500 W sein. Wichtig für die Kaufentscheidung ist dabei der Unterschied zwischen Dauer- und Maximalleistung.
Neben der Leistung unterscheiden sich die Geräte zudem darin, wie gut die Netzspannung nachgebildet wird. Preisgünstige Wechselrichter liefern nur eine Rechteck- oder Trapezkurve, die bei vielen Verbrauchern mit eingebautem Transformator im besten Fall zu Problemen führt oder diese im schlechtesten Fall zerstört. Damit auch empfindlichere Geräte ohne Einschränkungen verwendet werden können, ist ein hochwertiger und entsprechend teurer Sinus-Wechselrichter erforderlich, an dessen Aus-

gangssteckdose eine optimal schwingende, reine sinusförmige Ausgangsspannung anliegt. Einfache 600-W-Wechselrichter mit modifizierter Sinuskurve gibt es schon für um die 50 €. Ein 1 600-W-Inverter mit Sinuskurve dagegen kostet über 1 000 €. Ein Wechselrichter ist ungemein komfortabel, zu viel erwarten dürfen Sie aber nicht. Nadelöhr ist vor allem der hohe Energieverbrauch. So saugt beispielsweise ein 1 200-W-Föhn 2 Ah pro Minute aus der Batterie. 5 Minuten Haaretrocknen addieren sich zu 10 Ah und bei einer AGM-Batterie mit 100 Ah sind bereits 20 % der zur Verfügung stehenden Batteriekapazität verbraucht.

Das 12-V-Bordnetz

Abseits des Stromnetzes übernimmt der bordeigene 12-V-Gleichstromkreislauf die Versorgung von Kühlschrank, Fernseher, Licht und den anderen elektrischen Verbrauchern an Bord.

Jedes Wohnmobil ist mit zwei getrennten Batterien ausgestattet. Die Starterbatterie im Basisfahrzeug versorgt, wie in jedem Pkw, den Anlasser mit Strom, um den Motor zu starten. Für den Startvorgang des Motors zieht der Anlasser kurzzeitig eine große Strommenge aus der Batterie. Anschließend werden Licht und weitere Verbraucher wie beispielsweise das Radio in der Fahrerkabine durch die Lichtmaschine versorgt und die Batterie ist kaum noch gefordert.

Die Energieversorgung im Wohnbereich übernimmt eine separate Bord- oder Aufbaubatterie. In größeren Mobilen werden oft zwei baugleiche Batterien parallel geschaltet, um eine höhere Kapazität zu erzielen. Während die Starterbatterie meist in der Nähe des Anlassers untergebracht wird, z. B. im Fußraum der Fahrerkabine oder unter dem Fahrersitz, lässt sich die Aufbaubatterie an den unterschiedlichsten Stellen im Aufbau platzieren. Hier hilft nur ein Blick in die Betriebsanleitung des Reisemobilherstellers.

Über das zentrale Bedienpaneel haben Sie sowohl die aktuelle Spannung wie auch den Ladezustand und die verbleibende Restkapazität der Bordbatterie im Blick.

Die Bordbatterie wird beim Anschluss an den Landstrom durch ein integriertes Ladegerät aufgeladen, sobald der CEE-Stecker in die Außensteckdose eingestöpselt wird, und ist zudem an die Lichtmaschine des Fahrzeugs angeschlossen, damit sie während der Fahrt geladen werden kann.

Stoppt der Motor, wird die Verbindung zur Lichtmaschine durch ein Trennrelais unterbrochen und es ist sichergestellt, dass der Strom nicht aus der Starterbatterie gezogen wird, falls die gesamte Kapazität der Bordbatterie verbraucht sein sollte.

Da moderne Euro-6-Motoren auf einen geringen Kraftstoffverbrauch getrimmt sind, schalten intelligente Lichtmaschinen den Generator ab, sobald die Starterbatterie vollgeladen ist. Um die Aufbaubatterie dennoch rasch und vollständig aufzuladen, ist daher zusätzlich ein sogenannter Ladebooster erforderlich. Diese speziellen Ladegeräte werden in den Stromkreislauf zwischen Starter- und Bordbatterie

Einfach einstecken und schon ist das Wohnmobil mit Strom versorgt. Informieren Sie sich aber vorsorglich, wie stark der Anschluss belastet werden darf, um einen Stromausfall auf dem Campingplatz zu vermeiden.

Dank Bordbatterie sitzt man im Wohnmobil unterwegs nicht im Dunkeln.

geschaltet und erhöhen die Ladespannung auf den für die jeweils verbaute Bordbatterie empfohlenen Wert, um eine optimale und schnelle Ladung zu erreichen. Ladebooster gehören nur in Ausnahmefällen zur Serienausstattung und müssen separat nachgerüstet werden. Für Bordbatteriekapazitäten um die 100 Ah eignen sich Booster mit einer Ladeleistung von 25 A. Bei Wohnraumbatterien mit besonders hoher Kapazität sind leistungsfähigere Geräte mit 45 A zu empfehlen. Je nach Hersteller und Ausführungen kosten Ladebooster zwischen 200 € und 500 €.

Unterschiede zwischen Batterietypen

Die Lebensdauer einer Batterie wird in Zyklen angegeben, das heißt, wie oft sie ent- und wieder aufgeladen werden kann. Auch wenn sich die Bordbatterie äußerlich lediglich durch den Aufdruck von der Starterbatterie unterscheidet, ist sie anders aufgebaut und die einzelnen Bleiplatten sind dicker, um die Zyklenfestigkeit zu erhöhen und damit die Lebensdauer zu verlängern.

Für den Einsatz im Wohnmobil stehen drei unterschiedliche Batteriesorten zur Auswahl. Die konventionelle Nassbatterie ist kaum noch anzutreffen und in den aktuellen Batterievarianten liegt der Elektrolyt in gebundener Form vor. Die Batterien sind auslaufsicher, mehr oder weniger zyklenfest und wartungsfrei, es muss also kein destilliertes Wasser nachgefüllt werden. Da sie beim Aufladevorgang kein Gas freisetzen können, lassen sie sich bedenkenlos im Wohnraum verbauen.

Bei den weit verbreiteten AGM-Batterien (Abkürzung für Absorbent Glas Mat, 120 Ah ca. 200 bis 400 €) wird der Elektrolyt in einem Vlies aus Glasfaser gebunden. Dieser Batterietyp kann kurzzeitig hohe Ströme abgeben und ist daher auch für den Einsatz von Wechselrichtern geeignet, um 230-V-Verbraucher im Mobil nutzen zu können. Eine AGM-Batterie ist vergleichsweise schnell wieder vollgeladen, allerdings empfindlich gegen Tiefentladung. Wird der Batterie mehr als 50 % der Nennkapazität entnommen, bildet das bei der Entladung entstehende Bleisulfat Kristalle, die die Oberfläche der porösen Bleiplatten verringern und die Batterie auf Dauer schädigen.

Bei Gel-Batterien (130 Ah ca. 300 bis 700 €) liegt der Elektrolyt in gelierter Form vor. Diese Batterieart ist weniger empfindlich gegen Tiefentladung, eignet sich allerdings weniger gut für die Abgabe einer großen Strommenge in kurzer Zeit, und beim Anschluss eines starken

230-V-Verbrauchers an einen Wechselrichter bricht die Spannung rasch ein. Gel-Batterien zeigen sich beim Ladevorgang recht anspruchsvoll. Übersteigt die Ladespannung 14,4 V, wird aus dem Elektrolyt irreversibel Wasser ausgeschieden und die Lebensdauer der Batterie verkürzt sich.

Das Nonplusultra stellen moderne Lithium-Eisenphosphat-Akkus (LiFePO$_4$) (85 Ah ca. 1 500 €) dar. Die Maxiausgabe der Handy- oder Laptop-Batterie ist den herkömmlichen Blei-Säure-Batterien in vielfacher Hinsicht haushoch überlegen. Lithium-Akkus zeichnen sich durch eine fünfmal höhere Zyklenfestigkeit als Blei-Säure-Batterien aus, bieten eine enorm hohe Energiedichte und können hohe Strommengen abgeben. Sie zeigen sich immun gegen Tiefentladung und lassen sich, das geeignete Ladegerät vorausgesetzt, in wenigen Stunden voll aufladen. Leider ist auch der Preis absolute Spitzenklasse.

Kapazität und Lebensdauer

Entscheidend dafür, wie lange die Batterie durchhält, ohne aufgeladen werden zu müssen, ist ihre Kapazität. Diese wird in Amperestunden angegeben. Die tatsächlich bereitgestellte Energiemenge hängt aber von einer Reihe weiterer Faktoren ab. So fällt die Kapazität geringer aus, wenn eine hohe Strommenge über einen längeren Zeitraum abgegeben wird. Auf Bordbatterien wird daher neben der Kapazität in Amperestunden zusätzlich eine Kennzahl für die Entladezeit angegeben. Bei einer Batterie mit dem Zusatz C5/K5 beispielsweise wird die Nennkapazität bei einer Entladezeit von fünf Stunden erreicht. Ebenfalls negativ wirken sich niedrige Temperaturen und das Alter des Stromspeichers aus. Das Optimum an Energieausbeute erreicht eine frische Batterie in warmer Umgebung und bei einer geringen Stromentnahme mit längeren Pausen dazwischen.

Auf der nächsten Seite finden Sie ein Formular, mit dem Sie Ihren Energiebedarf grob abschätzen können, um die benötigte Batteriegröße zu ermitteln. Dabei ist zu beachten, dass nur Lithium-Eisenphosphat-Akkus nahezu die gesamte nominelle Kapazität ausschöpfen können. AGM- und Gel-Batterien dagegen sollten nach Möglichkeit nicht über 50 % entleert werden, um eine Tiefentladung zu vermeiden. Ein Unterspannungsschutz kann helfen, die Lebensdauer nicht unnötig zu verkürzen.

Im Klartext: Eine AGM-Batterie mit 120 Ah kann nur etwa 60 Ah zur Verfügung stellen. Aus diesem Grund lassen sich die Kapazitäten von Lithium-Eisenphosphat-Akkus auf der einen und AGM-/Gel-Batterien auf der anderen Seite nicht direkt miteinander vergleichen.

Batteriesorten

Die Vor- und Nachteile der unterschiedlichen Batterietypen im Vergleich

	AGM	Gel	LiFePO$_4$
Zyklenfestigkeit	++	++	+++
Ladedauer	++	+	+++
Eignung in Kombination mit Wechselrichter	++	+	+++
Erholung von Tiefentladung	+	++	+++
Preis	€	€€	€€€

> **INFO — DIE BORDBATTERIE OPTIMAL LADEN**
> Das A und O für ein langes Batterieleben ist die korrekte Ladetechnik. Aktuelle Ladegeräte lassen sich daher per Schalter auf den jeweiligen Batterietyp wie AGM oder Gel umschalten. Grundlage für den optimalen Ladevorgang ist dabei die Ladekennlinie. Sie unterscheidet sich von Batterietyp zu Batterietyp und stellt auf der einen Seite eine komplette Volladung sicher und verhindert auf der anderen Seite eine Überladung.

Beim Umrüsten der Bordbatterie, beispielsweise wenn in einem älteren Gebrauchtfahrzeug die konventionelle Blei-Säure-Nassbatterie gegen eine AGM- oder Gel-Batterie getauscht werden soll, müssen alle Komponenten zueinander und insbesondere das Ladegerät zum eingebauten Batterietyp passen. AGM-Batterien verlangen nach einer höheren Ladespannung als Gel-Batterien und werden bei zu geringer Spannung nicht vollständig geladen.

Checkliste: Strombedarf berechnen

Ungefähr zu wissen, wie viel Strom Sie täglich im Wohnmobil verbrauchen, zahlt sich in mehrfacher Hinsicht aus. Der Wert liefert eine hilfreiche Entscheidungsgrundlage für die benötigte Kapazität der Bordbatterie oder der Leistung der Solaranlage, erlaubt aber darüber hinaus eine Prognose der zu erwartenden Zusatzkosten, wenn der Strom auf einem Campingplatz nach Verbrauch abgerechnet wird. So schätzen Sie Ihren täglichen Strombedarf ab:

▶ Tragen Sie die Nutzungsdauer der einzelnen Verbraucher in die Tabelle ein.
▶ Berechnen Sie die jeweils benötigte Kapazität, indem Sie die Stromaufnahme mit der Nutzungsdauer des jeweiligen Verbrauchers multiplizieren.
▶ Zählen Sie die einzelnen Verbrauchswerte zusammen, um die Gesamtenergiemenge zu berechnen, die Sie an einem Tag verbrauchen.

	Verbraucher	Leistungsbedarf	Stromaufnahme	Nutzungsdauer in Stunden	benötigte Akkukapazität (Ah)
Beleuchtung	Halogen-Leuchte	10 W	0,8 A		
	LED-Leuchte	3 W	0,3 A		
	Energiesparleuchte	5 W	0,4 A		
Haushaltsgeräte	Kühlschrank im Gasbetrieb	14 W	1,2 A		
	Wasserpumpe	50 W	4,2 A		
	Heizung im Gasbetrieb	20 W	1,7 A		
	Warmwasserboiler	400 W	33,3 A		
Unterhaltungselektronik	Fernseher	40 W	3,3 A		
	Sat-Receiver	30 W	2,5 A		
	Laptop	90 W	7,5 A		
	Ladegerät Smartphone	7 W	0,6 A		
	Radio	15 W	1,3 A		
	Sonstige				

Energiebedarf: _____

ALTERNATIVE STROMQUELLEN FÜR UNTERWEGS

Die schönsten Plätze zum Übernachten mit dem Wohnmobil liegen oft in der einsamen Natur. Abseits von Camping- und Stellplätzen findet die mobile Freiheit allerdings schnell ein Ende, sobald der Energievorrat zur Neige geht. Ob Satellitenfernseher oder Heizungsgebläse: Viele Geräte, die den Aufenthalt im Wohnmobil angenehm und komfortabel machen, verbrauchen Strom, und Bordbatterien mit hoher Kapazität sind schwer und teuer.

Um die Bordbatterie auch ohne externen Stromanschluss nachladen zu können, sind daher alternative Stromquellen gefragt. Dabei haben sich vor allem drei Möglichkeiten etabliert, um unabhängig vom Landstrom zu werden.

Stromgeneratoren

Stromgeneratoren mit einem Motor, der Benzin, Diesel oder Gas verbrennt, stellen die dienstälteste Form eines mobilen Kraftwerks dar und waren schon lange vor Brennstoffzellen und Solarmodulen auf dem Markt. Sie werden häufig auch als Notstromaggregat bezeichnet.

Am weitesten verbreitet sind tragbare Geräte, die je nach Hersteller und Leistung zwischen 500 € und 2 000 € kosten. Sie liefern 230-V-Wechselspannung bei einer Dauerleistung zwischen 600 und 2 800 W und können einfach an die Außensteckdose des Wohnmobils angeschlossen werden.

Wie bei den Wechselrichtern lohnt sich die Investition in ein höherwertiges Gerät mit Invertertechnik, um eine Wechselspannung mit optimalem Sinuskurvenverlauf zu erhalten. ==Stromgeneratoren sind bezahlbar und leistungsstark.== Dass sie für die meisten Wohnmobilisten dennoch nicht infrage kommen, liegt vor allem an der Abgas- und Lärmbelästigung durch den Verbrennungsmotor. Selbst ein gekapseltes Gerät macht mit sonorem Brummen deutlich auf sich aufmerksam und erfreut weder die Stellplatznachbarn noch hebt es die eigene Urlaubsstimmung. Für den Notfall, z. B. beim langen Autarkstehen in der weiten Wildnis Nordskandinaviens, stellt ein Stromgenerator aber durchaus eine brauchbare Option dar, um abseits des Stromnetzes die Bordbatterie nachzuladen.

Brennstoffzellen

Strom aus Luft, Wasser und Alkohol? Was zunächst wie Hexenwerk klingt, ist die über Jahre ausgereifte Technologie der Brennstoffzelle, einem Mini-Kraftwerk in der Größe von etwa zwei Schuhkartons, das chemische Energie in elektrische Energie umwandelt.

Das Gerät umfasst eine Reihe einzelner Zellen, die jeweils aus Anode und Kathode sowie der dazwischen liegenden Membran bestehen. An der Anode entstehen durch die Reaktion von Wasser und Methanol positiv geladene Wasserstoffionen und freie Elektronen. Während die Protonen durch die Membran diffundieren (und an der Kathode zusammen mit dem Luftsauerstoff zu Wasserdampf reagieren), wandern die Elektronen durch den Stromkreislauf zur Kathode.

==Die Brennstoffzelle funktioniert unabhängig von der Sonne, arbeitet nahezu geräuschlos und hinterlässt keine Abgase.== Als Endprodukte der Reaktion bleiben nur Wasserdampf und Kohlendioxid über.

Das bei Redaktionsschluss einzige Gerät auf dem Markt für Privatanwender ist die Efoy Comfort der Firma SFC Energy. Sie wird in unterschiedlichen Leistungsklassen von 80, 140 oder 210 Ah pro Tag angeboten und findet dank kompakter Abmessungen und geringem Gewicht in der Heckgarage Platz. Alternativ ist auch eine Montage unter der Sitzbank oder im Doppelboden möglich.

Die Anlage verbraucht zur Erzeugung von 1 kWh Strom etwa 900 ml Methanol. Eine 10-Liter-Tankpatrone kostet ca. 45 €. Die Stromversorgung erfolgt weitgehend automatisch. Der integrierte Laderegler überwacht kontinuierlich die Ladespannung der Bordbatterie, setzt bei Bedarf die chemische Reaktion in Gang und speist den gewonnenen Strom in die Bordbatterie ein.

Über ein separates Bedienpanel oder per Smartphone-App lässt sich die Brennstoffzelle auch manuell starten und man kann die aktuelle Batteriespannung sowie den Füllstand der Patrone ablesen.

Dass die Brennstoffzelle trotz der vielen Vorzüge in Wohnmobilen nicht weiterverbreitet ist, liegt in erster Linie am hohen Preis. Die mittelgroße Efoy Comfort 140 kostet immerhin ca. 3 600 €. Zahlungskräftige und -willige Kunden bekommen mit der Brennstoffzelle aber eine immer und überall verfügbare und zudem umweltfreundliche Stromquelle, die selbst bei schlechtem Wetter zur Verfügung steht.

Photovoltaikanlage

Sonnenenergie ist sicherlich die erste Wahl, wenn es darum geht, die Stromversorgung unabhängig von der Steckdose zu machen. Die Technologie hat sich seit vielen Jahren bewährt und nach der einmaligen Installation liefern die Solarmodule auf dem Dach ohne weitere Kosten über einen langen Zeitraum hinweg Strom, und zwar ganz ohne Lärm und stinkende Abgase. Einzige Voraussetzung: Die Sonne muss scheinen.

Die Photovoltaikanlage umfasst ein oder mehrere Module auf dem Dach und einen Laderegler im Innenraum, denn wie bei der Brennstoffzelle wird der Verbraucher nicht direkt an die Stromquelle geladen, sondern lädt die Bordbatterie auf – Solarzelle und Laderegler agieren quasi als Batterieladegerät ohne Steckdose. Der Laderegler steuert daher die Strommenge, die von den Solarmodulen zur Aufbaubatterie fließt, um eine möglichst schonende Ladung sicherzustellen und vor Überladung zu schützen.

Dabei stehen zwei Bauarten zur Verfügung. Die einfacheren und günstigeren PWM-Laderegler (Pulse Wide Modulation) liefern dabei die Spannung des Solarmoduls direkt an die Batterie weiter und unterbrechen den Stromfluss, wenn die Batterie vollständig aufgeladen ist. Die aufwendigeren und teureren MPPT-Laderegler (Maximum Power Point Tracking) berücksichtigen die Leistungskurve des Solarmoduls und entkoppeln die Spannung von Solarzelle und Bordbatterie, um eine optimale Energieausbeute zu erzielen.

Die Solarmodule selbst gibt es in unterschiedlichen Bauarten. Monokristalline Zellen bestehen aus in dünne Schichten geschnittenen Siliziumkristallen. Sie sind an dem quadratischen Zellenaufbau zu erkennen und bieten ein gutes Preis-Leistungs-Verhältnis. Sie sind in der Lage, auch bei geringer Sonneneinstrahlung Strom zu liefern und zeichnen sich durch eine lange Lebensdauer aus. Ebenfalls weit verbreitet sind CIS-Module, bei denen die einzelnen Zellen die Form von Längsstreifen haben. Diese Module spielen ihre Stärke immer dann aus, wenn ein Teil der Solarzelle abgeschattet wird, sei es durch die Satellitenanlage auf dem Dach oder den Ast eines Baumes, denn dann sinkt die Energieausbeute deutlich weniger als bei monokristallinen Zellen.

Neben dem Aufbau unterscheiden sich die angebotenen Solarpanele auch in der Form und Sie haben die Wahl zwischen gerahmten Modulen, die auf das Dach geschraubt werden, und besonders flachen Modellen, die direkt auf das Fahrzeugdach geklebt werden. Diese sind zwar weniger effizient und teurer, allerdings nimmt die meist ohnehin schon stattliche Höhe nicht noch weiter zu.

Bei der Wahl des Montageorts sollten Sie den Schattenwurf der bereits auf dem Dach vorhandenen Anbauteile, beispielsweise der Satellitenantenne, berücksichtigen. Zusätzlich zur Montage der Solarmodule müssen Löcher für die Kabelführung zum Laderegler ins Dach gebohrt werden.

Als Alternative zur fest installierten Solaranlage bieten sich portable, faltbare Sonnenkollektoren, sogenannte Solartaschen, an. Sie lassen sich ganz ohne Montageaufwand nutzen und sind äußerst flexibel. Sie können für die optimale Energieernte direkt in die Sonne gestellt werden, während das Fahrzeug im kühlen Schatten parkt. Manko ist das höhere Diebstahlrisiko, und bei längeren Ausflügen wird das mobile Solarmodul besser hinter der Windschutzscheibe deponiert.

Bleibt anschließend die Frage zu klären, welche Leistung die Solaranlage braucht. Als Erfahrungswert lässt sich sagen, dass es für ein mittleres Reisemobil von Frühling bis Herbst mit Licht, Wasser, Radio, Heizung und TV/Sat mindestens ein 100-W-Modul sein sollte.

Wenn Sie es ganz genau wissen möchten, können sich auch das Formular auf Seite 156 nutzen, um Ihren täglichen Bedarf an elektrischer Energie abzuschätzen. Um daraus die benötigte Solarleistung zu berechnen, gehen Sie wie folgt vor: Ergibt Ihre Rechnung beispielsweise einen täglichen Energiebedarf von 35 Ah, so multiplizieren Sie den Tagesverbrauch mit 12 V und teilen das Ergebnis durch eine für die mittleren Breiten im Sommer realistische Sonnenscheindauer von vier Stunden und erhalten als Ergebnis, die empfehlenswerte Leistungsstufe des Solarmoduls, also: 35 Ah x 12 V / 4 h = 105 W.

IP-Schutzklassen

1. Ziffer	Schutz gegen Fremdkörper und Berührung	2. Ziffer	Schutz gegen Wasser
0	kein Schutz	0	kein Schutz
1	geschützt vor großen, festen Fremdkörpern >50 mm sowie vor großflächigen Berührungen (z. B. mit Handrücken)	1	geschützt gegen senkrecht eintreffendes Tropfwasser
2	geschützt gegen mittelgroße, feste Fremdkörper >12 mm sowie gegen Berührungen mit dem Finger	2	geschützt gegen schräg (bis 15°) einfallendes Tropfwasser
3	geschützt gegen kleine, feste Fremdkörper >2,5 mm sowie gegen Berührungen mit Werkzeugen oder Drähten (Durchmesser >2,5 mm)	3	geschützt gegen Sprühwasser (bis zu 60° gegen die Senkrechte)
4	geschützt gegen kornförmige, feste Fremdkörper >1 mm sowie gegen Berührungen mit Werkzeugen oder Drähten (Durchmesser >1 mm)	4	geschützt gegen Spritzwasser aus allen Richtungen
5	geschützt gegen Staub in schädigender Menge sowie vollständiger Berührungsschutz	5	geschützt gegen Strahlwasser aus allen Richtungen
6	vollständig abgedichtet gegen Staub sowie vollständiger Berührungsschutz	6	geschützt gegen starkes Strahlwasser
		7	geschützt gegen zeitweiliges Untertauchen
		8	geschützt gegen dauerhaftes Untertauchen

> **INFO** **IP-SCHUTZKLASSEN**
>
> Die genormten IP-Schutzklassen geben an, wie gut ein elektrisches Gerät gegen das Eindringen von Fremdkörpern und Wasser geschützt ist. Die erste Ziffer steht für den Schutzgrad gegenüber Fremdkörpern und Berührung, die zweite Ziffer kennzeichnet den Schutzgrad des Gehäuses gegen Feuchtigkeit bzw. eindringendes Wasser. Soll nur eine der beiden Schutzarten angegeben werden, wird die andere Ziffer durch den Platzhalter „X" ersetzt. Kabeltrommeln für den Anschluss des Wohnmobils an die Stromsäule auf dem Campingplatz müssen beispielsweise mindestens der Schutzart IP44 entsprechen und gegen Fremdkörper und Spritzwasser geschützt sein.

ZUBEHÖR UND AUSSTATTUNG

Ich packe mein Wohnmobil und nehme mit ... Erst mit der richtigen Ausstattung wird das „nackte" Wohnmobil zum behaglichen Reisegefährt. Die Liste an sinnvollem Zubehör, das einen angenehmen Urlaub erst möglich macht, ist lang. Beispielsweise müssen Auffahrkeile mit, damit das Reisemobil und so auch die Schlafstätte selbst auf unebenem Untergrund gerade steht. Ohne Kochtöpfe im Gepäck muss die Küche kalt bleiben und eine griffbereit verstaute Taschenlampe erhellt auf dunklen Campingplätzen den Weg zum Sanitärgebäude. Was Sie darüber hinaus auf keinen Fall zu Hause vergessen sollten, sagt Ihnen dieses Kapitel.

KÜCHENAUSSTATTUNG

Es liegt auf der Hand: Ohne Kabel fließt kein Strom aus der Verteilersäule ins Wohnmobil, ohne Schlauch kein Wasser in den Frischwassertank und mangels Gasflasche quittieren Heizung, Herd und Kühlschrank ihren Dienst. Detaillierte Informationen zu den Must-haves für die Grundversorgung mit Wasser und Energie wie CEE-Verlängerungskabel, Frischwasserschlauch, Adapter zum Anschluss ausländischer Gasflaschen an den im Wohnmobil verbauten Gasdruckregler und Sanitärzusatz für die Kassettentoilette finden Sie im vorangegangenen Kapitel zur Bordtechnik.

Neben dieser quasi obligatorischen Grundausstattung existiert aber eine ganze Menge mehr an sinnvollem Campingzubehör, welches das mobile Leben erleichtert. Leider gibt es fast noch mehr Unsinn zu kaufen. Auch im Küchenbereich werden kleinen und leichten Ersatzprodukten mittelgroßer Küchengeräte oft die erstaunlichsten Eigenschaften angedichtet. Wer die Beschreibungen liest, fragt sich, wieso nicht alle längst ihren Espresso mit der Handpumpe ins Glas pressen oder ihren Toast auch zu Hause auf einem Gastoaster rösten. Einfache, multifunktionale Werkzeuge wie eine gute Pfanne ersetzen so manchen Schnickschnack und sind damit viel nachhaltiger als nach drei enttäuschenden Einsätzen entsorgte Speziallösungen: Wer Toast diagonal teilt kann beispielsweise gleich zwei Toastscheiben gleichzeitig in der besagten Pfanne rösten. Das funktioniert prima und man braucht keine zusätzlichen Gerätschaften, die verstaut und bei Bedarf gefunden werden müssen.

Viel Zeit und Nerven lassen sich in jedem Fall sparen, wenn jegliche Ausrüstung, die ohnehin bei jeder Tour benötigt wird, beispielsweise Töpfe, Geschirr und Bettwäsche, fest im Wohnmobil verbleibt, denn das permanente Aus- und Einräumen geht schnell auf die Nerven. Sie sind viel schneller startklar, haben mehr vom Urlaub und können zudem spontan zu einem Kurztrip übers Wochenende aufbrechen, wenn Ihnen gerade der Sinn nach Abwechslung steht.

Teller, Tassen, Töpfe

Das alte Porzellanservice vom Dachboden bekommt im Wohnmobil neues Leben eingehaucht? Möglich, allerdings nicht die beste Idee und wahrscheinlich wäre die Freude darüber nicht von langer Dauer.

Teller, Schüsseln und Tassen für den dauerhaften Einsatz im Wohnmobil sollten sich platzsparend stapeln lassen, möglichst leicht und dennoch sehr robust sein, damit sie auch nach holpriger Fahrt über schlechte Straßen oder Schotterpisten noch in einem Stück im Schrank liegen. Daher empfiehlt es sich, alle

---

Richtig beladen

Beim Beladen des Wohnmobils kommen die schweren Dinge nach unten und die leichteren nach oben, damit der Schwerpunkt möglichst tief liegt und das Fahrzeug stabilisiert wird. Überlegen Sie sich zudem eine sinnvolle Packordnung und halten Sie sich auch daran, damit alles ganz einfach wiedergefunden werden kann. Die oftmals üppige Heckgarage darf nicht darüber hinwegtäuschen, dass ein Wohnmobil kein Lastwagen ist. Leider passen die oftmals voluminösen Stauräume nicht zur möglichen Zuladung, und die Gefahr ist groß, das Wohnmobil zu überladen. Denken Sie zudem daran, dass bei Mobilen mit Frontantrieb jedes Kilogramm hinter der Hinterachse durch die Hebelwirkung die Vorderachse entlastet und darunter sowohl Traktion wie auch Lenkverhalten leiden.

Kabeltrommel, Wasserschlauch, Toilettenchemie und Auffahrkeile sollte jeder Reisemobilist an Bord haben.

Schränke, Schubladen und Fächer mit Antirutschmatten auszustatten. Die Kunststoffmatten mit Noppen werden in Rollenform angeboten und lassen sich passgenau auf das benötigte Format zuschneiden. Falls Sie in der Haushaltswarenabteilung Ihres Supermarktes nicht fündig werden, hilft der Campingfachhandel weiter.

Dort finden Sie auch eine breite Auswahl an Campinggeschirr in den unterschiedlichen Designs und Ausführungen, sodass sich für jeden Geschmack etwas Passendes finden lässt. Beim Material haben Sie die Wahl zwischen Melamin, Bambus-Melamin-Gemisch, Glas und Emaille.

Melamin ist leicht und bruchsicher, wird in verschiedenen haptischen Qualitäten angeboten und ist sicher neben Emaille-Geschirr der Klassiker unter den Geschirrmaterialien für Camper. Sogenanntes Bambus-Geschirr ist letztlich ein Etikettenschwindel, denn es handelt sich nur zu einem Teil um zermahlene Pflanzenfasern. Damit aus dem Bambuspulver ein Teller oder eine Tasse wird, ist auch wieder Melamin als Bindemittel oder „Klebstoff" nötig. An sich ist Melamin nicht schädlich und findet auch für Kinderteller Verwendung, darf aber nicht über 70 °C heiß werden. Passiert das doch, zum Beispiel indem man heißen Kaffee in einen Melamin- oder Bambus-Melamin-Becher einfüllt, werden in vielen Fällen Schadstoffe freigesetzt. In einem Test aus dem Jahr 2019 gingen bei mehr als der Hälfte der getesteten Bambus-Becher erhebliche Mengen Melamin in das Getränk über. Auch Formaldehyd fand so seinen Weg in den Becherinhalt. Selbst nach längerer Zeit und Benutzung

Robustes Campinggeschirr kann man einzeln oder auch gleich im Set kaufen.

wurden noch teils erhebliche Mengen Schadstoffe freigesetzt. Manche Produkte wurden in Folge vom Markt genommen. Übrigens ist Bambus-Melamin-Gemisch auch nicht biologisch abbaubar, obwohl einige Hersteller das suggerierten.

Fazit: Solange man frisch gekochte Suppe nicht direkt aus dem Topf auf den Suppenteller füllt, sind Teller und Schüsseln aus Melamin oder Bambus gesundheitlich in aller Regel unbedenklich. Zu Trinkbechern aus diesen Materialien sollten Sie besser nicht greifen, denn Kaffee und Tee werden nicht selten mit 90° C oder mehr eingefüllt.

Beim Kaffeebecher ist daher der Griff zum klassischen Porzellan die klügere Wahl. Emaille-Becher sehen zwar sehr rustikal aus, disqualifizieren sich allerdings durch die starke Wärmeleitfähigkeit. Bis man den Henkel ohne Blessuren greifen und die Lippen bedenkenlos an den Tassenrand legen kann, vergehen endlos lange Minuten. Teller aus Emaille sind in dieser Hinsicht auch nicht optimal: Der Boden wird mit frisch eingefüllter Suppe sehr heiß.

Eine Alternative kann laminiertes Glasgeschirr sein, das unter dem Markennamen „Corelle" angeboten wird. Dafür werden mehrere Glasschichten unter Hitzeeinwirkung, aber ohne Klebstoff, aneinandergefügt. Das Ergebnis ist extrem strapazierfähig. Das aus solch einem Material hergestellte Glasgeschirr ist leicht, kratzfester als Melamin und verträgt in der Regel auch mal einen Sturz im Wohnmobil. Billig ist es allerdings nicht und die Tassen der Geschirrserien bestehen nicht aus Glaslaminat, sondern Steingut. Vorteil gegenüber Melamin-Geschirr ist vor allem, dass es in die Mikrowelle gestellt und auch mit sehr heißen Speisen befüllt werden kann, ohne dass Schadstoffe übergehen sollen. Getestet haben wir das allerdings nicht.

Wer für die übrigen Trinkgefäße konventionelles Glas bevorzugt, braucht zwar nicht unbedingt die im Campingfachhandel angebotenen speziellen Halterungssysteme zu kaufen, sollte aber zumindest darauf achten, die Gläser möglichst sicher zu verwahren und beispielsweise mit Geschirrtüchern im Schrank zu polstern.

Das Wohnmobil bietet scheinbar geräumige, viele Staumöglichkeiten. Die Beschränkung auf das Wesentliche und cleveres Packen sind dennoch angebracht.

Robust und weniger aufwendig in der Handhabung, aber nicht jedermanns Sache, sind Polycarbonatgläser. Sie werden in den unterschiedlichsten Spielarten vom Cognac-Schwenker bis zum Weißbierglas angeboten und lassen sich dank abschraubbarem Fuß besonders platzsparend verstauen.

Bei Essbesteck, Schneidemessern und Kochlöffel spricht nichts gegen den Einsatz normaler Haushaltsware aus Edelstahl. Bei Töpfen und Pfannen sollten Sie in erster Linie darauf achten, dass deren Größe zu den Kochstellen auf dem Gasherd im Wohnmobil passen, denn eine große Pfanne mit 30 cm Durchmesser findet kaum Platz auf den meist kleinen, dicht beieinanderstehenden Flammen. Besser geeignet ist in der Regel eine Pfanne mit einem Durchmesser von 22 cm oder 24 cm, die dafür aber gerne etwas höher ausfallen kann. Ein immer noch guter, aber nicht billiger Kauf ist die Fissler Protect Alux Premium aus Aluminium, die 2015 bei unseren Test beschichteter Pfannen als Testsieger ins Ziel kam: Mit einem Bodendurchmesser von 21 cm und einer Höhe von 6,5 cm ist sie im Wohnmobil auch multifunktional einsetzbar, da sie im Zweifelsfall auch als flacher Topf zu benutzen ist. Rund 90 € müssen für diese Pfanne angelegt werden. Praktisch, um den knappen Stauraum optimal auszunutzen, sind Töpfe und Pfannen mit abnehmbaren oder umklappbaren Griffen. So lassen sie sich besser stapeln.

Auch Kaffeemaschinen für den 12-V-Betrieb werden angeboten. Naturgemäß dauert es aufgrund der geringen Leistungen ziemlich lange, bis das geliebte Heißgetränk fertig ist und die meisten Wohnmobilisten werden darauf verzichten.

Auch wenn sich auf Komfortcampingplätzen mittlerweile Geschirrspülmaschinen für Camper mehr und mehr durchsetzen, bleibt der Abwasch nach dem Essen meist Handarbeit. Dafür werden etwas Spülmittel, ein kleiner Schwamm und ein Geschirrtuch benötigt. Wertvolle Dienste leistet eine spezielle Faltschüssel, mit der man das Geschirr bequem zur Abwaschstelle transportieren und auch Gemüse putzen kann.

GRILLS UND OUTDOORKÜCHE

Grillen ist vielleicht die beliebteste Outdooraktivität von Reisemobilisten und in den Sommermonaten brutzeln auf den Campingplätzen an jeder Ecke Fleisch, Fisch und Gemüse auf den Grillrosten. Wie die Vorfahren in der Steinzeit scharren sich die Camper um das Feuer und genießen in geselliger Runde die einzigartige Atmosphäre unter freiem Himmel.

Das Angebot an Grillgeräten ist so vielsietig, wie die Geschmäcker unterschiedlich. Um ein geeignetes Modell zu finden, empfiehlt es sich, zunächst einzuschätzen, welcher Grilltyp Sie sind. Wer nur gelegentlich eine Wurst oder einen Maiskolben braten möchte, ist beispielsweise mit einem kompakten Faltgrill gut bedient. Neben der grundsätzlichen Entscheidung, ob es sich um einen Holzkohle-, Gas- oder Elektrogrill handeln soll, spielen bei der Kaufentscheidung vor allem die Faktoren Gewicht und Packmaß eine wichtige Rolle. Leider gilt hierbei der Grundsatz: Je mehr Möglichkeiten der Grill bietet, desto unhandlicher und schwerer wird er.

Holzkohlegrills

Der Holzkohlegrill ist ein echter Klassiker und schon seit den Kindertagen des Campings im Einsatz. Grillfans schwören auf das typische Grillaroma, das weder von Gas- und erst recht nicht von Elektrogrills erreicht werde.

Holzkohlegrills sind günstig in der Anschaffung. Einfache Rundgrills sind ab etwa 20 € zu haben. Besonders praktisch für den mobilen Einsatz sind kompakte Faltgrills. Das Nonplusultra für Grillgourmets stellen Grills mit Deckeln dar, unter denen die Hitze zirkulieren und deshalb auch das indirekte Grillen (nicht direkt über der Glut) praktiziert werden kann. Die bekannteste Bauform für solche Grills sind die Kugelgrills.

Aus Rücksicht auf die Nachbarn sowie aus Sicherheitsgründen ist das Grillen mit Holzkohle nicht auf allen Campingplätzen gestattet. Bevor Sie selbst den Grill anwerfen, sollten Sie sich daher an der Rezeption nach den genauen Regelungen vor Ort erkundigen. Mal sind spezielle Plätze zum Grillen eingerichtet und bei akuter Waldbrandgefahr in der trockenen Jahreszeit kann das Grillen mitunter ganz untersagt werden.

Für den schnellen Hunger eignen sich traditionelle Holzkohlegrills eher nicht. Um die Kohle zu entzünden, braucht es Grillanzünder und spätestens beim Anblick der daraufhin oftmals hoch auflodernden Stichflammen, ist klar, warum Holzkohlegrills an trockenen Standorten mit Waldbrandgefahr oftmals nicht zum Einsatz kommen dürfen. Als Sicherheitsmaßnahme sollte beim Grillen mit Holzkohle immer ein Eimer mit Wasser oder eine Löschdecke zur Hand sein.

Bis die Kohle von einer weißen Ascheschicht überzogen ist und man mit dem Grillen beginnen kann, dauert es nach dem Anzünden gut und gerne mindestens 30 Minuten und aufgrund der kräftigen Rauchentwicklung ist Ärger mit dem Nachbarn praktisch vorprogrammiert. Am Ende der Grillparty muss die Kohle erst abkühlen und dann am nächsten Morgen als Asche entsorgt werden.

Seit einigen Jahren haben moderne Holzkohle-Tischgrills, die mit einem elektrischen Lüfter ausgestattet sind, zu einer kleinen Revolution geführt. Sie bleiben außen so kalt, dass man Sie problemlos auf einen Tisch stellen kann, und das Grillgut bekommt das charakteristische Holzkohlearoma, ohne dass Funkenflug und Rauchschwaden befürchtet werden müssen. Recht praktisch bei beengten Platzverhältnissen – aber schwer – ist ein kleiner intelligenter Faltgrill, der den Anzündekamin gleich mitbringt, nach Abschluss des Grillens die Roste wieder sauber brennt und sich in Anlehnung an japanische Tischgrills „Son of Hibachi" nennt.

Gasgrills

Aufgrund zahlreicher Vorzüge sind Gasgrills bei Campern besonders beliebt. Sie zünden auf Knopfdruck und schon nach wenigen Minuten kann das Grillvergnügen starten. Dabei ist der Betrieb sehr sicher und äußerst komfortabel. Die Größe der Flamme und damit die Temperatur lässt sich unkompliziert per Drehknopf regeln. Das eröffnet eine große Vielfalt an Zubereitungsmöglichkeiten von Kochen über Dünsten bis hin zum Braten. Selbst an langen Grill-

Auch wenn diese Holzkohle-Tischgrills außen kalt bleiben, dürfen sie natürlich nur dort benutzt werden, wo auch andere Holzkohlegrills zugelassen sind.

Nur die wenigsten Camping- oder Stellplätze bieten spezielle Grillplätze, sodass Grillfreunde besser den eigenen Grill im Gepäck haben.

abenden braucht keine Kohle nachgelegt zu werden und der Nachbar freut sich über die geringere Rauchentwicklung.

Für den Betrieb ist eine separate Gaskartusche bzw. -flasche erforderlich, bei Wohnwagen oder Wohnmobilen mit Außenanschluss kann der Grill aber auch über die Gasflasche des Fahrzeugs mit Brennstoff versorgt werden. Einziger Wermutstropfen ist der verhältnismäßig hohe Anschaffungspreis ab etwa 100 € aufwärts. Spitzenmodelle unter den für Wohnmobilisten optimierten Grills wie das Multifunktionsgerät Carri Chef 2 von Cadac, der mit zwei Brennern ausgestattete Travelq von Napoleon oder der 2019 von uns mit „gut" (Note 2,2) bewertete Weber Q1200 kosten sogar an die 300 €. Auf jeden Fall erhöht ein Deckel auch beim Gasgrill die möglichen Zubereitungsarten. Mit einem passenden Pizzastein sind beispielsweise selbst gebackene Pizzen in einer Qualität möglich, die man im heimischen Ofen nicht so einfach erreicht. Wer noch mehr auf dem Grill zaubern möchte, achtet auf zwei unabhängige Brenner (in dieser Kategorie selten), damit bei Bedarf einer deaktiviert und damit auch indirekt gegrillt werden kann. Natürlich setzt die sowieso begrenzte Grillfläche der für Camper optimierten Grills dem Entfaltungsspielraum auch hierbei gewisse Grenzen.

Elektrogrills

Über das Grillen ohne Feuer mögen Puristen mit einer gerümpften Nase reagierten, bei pragmatischen Campern, die nach dem Einschalten relativ schnell losbrutzeln möchten, finden Elektrogrills großen Anklang und der Platznachbar darf sich über eine unvernebelte Sicht freuen.

Dank ihrer kompakten Abmessungen lassen sich die meisten Elektrogrills gut verstauen eignen sich aber nur für das Grillen im kleineren Kreis, denn die Auflagefläche der meisten Elektrogrills ist kleiner als der Rost bei Gas- oder Holzkohlegrills. Bester im letzten Elektrogrilltest im Frühjahr 2020 und dazu besonders kompakt (nur 7 cm hoch) ist der Philips

Offenes Feuer stellt die archaischste Form des Grillens dar, ist aber nur auf den wenigsten Campingplätzen erlaubt.

HD4419/20, der dazu auch nur rund 3,5 kg wiegt. Kontaktgrills sind ebenfalls nicht so schwer und Grillen von zwei Seiten, was die Grillzeit verkürzt und weitere Einsatzmöglichkeiten schafft. Zwei Geräte von Tefal und der schicke WMF Lono schnitten im letzten Test gut ab, ebenso wie ein günstiger Kontaktgrill, der als Aktionsware bei Lidl erhältlich war. Als problematisch kann sich die hohe Leistungsaufnahme bei modernen Elektrogrills erweisen und eine zu schwache Sicherung am Stell- oder Campingplatz macht dem Grillvergnügen schnell einen Strich durch die Rechnung.

Dutch Oven

Wer die Möglichkeit findet, Lagerfeuer zu machen, wird auch mit einem sogenannten Dutch Oven viel Freude haben. In diesen gusseisernen Töpfen mit Deckel, die in die Glut gestellt werden können, kann wunderbar geschmort werden und echte Cowboy-Bohnen mit Speck schmecken unter freiem Himmel natürlich sagenhaft gut nach Freiheit und Abenteuer. Leider ist ein guter Dutch oven mit je nach Größe 6 bis 8 kg nicht leicht.

Weltmeisterliche Grillkompetenz bei der Stiftung Warentest

Stiftung Warentest nimmt sich immer wieder dem Thema „Grillen" an und testet regelmäßig Grillkohle, Anzünder und verschiedene Arten von Grills sowie Grillzubehör. Über 100 leckere Grillrezepte und viele Basisinformationen zur Grilltechnik bietet das Buch „Sehr gut grillen" und der Grillweltmeister Thomas Zapp vermittelt in „Die Grill-Akademie" Profi-Know-how für alle, die es noch besser machen wollen. Vegetarier und Veganer finden über 120 fleischlose Grillköstlichkeiten von Avocado über Halloumi bis Zucchini im Buch „Sehr gut vegetarisch grillen". Alle Bücher sind auch als E-Book erhältlich.

Thomas Zapp: Die Grillakademie. Klassische Techniken, BBQ-Skills und Profi-Rezepte, Stiftung Warentest 2020, 320 Seiten, 29,90 €

NIVELLIEREN UND ABSTÜTZEN

Ein eigenes Kapitel nur zu diesem Thema erscheint Campinganfängern vielleicht erst einmal komisch. Aber ob erholsame Nachtruhe, optimale Leistung des (Absorber-)Kühlschranks oder ungestörter Wasserablauf aus Spüle und Dusche: Gleich mehrere Gründe sprechen für eine möglichst waagerechte Ausrichtung des Wohnmobils auf dem Standplatz.

Auf die schiefe Bahn können Sie dabei nicht nur beim Freistehen geraten, sondern auch auf so manchem Camping- oder Stellplatz in Hanglange. Leider erweisen sich gerade die idyllischen, weil naturnahen, Campingplätze oft als besonders uneben.

Häufig machen schon ein paar Zentimeter den Unterschied, falls sich aber partout kein passabler Stand finden lässt, ist eine Nivellierungshilfe gefragt, wie sie der Campingfachhandel in einer breiten Auswahl anbietet.

Auffahrkeile

Klassiker des Niveauausgleichs sind Auffahrkeile. Die leichten Rampen aus robustem Polyethylen-Kunststoff haben mindestens eine Tragkraft für Fahrzeuge bis zu 3,5 Tonnen und sind im Zweierset ab etwa 30 € erhältlich. Erfahrungsgemäß reichen zwei Keile völlig aus, um das Wohnmobil waagerecht auszurichten, denn praktisch immer lässt sich so parken, dass das Wohnmobil wenigstens in eine Richtung gerade steht. Entsprechend brauchen die Keile dann nur vorne, nur hinten beziehungsweise nur auf der rechten oder nur auf der linken Seite positioniert zu werden. Ein dritter Keil dagegen bringt in erster Linie Probleme beim Rangieren mit sich und liefert keinen nennenswerten Zugewinn an Nivelliermöglichkeit.

Am weitesten verbreitet ist die treppenförmige Stufenform mit zwei bis vier unterschiedlich hohen Absätzen und einer maximalen Höhe von etwa 15 cm. Berücksichtigen Sie beim Kauf unbedingt die Reifenbreite Ihres Reisemobils, denn bei zu schmalen Keilen bekommt das seitlich überstehende Gummi des Reifens schnell Druckstellen.

Der erste Keil wird direkt vor dem Reifen platziert, der am stärksten angehoben werden soll. Falls die zweite Ecke des Fahrzeugs nach weniger Höhenzuwachs verlangt, können Sie den zweiten Keil etwas vor dem entsprechenden Reifen positionieren. Sollten es die örtlichen Gegebenheiten erfordern, kann selbstverständlich auch rückwärts auf die Keile aufgefahren werden.

Nachdem die Keile bereit liegen, erfolgt die Auffahrt am besten im Zusammenspiel mit einem Partner, der die Position der Reifen auf den Keilen im Blick hat und Anweisungen geben kann. Nachdem der Gang einlegt ist, lassen Sie auf das Zeichen des Einweisers vorsichtig die Kupplung kommen und klettern mit wenig Gas die Keile empor, bis das Fahrzeug waagerecht steht. Rechtzeitig bremsen, um nicht über das Keilende hinwegzufahren und abschließend die Feststellbremse nicht vergessen, damit das Wohnmobil sicher steht.

Rundkeile mit halbrunder Form und zunehmender Dicke sorgen für einen reifenschonenden Stand und ermöglichen einen stufenlosen Höhenausgleich. Die Handhabung ist aber etwas gewöhnungsbedürftig, da sich der Keil bei der Auffahrt mitbewegt, sodass sich der Reifen langsam vom Boden abhebt. Außerdem gibt die stufenlose Auffahrt keinen Anhaltspunkt für

Auffahrkeile bieten eine kostengünstige Möglichkeit zum Austarieren des Wohnmobils.

| INFO | **WANN STEHT DAS FAHRZEUG GERADE?** |

Wer sich beim Austarieren nicht nur auf das Bauchgefühl verlassen möchte, kann sich zur Kontrolle eine Kreuz-Wasserwaage im Cockpit montieren. Noch komfortabler gelingt die korrekte Ausrichtung mithilfe einer Smartphone-App wie WomoSet für iOS oder Motorhome Level für Android. Hier reicht ein einziger Tastendruck, um die auszugleichende Höhe für jedes Rad zentimetergenau zu ermitteln. Man sieht auf einen Blick, wo die Auffahrkeile platziert werden müssen und die Sprachsteuerung gibt Bescheid, sobald das Fahrzeug gerade steht.

Hydraulische Hubstützen

Handbremse anziehen, Knopf drücken … und schon steht das Wohnmobil absolut fest und gerade? Hydraulische Stützensysteme machen es möglich. Hersteller sind unter anderem Alko, Goldschmitt oder Linnepe, der Kostenpunkt für den Komfortgewinn liegt bei ca. 5 000 bis 6 000 € inklusive Einbau.

Die Hubstützen werden in allen vier Ecken des Fahrzeugs montiert. Nach einem Knopfdruck auf das Bedienteil heben die Zylinder das Wohnmobil an und richten es automatisch waagerecht aus. Vorteil Nummer zwei: Da der gesamte Aufbau durch das Anheben komplett von Reifen und Federung entkoppelt wird, schwankt der Innenraum im Stand nicht mehr bei jedem Schritt wie ein Schiff auf hoher See.

Die meisten Systeme arbeiten mit einer zentralen Hydraulikanlage, die beispielsweise im Staufach untergebracht werden kann. Bei den HY4-Hubstützen von Alko verfügt dagegen jede einzelne Stütze über ein eigenes Aggregat. Die gesamte Anlage kann daher Unterflur montiert werden, was Stauraum spart und den Schwerpunkt tief hält. Als Bonus bietet die Hubstütze eine komfortable Wiegefunktion, die sowohl das Gesamtgewicht wie auch die jeweilige Achslast ermitteln kann. So kann leicht kontrolliert werden, ob das zulässige Gesamtgewicht eingehalten wird, und die Ladung lässt sich optimal im Fahrzeug verteilen.

Als weitere Funktion bieten viele hydraulische Hubstützen zudem einen manuellen

die Höhe, und das Ausbalancieren verlangt etwas Übung und Erfahrung.

Einen stufenlosen Höhenausgleich ohne nachträgliches Rangieren versprechen vergleichsweise teure Lufthebekissen, die klein zusammengefaltet kaum Platz wegnehmen. Ihre Funktionsweise ist denkbar einfach: Den noch flachen Kunststoffbeutel vor den Reifen legen, darauffahren und anschließend bis zur gewünschten Höhe aufpumpen. Eine separate Pumpe oder gar ein Kompressor im Gepäck ist daher zwingend erforderlich. Spätestens wenn zwei luftgefüllte Kissen unter den Reifen liegen, um das Fahrzeug sowohl in Längs- wie auch in Querrichtung auszutarieren, beginnt der Innenraum bei Bewegungen allerdings merklich zu schwanken.

Modus, um das Fahrzeug bei Bedarf einseitig abzusenken oder anzuheben, beispielsweise um den Wassertank zu entleeren. Bei einigen Modellen verhindert eine spezielle Schlauchbruchsicherung das Absacken des abgestützten Fahrzeugs, sodass sogar ein Reifenwechsel ohne separaten Wagenheber möglich ist.

Die umfangreiche Technik macht Hubstützenanlagen nicht gerade zu Leichtgewichten, und je nach System nimmt die Zuladung um 50 bis 80 kg ab, sodass Hubstützen insbesondere bei größeren Fahrzeugen verbaut werden.

Die günstigste Möglichkeit zum Beseitigen der Schräglage auf Knopfdruck bieten elektrische Hubstützen, welche allerdings in ihrer Hubkraft begrenzt sind. Kein Hilfsmittel zur waagerechten Fahrzeugausrichtung sind dagegen mechanische Kurbelstützen. Diese tragen nicht das vollständige Fahrzeuggewicht, sondern sind zum Fixieren gedacht, damit das Fahrzeug im Stand nicht schwankt.

Eine weitere Möglichkeit zur vollautomatischen Ausrichtung des Fahrzeugs bietet eine Vollufttfederung (siehe Seite 23). Diese soll zwar in erster Linie den Fahrkomfort erhöhen, sorgt aber auch für einen Höhenausgleich im Stand. Da sich die Federung aber nicht außer Kraft setzen lässt, steht das Wohnmobil im Gegensatz zu Hubstützen nicht schwankfrei.

Das hydraulische Hubstützensystem HY2 von Alko wird an der Front oder Hinterachse angebracht und eignet sich aufgrund des verringerten Gewichts durch die Beschränkung auf zwei Stützen insbesondere für Kastenwagen.

MARKISEN UND VORZELTE

Gerade die Nähe zur Natur macht den besonderen Reiz des Campens aus und ein großer Teil des Tages wird an der frischen Luft verbracht. Was aber, wenn das Wetter nicht mitspielt? Schön wäre ein Schattenspender für die Gluthitze am Mittag und ein leichter Regenschutz, damit man sich bei einsetzendem Nieselregen nicht gleich ins Fahrzeug zurückziehen muss.

Markise und Vorzelt ermöglichen eine unkomplizierte Erweiterung des Wohnraums und schaffen im Handumdrehen einen überdachten Platz zum Sitzen, Kochen und Unterstellen von Grill, matschigen Gummistiefeln oder der Fahrräder.

Ein simpler und günstiger Wetterschutz sind Tarps, im Prinzip Zeltplanen aus wasserdichtem Material, die an den Ecken mit Abspannösen ausgestattet sind. Ein Tarp lässt sich mit Schnüren an Bäumen befestigen – oder man nutzt spezielle Tarpstangen, Äste, Paddel, oder was sonst gerade zur Hand ist, zum Aufstellen. Der Fantasie sind dabei keine Grenzen gesetzt und mit etwas Übung gelingt der Aufbau im Handumdrehen.

Trotz oder gerade wegen des simplen Grundprinzips sind Tarps unglaublich vielseitig einsetzbar und echte Multitalente. Sie können als Sonnensegel oder Regendach aufgespannt werden, und schnell ist ein luftiger aber von den Elementen geschützter Koch- und Essplatz für die ganze Familie entstanden. Dank geringem Gewicht und kompaktem Packmaß lassen sich Tarps selbst im kleinsten Campingbus mitnehmen.

Die meisten Wohnmobilfahrer schwören auf fest installierte Kassettenmarkisen, die an die Fahrzeugwand oder auf das Dach geschraubt werden. Die genaue Anbringung unterscheidet sich je nach Bauweise und Wohnmobilmodell, aber praktisch für jedes Freizeitfahrzeug auf dem Markt lässt sich eine passende Montagelösung finden. Der Kostenpunkt für ein aufrollbares Sonnendach liegt zwischen 800 bis 900 € zuzüglich Montage. Die gängigsten Hersteller sind Dometic, Fiamma und Thule.

Die große Beliebtheit liegt vor allem in der narrensicheren Bedienung begründet: Einfach das Wohnmobil parken und die Markise herauskurbeln (entweder konventionell per Handkurbel oder bei den Luxusmodellen sogar automatisch per Motor), dann nur noch die zwei Stützen an den vorderen Ecken ausfahren und per Hering am Boden fixieren – fertig!

Da die Tuchrolle fest am Fahrzeug installiert ist, bleibt der Stauraum im Mobil unangetastet und man braucht bei der Abreise keine womöglich feuchte Plane samt Gestänge im Fahrzeug zu verstauen.

Markisen punkten vor allem bei häufigen Ortswechseln und machen besonders als Sonnenschutz eine gute Figur. Auch Regen halten sie bis zu einem gewissen Grad ab. Ärgster Feind von Markisen ist der Wind. Dann müssen sie sehr gut abgespannt werden oder, wenn Sturm aufkommt, sogar komplett eingefahren werden, denn die ausgefahrene Markise entfaltet eine enorme Hebelwirkung. Für längerfristige Campingplatzaufenthalte lassen sich viele Markisen mit allerlei Zubehör wie Sonnensegeln und Seitenwänden zum Vorzelt aufrüsten.

Falls Sie regelmäßig längere Aufenthalte auf Campingplätzen planen oder besonderen Wert auf einen vollständigen Sicht- und Wetterschutz legen (beispielsweise, um die nutzbare Wohnfläche bei kompakten Campervans zu erweitern), ist der Griff zu einem vollwertigen Vorzelt meist günstiger als die Aufrüstung einer Markise per Ergänzungssets.

Vorzelte bieten einen vollwertigen zusätzlichen Wohn- oder Stauraum und dienen in der kalten Jahreszeit als Schmutz- und Kälteschleu-

Markisen und Vorzelte

Luftzelte sind die einfachste Art, zusätzlichen Wohnraum zu schaffen, und der Aufbau gelingt ohne lästiges Gestängesortieren.

se. Sie sind in den unterschiedlichsten Varianten und Größen vom kleinen Vorraum bis zum Riesenzelt mit separater Schlafkabine erhältlich, sodass sich für jeden Anspruch ein geeignetes Modell finden lässt.

Die Anforderungen an ein gutes Vorzelt sind hoch: Stabil und robust muss es sein, aber auch möglichst klein zu verpacken und leicht zu transportieren. Unbedingt zu empfehlen sind selbstständig stehende Zelte, die sich leicht vom Fahrzeug entkoppeln lassen. So sind unkomplizierte Ausflüge mit dem Campingbus möglich, ohne dass das Vorzelt jedes Mal vollständig abgebaut werden muss.

Maßgeblich für die Freude am Vorzelt ist aber vor allem eine einfache Handhabung. Gestaltet sich der Aufbau zu kompliziert, so sind verzweifeltes Haareraufen und Wutausbrüche vorprogrammiert. Das schlägt auf die Stimmung, noch bevor der Urlaub richtig begonnen hat, und führt mit großer Wahrscheinlichkeit dazu, dass das entsprechende Modell nach ein paar Sommern auf Nimmerwiedersehen im Keller oder in der Garage verstaubt.

Praxistipps für die Handhabung von Markise und Vorzelt

- ▶ Das Ausfahren der Markise erledigt man am besten zu zweit, so können die Stützbeine frühzeitig ausgefahren werden und die fahrzeugseitige Befestigung wird nicht zu stark belastet.
- ▶ Sichern Sie die Markise mit Spannleinen und Heringen gegen Windböen.
- ▶ Stellen Sie vor dem Einfahren der Markise sicher, dass die Stoffoberseite frei von Ästen, Nadeln, Tannenzapfen und Blättern ist.
- ▶ Falls die Markise einmal nass aufgerollt werden muss, sollte diese bei der nächsten sich bietenden Gelegenheit wieder zum Trocknen ausgefahren werden, um Schimmel zu vermeiden.
- ▶ Für die Reparatur kleinerer Löcher oder Risse bieten die Hersteller Reparatursets mit passenden Klebestreifen (ca. 20 €) an.

Probieren Sie den ersten Aufbau eines neuen Vorzeltes stets in Ruhe vor dem Urlaub aus. Die Aufbauanleitungen sind leider nicht immer auf Anhieb verständlich.

Eine Kederleiste eignet sich nicht nur zur Montage eines Vorzelts, sondern auch für praktische Aufhängehaken.

Einen unkomplizierten Zeltaufbau in weniger als einer Viertelstunde versprechen Zelte mit Luftgestänge, die immer beliebter werden. Tatsächlich gestaltet sich der Aufbau recht einfach. Nachdem das Vorzelt am Wohnmobil befestigt ist, beispielsweise mithilfe einer Kederschiene, werden die in der Zelthaut integrierten Luftschläuche per Doppelhubpumpe auf etwa 0,4 bar aufgepumpt und wie von Zauberhand stellt sich das Zelt mehr oder weniger von selbst auf. Alles rückt sich automatisch in die richtige Position und das Zelt braucht abschließend nur noch abgespannt werden.

Trotz der gestängelosen Konstruktion zeigen sich die „Luftschlösser" äußerst robust. Bei starker Belastung durch Wind knicken die Luftschläuche im schlimmsten Fall ein, im Gegensatz zu einem konventionellen Vorzelt mit Glasfiber- oder Stahlgestänge riskiert man aber keinen Gestängebruch.

Markisen wie auch Vorzelte sollten optimal zur jeweiligen Fahrzeughöhe passen. Die umfassende Beratung beim Fachhändler oder auf einer Messe ist dringend zu empfehlen.

CAMPINGMÖBEL

Sommer, Sonne, draußen sitzen. Ein Leben ohne Campingmöbel ist möglich, für die große Mehrheit der Wohnmobilfahrer aber schlichtweg nicht vorstellbar und erst, wenn die Markise ausgefahren und Tisch sowie Stühle bereitstehen, kann der Campingurlaub so richtig beginnen.

Ob große Tafelrunde mit den Platznachbarn, bei einem Kaffee oder Kaltgetränk das bunte Treiben auf dem Campingplatz verfolgen oder mit den Kindern eine Partie „Mensch ärgere Dich nicht!" spielen, Campingtisch und -stühle garantieren gemütlichen Komfort und dürfen auf keinen Fall fehlen.

Angesichts des schier überbordenden Angebots fällt die Auswahl nicht leicht. Es gibt eine Vielzahl an Ausführungen vom minimalistischen Faltstuhl bis zum üppigen Luftsofa und die unterschiedlichsten Extras wie Getränkehalter oder Kopfstützen, sodass sich für jeden Einsatzzweck und jeden Anspruch die perfekte Sitzgelegenheit finden lässt. Wie beim übrigen Gepäck, gilt es, den Spagat zwischen möglichst kleinem Packmaß und geringem Gewicht

Wenn die Sonne lacht, findet ein Großteil des Geschehens an der frischen Luft statt und Campingmöbel gehören praktisch zur Wohnmobilgrundausrüstung.

auf der einen Seite und maximalem Komfort auf der anderen Seite zu meistern. Wie aber findet man den perfekten Campingstuhl und den idealen Campingtisch?

Sitzgelegenheiten zum Mitnehmen

Da Sie mit Sicherheit viel Zeit in Ihrem Campingstuhl zum Essen, Lesen oder einfach nur Entspannen verbringen werden, sollte er möglichst komfortabel, gemütlich und einfach zu handhaben sein.

Die minimalistische Variante stellen einfache und preiswerte Strandstühle dar. Diese Modelle, bei denen die Sitzfläche nur eben über dem Boden schwebt, geben dank der Rückenlehne nicht nur am Strand, sondern auch auf dem Campingplatz eine gemütliche Sitzgelegenheit ab. Aufgrund der geringen Sitzhöhe ist diese Stuhlvariante zwar nicht dafür geeignet, am Tisch Platz zu nehmen, dafür kann man aber bequem die Beine ausstrecken und sich gemütlich nach hinten lehnen. Auch für Kinder ist die geringe Höhe der Sitzfläche optimal.

Bei Fahrern von Campingbussen und Kastenwagen mit geringen Staumöglichkeiten erfreuen sich Faltstühle großer Beliebtheit. Sie bestehen aus einem robusten Stahl- oder Aluminiumgestänge, zwischen dem die Sitzfläche und die Rückenlehne aus einem abriebfestem Polyester-Ripstobgewebe aufgespannt wird. Ihre Stärken sind ein vergleichsweise kompaktes Faltmaß gepaart mit einem unkomplizierten Aufbau. Oft werden nützliche Details ergänzt, beispielsweise ein in die Armlehne integrierter Getränkehalter.

Eine Alternative sind die sogenannten Regiestühle, die in der Luxusausführung sogar eine kleine Seitenablage an der Armlehne mitbringen, auf der man ein Getränk oder ein Buch ablegen kann. Sie bestehen aus zwei seitlichen Rahmen, zwischen denen Sitzfläche

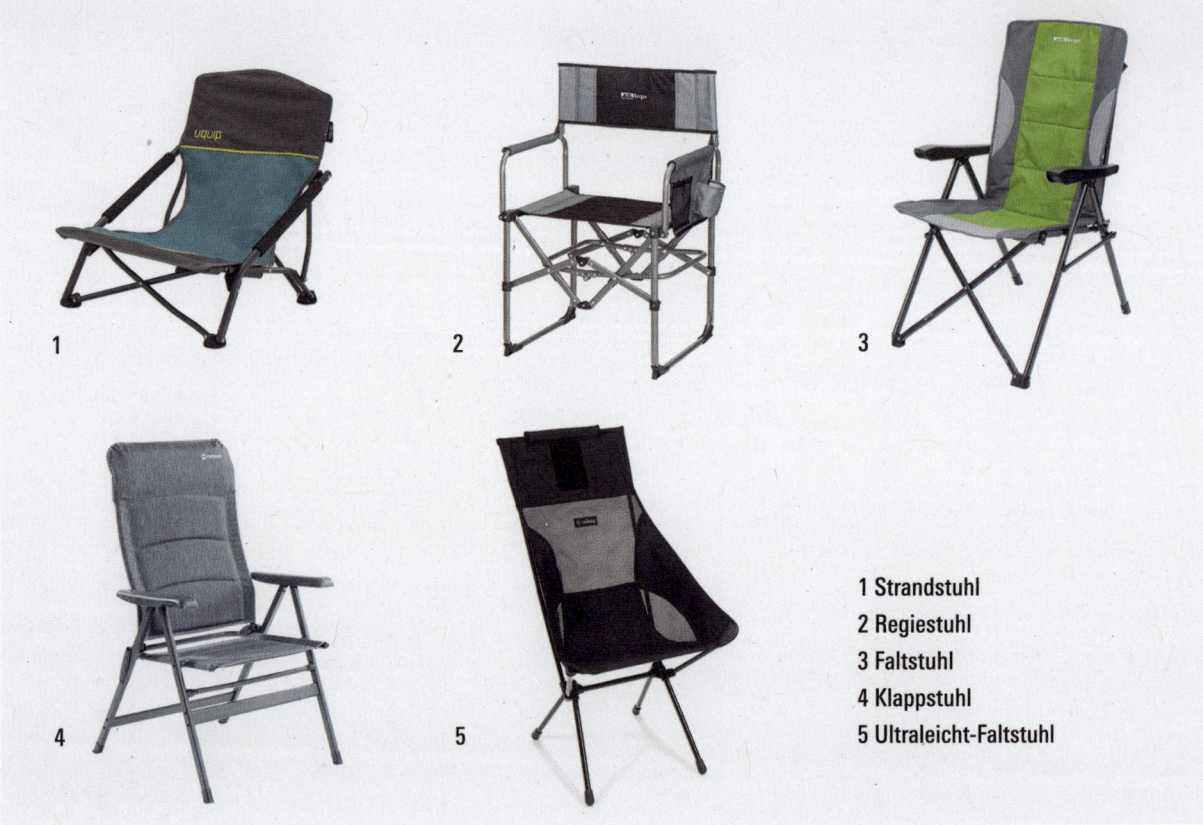

1 Strandstuhl
2 Regiestuhl
3 Faltstuhl
4 Klappstuhl
5 Ultraleicht-Faltstuhl

und Rückenlehne aufgespannt werden und bieten eine recht bequeme, aufrechte Sitzposition.

Allerdings beanspruchen sie einen größeren Stauraum, da die beiden Seitenteile als Ganzes zusammengeklappt werden und so ein ca. 10 cm hohes Paket mit den Abmessungen von etwa 70 cm x 60 cm entsteht.

Wohnmobilfahrer mit großzügiger Heckgarage greifen in den meisten Fällen zu Campingklappstühlen mit hoher Rückenlehne. Handling und Packmaß sind vergleichsweise schlecht, dafür bietet die verstellbare Rückenlehne viele Möglichkeiten – und je nach Lust und Laune sitzt man bequem aufrecht am Tisch oder lehnt sich weit zurück, um sich die Sonne ins Gesicht scheinen und es sich gut gehen zu lassen. Dazu ist die Unterseite der Armlehnen mit sägezahnförmigen Kunststoffrasten ausgestattet. Nach leichtem Anheben lassen sich die Armlehnen nach vorne oder hinten bewegen, um den gewünschten Winkel der Rückenlehne einzustellen. Als optionales Zubehör bieten viele Hersteller eine separate Beinauflage an, mit der sich der Stuhl zur bequemen Sonnenliege aufrüsten lässt.

Unterliegen Sie auf keinen Fall dem Trugschluss, dass die Campingstühle in den einzelnen Kategorien doch ohnehin alle gleich aussehen und es letztendlich egal ist, welchen Campingstuhl man kauft.

Grundsätzlich können Sie ab etwa 50 € solide Qualität erwarten. Günstigere Stühle aus dem Baumarkt oder vom Discounter gehen gemäß praktischer Erfahrung oftmals recht schnell kaputt. Nach oben kennt der Preis keine Grenzen, aber zum Glück muss ein hochwertiger Campingstuhl nicht zwingend ein Vermögen kosten. Oftmals sind die Vorzüge und Stärken der einzelnen Modelle sehr subjektiv und es lohnt sich, bei dem Besuch auf einer Campingmesse oder einfach unterwegs freundlich beim Campingplatznachbarn nachzufragen und einfach einmal Probe zu sitzen.

Campingtische

Wie andere Tische umfassen auch Campingtische im Prinzip vier Beine und eine Platte. Um für den Transport möglichst wenig Platz zu beanspruchen, kommen dabei zwei unterschiedliche Konstruktionsformen zum Einsatz und Sie haben die Wahl zwischen Roll- oder Klapptisch.

Bei Rolltischen entsteht die Tischfläche durch Lamellen, die durch Gummizüge miteinander verbunden sind, und die auf einem Untergestell befestigt werden. Ihre herausragende Stärke ist das besonders geringe Packmaß. Aufgepasst: Da die Beine oftmals scherenförmig auseinander gespreizt werden, lässt sich an beiden Stirnseiten oftmals kein Stuhl unterschieben und viele Rolltische eignen sich nur für maximal zwei Personen.

Klapptische dagegen gewährleisten durch die durchgängige Tischplatte einen besonders stabilen Stand. Praktisch in diesem Zusammenhang sind einzeln in der Höhe justierbare Beine, damit der Tisch sich auch auf unebenen Böden bequem gerade ausrichten lässt und nicht wackelt. Achten Sie im eigenen Interesse auf eine möglichst witterungsbeständige Tischplatte. Bambus-Tische wirken zwar edel, allerdings ist das Material sehr empfindlich gegen Kratzer und Dellen und Sie müssen den Tisch am Abend zwingend ins Mobil räumen, damit die Tischplatte vor Feuchtigkeit geschützt ist.

Einen guten Kompromiss zwischen den beiden Bauformen versprechen Falttische mit einer in der Mitte teilbaren Tischplatte. Diese Modelle schrumpfen für den Transport im Packmaß auf die Hälfte, bieten aber abgesehen von der kleinen Spalte in der Tischmitte eine durchgehende Tischplatte ohne Spalten.

Ob Essen, Arbeitsfläche, Ablage oder Spielunterlage: Erfahrungsgemäß wird der Campingtisch schnell zum Mittelpunkt des Geschehens und neben der Entscheidung für einen Roll-, Klapp- oder Falttisch müssen Sie sich auch auf eine bestimmte Größe festlegen.

Wer nur gelegentlich eine Kaffeetasse und sein Buch ablegen möchte, kommt mit einem kleinen Tisch aus. Für das umfangreiche Abendessen mit mehreren Personen kann die Tischplatte dagegen eigentlich gar nicht groß genug sein. Erfahrungsgemäß reicht für zwei Personen eine Tischfläche von etwa 60 cm x 80 cm, damit die Gedecke für eine vierköpfige Familie Platz finden sollten es mindestens 70 cm x 100 cm sein. Für die große Tafelrunde mit mehrere Servierschüsseln, Beilagentellern und Getränken darf die Tischplatte auch gerne 120 cm lang sein. Zusätzlichen Stauraum schafft bei Bedarf eine Gitternetzablage unterhalb der Tischplatte.

Das muss noch mit!

Die oft mehrere Hundert Seiten dicken Kataloge der Campinghändler präsentieren ein nahezu unerschöpliches Angebot von der Moskitospirale über den Edelstahl-Drei-Bein-Grill bis zur mobilen Satellitenanlage. Selbstverständlich braucht man längst nicht alles davon für ein erfülltes Reisen im Wohnmobil. Die Auswahl des geeigneten Zubehörs ist ein weites Feld. Gutes Campingzubehör zeichnet sich durch einen hohen Nutzwert und lange Haltbarkeit aus. Wer hier nicht am falschen Ende spart, bekommt einen treuen Urlaubsbegleiter, an dem er lange Jahre Freude haben wird.

Markise oder Vorzelt? Sonnenliege oder Picknickdecke? Lassen Sie sich beim Packen unbedingt von dem bewährten Grundsatz „So viel wie nötig, so wenig wie möglich" leiten. Eine Taschen- besser Stirnlampe erweist sich oft als treuer Helfer, egal ob es darum geht, nach Einbruch der Dunkelheit auf einem schlecht beleuchteten Campingplatz den Weg zum Sanitärgebäude zu finden oder mitten in der Nacht die Gasflasche zu wechseln. Für kleine Reparaturen haben sich ein Multitool-Werkzeug, mit dem Sie in kompakter Form eine Vielzahl von Hilfsmitteln von der Feile bis zur Zange an der Hand haben, sowie Panzertape und als Ergänzung Kabelbinder bewährt. Ein Gummihammer leistet gute Dienste, wenn die Markise sturmfest abgespannt werden muss.

Kehrblech und Schaufel, die bei Bedarf durch einen Akku-Handstaubsauger ergänzt werden können, erleichtern das Saubermachen. Eine Wäscheleine eignet sich zum Wäschetrocknen ebenso wie für das Trocknen der Geschirrtücher und der Handtücher nach dem Bad im See oder dem Duschen.

FAHRRADMITNAHME

Mit dem richtigen Zubehör lassen sich Fahrräder sicher in der Heckgarage transportieren.

Für viele Reisemobilfahrer gehört das Fahrrad einfach dazu. Zum einen als Sportgerät, zum anderen, weil der Umstieg von vier auf zwei Räder die Mobilität am Zielort enorm erhöht. Brötchen am Morgen sind damit schnell geholt und selbst für einen größeren Einkauf im nahegelegenen Supermarkt muss das Reisemobil nicht bewegt werden. Mitfahrgelegenheiten für Fahrräder oder E-Bikes gibt es am Wohnmobil mehrere. Wo liegen die Unterschiede und die Vor- und Nachteile der unterschiedlichen Trägersysteme?

Heckgarage

Eine Möglichkeit zum Fahrradtransport ohne zusätzliche Kosten und weiteres Zubehör eröffnet die Heckgarage. Diese ist, insbesondere bei größeren Wohnmobilen, oftmals geräumig genug, um zwei Fahrräder oder sogar einen Motorroller mitzunehmen und die Drahtesel sind gut geschützt vor den Elementen und dem Zugriff von Langfingern.

Auf dem Markt werden unterschiedliche Haltesysteme für den Radtransport in der Heckgarage angeboten. Mit ihrer Hilfe können die Räder sicher verzurrt werden, damit sie sich beim Ausweich- oder Bremsmanöver nicht selbstständig machen. Die Auswahl reicht vom einfachen Schienensystem, das am Boden der Heckgarage verschraubt wird, über aufwendigen Lösungen, die wie eine Schublade seitlich herausgezogen werden, sodass man sich zum Verzurren der Räder nicht tief in die Garage hineinbeugen muss, bis zu komfortablen Konstruktionen, bei denen die Räder (oder Motorroller) über eine Seilwinde in den Stauraum gezogen werden.

Unabhängig davon, wie einfach das Handling ist, wird es bei mehr als zwei Rädern selbst in geräumigen Heckgaragen eng und es bleibt nicht mehr genug Platz für Campingmöbel, Vorzelt und Grill.

Kupplungsträger

Bei Campingbussen, Kastenwagen und Reisemobilen mit begrenztem Stauraum bietet sich als Alternative der Transport außen im Windschatten des Fahrzeugs an. Dafür stehen die

drei Möglichkeiten Kupplungsträger, Heckträger oder Lastenträger zur Auswahl. Bei der Kaufentscheidung sollten Sie zudem folgende Kriterien berücksichtigen. Wie werden die Fahrräder befestigt: Gibt es praktische Befestigungslösungen oder wollen unzählige fummelige Gurte verzurrt werden? Lassen sich die Fahrräder am Träger anschließen oder wird ein separates Schloss zur Diebstahlsicherung benötigt?

Falls das Reisemobil über eine Anhängerkupplung verfügt, bietet der Kupplungsträger eine sehr flexible Transportmöglichkeit. Er lässt sich ohne großen Montageaufwand an unterschiedlichen Fahrzeugen und auch an Pkw nutzen und kann beim Wechsel des Wohnmobils einfach mitgenommen werden. Bei guten Modellen reicht ein Handgriff, um den Träger auf die Kupplung aufzusetzen und dort zu verspannen. Oftmals besteht die Möglichkeit, mit zusätzlichen Schienen die Ladekapazität auf bis zu vier Bikes zu erweitern. Junge Familien sind so gut vorbereitet und brauchen keinen neuen Träger zu kaufen, wenn der Nachwuchs da ist.

Allerdings schränkt die Straßenverkehrsordnung die Nutzung von Kupplungsträgern an großen Wohnmobilen deutlich ein. Vorgeschrieben ist ein Maximalabstand von 40 cm zwischen den Leuchten des Kupplungsträgers und der breitesten Stelle des Fahrzeugs. Selbst bei einem 2,15 m schmalen Wohnmobil müsste der Träger also mindestens 1,35 m breit sein – ein Wert, den kaum einer der für Pkws angebotenen Fahrradträger erreicht.

Dank der niedrigen Bauhöhe gerät das Hochheben der Fahrräder auf die Schienen des Trägers nicht zum Kraftakt und für schwere E-Bikes gibt es als Zubehör oftmals optionale Laderampen. Bei einem Test von E-Bike-Trägern für Anhängerkupplungen durch den niederländischen Consumentenbond, einer Partnerorganisation der Stiftung Warentest, kam der rund 600 € teure Übler i21 als Erster durchs Ziel. Preis-Leistungs-Sieger war der ProUser Diamant für rund 280 €.

Essenziell für Campingbusse oder Kastenwagen ist ein Mechanismus zum Abklappen oder seitlichen Verschieben des Trägers, damit sich die Hecktüren noch öffnen lassen und man nach der Ankunft am Stellplatz nicht erst die Fahrräder abladen muss, um an den Campingtisch oder den Grill im Stauraum unter dem Heckbett heranzukommen.

Abgerundet wird die Ausstattung durch je ein zusätzliches Rück- und Bremslicht, die Verkabelung erfolgt problemlos über die Anhängersteckdose sowie eine Aufnahmevorrichtung für ein zusätzliches Kfz-Kennzeichen, da ja die Rückfront des Fahrzeugs komplett verdeckt wird.

Ein weiterer Punkt, der bei der Kaufentscheidung berücksichtigt werden sollte, ist die Frage, wie viel Platz der Träger beansprucht, wenn er nicht am Wohnmobil genutzt wird. Wer nur wenig Platz in der Garage hat, greift besser zu einem zusammenklappbaren Modell.

> **INFO** **SICHER UNTERWEGS MIT FAHRRADTRÄGER**
> Stellen Sie vor dem Losfahren sicher, dass alle Bikes richtig befestigt sind und die Zusatzbeleuchtung am Träger korrekt funktioniert. Kontrollieren Sie unterwegs regelmäßig den korrekten Sitz der Ladung. Soll es mit den Rädern im Gepäck ins Ausland gehen, so sollten Sie sich vor Reiseantritt über die abweichenden Vorschriften im Gastland informieren. In südeuropäischen Ländern wie Italien oder Spanien zum Beispiel müssen Kupplungs-, Heck- und Lastenträger, wie jegliche Ladung, die hinten über das Fahrzeug hinausragt, extra mit einer landesspezifischen Warntafel gekennzeichnet werden.

Heckträger

Die gängigste Art für den Fahrradtransport an Kastenwagen und vielen kleineren Wohnmobilen ist der Heckträger, der an den Flügeltüren oder der Heckklappe befestigt wird. Um auch im beladenen Zustand einen Zugang zum Stauraum im Heck zu gewähren, sind viele Heckträger mit einem mehr oder weniger komfortablen Mechanismus zum Abklappen oder seitlichen Verschieben ausgestattet.

Zum Beladen müssen die Räder mindestens auf Brusthöhe gehoben werden, was

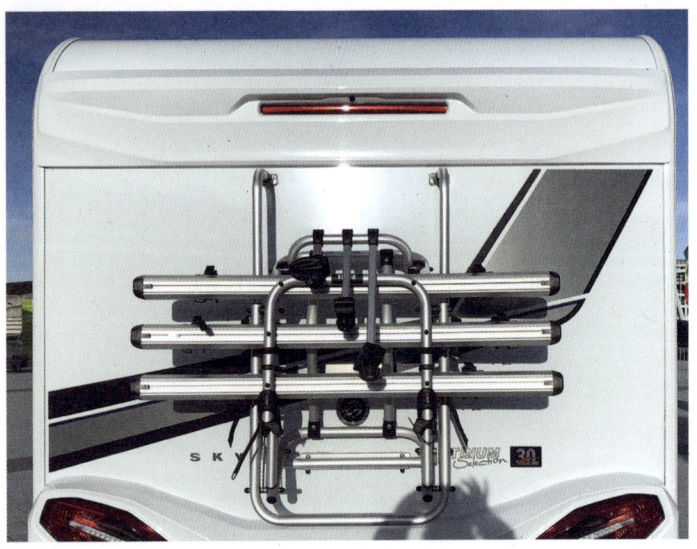

Neben der Heckgarage ist der Heckträger die gängigste Mitfahrgelegenheit für Fahrräder am Reisemobil.

insbesondere bei schweren Pedelecs oft nach der Hilfe einer zweiten Person beim Beladen verlangt. Wer sich den Kraftaufwand sparen und den Rücken schonen möchte, greift zu einem absenkbaren Heckträger, bei dem sich die Beladeplattform entweder über eine Kurbel oder komfortabler mithilfe eines 12-V-Motors absenken lässt. Anschließend können die Räder bequem auf Bodenniveau verladen werden.

Enorm stabil sind spezielle Lastenträger, die weder an der Hecktür noch am Aufbau befestigt werden, sondern direkt am Fahrzeugchassis verschraubt werden. Die Scharniere der Türen werden daher nicht belastet und die Beladungshöhe ist ähnlich niedrig wie bei Kupplungsträgern. Für schwere E-Bikes oder Motorroller sind als Zubehör Auffahrrampen erhältlich.

Damit die Fahrräder auf den unterschiedlichen Trägersystemen sicher mitfahren, sind verschiedene Gewichtsgrenzen einzuhalten, denn die Gewichtsverhältnisse am Fahrzeug ändern sich erheblich und die Last am Hinterteil des Wohnmobils entfaltet eine nicht zu unterschätzende Hebelwirkung. Das gilt insbesondere, wenn mehr als zwei Fahrräder, schwere E-Bikes oder sogar Motorroller transportiert werden sollen. Um ein paar Kilos zu sparen und den Akku besser zu schützen, sollten Sie diesen beim Transport auf Heck-, Kupplungs- oder Lastenträger stets vom E-Bike entfernen. Wie schwer die Fahrräder maximal sein dürfen, wird beim Transport in der Heckgarage durch deren Nutzlast vorgegeben. Bei Trägern für die Anhängerkupplung ist deren Stützlast sowie die zulässige Hinterachslast entscheidend. Bei Heckträgern ist zum einen die vom Hersteller des Trägers festgelegte Nutzlast sowie die zulässige Hinterachslast des Wohnmobils zu beachten. Die zulässige Gesamtmasse des Wohnmobils darf selbstverständlich in keinem Fall überschritten werden.

E-Scooter als Alternative

Seit ein paar Jahren haben sich E-Scooter zunächst als Sharing-Fahrzeuge im Stadtbild der europäischen Metropolen ausgebreitet und seit Sommer 2019 sind Modelle mit Straßenzulassung in Deutschland auch für den privaten Gebrauch erhältlich.

Die kleinen, handlichen Fahrzeuge versprechen umweltfreundliche Mobilität und lassen sich durch den Klappmechanismus ohne weiteres Zubehör problemlos in der Heckgarage verstauen. Ohne Tücken sind die neuen Elektroflitzer aber nicht. So muss für E-Scooter im Gegensatz zum Pedelec eine Haftpflichtversicherung abgeschlossen werden und die Altersgrenze von 14 Jahren verbietet es beispielsweise, die Kinder mit dem Elektroroller zum Brötchenholen zu schicken.

Für den einen oder anderen kann ein E-Scooter sicherlich ein interessantes Fortbewegungsmittel beim Camping sein, um weitere Wege bequem zurückzulegen. Ein vollwertiger Ersatz für das Fahrrad sind die E-Scooter aber nicht und wer seinen Elektro-Tretroller mit ins Ausland nehmen möchte, sollte sich vorab unbedingt über die im Urlaubsland gültigen Regelungen informieren. Zwar sind E-Scooter mittlerweile nahezu in ganz Europa gestattet, allerdings unterscheiden sich unter anderem die Altersgrenzen, und in den Niederlanden beispielsweise sind E-Scooter bislang generell nicht erlaubt.

Packliste

Grundausstattung (immer dabei)

Fahrzeugsicherheit
- ☐ Warndreieck, Pannenset, Warnweste(n)
- ☐ Arbeitshandschuhe (u. a. für das Entleeren der Chemietoilette)
- ☐ Feuerlöscher
- ☐ bei Bedarf: Fahrradträger und Warntafel
- ☐ bei Bedarf: Vignette(n)

Camping-Basics
- ☐ Gasflasche(n)
- ☐ Frischwasserschlauch
- ☐ Wasserkanister/Gießkanne
- ☐ CEE-Verlängerungskabel/ Kabeltrommel (max. 25 m, IP44) und Schukoadapter
- ☐ Thermomatten für das Fahrerhaus (im Sommer zum Kühlhalten, im Winter, um Wärmeverluste zu vermeiden)
- ☐ bei Bedarf: Gas(füll)adapter
- ☐ Toilettenchemie
- ☐ Toilettenpapier
- ☐ Auffahrkeile
- ☐ Fußabtreter/Gummimatte
- ☐ Stirn- oder Taschenlampe
- ☐ Kerzen/Teelichter
- ☐ Multitool-Allzweckwerkzeug
- ☐ Panzertape und Kabelbinder
- ☐ Nähset
- ☐ Stellplatzführer (2 bis 3)

Küchenausstattung
- ☐ Töpfe mit passenden Deckeln
- ☐ Pfanne
- ☐ bei Bedarf: Wasserkessel, Mokkakanne
- ☐ Topfuntersetzer
- ☐ Kochlöffel
- ☐ Küchenmesser
- ☐ Korkenzieher
- ☐ Flaschenöffner
- ☐ Dosenöffner
- ☐ Besteck
- ☐ Campinggeschirr
- ☐ Tassen, Gläser
- ☐ Sieb
- ☐ Haushaltsschere
- ☐ Schneidebrett
- ☐ Feuerzeug (für Kocher ohne elektrische Zündung)
- ☐ Einkaufstasche/Rucksack

Putzzubehör
- ☐ Spülschüssel
- ☐ Geschirrspülmittel
- ☐ Schwamm/Bürste
- ☐ Geschirrtücher
- ☐ Allzweckreiniger
- ☐ Kehrblech und Schaufel
- ☐ evtl. Akkuhandstaubsauger
- ☐ Reisewaschmittel
- ☐ Wäscheleine/Wäscheständer und Wäscheklammern
- ☐ Müllsäcke

Saisonausstattung

Sommer
- ☐ Campingmöbel (Tische, Stühle, evtl. Sonnenliege)
- ☐ (Gas-)Grill und Zubehör
- ☐ Gummihammer, Heringe und Abspannleinen für die Markise
- ☐ Anti-Mücken-Mittel und Zeckenzange
- ☐ Sportgeräte (Federball, Fußball, Wikingerschach etc.)

Winter
- ☐ Zusatzheizer
- ☐ Gesellschaftsspiele
- ☐ Schneeschieber oder -schaufel

Reiseausstattung (individuell)
- ☐ bei Bedarf: Vorzelt inkl. Heringe, bei Zelten mit Luftgestänge inkl. Pumpe
- ☐ Dokumente (Ausweis, Fahrzeugpapiere, Führerschein)
- ☐ Kredit- und Debitkarte (V Pay, Maestro, Girocard)
- ☐ Mobiltelefon, Digitalkamera
- ☐ Akkuladegeräte für Mobiltelefon, Digitalkamera, Tablet etc.
- ☐ Bücher/E-Reader
- ☐ Badelatschen für Sanitäranlagen
- ☐ Kleidung
- ☐ Bettwäsche
- ☐ Hygieneartikel (Zahnpasta, Zahnbürste, Duschgel, Sonnencreme, Tampons, Windeln, Feuchttücher)
- ☐ (Sonnen-)Brille

MULTIMEDIA

„In 300 Metern rechts abbiegen": Längst haben Navigationsgeräte den Beifahrer als Lotsen abgelöst und selbst die Anfahrt zu abgelegenen Stellplätzen gelingt unaufgeregt, ohne dass es auf den Vordersitzen laut wird. Der digitale Wegweiser ist aber nur eines unter vielen elektronischen Geräten, die das Fahren mit dem Wohnmobil einfacher und sicherer machen und unterwegs für abwechslungsreiche Unterhaltung sorgen. Dank Rückfahrkamera gerät das Rangieren zum Kinderspiel, die vollautomatische Satelliten-TV-Anlage auf dem Dach bringt sich auf Knopfdruck automatisch in empfangsbereite Position, ein mobiler Router verhilft zu schnellem Internetzugang, wo immer ausreichend Mobilfunkempfang besteht, und statt zerkratzter CD-Sammlung bieten Streamingdienste den Zugriff auf ein nahezu unerschöpfliches Musikangebot samt spannender Hörbücher, die über die bordeigene Soundanlage mit brillantem Klang wiedergegeben werden. Die aktuelle Technik geht sogar einen Schritt weiter. Durch Vernetzung wird das Reisen noch angenehmer und viele Funktionen im Wohnmobil lassen sich bequem via Tablet oder Smartphone (fern-)steuern.

NAVIGATION

Beim Verreisen mit dem Wohnmobil steht die Entdeckung unbekannter Orte auf der Tagesordnung. Früher musste umständlich auf dem Beifahrersitz mit einer Papierkarte hantiert werden, um ans Ziel zu finden, und spätestens nach der zweiten verpassten Ausfahrt war wildes Herumgestikulieren und lautes Schimpfen zwischen Steuermann und Lotse vorprogrammiert. Zum Glück gehören diese Zeiten der Vergangenheit an. Seitdem digitale Navigationsgeräte Straßenkarten und -atlanten aus dem Cockpit verdrängt haben, ist es deutlich entspannter geworden im Fahrerhaus und die Wegfindung hat sich enorm vereinfacht. Allerdings unterscheiden sich die grundlegenden Anforderungen eines Wohnmobilfahrers von den Möglichkeiten der verbreiteten Pkw-Navigationssysteme und ein Camper-Navi will gut gewählt sein, damit nicht das gefürchtete Kommando „bitte wenden" ertönt.

Wie gut einem Navigationsgerät die Wegführung gelingt, hängt entscheidend von Qualität und Aktualität des Kartenmaterials ab. Hier empfiehlt es sich, bereits beim Kauf darauf zu achten, dass eine möglichst kostengünstige und regelmäßige Update-Möglichkeit besteht. Wer nicht nur in Deutschland unterwegs sein möchte, achtet auf eine große Länderabdeckung für ganz Europa.

Die unterschiedlichen Lösungen für die Navigation mit dem Wohnmobil umfassen ein weites Spektrum von der kostenlosen Smartphone-App über externe Navigationsgeräte für einige hundert Euro bis hin zu fest eingebauten Naviceivern, die schnell über 1000 € kosten und zusätzlich zur Navigation als Monitor für die Rückfahrkamera dienen und viele Multimediatalente mehr besitzen. Die nachfolgende Tabelle eröffnet einen ersten Überblick über die Stärken und Schwächen der unterschiedlichen Systeme.

Navigationsmöglichkeiten für Wohnmobile im Vergleich

	Smartphone/Tablet	Externe Navigationsgeräte	Naviceiver
Vorteile	+ preiswert	+ unkomplizierte Nutzung in unterschiedlichen Fahrzeugen möglich	+ aufgeräumte Optik, unverbauter Blick durch die Windschutzscheibe
	+ aktuelle Verkehrsinformationen	+ vergleichsweise günstig	+ optimaler GPS-Empfang durch Außenantenne
	+ aktuelles Kartenmaterial		+ vielfältige Multimediafunktionen
Nachteile	– fahrzeugspezifische Navigation nicht kostenfrei	– Kabel für externe Stromversorgung erforderlich	– teuer
	– mangelnde Performance bei älteren Handymodellen	– Sichtfeld durch die Windschutzscheibe wird eingeschränkt	– Karten-Updates in der Regel kostenpflichtig

Lösungen für Smartphone/Tablet

Ein Smartphone oder Tablet ist im Wohnmobil ohnehin meist mit dabei und mit einer geeigneten App taugen die digitalen Multitalente auch zur Routenführung für Wohnmobilfahrer.

Dabei sind Navigations-Apps keinesfalls nur eine Lösung für den Notfall, sondern bieten einige handfeste Vorteile im Vergleich zu externen Navigationsgeräten. Das Kartenmaterial ist immer auf dem neuesten Stand und bei bestehender Internetverbindung werden die derzeitige Verkehrslage und aktuelle Straßensperrungen bei der Routenführung automatisch berücksichtigt. Nutzt man ein Tablet für die Navigation ist die Bildschirmfläche oftmals sogar größer, als die von externen Navigationsgeräten oder Naviceivern.

Bei den kostenfreien Angeboten handelt es sich in der Regel um reine Autonavis, die für Campingbus und Kastenwagenfahrer durchaus brauchbar sind. Für lange Überlandfahrten sind Offline-Karten empfehlenswert, damit man das benötigte Kartenmaterial vorab beispielsweise über das WLAN auf dem Campingplatz herunterladen kann. So wird das Inklusivvolumen des Mobilfunktarifs geschont und auf der Fahrt sind selbst dann keine Probleme zu erwarten, wenn die Netzabdeckung schwächelt.

Eine camperspezifische Navigation, die die Fahrzeugparameter bei der Routenwahl berücksichtigt, sodass man sich mit dem Wohnmobil nicht plötzlich auf einem holprigen Feldweg wiederfindet, gibt es allerdings auch auf dem Smartphone nicht zum Nulltarif. Die Wohnmobil-App des Herstellers ALK gibt es für 30 € im Jahr. Die Pkw-App desselben Herstellers wurde 2019 für das iPhone mit „gut" (Note 2,4), für das Android-Betriebssystem mit „befriedigend"(Note 2,7) bewertet.

Externe Navigationsgeräte

Navigieren mit dem Smartphone ist nicht jedermanns Sache und so sind die per Saugnapfhalterung an der Windschutzscheibe befestigten, externen Navigationsgeräte auch in Wohnmobilen weit verbreitet.

Die Stärke der aus dem Pkw bekannten, portablen elektronischen Lotsen liegt in ihrer Flexibilität. Ein Handgriff reicht, um das Navigationsgerät zum Diebstahlschutz aus dem Fahrzeug zu entfernen und/oder in einem zweiten Fahrzeug wie dem Alltags-Pkw zu nutzen. In Vollintegrierten, bei denen die Frontscheibe oftmals weiter als eine Armlänge vom Fahrersitz entfernt liegt, gibt es alternative Halterungen beispielsweise für das Armaturenbrett oder die Lüftungsschlitze, um das Navigationsgerät komfortabel bedienen zu können. Universalhalterungen zum Nachrüsten sind leider Mangelware, da sich die Geräteaufnahmen von

Navigations-Apps

	Fahrzeugspezifische Parameter	Offline-Karten	Kartenverfügbarkeit	Kosten	Web
Sygic Truck Navigation	Ja	Ja	Weltweit	Lebenslange Lizenz inkl. 3 Jahre Karten-Updates (Europa) 170 €, Jahresabo 100 €	sygic.com
Google Maps	Nein	Stark eingeschränkt	Weltweit	Kostenlos	maps.google.de
Here WeGo	Nein	Ja	Weltweit	Kostenlos	wego.here.com
CoPilot GPS Navigation	Ja	Ja	Europa	Jahresabo 30 €	copilotgps.com

Stellplatz mit Blick auf den See. Gerade bei naturnahen, idyllischen Campingplätzen lässt die Zufahrtsstraße oft zu wünschen übrig. Leichter fällt die Anreise, wenn man sich auf ein zuverlässiges Navigationssystem verlassen kann.

Hersteller zu Hersteller und mitunter sogar von Modell zu Modell unterscheiden.

Wunschziel eingeben und losfahren funktioniert im Prinzip auch bei der Navigation mit dem Wohnmobil. Für die Nutzung in größeren Wohnmobilen, erst recht in solchen oberhalb der 3,5-Tonnen-Grenze, empfiehlt sich allerdings die Investition in spezielle Wohnmobilnavigationssysteme, die fahrzeugspezifische Besonderheiten bei der Routenwahl berücksichtigen. Dazu werden Fahrzeugdaten wie Länge, Breite, Höhe und Gewicht im Gerät hinterlegt, um bei der Routenführung niedrige Brückendurchfahrten, enge Gassen oder Strecken mit Gewichtsbeschränkungen zu umfahren.

==Gerade abgelegene Stellplätze verfügen oftmals nicht über eine konkrete Adresse.== Gibt es beispielsweise nur einen Straßennamen, so ist – je nach Länge der Straße – oftmals trotz elektronischem Wegweiser Suchen angesagt. Viele Stellplatzführer nennen daher die jeweiligen GPS-Koordinaten für die Übernachtungsplätze. Ein Navigationsgerät, das die Koordinateneingabe in möglichst vielen Formaten (z. B. Dezimal, Stunde/Minute/Sekunde) akzeptiert, erspart aufwendiges Umrechnen.

Ein weiteres praktisches Feature ist der Import eigener POI (Points of Interest). So lassen sich ganze Stellplatzverzeichnisse oder Listen mit Ver- und Entsorgungspunkten unkompliziert im Navigationsgerät nutzen, ohne dass die Adressen umständlich vom Smartphone abgetippt werden müssen. Bei Bedarf lässt sich außerdem gezielt nach Stellplätzen, Sehenswürdigkeiten oder einer Tankstelle in der Nähe der aktuellen Position suchen.

Unterschiede bestehen in der Art der genutzten Verkehrsdienste, das heißt, der Meldung von Staus und weiteren Verkehrsbeeinträchtigungen in Echtzeit. Am komfortabelsten sind Geräte mit integrierter SIM-Karte, mit denen die Informationen automatisch und ohne weitere Zusatzkosten über den Mobilfunk abgerufen werden. Bei anderen Modellen gelingt das nur über ein gekoppeltes Smartphone, sodass zwei Geräte erforderlich sind. Etwas in die Jahre gekommen ist die Technik TMC (= Traffic Message Chanel), bei der die Staumeldungen mit einiger Verzögerung von Polizei, Rettungsdiensten und Automobilklubs per UKW-Frequenzen auf das Navi gelangen.

Camper-Navis mit einer fahrzeugspezifischen, auf Abmessungen und Gewicht des Fahrzeugs basierenden Routenführung mit vorinstallierter Camper-POI-Datenbank sowie integriertem DAB-Empfänger oder eingebauter SIM-Karte für aktuelle Verkehrsinformationen sind ab ca. 400 € erhältlich.

Moderne Naviceiver können viel mehr als nur den Weg weisen.

▶ Wiedergabe von MP3-Audiodateien und der gängigen Videoformate von CDs, DVDs, Speicherkarten oder USB-Sticks.

Ein günstiges Vergnügen sind diese Technikwunder allerdings nicht und das Kreuz vor der entsprechenden Option in den Ausstattungslisten treibt den Kaufpreis des Wohnmobils je nach Hersteller schnell um 1 500 bis 2 000 € in die Höhe, eine Rückfahrkamera schlägt zusätzlich mit 500 bis 600 € zu Buche. Vor dem Kauf ist grundsätzlich immer zu prüfen, wie teuer spätere Karten-Updates werden.

Wer nicht unbedingt das Neueste vom Neuen braucht, kann durch den Griff zu einem Vorjahresmodell ein paar Hundert Euro sparen.

INFO — AUSGEWÄHLTE HERSTELLER VON CAMPER-NAVIGATIONSGERÄTEN

www.blaupunkt.de
www.carguard.de
www.garmin.com
www.snooper-deutschland.de
www.tomtom.com

Naviceiver

Naviceiver stellen die Königsklasse der Navigation dar und können auch nachgerüstet werden. Die Geräte belegen einen Doppel-DIN-Schacht im Armaturenbrett und verschwinden fast vollständig in der Mittelkonsole. Als wahre Multimedia-Allrounder bieten Sie zusätzlich viele Funktionen mehr:

▶ Anschluss von Rückfahrkameras
▶ Bluetooth-Freisprechanlage für das Handy
▶ kompatibel zu Apple CarPlay und Android Auto (Integration des Handys in das Infotainmentsystem des Fahrzeugs)

Diese Brücke ist selbst mit hohen Alkovenmobilen kein Problem. Ein Camper-Navi schützt vor bösen Überraschungen und vermeidet Strecken, auf denen zu niedrige Brücken die Weiterfahrt unmöglich machen.

Die Montage ist allerdings nicht ganz so trivial wie bei einem einfachen Autoradio und je nach Naviceiver und Basisfahrzeug sind zusätzlich eventuell ein Adapterstecker, ein Montagerahmen sowie eine externe GPS-Antenne, eine DAB+-Antenne und ein Adapter für die Lenkradsteuerung erforderlich.

Ist die Nachrüstung eines Naviceivers geplant, sollten Sie bei der Bestellung des Neufahrzeugs unbedingt die Option „Radiovorbereitung" (ca. 250 €) wählen, damit die benötigten Kabel zum Radioanschluss sowie zusätzliche Lautsprecher im Innenraum bereits verlegt werden. Werden auch die Kabel für eine Rückfahrkamera gewünscht, sind noch einmal 150 € fällig.

In der Multimediafunktion ebenbürtig, sind sogenannte Moniceiver eine weitere Option, um keinen vierstelligen Betrag für die Navigation ausgeben zu müssen. Durch die Kopplung eines Smartphones lässt sich so der große Touchscreen des Autoradios ebenfalls als komfortables Navigationssystem nutzen. Geeignete Geräte mit Apple Carplay/Android Auto gibt es ab etwa 350 €.

RADIO UND MUSIK HÖREN

Ob Naviceiver oder Monoceiver ohne Navigation: Mit dem klassischen Autoradio, welches lediglich über jeweils einen Knopf zum Ein-/Ausschalten, für die Lautstärken- sowie für die Senderwahl verfügte, haben die aktuellen Autoradios mit Touchscreen nicht mehr viel gemein und das Radiohören ist nur eine Funktion unter vielen.

Die viel zitierte Digitalisierung hat auch vor der Radiotechnik nicht halt gemacht und nach und nach wird die analoge UKW-Sendetechnik vom neuen Standard DAB+ (Digital Audio Broadcasting, weitere Infos z. B. unter www.digitalradio.de) abgelöst, der einen glasklaren, rauschfreien Empfang garantiert und zusätzlich zur Radioübertragung ergänzende Texte und Bilder, beispielsweise für Programmhinweise, Verkehrsmeldungen oder den Wetterbericht übermitteln kann.

Viele aktuelle Radiogeräte in Wohnmobilen sind bereits kompatibel zu DAB+, alle ab dem 21.12.2020 in Deutschland verkauften Autoradios müssen mit DAB+-Empfänger ausgestattet sein. Konventionelle, analoge Radios lassen sich mit einem separaten DAB+-Empfänger aufrüsten. Ein solcher Adapter kostet ca. 100 € und wird wie ein Navigationsgerät an der Windschutzscheibe befestigt. Er leitet das aufbereite Digitalsignal an das fest im Fahrzeug verbaute analoge Radio weiter. Im Lieferumfang enthalten ist zudem eine Klebeantenne für die Scheibe, da die bisherige UKW-Antenne nicht für den Digitalradioempfang geeignet ist.

In Deutschland ist eine komplette Abschaltung des UKW-Radios zurzeit nicht in Sicht, anderswo in Europa ist allerdings nur noch der Empfang von Digitalradio möglich. Norwegen hat als erstes Land der Welt das UKW-Radio bereits 2018 abgeschaltet und in der Schweiz ist das Ende des analogen Hörfunksignals bis spätestens Ende 2024 geplant.

Streaming im Wohnmobil

Die CD-Sammlung, die viel Platz auf dem Armaturenbrett beansprucht und leicht zerkratzt, ist als Alternative zum Radioempfang auf dem

Eine Bluethooth-Box kann überall zum Einsatz kommen.

absteigenden Ast. Auch der USB-Stick mit umfangreicher MP3-Sammlung bekommt zusehends Konkurrenz von Audio-Streamingdiensten wie Spotify, Deezer, Tidal, Apple Music oder Amazon Music Unlimited. Diese bieten für etwa 10 € im Monat eine beinahe unbegrenzte Musikauswahl von Klassik über Schlager bis hin zu Hip-Hop. Auch Hörbücher und Hörspiele für Kinder sind im Angebot und je nach Stimmung lässt sich die passende Playlist für ruhige Musik beim Essen oder fetzige Beats bei der Fahrt finden.

Wenn nicht schon das Autoradio selbst internetfähig ist, gelangt die Musik vom Handy drahtlos via Bluetooth auf die Soundanlage des Wohnmobils. Das Online-Streaming setzt einen Mobilfunkvertrag mit ausreichend Datenvolumen voraus, inzwischen offerieren einige Mobilfunkanbieter Zusatzoptionen, mit denen Sie EU-weit mobil Musik hören oder Videos schauen können, ohne an das Datenvolumen denken zu müssen. Bei der Telekom heißt die Option StreamOn Music und Video und ist ohne weitere Kosten ab dem Tarif MagentaMobil M zubuchbar. Eine Liste der Partner, die ohne Anrechnung auf das Inklusivvolumen des Mobilfunktarifs genutzt werden können, finden Sie unter www.telekom.de/streamon. Bei Vodafone kann einer von insgesamt vier Pässen (Chat, Social, Music, Video) zu den aktuellen Red-Mobilfunktarifen kostenlos dazugebucht werden. Jeder weitere Pass kostet 5 €, der Video-Pass 10 €. Aber aufgepasst: Die zugebuchten, kostenpflichtigen Pässe haben eine 24-monatige Mindestlaufzeit. Die jeweiligen Partner-Apps der unterschiedlichen Pässe sind unter www.vodafone.de/pass einsehbar.

Mobile Lautsprecher

Wohl nur die wenigsten Wohnmobilfahrer brauchen eine rollende Disco. Etwas satter als aus den Serienlautsprechern dürfte der Audiogenuss in den meisten Fällen allerdings schon klingen, und für anspruchsvolle Hörer führt kein Weg daran vorbei, die vorhandenen Lautsprecher durch eine leistungsstärkere Soundanlage zu ersetzen und die einzelnen Lautsprecherpositionen optimal an den Fahrzeuggrundriss anzupassen.

Eine gute Alternative, die ganz ohne Montage auskommt, stellen tragbare Bluetooth-Lautsprecher dar. In einem umfangreichen Vergleichstest von größeren mobilen Bluetooth-Boxen, der Anfang 2019 veröffentlicht wurde, gab es fast nur gute Ergebnisse. Der einzige gute Lautsprecher mit sehr gutem Ton war aber der schicke und teure B&O Beoplay P6, der allerdings einen etwas schwächlichen Akku hatte. Auch das kleinere und ebenfalls gute

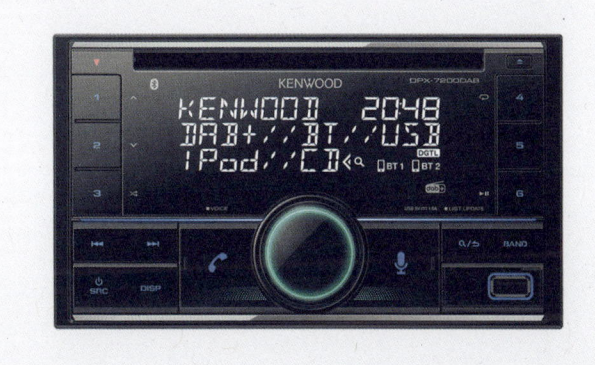

Moderne Autoradios bieten alle Anschlussoptionen.

Schwestermodell Beoplay A1 hatte dieses Problem. Rundum „gut" oder „sehr gut" in allem Kategorien waren Boses SoundLink Revolve und Revolve Plus sowie der Marshall Stockwell. Der beste Akku, sehr gute Haltbarkeit und ein guter Ton waren beim Libratone too zu finden. Kleinere Bluetooth-Lautsprecher haben sich nicht so gut geschlagen: Hier lautete das beste Testergebnis „befriedigend". Bei den größeren Modellen kann man aber inzwischen eine erstaunlich hohe Klangqualität erwarten.

Dank eines Akkus, der über die USB-Buchse leicht am Bordnetz wieder aufgeladen werden kann, sind die Boxen sehr flexibel einsetzbar. So lässt sich vor dem Mobil bei Sonnenschein unter der Markise dem Bundesligaspiel der favorisierten Fußballmannschaft lauschen oder die Kinder können sich mit Bibi Blocksberg & Co in den Alkoven zurückziehen.

Die Auswahl an Bluetooth-Soundboxen ist groß und bedient die unterschiedlichsten Ansprüche. ==Für draußen sind Lautsprecher praktisch, die zumindest spritzwassergeschützt, besser wassergeschützt nach dem Standard IPX7 sind== (eine Tabelle mit den Schutzklassen finden Sie auf Seite 159). Die oben genannten Boxen erfüllen außer der Beoplay A1 zumindest den Standard IPX4 und sind spritzwassergeschützt. Der JBL Charge 4 (Note 2,1) und der Denon Envya DSB-250BT (Note 2,0) sind ebenfalls gute Lautsprecher und sogar gegen zeitweiliges Untertauchen geschützt (IPX7). Für intensiven Musikgenuss empfiehlt sich der Griff zu einem mobilen Lautsprecher mit 3,5-mm-Klinkenkabel, das schont den Akku des Smartphones.

> **INFO**
>
> ### DAS RADIO AN DIE BORD- ODER STARTERBATTERIE ANSCHLIESSEN?
>
> Viele Radios sind ab Werk an die Starterbatterie des Fahrzeugs angeschlossen. Das führt in einigen Fällen dazu, dass das Radio stumm bleibt, wenn der Zündschlüssel gezogen ist, oder sich das Radio nach einer Zeitspanne von einer Stunde automatisch abschaltet, damit die Batterie nicht leergesaugt wird und der Motor ohne Murren anspringt.
>
> Wird das Radio alternativ für einen unterbrechungsfreien Musikgenuss mit der Aufbaubatterie verbunden, so würde es nach dem Abstellen des Motors einfach weiterspielen. Abhilfe schafft ein einfacher Kippschalter für wenige Euro, mit dem sich die Stromversorgung je nach Bedarf von der Fahrzeug- zur Bordbatterie umschalten lässt. Dazu muss vom Kippschalter im Armaturenbrett ein zusätzliches Kabel zum Dauerplus der Wohnraumelektronik verlegt und angeschlossen werden. Versierte Bastler können die Installation selbst erledigen. Wer sich mit Autoradios nicht auskennt, sollte sich aber lieber an einen Fachmann wenden. Die Montage des Kippschalters sowie die Verlegung des Kabels sind in etwa zwei Stunden erledigt, sofern der Elektroblock des Reisemobils unter dem Fahrer- oder Beifahrersitz untergebracht ist. Hat der Wohnmobilhersteller die Bordbatterie anderswo im Aufbau eingebaut, gestaltet sich die Kabelverlegung entsprechend aufwendiger.

INTERNET UNTERWEGS

Kurz mal den aktuellen Wetterbericht checken, ein paar Urlaubsfotos auf die Facebook-Seite hochladen, den Freunden und Verwandten zu Hause eine WhatsApp-Nachricht schicken, sich über die Sehenswürdigkeiten in der näheren Umgebung informieren oder einen Rezepttipp suchen – das sind nur ein paar Beispiele für die zahlreichen Annehmlichkeiten, die das Internet auch im Wohnmobil-Alltag bietet.

WLAN auf Camping- und Stellplätzen

Um dem wachsenden Bedürfnis der Gäste nach einer leistungsfähigen Online-Anbindung zu entsprechen, haben viele Camping- und Stellplatzbetreiber drahtlose Netzwerke (WLAN/WiFi) eingerichtet. Die Zugangsmöglichkeit ins Internet fällt allerdings von Platz zu Platz sehr unterschiedlich aus. Die Preise für das Serviceangebot reichen von kostenlos bis unverschämt teuer und auch die Verfügbarkeit sowie die Bandbreite des Internetzugangs umfasst ein breites Spektrum.

Stabilen WLAN-Empfang auf dem gesamten Gelände und von jeder Parzelle aus dürfen Sie leider bislang nur auf wenigen Plätzen erwarten. Oftmals ist die Rezeption der einzige Ort mit sinnvoll nutzbarem WLAN-Empfang, und nicht selten dauert es aufgrund der langsamen Verbindung mehrerer Minuten, bis die E-Mail mit ein paar Fotos im Anhang an die Familie zu Hause erfolgreich verschickt wurde.

Internet über das Mobilfunknetz

Wer das Internet nur gelegentlich nutzt, kann eventuell mit den Einschränkungen leben. In allen anderen Fällen bietet der Internetzugang über das Mobilfunknetz, dank Netzausbau, schnelleren Übertragungsgeschwindigkeiten und fallender Preise eine gute Option, um immer und überall online gehen zu können. Zudem bietet das eigene, verschlüsselte WLAN-Netz mehr Sicherheit als ein öffentlicher WLAN-Zugangspunkt.

Die einfachste Möglichkeit, um auch Geräte, die nicht über einen eigenen SIM-Karten-Einschub verfügen, wie beispielsweise Laptops oder Tablet-PCs, ins Internet zu bringen, bietet praktisch jedes Smartphone. Die Funktion „Tethering und mobiler Hotspot" (Android) bzw. „Persönlicher Hotspot" (iOS), um die Datenverbindung des Handys mit anderen Geräten zu teilen, finden Sie bei Handys je nach Betriebssystem im Einstellungen-Menü unter dem Eintrag „Verbindungen", „Netzwerk-Verbindungen" oder „Mobiles Netz". 2018 haben wir untersucht, wie gut der mobile Internetzugang mit neun mobilen Hotspots zwischen 50 € und 223 € und im Vergleich dazu drei Handys gelingt. Ergebnis: Smartphones mit Hotspot-Funktion stellen eine gute Alternative zu den mobilen Hotspots dar.

Trotzdem ist ein mobiler Hotspot oder Mobilfunk-Router bei regelmäßiger Nutzung sicher die komfortablere Alternative, um das Internetsignal auf mehrere Geräte zu verteilen. Diese Geräte sind kaum größer als ein Handy, verfügen oft über einen internen Akku, der einfach mit einem entsprechenden USB-Kabel aufgeladen werden kann, und bauen nach dem Einlegen einer passenden SIM-Karte direkt eine Internetverbindung via Mobilfunk auf. Diese kann dann je nach Gerät von 5 bis 20 WLAN-fähigen Geräten genutzt werden, wobei naturgemäß die Geschwindigkeit umso langsamer wird, je mehr Personen sich eine Verbindung teilen.

Der Router kann dauerhaft an einer Stelle mit gutem Empfang (meist direkt am Fenster) positioniert werden. Für Intensivnutzer kann auch ein LTE-Router mit Netzteil interessant sein, der per Stromadapter ans 12-V-Bordnetz angeschlossen wird und mit einer Anschlussbuchse für eine externe Antenne ausgestattet ist, um in Gebieten mit schwacher Netzabdeckung den Empfang zu verbessern.

Wie gut die Internetversorgung mit Smartphone oder mobilem WLAN-Router funktioniert, hängt in erster Linie von der Netzabdeckung des gewählten Anbieters ab. Hier lohnt sich meist der Aufpreis für einen Mobilfunkvertrag bei Telekom oder Vodafone. Denn vor allem außerhalb der Städte – und die Mehrzahl der Campingplätze liegt auf dem Land – bleibt die Qualität des O2-Netzes laut unseres letzten Tests hinter den beiden Konkurrenten zurück, und gerade auf abgelegenen Campingplätzen steht man dann doch wieder ohne Internet da.

Entscheidend für die Surfgeschwindigkeit ist der Mobilfunkstandard. Mindestvoraussetzung für eine praktische Nutzbarkeit ist 3G, wer unterwegs auch streamen oder mit der ganzen Familie gleichzeitig surfen will, braucht 4G (LTE). Bei 2G-Abdeckung dagegen lassen sich allenfalls einfache WhatsApp-Textnachrichten verschicken, das Aufrufen aufwendiger Webseiten dagegen stellt die Geduld auf eine harte Probe.

Grundvoraussetzung für den Internetzugang unterwegs ist ein entsprechender Datentarif. Wie viel Datenvolumen benötigt wird, hängt von der Nutzungsintensität ab. Ab-und-Zu-Nutzer, die nur hin und wieder ihre E-Mails lesen, gelegentlich den Wetterbericht abrufen und ein paar Textnachrichten verschicken, kommen mit einem 1-GB-Tarif aus. Sind Sie dagegen ständig online und die Online-Routenplanung sowie das Streaming von Musik oder sogar Filmen zum Zeitvertreib steht auf der Tagesordnung, dann sind 5 GB (Gigabyte) schnell verbraucht.

Um besser abschätzen zu können, welches Internetvolumen benötigt wird, hilft ein Blick auf die folgende Übersicht, die das ungefähre Datenvolumen der gängigsten Internetanwendungen aufzeigt.

WhatsApp-Textnachricht	etwa 10 kB (= 0,01 MB)
E-Mails (ohne Anhang)	50 kB (= 0,05 MB)
Eine Google-Suchanfrage	200 kB
Website	bis zu 1 MB
Musikstreaming	1 MB pro Minute
YouTube (480p)	8 bis 10 MB pro Minute
Netflixstreaming	750 MB bis 1 GB pro Stunde (SD-Auflösung) 3 GB pro Stunde (HD-Auflösung)

Mit Prepaid-Daten-SIM-Karten kommen Sie für die Dauer des Urlaubs in den Genuss eines höheren Datenvolumens, ohne einen teuren Vertrag mit langer Laufzeit abschließen zu müssen. Die Konditionen der unterschiedlichen Anbieter sind sich dabei meist recht ähnlich. Das gebuchte Datenkontingent ist in der Regel für die Dauer von 30 Tagen gültig und kann, falls es vorher aufgebraucht wird, nachgebucht werden.

Seit dem Wegfall der EU-Roaminggebühren 2017 telefonieren, surfen und simsen Sie in den EU-Mitgliedstaaten sowie in den sogenannten EWR-Staaten Liechtenstein, Norwegen und Island (Achtung: gilt nicht für die Schweiz!) zu den gleichen Kosten und Bedingungen wie zu Hause. Im außereuropäischen Ausland bietet der Kauf einer lokalen Prepaid-SIM-Karte im Urlaubsland eine gute Möglichkeit, um hohe Roamingkosten zu umgehen. Anbieter für ausländische SIM-Karten, bei denen Sie die benötigte SIM-Karte bereits vor dem Urlaub bestellen und sich nach Hause liefern lassen können, sind beispielsweise: www.travsim.de und www.holidayphone.de.

FERNSEHEN

Das Thema „Fernsehen" spaltet die Camper-Gemeinde wie kaum ein zweites. „Fernsehgucken kann ich doch auch zu Hause. Auf dem Campingplatz brauche ich keine Glotze!", sagen die einen, für die anderen ist ein Abend ohne TV-Unterhaltung mit Sportschau, Rosamunde-Pilcher oder „Wer wird Millionär?"-Ratesendung im Wohnmobil undenkbar. Eindeutig in der Überzahl scheint die zweite Gruppe zu sein. Gefühlt reckt sich bei mindestens zwei von drei Wohnmobilfahrern die Satellitenschüssel direkt nach der Ankunft auf dem Platz in den Himmel. Findet sich kein stabiler Empfang, wird noch vor und zurück rangiert, bis die Antenne einen freien Blick – vorbei an den störenden Bäumen – auf den Himmel hat. Spaziert man abends über einen x-beliebigen Stell- oder Campingplatz, so flimmert fast allerorten ein buntes Bild über die Mattscheibe. Natürlich gibt es über das allabendliche Unterhaltungsprogramm hinaus Gründe, sich mit dem Fernsehempfang im Wohnmobil zu beschäftigen, sei es, um sich hin und wieder mit den Nachrichten auf dem Laufenden zu halten, sich über den Wetterbericht zu informieren oder sich bei schlechtem Wetter die Zeit mit einem Spielfilm vertreiben zu können.

Die umgedrehten Fahrerhaussitze ermöglichen einen komfortablen Fernsehabend.

Flachantennen bauen im eingeklappten Zustand weniger hoch und benötigen beim Drehvorgang für das Ausrichten weniger Raum als konventionelle Parabolantennen.

Terrestrisches Fernsehen (DVB-T2)

Die einfachste und kostengünstigste Möglichkeit, um unterwegs fernzusehen, bietet der terrestrische Empfang. Dabei werden die TV-Signale von Sendestationen am Erdboden verbreitet und es ist im Wohnmobil keine aufwendige technische Installation erforderlich. Praktisch alle aktuellen Fernseher aus dem Camping-Segment sind kompatibel mit dem DVB-T2-Standard, sodass zusätzlich lediglich eine Antenne benötigt wird. In gut versorgten Gebieten reicht schon eine kleine, passive Zimmerantenne. Damit der Fernseher im ländlichen Raum bei schwacher Abdeckung nicht schwarz bleibt, ist eine aktive Antenne, die über das Antennenkabel mit Strom versorgt wird, die bessere Alternative.

DVB-T2 ist in Deutschland inzwischen nahezu flächendeckend verfügbar. Das Fernsehsignal wird in HD-Qualität ausgestrahlt und das Angebot umfasst rund 40 Fernsehprogramme. Etwa die Hälfte davon sind öffentlich-rechtliche Rundfunkprogramme, die sich ohne Zusatzkosten empfangen lassen. Private Sender dagegen gibt es nur gegen Bezahlung (69 €/Jahr oder Abo für 5,75 €/Monat).

Durch die terrestrische Verbreitung ist die Reichweite begrenzt. Zwar gibt es DVB-T-Empfang in ganz Europa, im Ausland lassen sich aber ausschließlich lokale Sender in Landessprache empfangen und man muss auf die aus der Heimat vertrauten Fernsehsender verzichten. Der terrestrische Fernsehempfang via DVB-T2 eignet sich daher insbesondere für sporadische TV-Nutzer, die überwiegend im deutschsprachigen Raum unterwegs sind und nach einer möglichst unkomplizierten Empfangsmöglichkeit suchen.

Darüber hinaus ist der DVB-T2-Empfang eine gute Ergänzung für eine eventuelle Satellitenanlage auf dem Dach. So muss der Fernsehkonsum selbst dann nicht ausfallen, wenn der Empfang durch ein Hindernis wie beispielsweise das dichte Blätterdach der Baumkronen gestört wird.

Satellitenfernsehen (DVB-S(2))

Die meisten Reisemobilfahrer setzen beim Fernsehempfang auf eine Satellitenanlage. Deren herausragende Stärke ist die umfangreiche Programmvielfalt und auch im Ausland sind die von zu Hause gewohnten Sender verfügbar. Im Gegensatz zum terrestrischen DVB-T2-Empfang gestaltet sich die Installation der benötigten Technik aufwendiger. Die tägliche Nutzung dagegen gelingt unkompliziert. Längst sind die früher gebräuchlichen manuellen Anlagen, bei denen die „Schüssel" nach dem Prinzip von Versuch und Irrtum umständlich von Hand ausgerichtet werden musste, durch komfortable, vollautomatische Sat-Anlagen verdrängt. Es reicht ein Knopfdruck auf die Fernbedienung, schon fährt die Antenne auf dem Dach aus, sucht sich die richtige Position und das Fernsehvergnügen kann beginnen.

Um die Fernsehsignale aus dem All einzufangen, stehen die drei Antennenformen rund, flach oder mit Haube zur Auswahl, von denen selbstverständlich jede ihre Stärken und Schwächen hat. Da die ausklappbaren Parabol- und Flachantennen in der Regel so geschaltet sind, dass sie beim Starten des Motors automatisch einfahren, empfiehlt es sich, vor dem Einrichten der Satellitenanlage das Wohnmobil zu parken, und zwar mit freiem Blick gen Himmel in Richtung Süden.

Die Parabolantenne ist die klassische Form und Sinnbild des Satellitenempfangs. Ein großer Spiegel fängt die Wellen ein und lenkt diese gebündelt auf die eigentliche Empfangseinheit, den sogenannten LNB (= Low Noise Block), zu deutsch: rauscharmer Signalumsetzer.

Eine Parabolantenne beansprucht viel Platz auf dem Dach und neben Dachluken, Klimaanlage und Solarzellen kann es recht eng werden. Welche Größe der Spiegel haben muss, hängt von den persönlichen Reisezielen ab. Kompakte Anlagen mit 45 cm Durchmesser gewähr-

leisten einen zuverlässigen Empfang im Bereich von Mitteleuropa. Wer auch in Portugal oder am Nordkap nicht auf den Tatort am Sonntagabend verzichten möchte, braucht einen größeren Spiegel mit mindestens 65 cm. Steht ausreichend Platz auf dem Dach zur Verfügung sind 75er- oder 85er-Spiegel die besten Voraussetzungen für den ungestörten Fernsehgenuss fernab der Heimat.

Um die Reichweite der Antenne in den Randgebieten des Empfangsbereiches zu verbessern, muss der LNB in seiner Halterung um ein paar Grad gedreht werden, um die Erdkrümmung auszugleichen und das Satellitensignal auch außerhalb Zentraleuropas mit vollem Pegel empfangen zu können. Bei Anlagen mit einer sogenannten Skew-Automatik korrigiert bei Bedarf ein kleiner Stellmotor die Winkelabweichung automatisch und erhöht so die Empfangsleistung.

Kompakter und weniger windanfällig präsentiert sich die Flachantenne. Das Panel setzt sich aus mehreren kleineren Einzelantennen zusammen, die einen zuverlässigen Empfang der Astra-Signale in Mitteleuropa ermöglichen, in Süd- und Nordeuropa ist der Empfang deutscher Sender allerdings eingeschränkt.

Sowohl Parabol- wie auch Flachantennen liegen während der Fahrt flach auf dem Dach und müssen für den Empfang aufgeklappt und in Richtung Satellit ausgerichtet werden. Bei Dom- oder Kuppelantenne, die aus dem maritimen Bereich stammen, liegt die bewegliche Technik geschützt vor Regen und Hagel unter einer Haube. Aufgrund der stattlichen Höhe von etwa 40 cm ist diese Antennenform bei Wohnmobilen kaum verbreitet.

Als vierte Variante kommen mobile Antennen infrage. Dabei handelt es sich meist um Parabolantennen, die auf einem stabilen Drei-Bein-Stativ montiert werden und dadurch im Umkreis des Fahrzeugs positioniert werden können. So kann das Fahrzeug ohne Tagesschau-Verzicht am Abend im Schatten großer Bäume abgestellt werden. Abgesehen vom Aufbau des Stativs zeigen sich die portablen Antennen genauso komfortabel wie ihre fest eingebauten Verwandten und verfügen ebenfalls oftmals über eine automatische Ausrichtung. Billiger als die anderen Antennenarten sind sie daher auch nicht: Mindestens ein knapp vierstelliger Betrag ist dafür fällig.

Internetfernsehen (WLAN)

Mit einem internetfähigen Smart-TV brauchen Sie keine sperrige Satellitenantenne und werden zum eigenen Programmdirektor und entscheiden unabhängig von der Tageszeit, welche Sendung gerade läuft. Mit einem entsprechenden Smart-TV-Dongle wie Amazon Fire TV Stick oder Google Chromecast wird jeder konventionelle Fernseher mit einem freien HDMI-Anschluss internetfähig, sofern WLAN verfügbar ist. Bei einem älteren Test hat der Google Chromecast (39 €) gut abgeschnitten. Er eignet sich aufgrund seiner kompakten Abmessungen hervorragend für den Einsatz im Wohnmobil. Er bietet Zugriff auf viele Videotheken, lässt sich allerdings ausschließlich per Smartphone bedienen. Ein Menü wird auf dem Fernseher nicht angezeigt.

Mit einem Smart-TV oder einem entsprechenden Dongle verbindet sich der Fernseher mit dem WLAN-Netz des Campingplatzes oder eines mobilen Routers (siehe ab Seite 191) und nutzt den Internetzugang, um das aktuelle TV-Programm über Streaminganbieter wie Zattoo oder Waipu TV, die Mediatheken der Fernsehanstalten sowie Serien oder Filme aus Online-Videotheken wie Netflix oder Maxdome auf den Bildschirm zu bringen. Ende 2019 hat Stiftung Warentest elf Videostreamingangebote getestet. Am besten abgeschnitten hat dabei mit Note 2,8 das Netflix-Abo mit vielen selbst produzierten Serien. Auf Platz zwei landet mit Note 3,3 das Amazon Prime Video-Abo. Wer lieber aktuelle Filme als Serien schaut, ist mit Videostreaming per Einzelabruf besser bedient. Hier teilen sich Amazon Shop Prime Video, Maxdom Store und Telekom Videoload jeweils mit der Note 3,4 den vordersten Platz.

Aktuell hat das Fernsehen über das Internet im Wohnmobil noch einige Tücken. Hauptproblem ist dabei das hohe Datenaufkommen, das die Übertragung der Bewegtbilder beansprucht. So ist das Inklusivvolumen des Mobilfunkvertrages schnell ausgeschöpft und angesichts der geringen Bandbreite vieler Camping- oder Stellplatz-WLANs ist an ruckelfreies Video-Streaming nur in Ausnahmefällen zu denken. Zu allem Überfluss bricht die Internetgeschwindigkeit erfahrungsgemäß spätestens abends gegen 19.30 Uhr ein, wenn alle Camper ins Internet gehen. Beim Aufenthalt im Ausland trüben zudem rechtliche Einschränkungen den Fernsehgenuss. Während Sie kommerzielle Streaminganbieter wie Netflix im gesamten EU-Ausland schauen können, führt der Versuch, im Ausland eine Sendung in einer der Mediatheken von ZDF, ARD und Co aufzurufen, oftmals zu einer Fehlermeldung.

Campingfernseher

Neben der geeigneten Antenne ist das Fernsehgerät selbst die zweite entscheidende Komponente für den Fernsehempfang. Standard in aktuellen Wohnmobilen sind meist 22-Zoll-Flachbildschirme mit knapp 55 cm Bildschirmdiagonale und Full-HD-Auflösung mit 1 920 x 1 080 Bildpunkten. In der Regel ist ein Triple-Tuner integriert, sodass die Geräte werksseitig und ohne externen Receiver fit sind für den Fernsehempfang via DVB-S(2), DVB-T2 und Kabelfernsehen.

Auffälligster Unterschied zum heimischen Fernsehempfänger ist die 12-V-Stromversorgung für den Betrieb am Bordnetz. Zwar sind auch in Elektronikfachmärkten preiswerte 12-V-TV-Geräte erhältlich, im Gegensatz zu den deutlich teureren Campingfernsehern sind

---

Netflix & Co schaden dem Klima

Ob Suchanfrage bei Google, WhatsApp-Nachricht oder das Speichern eines Fotos in der Cloud: Jegliche Internetnutzung verbraucht Strom. Besonders energiehungrig ist das Videostreaming, da bei Bewegtbildern enorme Datenmengen anfallen.

Da die Stromerzeugung noch immer auf einem großen Anteil fossiler Brennstoffe beruht, wird entsprechend viel CO_2 in die Atmosphäre geblasen. So sind laut Studien der grünen französischen Denkfabrik „The Shift Project" 30 Minuten Streaming für die Umwelt genauso schädlich, wie eine 6,5 km lange Autofahrt.

diese allerdings nicht auf die besonderen Anforderungen im Wohnmobil ausgelegt. Um die Witterungsbeständigkeit zu erhöhen, werden die Platinen von Campingfernsehern mit einem wasserabweisenden Lack überzogen. So sind die empfindlichen elektronischen Bauteile darauf vor Kondenswasser geschützt, wie es z. B. leicht beim schnellen Aufheizen des Innenraums bei niedrigen Außentemperaturen entstehen kann.

Zudem sind die Geräte besser gegen Spannungsschwankungen abgesichert, da das Bordnetz nur im Idealfall exakt 12 V liefert. Je nach Ladezustand der Batterie sowie auch durch Wechselwirkungen mit anderen Verbrauchern an Bord, kann die tatsächliche Spannung deutlich höher oder niedriger liegen. Ein weiterer, kleiner, aber feiner Unterschied zu einfacheren Modellen ist der „echte" Ein/Aus-Schalter, sodass der Fernseher nicht im Stand-by-Betrieb Strom aus der Bordbatterie ziehen kann.

Von Vorteil für die Nutzung im Wohnmobil ist ein großer Bildwinkel, da die Sitzposition vor dem Fernseher nicht immer optimal ist und oft von der Seite oder von unten auf den Bildschirm geschaut wird. Während es an der Bildqualität der mobilen Flimmerkisten in der Regel nichts auszusetzen gibt, ist der Ton in vielen Fällen bestenfalls mittelmäßig. Viele Fernsehhersteller haben zusätzliche Soundbars im Angebot, die per Kabel mit dem Fernsehgerät verbunden werden und einen deutlich besseren Klang bieten. Bluetooth dagegen ist eher selten integriert und wer eine portable Bluetooth-Bbox (siehe ab Seite 189) mit dem Fernseher verbin-

den möchte, um die Tonwiedergabe zu verbessern, braucht einen separaten Transmitter.

Der Trend für den Fernsehempfang im Wohnmobil geht ganz klar zum Komplettsystem, welches aus Antenne und TV-Gerät mit integriertem Receiver besteht. Die Paketlösung ist nicht nur günstiger, sondern überzeugt mit optimal aufeinander abgestimmten Komponenten. So reicht eine Fernbedienung für alle Geräte und nach dem Einschalten des Fernsehers geht das Ausfahren und die Ausrichtung der Antenne ganz von alleine über die Bühne. Eine komplette Satellitenanlage samt Antenne, Montagematerial und Fernsehgerät wiegt im Schnitt mindestens 20 kg und kostet meist mehr als 1 700 €.

Campingfernseher sind speziell für den Einsatz im Wohnmobil konzipiert.

VERNETZUNG, FERNZU-GRIFF & ALARMANLAGEN

Auch in der Reisemobilbranche ist die Digitalisierung ein wichtiges Zukunftsthema und die Hersteller arbeiten mit Hochdruck am vernetzten Fahrzeug, das per Smartphone-App mit seinem Nutzer kommuniziert, um den Komfort zu steigern und den Aufenthalt im Wohnmobil so angenehm wie möglich zu gestalten.

CI-Bus

Die Grundlage für die Vernetzung aller Geräte an Bord eines Wohnmobils und für funktionierende Fernzugriffsfunktionen ist ein weit verbreiteter Standard, dem sich möglichst viele Hersteller von Zubehör anschließen können und wollen. Für die Wohnmobilindustrie gibt es glücklicherweise einen solchen Standard: Der CI-BUS (= Caravaning-Industrie Binary Unit System) ermöglicht den Datenaustausch zwischen den einzelnen Komponenten der Bordelektronik, beispielsweise Licht, Heizung, Kühlschrank, Klimaanlage, und dem zentralen Bedienpanel, das inzwischen zur Standardausstattung vieler Wohnmobile gehört.

Ob Wahl der gewünschten Raumtemperatur, Kontrolle der Batterieladung oder Einschalten der Beleuchtung – alle wichtigen Geräte an Bord lassen sich so bequem und zentral steuern. Durch die Ergänzung eines zusätzlichen Funkmoduls hält vermehrt die Möglichkeit zur drahtlosen Steuerung über Smartphone oder Tablet Einzug.

Im Nahbereich wird die Verbindung zwischen Steuermodul und Mobilgerät dabei über Bluetooth oder WLAN hergestellt. So reicht ein Blick auf das Smartphone-Display, um alle wichtigen Füllstände und Geräte im Blick zu haben, und ohne weitere Kosten lässt sich so zum Beispiel nach dem Aufwachen der Warmwasserboiler einschalten, ohne dass das kuschelige Bett verlassen werden muss.

Für die Fernsteuerung über größere Distanzen wird das Steuermodul im Wohnmobil mit einer eigenen SIM-Karte ausgestattet und kann dann praktisch von jedem beliebigen Standort aus fernbedient werden, solange Sender und Empfänger sich im Bereich des Mobilfunknetzes befinden. Die Steuerung erfolgt entweder per SMS-Befehl oder es wird ein Internet-Server zwischengeschaltet.

Die sich daraus ergebenden Möglichkeiten klingen durchaus verlockend: Sie möchten nach dem Sonnenbad am Strand in ein kühles Wohnmobil zurückkehren? Kein Problem, denn die Klimaanlage lässt sich bequem von unterwegs einschalten. Umgekehrt können Sie beim Skiurlaub im Winter vor der letzten Pistenabfahrt die Heizung einschalten, damit Sie das Wohnmobil anschließend mit einer angenehmen Raumtemperatur empfängt. Oder: Während einer Wanderung sind Sie sich plötzlich nicht mehr sicher, ob die Wasserpumpe wirklich abgeschaltet ist? Ein Blick auf das Smartphone schafft Klarheit, und wenn Sie möchten, lassen sich per 12-V-Hauptschalter alle Stromverbraucher vom Netz trennen, um die Batterie zu schonen.

Schöne neue Welt oder lediglich technische Spielerei? Letztlich wohl eine Frage der persönlichen Einstellung. Wegzudenken aus dem Wohnmobil ist die Vernetzung jedenfalls nicht mehr. Bei aktuellen Wohnmobilen ist die smarte Gerätesteuerung per Smartphone-App entweder bereits serienmäßig mit an Bord oder kann als Option (je nach Hersteller um 600 €)

geordert werden. Ältere Wohnmobile lassen sich zum Beispiel mit dem Truma iNet-System aufrüsten. Benötigt wird neben der iNet-Box (ca. 350 €) das digitale Bedienteil Truma CP plus iNet ready (ca. 280 €). Günstiger sind beide Geräte im Paket für ca. 400 €.

Montage und Inbetriebnahme sind mithilfe der detaillierten Anleitung (www.truma.com/web/downloadcenter/files/truma-inet-box-installation-de-en-fr-it-nl-dk-se-sl.pdf) durchaus für wenig versierte Handwerker zu bewerkstelligen, wer die Arbeit lieber einem Fachmann überlässt, muss mit Montagekosten in Höhe von ca. 360 € rechnen. Soll die Smartphone-Bedienung nicht nur per Bluetooth erfolgen, sondern auch aus der Ferne möglich sein, brauchen Sie zusätzlich eine Mini-SIM-Karte mit eigener Rufnummer, damit das Smartphone per SMS mit dem Steuergerät kommunizieren kann.

Alarmanlagen

Um an dieser Stelle keine Paranoia zu schüren: Urlaub mit dem Wohnmobil ist weder hochriskant noch sind Diebstähle, Einbrüche oder Überfalle an der Tagesordnung. Dennoch gelten selbstverständlich die altbekannten Grundsätze „Vorsicht ist besser als Nachsicht" und „Gelegenheit macht Diebe". Ein paar zusätzliche Sicherungen, um den Ganoven ihr Handwerk so schwer wie möglich zu machen, können sicher nicht schaden.

Der wirkungsvollste Schutz, um Gefahren aus dem Weg zu gehen, ist sicher ein umsichtiges Verhalten, und wer keine Wertsachen offen sichtbar im abgestellten Fahrzeug zurücklässt und Autobahn- und Raststätten für die Übernachtung meidet, hat schon einen großen Schritt getan. Neben mechanischem Diebstahlschutz, beispielsweise in Form von Zusatzschlössern oder Tresoren, können elektronische Systeme dabei helfen, das Reisen entspannter zu machen.

Der Diebstahl von Wertsachen aus dem geparkten, unbeaufsichtigten Wohnmobil stellt sicherlich das größte Risiko dar. Einen 100-%-Einbruchschutz gewähren auch elektronische Alarmanlage nicht. Ihre Aufgabe besteht eher darin, dem potenziellen Einbrecher den Weg ins Wohnmobil so unbequem wie möglich zu machen.

Schon ein einfacher Bewegungsmelder, der bei Dunkelheit die Außenbeleuchtung einschaltet, sobald eine Bewegung im Umfeld des Wohnmobils registriert wird, kann potenzielle Einbrecher abschrecken und steigert zudem den eigenen Komfort, da man nie mehr nach dem Schlüsselloch der Aufbautür suchen muss, wenn man im Dunkeln zum Wohnmobil zurückkommt. Ob sich die Kosten für die Installation einer vollwertigen Alarmanlage lohnen, die mit grellem Blinken und ohrenbetäubendem Hupen Einbrecher fernhalten soll, muss letztendlich jeder selbst entscheiden.

Im Zubehörhandel gibt es ein großes Angebot an speziellen Wohnmobilalarmanlagen, die an den CAN-Bus des Basisfahrzeugs angeschlossen werden und so bequem über den Funkschlüssel des Fahrzeugs (un-)scharf

Dank Vernetzung wird das Smartphone zur übersichtlichen Informations- und Steuerzentrale der Bordelektrik.

geschaltet werden können und mithilfe von Magnetkontakten über Türen, Fenster und Dachluken wachen.

Zur Auswahl stehen kabelgebundene Systeme, die unempfindlich gegenüber Störsendern sind, oder Varianten mit Funksensoren, die besonders einfach und ohne zusätzliche Kabel zu montieren sind. Systeme mit integriertem GSM-Modul sind zudem in der Lage, den Eigentümer bei Einbruchversuchen am Fahrzeug mit einem stillen Alarm auf das Handy zu informieren.

Ortungssysteme

Die Wahrscheinlichkeit, dass das Reisemobil bei der Rückkehr nach einem Ausflug nicht mehr an seinem Platz steht, ist verschwindend gering. Gänzlich auszuschließen ist dieser Supergau allerdings nicht und laut Zahlen des Gesamtverbands der Deutschen Versicherungswirtschaft wurden im Jahr 2018 in Deutschland insgesamt 519 Reisemobile entwendet.

Falls alle Vorsichtsmaßnahmen nicht greifen und die Alarmanlage versagt, bietet ein GPS-Tracker im Falle des Falles zusätzliche Sicherheit. Diese kleinen Geräte in der Größe einer Streichholzschachtel lassen sich unauffällig im Wohnmobil verstecken und ermitteln per GPS-Signal die aktuelle Position des Wohnmobils bis auf wenige Meter genau. Wo Sie das Gerät verbauen, ist Ihrer Kreativität überlassen. Tipps zum „besten" Versteck finden Sie an dieser Stelle aus gutem Grund nicht. Nehmen Sie

So sieht eine typische Alarmanlage im Wohnmobil aus.

aber Abstand von offensichtlichen Einbauorten wie Handschuhfach, Ablage in der Seitentür oder Rückwand des Kleiderschranks. Hier werden Diebe mit hoher Wahrscheinlichkeit als Erstes nachschauen.

So lässt sich zum einen ein Diebstahl möglichst frühzeitig erkennen, indem das Gerät Alarm schlägt, sobald das Fahrzeug ein vorher festgelegtes Gebiet verlässt und zum anderen wird die Suche der Polizei nach dem gestohlenen Wohnmobil vereinfacht, um es möglichst rasch sicherzustellen.

Die aktuellen Fahrzeugkoordinaten können über ein integriertes Funkmodul entweder direkt auf das Smartphone des Eigentümers geschickt oder an ein Online-Portal übermittelt werden. Sollte die Ortung per GPS gestört sein, z. B. weil das entwendete Wohnmobil in einer Halle geparkt wird, können einige Geräte den ungefähren Standort per Triangulation zu den nächsten drei Mobilfunkmasten berechnen.

Das Angebot an GPS-Trackern reicht von einfachen, mobilen Geräten mit integriertem Akku für eine Laufzeit von bis zu 20 Tagen ab etwa 50 € bis hin zu fest installierten Geräten, die mit der Alarmanlage gekoppelt und über das Bordnetz mit Strom versorgt werden, für mehrere Hundert Euro. Zusätzlich berechnen einige Anbieter monatliche Kosten für die

GPS-Tracker

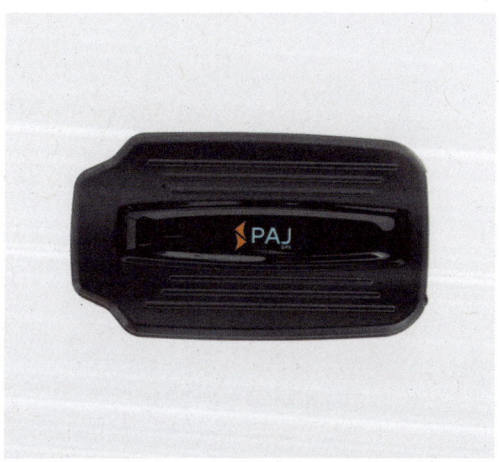

Datenübertragung. Es gibt aber auch Geräte, die mit einer Prepaid-SIM-Karte funktionieren.

Die moderne Ortungstechnik per GPS-Tracker hilft nicht nur, das Fahrzeug nach einem Diebstahl wiederzufinden, sondern kann auch im Reisealltag seinen Nutzen unter Beweis stellen. Falls Sie beim Bummel in einer fremden Stadt einmal nicht zurück zum Wohnmobil finden, reicht ein Griff zum Handy, um sich von Google Maps ganz unkompliziert den kürzesten Weg zum Parkplatz zeigen zu lassen.

Gaswarner

Ein Leck in der Gasversorgung des Wohnmobils ist bei sachgemäßem Umgang und regelmäßiger Gasprüfung sehr unwahrscheinlich. Auch eine gesundheitsschädlich hohe Konzentration an Kohlenmonoxid tritt aufgrund zahlreicher Zwangsbelüftungen im Wohnmobil kaum auf.

Um das Restrisiko zu minimieren, können sich vorsichtige Naturen einen Gaswarner installieren, um nachts ruhiger zu schlafen. Dabei handelt es sich, ähnlich den von zu Hause bekannten Rauchmeldern, um elektronische Sensoren, die mit einem akustischen Warnton auf das Austreten von Gasen hinweisen.

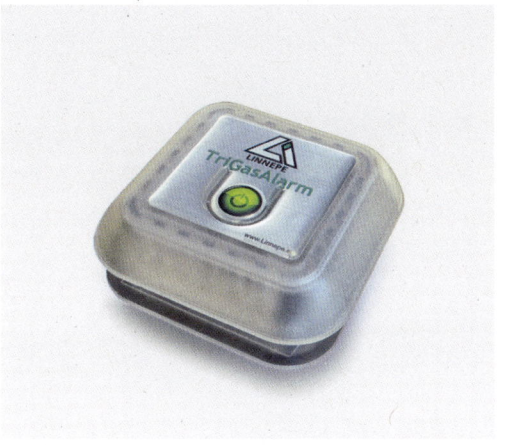

Gaswarner

Aufgrund der physikalischen Eigenschaften der unterschiedlichen Gase sind zwei getrennte Sensoren für Kohlenmonoxid auf der einen sowie Butan und Propan auf der anderen Seite besser geeignet, als Kombi-Sensoren für alle drei Gasarten. Der Sensor für die im Verhältnis zur Luft schwereren Gase Propan und Butan wird in Bodennähe, der Sensor für das leichtere Kohlenmonoxid knapp unterhalb der Fahrzeugdecke montiert, um Fehlalarme zu vermeiden.

VOR DER REISE

Das Wohnmobil verspricht die große Freiheit und Ihnen steht die ganze Welt offen – worauf warten Sie also noch? Völlig ohne Plan aufzubrechen und sich unterwegs einfach treiben zu lassen, ist nur etwas für besonders abenteuerlustige Naturen. Gerade Reisemobilanfänger dagegen sehen sich vor der Abfahrt mit einer Reihe drängender Fragen konfrontiert. Wie plane ich meine Reiseroute? Was gibt es beim Beladen des Wohnmobils zu beachten? Wie komme ich sicher ans Ziel? Dieses Kapitel zeigt Ihnen alles, was Sie wissen müssen, um den Camping-Roadtrip optimal vorzubereiten und eine schöne Reise zu erleben.

DIE REISEPLANUNG

Vorfreude zählt bekanntlich zu den angenehmeren Seiten des Lebens. Was liegt da näher, als das Schöne mit dem Nützlichen zu verbinden? Mit der richtigen Planung lässt sich die Wohnmobiltour gleich viel entspannter angehen.

Einen Königsweg gibt es dabei nicht und je nach persönlicher Einstellung und Länge der Reise wird sich die Vorgehensweise grundlegend unterscheiden. Manche ziehen es vor, die gesamte Reise kilometergenau zu planen und Tag für Tag einen bereits im Vorfeld ausgewählten Übernachtungsplätze anzusteuern, um unterwegs auch garantiert keine bösen Überraschungen zu erleben. Wieder andere fahren einfach darauf los und freuen sich über das, was unterwegs passiert.

Wer mit einem Kurztrip dem Alltag für ein paar Tage entkommen möchte, braucht sich vorab weniger Gedanken zu machen, als jemand, der mit Kind und Kegel eine vierwöchige Skandinavienrundreise plant. Zudem macht es für die Reiseplanung selbstverständlich einen Unterschied, ob ein Roadtrip mit täglich wechselnden Standorten geplant ist oder ein Campingplatz als Basislager angesteuert wird, von dem aus dann Ausflüge in die Umgebung unternommen werden.

Wohin soll es gehen?

Traumhafte Landschaften, reizvolle Orte und einmalige Erlebnisse warten in Deutschland, Europa und weltweit. Wie an anderer Stelle bereits erwähnt, empfiehlt sich für die erste Tour ein Ziel in der näheren Umgebung, um auf einer kürzeren Reise das Wohnmobil kennenzulernen. Hier reicht meist schon ein Besuch auf der Website des zuständigen Fremdenverkehrsamtes, um eine Auswahl an Stell- und Campingplätzen in Erfahrung zu bringen und sich über mögliche Freizeitaktivitäten wie Wanderungen, Radtouren oder Museumsbesuche zu informieren.

Geht es um den mehrwöchigen Sommerurlaub, steht am Anfang der Reiseplanung die Auswahl des (ungefähren) Reiseziels. Dabei hat jeder von uns seine persönlichen Favoriten. Die wichtigsten Fragen, die in diesem Zusammenhang geklärt werden müssen, lauten: Wie weit möchten Sie fahren beziehungsweise wie schnell soll das Ziel erreicht werden? Wer fährt mit? Was möchten Sie unterwegs erleben? Schwierig wird es, wenn sich die Vorlieben der einzelnen Familienmitglieder nicht ohne Weiteres unter einen Hut bringen lassen. Hier sollte man sich vorher in Ruhe zusammensetzen und gemeinsam den Urlaub planen, denn nur so lassen sich spätere Unstimmigkeiten während des Urlaubs vermeiden.

Damit der Urlaub gelingt, sollte auch der Zeitfaktor nicht unberücksichtigt bleiben. Mit kleinen Kindern aus Norddeutschland für einen 10-tägigen Urlaub mit dem eigenen Wohnmobil an die portugiesische Atlantikküste zu düsen, dürfte in den meisten Fällen wohl eher Stress als Urlaub bedeuten.

Deutschland: Ideen für den ersten Trip

Mit vergleichsweise kurzer Anreise punkten die innerdeutschen Reiseziele. Von der Nordseeküste mit dem einzigartigen Wattenmeer über die kilometerlangen Ostseestrände, die Mecklenburgische Seenplatte sowie die unterschiedlichsten Mittelgebirge darunter Harz, Spessart oder Bayerischer Wald bis hin zu uralten Wäldern in Nationalparks wie Schwarzwald, Hunsrück-Hochwald oder Kellerwald-Edersee und den Alpen mit dem malerischen Alpenvorland und der Zugspitze haben sie abwechslungsreiche Landschaftsformen zu bieten. Bei einer

Die Reiseplanung 205

Entdeckungstour mit dem Wohnmobil lassen sich die verschiedenen Regionen ganz individuell erkunden und, wenn Fahrrad oder Kanu mit an Bord sind, sogar aktiv erleben.

Einen guten Rahmen, um die eigene Heimat ohne großen Planungsaufwand zu entdecken, eröffnen die unzähligen Ferienstraßen (www.ferienstrassen.info), die sich den unterschiedlichsten regionalen Themen widmen. Sie eignen sich in der Regel hervorragend für eine Wohnmobilreise, führen meist durch landschaftlich reizvolle Gegenden und erschließen alle herausragenden Sehenswürdigkeiten und spannende Freizeitaktivitäten links und rechts des Weges. Zu den bekanntesten Routen für Wohnmobilfahrer zählen:

▶ Deutsche Alpenstraße
vom Bodensee zum Königssee, 450 km,
www.deutsche-alpenstrasse.de

▶ Route der Rheinromantik von Köln nach Mainz/Wiesbaden, ca. 360 km,
www.romantischer-rhein.de
▶ Romantische Straße
von Würzburg nach Füssen, 460 km,
www.romantischestrasse.de
▶ Deutsche Fachwerkstraße von der Elbe an den Bodensee, mit allen Varianten über 3 000 km,
www.deutsche-fachwerkstrasse.de
▶ Deutsche Märchenstraße von Frankfurt am Main bis nach Bremerhaven, 600 km,
www.deutsche-maerchenstrasse.com

Europa für Wohnmobilanfänger

Bei erwachendem Fernweh und dem Wunsch nach angenehm warmen Temperaturen zieht es viele Reisemobilisten nach Südeuropa, wo Frankreich, Spanien, Kroatien und Italien als Urlaubsziele besonders beliebt sind. Die

Der Leuchtturm am Cabo de Sao Vicente, dem südwestlichsten Punkt des europäischen Festlandes, ist ein beliebter Hotspot für Wohnmobilreisen entlang der Algarve.

genannten Länder eignen sich dank guter Infrastruktur mit zahlreichen Camping- und Stellplätzen für jedes Budget allesamt hervorragend für Wohnmobilnovizen. Neben Sonne satt locken hier mediterrane Flora und Fauna sowie die Nähe zum Mittelmeer bzw. zum Atlantik und eine heiter-gelassene Lebensart. Das Angebot an Camping- und Stellplätzen in den beliebten Tourismusregionen ist groß – während der Sommermonate wird es vielerorts allerdings recht voll.

==Menschenleere Weiten statt Sonnengarantie gibt es in Nordeuropa.== Skandinavien lockt mit einzigartigen Naturerlebnissen von den spektakulären Fjorden und Wasserfällen Norwegens über die Schären und Seen Schwedens bis hin zu den endlosen Wäldern Finnlands. Eine besondere Herausforderung mit eisigen Temperaturen und großen Schneemengen hält das Wintercamping für fortgeschrittene Wohnmobilfahrer bereit.

Ein ebenfalls nicht alltägliches Reiseerlebnis versprechen auch die östlichen Ostsee-Anrainerstaaten als günstige Alternative zu Skandinavien. Unter Wohnmobilisten erfreut sich insbesondere Estland wachsender Beliebtheit. Der baltische Staat ähnelt in vielerlei Hinsicht seinem Nachbarland Finnland, erfreulicherweise sind die Preise für Diesel, Lebensmittel und Stellplätze aber deutlich niedriger. Der Reisende wird von einer reizvollen Natur mit ursprünglichen Wäldern und Mooren empfangen und darf sich über eine hervorragende Infrastruktur mit landesweit rund 300 Campingplätze freuen, von denen viele in spektakulären Nationalparks liegen.

Die vorangegangenen Zeilen dürften deutlich gemacht haben, dass es an lohnenden Rei-

Der Rapunzelturm in Trendelburg ist nur eine von vielen spannenden Stationen der Deutschen Märchenstraße, die den Spuren der Brüder Grimm folgt.

sezielen für die nächste Wohnmobiltour nicht mangelt. Falls unter den vorgestellten Reiseinspirationen für Sie noch nichts Passendes dabei gewesen sein sollte, finden Sie viele Anregungen für tolle Touren in entsprechenden Internet-Blogs sowie Wohnmobilzeitschriften.

Neben der Entscheidung für eine Region sollten Sie sich auch darüber Gedanken machen, wie Sie die Zeit vor Ort verbringen möchten. Sind Sie eher der ruhige Sonnenanbetertyp oder brauchen Sie „action"? Darf es vielleicht auch etwas Kultur sein, zum Beispiel eine Schlossbesichtigung oder der Ausflug in eine größere Stadt? Je genauer Sie sich über die eigenen Interessen im Klaren sind, desto besser. Für die Mobilität vor Ort nimmt man am besten ein Fahrrad mit. Hat man nach ein paar Tagen die nähere Umgebung rund um den Übernachtungsplatz ausgiebig erkundet, geht es mit dem Wohnmobil weiter zum nächsten Basislager.

Geeignete Übernachtungsplätze finden

Alleine für einen Sommerurlaub in Deutschland können Sie sich zwischen knapp 3 000 Campingplätzen entscheiden. Europaweit dürfte deren Zahl sogar in die Zehntausende gehen. Das große Angebot kann bei der Urlaubsplanung schnell überfordern. Solange Sie nur auf der Durchreise sind, bleibt die Entscheidung nahezu folgenlos, denn für eine Nacht lässt es sich praktisch auf fast jedem Platz aushalten.

Wird allerdings der perfekte Campingplatz für einen längeren Aufenthalt gesucht, so steigen die Anforderungen an Ausstattung und Lage und es zahlt sich aus, genau zu überlegen, was der Platz im Angebot haben sollte. Nicht mehr als eine erste Orientierung bietet die Anzahl der vorhandenen Sterne. Natürlich ist ein 5-Sterne-Campingplatz grundsätzlich besser ausgestattet als ein einfacher 2-Sterne-Campingplatz, aber die Aussagekraft ist begrenzt. So kann ein Campingplatz mit vier Sternen zwar formal alle geforderten Kriterien erfüllen, aber dennoch viel weniger Atmosphäre bieten als ein einfacher Naturcampingplatz, der zwar nur einfache, dafür aber blitzsaubere Sanitäranlagen hat und der von den Besitzern mit viel Liebe und Engagement geführt wird. Zudem muss man wissen, dass die Zertifizierung in Deutschland für die Campingplätze freiwillig und kostenpflichtig ist, sodass gerade kleinere Plätze darauf verzichten. Schlechter sein müssen sie deswegen aber nicht. Über Ländergrenzen hinweg ist die Sterne-Bewertung ohnehin nicht vergleichbar, da sich der Kriterienkatalog von Land zu Land unterscheidet.

Welche Kriterien ein Campingplatz idealerweise erfüllen muss, ist individuell sehr unterschiedlich. So wird beispielsweise ein ruhesuchendes Pärchen sicherlich auf einem kleinen Campingplatz, auf dem man unter sich bleibt, besser aufgehoben sein, als auf einem quirligen Jugendzeltplatz bei dem es bis spät in die Nacht turbulent zugeht. Wer dagegen gerne Kontakte knüpft oder gleichaltrige Spielkameraden für den Nachwuchs sucht, schaut sich eher nach einem großen Platz mit familienfreundlicher Infrastruktur wie Spiel- und Bolzplatz, Tischtennisplatten und vielleicht sogar einem kostenlosen Verleih von Spielgeräten um. Ein Animationsprogramm kann eine willkommene Abwechslung sein und bietet Eltern (oder Großeltern) die Gelegenheit, während des Urlaubs einmal ohne Kinder auszuspannen. Aber auch ein einfacher Naturcampingplatz ohne großartige Ausstattung kann für Familien genau das Richtige sein, denn der Nachwuchs kann sich hier sehr gut selbst beschäftigen und langweilig wird es eigentlich nie. Das Klettern auf den Bäumen ist viel spannender als so manches Klettergerüst und Spielen und Buddeln am Strand macht viel mehr Spaß als in der Sandkiste auf dem Spielplatz.

Eine Bademöglichkeit am Platz erfreut Groß und Klein und sorgt im Sommer für eine willkommene Abkühlung. Wichtig für kleine Kinder ist ein möglichst flaches Badewasser. Wer außerhalb des Hochsommers unterwegs ist, findet auch Plätze mit angeschlossenem Schwimmbad.

Zusätzlich zu diesen grundlegenden Überlegungen spielen natürlich auch die Lage sowie die Freizeitmöglichkeiten eine wichtige Rolle. Wer seine Freizeit gerne aktiv gestaltet, braucht, je nach persönlichen Vorlieben, ein gut ausgebautes Netz an Wander- oder Radwegen in der näheren Umgebung.

Um eine endgültige Entscheidung bei der Campingplatzauswahl treffen zu können, empfiehlt sich immer auch der Blick auf die Qualität der Sanitärausstattung. Zwar hat man im Wohnmobil das eigene Badezimmer stets mit dabei, allerdings ist der Komfort in der engen Bord-Dusche begrenzt und gerade bei längeren Aufenthalten geben die meisten Camper dann doch den festen Sanitäranlagen den Vorzug, um wie zu Hause duschen zu können, ohne ständig an die Ver- und Entsorgung denken zu müssen. Eine mit nur geringem Wasserdruck lauwarm aus drei Löchern plätschernde Dusche im Gemeinschaftsbad kann die Urlaubsstimmung schnell trüben. Familien mit Kindern freuen sich über Familienwaschräume mit Kinderwaschbecken und Babywickelräumen. Wem die fehlende Privatsphäre in den großen Waschräumen zuwider ist, sucht nach einem Campingplatz, auf dem man ein Privatbad dazubuchen kann. So genießen Sie auch auf dem Campingplatz den Komfort eines eigenen Bades und brauchen garantiert nie für die Dusche anzustehen.

Auch die weiteren Serviceeinrichtungen sollten Sie im Hinblick auf Ihre persönlichen Bedürfnisse hin abklopfen. Gut fürs Portemonnaie ist ein nahegelegener Supermarkt, denn die Preise im Campingplatzkiosk sind meist gesalzen. Wer nicht immer selbst kochen möchte, braucht einen Platz mit Restaurant. Die Bandbreite des gastronomischen Angebots reicht vom einfachen Imbiss, der Schnitzel, Pommes und Currywurst serviert, bis zur gehobenen Küche, die den Gaumen der Gäste mit saisonaler und regionaler Küche verwöhnt. Auf größeren Campingplätzen finden sich oft sogar mehrere Restaurants für die unterschiedlichen Geschmäcker. Auf dem Südsee-Camp in der Lüneburger Heide, mit über 1 000 Stellplätzen einer der größten Campingplätze in Deutschland, kümmern sich beispielsweise gleich sieben verschiedene gastronomische Einrichtungen von der Strandbar mit Biergartenterrasse über den Imbiss Camper's Inn bis hin zu mehreren Restaurants um das leibliche Wohl der Campinggäste, sodass sich vom Frühstück über deftige Speisen zum Mittag und kleinen Snacks für zwischendurch oder Kaffee und Kuchen am Nachmittag bis zum Cocktail am Abend die passende Lokation finden lässt.

Die Antwort auf die Frage „Wo kann ich mit dem Wohnmobil während meiner Reise gut und sicher übernachten?" trägt elementar zum Gelingen der Reise bei. Glücklicherweise stehen für die Suche nach geeigneten Camping- und Stellplätzen eine ganze Reihe von Informationsmöglichkeiten zur Auswahl.

Die einfachste und naheliegende Suchmöglichkeit der Campingplatzrecherche ist dabei nicht die schlechteste. Tippen Sie bei Google Maps (www.google.de/maps) die Zielregion und das Stichwort „Camping" in die Suchleiste ein, so erhalten Sie im Handumdrehen eine Übersichtskarte, in der die Lage aller infrage kommenden Campingplätze angezeigt wird.

Zusätzlich zeigt die Spalte am linken Rand eine Auflistung mit den Namen der einzelnen Plätze, ein Foto und das Resümee der Nutzerbewertung in Form von ein bis fünf Sternen.

Mit einem Klick auf den jeweiligen Campingplatz in der Karte oder dessen Namen in der Randspalte erhalten Sie nähere Informationen und können sich weitere Fotos ansehen, die ein anschauliches Bild davon vermitteln, wie es vor Ort aussieht.

Auch ein Link zur Campingplatz-Homepage wird angeboten. Der Besuch der Internetpräsenz kann weitere Anhaltspunkte dazu

Wie finde ich den perfekten Campingplatz? Mit dem richtigen Hilfsmittel wird die Suche zum Vergnügen.

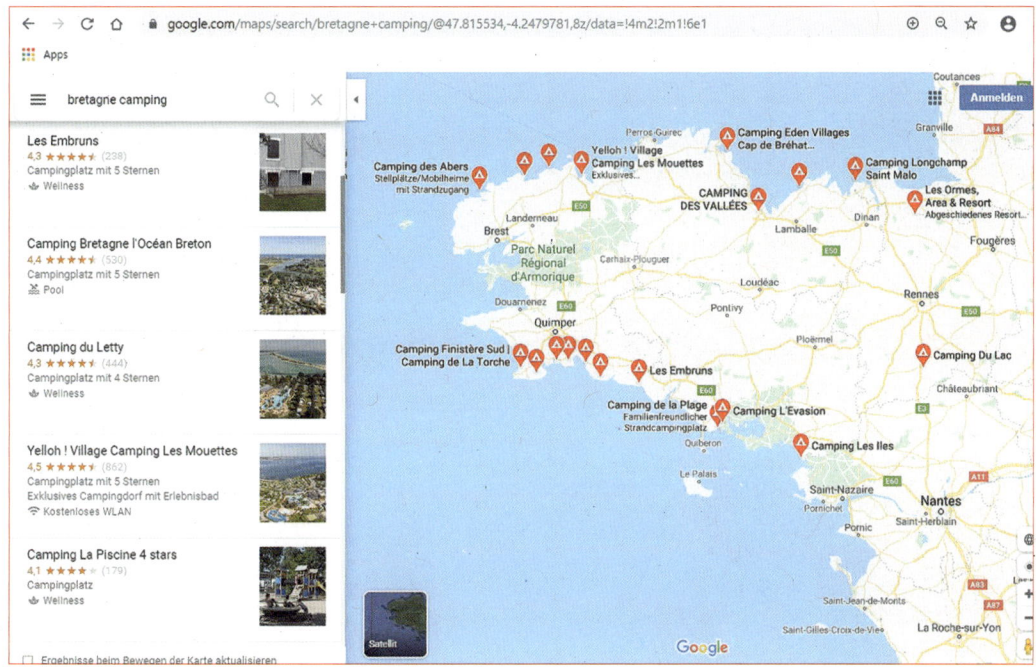

Eine Suche bei Google Maps liefert einen ersten Überblick der Campingplätze am Urlaubsziel.

liefern, ob der ausgewählte Campingplatz Ihren Wünschen und Ansprüchen genügt. Hierbei sollte man sich aber nicht alleine vom ersten Eindruck leiten lassen. Eine antiquarische, selbst zusammengebastelt wirkende Internetseite kann durchaus bedeuten, dass der Betreiber seine gesamte Energie lieber in den Platz und seine Gäste investiert als in die Programmierung seines Internetauftritts. Umgekehrt ist eine schick designte Website nicht zwangsläufig ein Garant für einen tollen Campingplatz und unterstreicht in erster Linie die Marketingkompetenz des Anbieters.

Aussagekräftiger sind da schon die Bewertungen der anderen Camper, die bereits einen Urlaub auf dem entsprechenden Platz verbracht haben. Diese sind, wie andere Nutzerbewertungen im Internet auch, mit Vorsicht zu genießen und Sie sollten sich auf keinen Fall von der Sterne-Anzahl täuschen lassen. Neben den Balkendiagrammen für die einzelnen vergebenen Sterne kann man sich über den Link „Berichte" den Wortlaut der einzelnen Rezensionen zu Gemüte führen. Hierbei findet man meist schnell heraus, ob die Bewertungen Substanz haben und die Verhältnisse vor Ort beschreiben, oder ob es sich lediglich um 5-Sterne-Jubelbewertungen von Freunden und Bekannten des Campingplatzbesitzers handelt.

Als gute Ergänzung zu den Google-Nutzerbewertungen bietet sich der Besuch eines speziellen Camping-Onlineportals wie z. B. www.camping.info an. Hier können Sie gezielt nach einem bestimmten Campingplatz suchen, sich auf einer Karte die Plätze in der dargestellten Region anzeigen lassen und die Ergebnisse nach bestimmten Kriterien wie autofreie Stellplätze, Hunde erlaubt, Restaurant am Platz oder Kinderspielplatz und vielem mehr filtern.

Im Reiter „Bewertungen" können Sie auf einen Blick prüfen, ob der ausgewählte Platz zu Ihren eigenen Interessen passt. Hier finden Sie zu Beginn sehr übersichtlich Angaben zur Kinderfreundlichkeit (und das sogar nach unterschiedlichen Altersstufen getrennt), zum Preis-Leistungs-Verhältnis, zur Sauberkeit der Sanitäranlagen oder auch zu den Freizeitmöglichkeiten. Darunter folgen dann die ausführlichen, von anderen Campern abgegebenen Bewertungen.

Ob Berge oder Meer, familiärer Naturcamping oder große Ferienanlage mit Animationsprogramm: Das reichhaltige Angebot hält für jeden Geschmack den passenden Campingplatz bereit.

Natürlich gibt es auch zahlreiche Apps, die zur Stellplatzsuche genutzt werden können, mehr dazu ab Seite 216.

Camping- und Stellplatzführer

Neben dem Internet haben die klassischen Camping- und Stellplatzverzeichnisse in gedruckter Buchform noch immer ihre Berechtigung. Sie leisten unter anderem gute Dienste für die Recherche nach einem Übernachtungsplatz unterwegs, da sie unabhängig von Strom und mobilem Internet funktionieren, und liefern zusätzlich zur umfangreichen und übersichtliche Auflistung der Camping- und Stellplätze eine ganze Reihe weiterreichender Informationen wie Adresse und GPS-Koordinaten, die vorhandene Infrastruktur von den Sanitärgebäuden über die Bademöglichkeiten bis hin zum Freizeitprogramm und die zu erwartenden Preise sowie eine Bewertung des jeweiligen Platzes. Als Zusatzleistung gibt es bei einigen Büchern eine Art Mitgliedskarte für ein Rabattsystem, mit der man bei angeschlossenen Plätzen die eine oder andere kleine Vergünstigung bekommt.

Natürlich haben auch die Verlage die Zeichen der Zeit erkannt und bieten die Informationen aus den Büchern alternativ oder als Ergänzung zur gedruckten Ausgabe kostenpflichtig im Internet an, und zwar entweder auf einer speziellen, für Smartphones optimierten Website oder als native App, die dann sogar ohne Internetverbindung funktioniert. Weitere Hinweise und Empfehlungen zu Camping- und Stellplatzführer-Apps finden Sie ab Seite 216.

Seit über 20 Jahren listet der Bordatlas aus dem Dolde Medien Verlag (27,90 €, www.bordatlas.de) in zwei Bänden alle relevanten Informationen zu über 6 400 Stellplätzen in Deutschland und Europa auf. Dazu gehören

Angaben zu Preis, maximaler Fahrzeuglänge, die Angabe, ob auch Gespanne erlaubt sind, sowie Ausstattung und touristisches Angebot. Als Bonus gibt es ein umfangreiches Gutscheinangebot für die Stellplatzübernachtung.

Ein klassisches Nachschlagewerk fürs Handschuhfach ist auch der ADAC Campingführer, der jährlich in zwei Bänden für Deutschland und Nordeuropa sowie Südeuropa herausgegeben wird (je Band 22,80 €, www.pincamp.de). Er beschreibt attraktive Campingplätze und die Informationen werden von Inspekteuren vor Ort geprüft. Neben einer 5-Sterne-Gesamtbewertung werden vielfältige Detailinformationen gelistet und die ADAC-eigene Campingplatz-Klassifikation in zehn Kategorien ermöglicht die gezielte Auswahl des Urlaubsplatzes. Die beiliegende CampCard gewährt Sonderpreise in der Nebensaison.

Speziell an Wohnmobilisten richtet sich der zweibändige ADAC Stellplatzführer (22,80 €), der fast 7 000 Plätze in ganz Europa detailliert mit Angaben zu Versorgungs- und Entsorgungseinrichtungen, Lage und Zufahrt, Ausstattung und Gebühren vorstellt. Erleichtert wird die Auswahl eines Stellplatzes durch die ADAC-Klassifikation, die vor Ort von Inspekteuren des ADAC erhoben wird. Auch dem Stellplatzführer liegt die ADAC Campcard bei. Für die Reisen in beliebte Urlaubsländer bietet sich der ADAC Camping- und Stellplatzführer in einem Band (jeweils 19,99 €) an. Sie sind erhältlich für Deutschland (ca. 3 900 Plätze), Skandinavien-Ostsee (ca. 2 000 Plätze), Italien-Kroatien-Österreich-Slowenien (ca. 2 200 Plätze) sowie Frankreich-Spanien-Portugal (ca. 2 900 Plätze) und kombinieren eine Auswahl von vollwertigen Campingplätzen mit breitem Serviceangebot für den längeren Aufenthalt mit einfacheren Stellplätzen für die Durchreise in nur einem Buch.

Die in den verschiedenen ASCI Campingführern (ab ca. 20 €, www.acsi.eu) vorgestellten Plätze werden jährlich von den Mitarbeitern des niederländischen Unternehmens unter die Lupe genommen. Die einzelnen Bände umfassen dabei rund 8 000 Campingplätze in 29 Ländern (Campingführer Europa), 2 540 Plätze in Deutschland und Nachbarländern (Campingführer Deutschland) bzw. mehr als 12 000 Camping- und Stellplätze in ganz Europa (Stellplatzführer). Die Bücher in deutscher Sprache sind als Einzelausgabe, als Jahresabonnement sowie im Paket mit der CampingCard oder in Kombination mit einem einjährigen Zugang zur Nutzung der Smartphone-App erhältlich.

INFO   **CAMPINGPLATZSUCHE IM INTERNET**
Zwei empfehlenswerte Anlaufstellen, um Campingplätze zu finden, die die gewünschten Kriterien wie beispielsweise „kinderfreundlich", „Badestelle vorhanden" und „Haustiere erlaubt" erfüllen, sind der Online-Auftritt des ADAC-Campingführers unter www.pincamp.de sowie das Portal www.camping.info/de.
Bei beiden Angeboten bieten die Bewertungen anderer Camper mit Kommentaren, Fotos und teilweise sogar Videos eine sehr fundierte Grundlage, um realistisch einschätzen zu können, was einen vor Ort wirklich erwartet und ob der jeweilige Platz einem gefallen wird oder nicht.
Wer gezielt nach kleinen, aber feinen Campingplätzen zu den unterschiedlichsten Urlaubsvorlieben, wie beispielsweise Lage am See, viele Wanderwege in der Umgebung oder barrierefreie Ausstattung, sucht, sollte sich die Website www.kleinecampingplaetze.de anschauen, auf denen der niederländische Campingspezialist ACSI rund 2 000 entsprechende Plätze zum Campen im Grünen in ganz Europa porträtiert.

Die vom Deutschen Camping-Clubs jährlich herausgegebenen Nachschlagewerke DCC-Campingführer Europa und DCC-Stellplatzführer Europa (21,90 €/7,90 €, www.camping-club.de) listen ca. 6 000 Campingplätze bzw. 2 000 Stellplätze in ganz Europa auf. DCC-Vertragsplätze und Naturplätze sind besonders gekennzeichnet. Abgerundet wird das Informationsangebot mit Hinweisen zu Alpenpässen sowie Wintersportcampingplätzen.

Der ECC-Campingführer (14,90 €, www.ecc-campingfuehrer.de) beschreibt auf knapp 1 000 Seiten etwa 5 500 Campingplätze in 37 Ländern mit detaillierten Angaben zur Lage und Ausstattung des Platzes. Die Aufnahme erfolgt dabei club- und vertragsunabhängig. Eine Besonderheit ist das Spezialregister für FKK-Campingplätze. Abgerundet wird der Inhalt durch Spartipps für rund 1 000 Plätze in der Nebensaison und praktische Informationen zu den jeweiligen Reiseländern wie Verkehrsbestimmungen oder Hinweise zum Grenzübertritt mit Haustieren.

Der jährlich vom Bundesverband der Campingwirtschaft in Deutschland (BVCD) herausgegebene BVCD Campingführer (9,95 €, www.campingplatz-deutschland.de) liefert Kontaktdaten und weitere Informationen zu Ausstattung und Preisen von über 1 000 im Verband organisierten Camping- und Stellplätzen in Deutschland, kapitelweise sortiert nach Bundesländern. Im Preis enthalten ist die CampinggutscheinCard, mit der man als Erstbesucher auf ausgewählten Plätzen in der Nebensaison die zweite Nacht gratis stehen darf (max. zwei Erwachsene und zwei Kinder, exkl. Nebenkosten wie Strom und Kurtaxe).

Ein zuverlässiges Nachschlagewerk kann die Suche nach Übernachtungsplätzen deutlich entspannen. Die Bücher vom ADAC zählen zwar nicht zu den preisgünstigsten Angeboten auf dem Markt, bieten aber den höchsten Praxisnutzen. Die Einschätzung der Campingplatztester trifft erfahrungsgemäß recht gut zu und da die Bewertung der Campingplätze getrennt nach verschiedenen Bereichen wie Beschaffenheit und Größe der Parzellen, Qualität der Sanitäranlagen sowie Umfang des gastronomischen Angebots und des Animationsprogrammes erfolgt, bekommt man für die Recherche nach passenden Campingplätzen schon vor der Anreise ein recht realistisches Bild davon, was einen auf dem jeweiligen Campingplatz erwartet.

Wer überwiegend in der Nebensaison unterwegs ist und nicht nur auf Stell-, sondern gerne auch auf Campingplätzen übernachtet, ist mit dem ASCI-Campingführer gut bedient, denn mit der im Kaufpreis enthaltenen Rabattkarte lassen sich durchaus ein paar Euro sparen. So übernachten zwei Personen immerhin auf mehr als 3 600 der insgesamt 8 000 vorgestellten Plätze im Campingführer Europa in der Vor- oder Nachsaison zum Festpreis von 12 €, 14 €, 16 €, 18 € oder 20 € pro Nacht. Tipp aus der Praxis: Um in den Genuss des ermäßigten Tarifs zu kommen, die ASCI-Campingcard nicht erst bei der Abreise, sondern unbedingt bereits beim Check-in vorzeigen.

Campingplatz vorbuchen oder nicht?

Ein einsames Wohnmobil am See, davor ein Lagerfeuer und ein Pärchen stößt mit einem Glas Rotwein auf den Sonnenuntergang an. So zeigt es zumindest der TV-Werbespot in bester Sendezeit vor der Tagesschau, der Lust aufs Camping machen will. Natürlich gibt es solche Plätze, aber der Campingalltag sieht dann doch ein bisschen anders aus, als in der schönen, heilen Werbewelt. Und auf den beliebten Campingplätzen von der Nordseeinsel Sylt bis zu den Oberallgäuer Alpen kommt es in der Hauptsaison oder an langen Wochenende durchaus vor, dass neue Gäste mit einem „Tut uns leid, wir sind voll" an der Schranke empfangen werden.

Wer es spontan mag, kann selbstverständlich trotzdem einfach einen Campingplatz ansteuern, sein Glück versuchen und zum nächsten weiterfahren, falls kein Platz mehr frei ist. Die Suche nach einer Alternative birgt aber die Gefahr, dass der Ausweichplatz nicht zu 100 % den eigenen Vorstellungen entspricht. Gerade mit Kindern an Bord kann nach einer langen Anreise das Abklappern der Campingplätze auf der Suche nach einer freien Parzelle die Stimmung ruinieren, noch bevor der Urlaub richtig begonnen hat.

Auch wenn eine Reservierung auf den meisten Campingplätzen nicht zwingend erforderlich ist, ist sie in vielen Fällen doch sehr zu empfehlen. Das gilt insbesondere, wenn Sie einen längeren Campingurlaub in der Hochsaison an einem Ort planen oder mit einer Gruppe unterwegs sind und mehrere Parzellen nebeneinander benötigen. Auch ersparen Sie sich so ein eventuell erforderliches Umparken und -bauen während des Urlaubs, weil die Plätze knapp sind und der zugewiesene Stellplatz nach ein paar Tagen für einen anderen Camper geräumt werden muss, der selber vorgebucht hatte.

Den Platzplan richtig lesen

Der Platzplan liefert einen Überblick über die Lage, Aufteilung und Serviceeinrichtungen des Campingplatzes.

1 **Parzellengröße:** Viele Campingplätze bieten unterschiedlich große Parzellen zur Auswahl. Zusätzlich zu den Abmessungen Ihres Wohnmobils sollten Sie auch den Platzbedarf für Markise oder Vorzelt mit einplanen.

2 **Entfernung zum Sanitärgebäude:** Wenn die eigene Nasszelle im Wohnmobil ausreicht, bekommt man in den Außenlagen ein ruhiges Plätzchen.

3 **Zentrale Lage:** Wer dagegen das bordeigene Badezimmer nicht so gerne nutzt, schlecht zu Fuß ist oder Kinder dabei hat, sucht sich besser eine Parzelle, die näher am Waschhaus und den übrigen Serviceeinrichtungen des Campingplatzes liegt, muss dann allerdings entsprechend hohen „Durchgangsverkehr" in Kauf nehmen.

4 **Spielplatznähe:** Familien mit Kindern schätzen den Vorteil einer Parzelle in Spielplatznähe. Im Beispiel allerdings würde die Freude durch die mögliche Geruchsbelästigung durch die benachbarte Müll- und Entsorgungsstation getrübt und auch die Lage direkt hinter der Schranke mit entsprechend vielen vorbeifahrenden Fahrzeugen ist wenig attraktiv.

5 **Ruhige, zentrale Lage:** Ideal, zentrale Lage in kurzer Entfernung zu Sanitärgebäude, Spielplatz und weiteren Serviceeinrichtungen. Aufgrund des benachbarten Pools allerdings nur für Familien mit Kindern, die schon schwimmen können, geeignet.

6 **Nordrichtung:** Die Angabe der Himmelsrichtung ermöglicht einen Rückschluss auf den Stand der Sonne im Tagesverlauf.

Je früher Sie die Reservierung vornehmen, desto freier sind Sie in der Platzwahl. Gerade die besonders begehrten Campingplätze (z. B. solche direkt am Wasser oder Anlagen mit einer besonders guten Ausstattung) sind schon lange im Voraus ausgebucht, da Stammgäste nicht selten schon am Ende des aktuellen Urlaubs für das nächste Jahr reservieren.

Die Buchung eines Campingplatzes erfolgt in den meisten Fällen direkt beim Campingplatz selbst – entweder über dessen Website oder ganz traditionell per Telefon. Das ist übrigens nicht die schlechteste Idee, denn so mancher Campingplatzbetreiber checkt seine E-Mails in der Sommersaison nur sporadisch.

Buchungsportale, wie wir sie von Flügen oder Hotels gewohnt sind, bei denen man einfach Reiseziel, Urlaubszeitraum und den Maximalpreis angibt und dann die passenden Angebote angezeigt bekommt, stecken in der Campingplatzszene noch in den Kinderschuhen. In den letzten Jahren haben einige Start-ups den Anfang gemacht. Derzeit sind sie aber noch keine vollwertige Alternative zur Buchung per Telefon oder Betreiberhomepage, da nur ein kleiner Teil der Plätze teilnimmt. Plattformen, bei denen man nach Campingplätzen suchen und diese direkt buchen kann, sind z. B.:

- www.maxcamping.de (ca. 2 000 Plätze in Deutschland)
- de.camping-and-co.com (ca. 3 500 Plätze in Deutschland, Frankreich, Italien und Spanien)

Anders als auf Campingplätzen ist bei vielen Wohnmobilstellplätzen keine Reservierung möglich. Hier gilt das gute alte Wer-zuerst-kommt-mahlt-zuerst-Prinzip und wer bei der Anfahrt einen freien Stellplatz vorfindet, kann bleiben.

Während sich eine Reservierung vor allem für längere stationäre Campingaufenthalte anbietet, geht eine langfristige Festlegung auf ei-

Wandern und Radfahren zählen zu den beliebtesten Aktivitäten. Aber auch Wassersport und Wohnmobil sind eine tolle Kombination.

nen bestimmten Campingplatz zulasten der Spontanität. Um auf einer Wohnmobilrundreise maximal flexibel zu bleiben, hat es sich daher bewährt, jeweils gegen Mittag beim nächsten Campingplatz anzurufen und sich nach freien Kapazitäten zu erkundigen. So müssen Sie sich nicht lange im Voraus festlegen und haben trotzdem die Gewissheit, am Abend einen sicheren Übernachtungsplatz vorzufinden, beziehungsweise es besteht ausreichend Zeit, um sich nach Alternativen umzuschauen.

Routenplanung

Nachdem Sie sich auf ein Reiseziel festgelegt haben, kann es an die Ausarbeitung der Reiseroute gehen. Wer sich die Arbeit erleichtern möchte, findet im Buchhandel zusätzlich zu den bereits erwähnten Camping- und Stellplatzführern auch spezielle Wohnmobil-Reiseführer mit fertigen Routenvorschlägen und Hinweisen zu Attraktionen, Übernachtungsmöglichkeiten und Aktivitäten entlang der Strecke. Eine Übersicht von Buchverlagen mit entsprechendem Angebot finden Sie am Ende des Buches.

Ob Sie nun eine vorgegebene Strecke aus dem Reiseführer oder einem Internetportal folgen oder die Strecke ganz individuell planen möchten, es gilt in jedem Fall der Grundsatz: Weniger ist mehr. Erstellen Sie besser nur eine grobe Routenplanung und legen Sie einzelne Stationen fest, die Sie unbedingt anfahren möchten, als detaillierte Tagesetappen auszuarbeiten. Planen Sie unbedingt großzügige Zeitpuffer ein.

Unterwegs kann viel passieren. Schnell führt der Tipp eines Stellplatznachbarn auf einen lohnenswerten Abstecher oder eine angenehme Schönwetterperiode mit viel Sonnenschein und blauem Himmel lädt an einem Ort zum längeren Verweilen ein. Umgekehrt kann schlechtes Wetter, bei dem man sich ohnehin nicht vor die Tür trauen würde, gut dazu genutzt werden, um längere Fahrstrecken in Angriff zu nehmen.

Angesichts der Fülle an sehenswerten Orten, spektakulären Wanderrouten und vielen Attraktionen mehr, ist es sinnvoll, schon vor Beginn der Reise Prioritäten zu setzen. So fällt es später leichter zu entscheiden, welche Station links liegen gelassen werden kann, falls die Zeit knapp wird.

Als ganz grobe Orientierung für die maximale Reisestrecke haben sich Tagesetappen von bis zu 200 km Länge bewährt. Wenn Sie gerne Auto fahren, sind längere Distanzen selbstverständlich kein Problem. Auf der anderen Seite sollten die Fahrstrecken umso kürzer ausfallen, je kleiner die mitreisenden Kinder sind. Grundsätzlich ist es eine gute Idee, die Etappen so zu wählen, dass man spätestens bei einsetzender Dämmerung am Übernachtungsplatz eintrifft. Die Gründe dafür sind vielfältig: So führt ein nächtliches Eintreffen am Campingplatz oftmals zu Problemen beim Einchecken, da die Rezeption nicht mehr besetzt ist und im schlimmsten Fall muss vor der Schranke genächtigt werden. Auch die Anfahrt zu einem entlegenen Stellplatz über einen engen, holprigen Feldweg gerät bei Tageslicht deutlich angenehmer als im Dunkeln.

Als letzten Punkt bei der Streckenwahl sollten Sie neben den Spritkosten auch die Mautkosten im Blick behalten, da diese schnell ins Geld gehen können. Eine Übersicht der anfallenden Sprit- und Mautkosten auf einer bestimmten Strecke liefert beispielsweise der Routenplaner des ADAC unter maps.adac.de.

> **INFO** **ÜBERGABE- UND ABGABETAG BEIM MIETMOBIL**
>
> Angesichts hoher Tagespreise ist der Wunsch verständlich, mit dem gemieteten Reisemobil gleich am ersten Tag voll durchzustarten und die kostbare Zeit effektiv auszunutzen. Im eigenen Interesse sollten Sie aber besser Abstand von der Idee nehmen, denn die Übergabe und das Einräumen des Mietmobils sowie der meist ebenfalls obligatorische Supermarkt-Stopp zum Aufstocken der Grundnahrungsmittel nehmen viel Zeit in Anspruch. Gehen Sie es lieber ruhig an und planen Sie am ersten Tag nur eine kurze Fahrstrecke ein, um ausreichend Gelegenheit zu haben, das ungewohnte Fahrzeug kennenzulernen.
> Auch der Abgabetag am Urlaubsende ist oft kein vollwertiger Reisetag. Klären Sie spätestens bei der Übernahme, zu welcher Tageszeit das Wohnmobil

Vielfältige Filtermöglichkeiten machen die Stellplatzsuche per Smartphone zum Kinderspiel.

am Ende zurückgegeben werden muss. Viele Vermieter erwarten eine Rückgabe am letzten Tag der Mietperiode bereits am Vormittag. Daher bietet es sich an, schon am vorletzten Tag einen Stellplatz in der Nähe der Rückgabestation anzusteuern, damit der Urlaub ohne Stress und Zeitdruck ausklingen kann.

Letzte Reisevorbereitungen

Wenn der heiß ersehnte Urlaub näher rückt, ist ein guter Zeitpunkt, um die vielen kleinen mehr oder weniger hilfreichen digitalen Helfer in Form der entsprechenden Apps mit einem Update auf den neuesten Stand zu bringen oder überhaupt erst herunterzuladen und zu installieren.

Nahezu unverzichtbar ist eine App zur Camping- oder Stellplatzsuche, mit der sich unkompliziert ein geeigneter Platz zum Übernachten mit dem Wohnmobil finden lässt. Sowohl Apples App Store wie auch Googles Playstore halten ein großes Angebot unterschiedlicher Stellplatzverzeichnisse mit leistungsstarken Such- und Filterfunktionen bereit. Oftmals findet eine Beschreibung und Bewertung durch andere Nutzer statt.

Die meisten Apps werden in einer einfachen kostenlosen Version angeboten, den vollen Leistungsumfang ohne Werbung und mit Offline-Funktion, sodass sich selbst dann ein Stellplatz finden lässt, wenn man gerade keinen Empfang hat, gibt es aber nur gegen Bezahlung, meist in Form eines Abo-Modells.

Es spricht nichts dagegen und es ist sogar sehr zu empfehlen, sich mehrere der kostenlosen Basisversionen zu installieren. So können Sie die unterschiedlichen Angebote selbst testen und besser herausfinden, was Ihnen persönlich am meisten zusagt. Außerdem haben die einzelnen Programme unterschiedliche Schwerpunkte. So legt beispielsweise die ADAC-App den Fokus auf komfortable Campingplätze, während sich die App Park4Night vor allem anbietet, um Plätze zum Freistehen zu finden.

Hier eine Auswahl der bekanntesten Stellplatz-Apps fürs Smartphone:

▶ Stellplatz-Radar: Stellplatzdatenbank der Zeitschrift Promobil mit über 12 500 gelisteten Einträgen; Grundfunktionen kostenlos nutzbar, Monats- oder Jahresabo (0,99 €/4,99 €) für erweiterte Suchfilter und Offline-Funktion
▶ Camping.info Europa: Verzeichnis mit 23 500 Campingplätzen in 44 Ländern des gleichnamigen Internetportals, die per Karte oder Eigenschaften gesucht werden können (kostenlos)
▶ Campercontact: Informationen zu mehr als 30 000 Wohnmobilstellplätzen in über 50 Ländern; Vollversion 5,99 €/Jahr
▶ Womo-stellplatz.eu: in der werbefreien und offlinefähigen Pro-Version (einmalig 5,49 €) Möglichkeit zur Suche von Stellplätzen entlang einer Route
▶ ADAC Camping- und Stellplatzführer: kostenpflichtige Offlinedatenbank (8,99 €) mit 8 800 Campingplätzen und über 8 200 Stellplätzen in ganz Europa mit umfassenden Platzbeschreibungen und vielfältigen Suchfunktionen, sowie integrierte digitale Rabattkarte ADAC Campcard (für ein Jahr)
▶ Park4Night: Umfangreiches, auf den Vorschlägen der breiten Nutzercommunity basierendes Stellplatzspektrum vom einfachen Park- oder Picknickplatz bis hin zum offiziellen Campingplatz, Offline-Suche nur in der kostenpflichtigen Pro-Version (1,99 €/Monat oder 9,99 €/Jahr)

Wie das gedruckte Vorbild umfasst die ADAC-App eine Vielzahl an Camping- und Stellplätzen und die umfangreichen Filterfunktionen ermöglichen eine sehr zielgerichtete Campingplatz-

Suche. Als weiteren Mehrwert bietet die digitale Ausgabe des klassischen Nachschlagewerks Nutzerbewertungen als Ergänzung zu den Einschätzungen der ADAC-Tester, und bei über 1 000 Plätzen vermitteln 360°-Panoramaaufnahmen ein sehr anschauliches Bild von den Verhältnissen vor Ort.

Soll überwiegend auf Stellplätzen übernachtet werden, empfiehlt sich der Stellplatz-Radar der Zeitschrift Promobil als gute Ergänzung oder Alternative. Auch hier steuern vielfältige Nutzerkommentare und -fotos wertvolle Informationen zusätzlich zu den redaktionellen Beschreibungen bei. Die kostenlose Basisversion umfasst die gesamte Stellplatzdatenbank und unterscheidet sich vor allem in den Filtermöglichkeiten bei der Suche von der Abo-Variante. Wer darauf verzichten kann und nicht gerade über einen Mini-Datentarif verfügt und daher keine Offline-Funktion benötigt, bekommt bereits mit der kostenfreien Variante ein hilfreiches Werkzeug, um Stellplätze in der näheren Umgebung oder an einem bestimmten Ort zu finden.

Weiterhin sehr zu empfehlen, ist die Installation eines kostenloses Routenplaners wie Here WeGo, der sich dank weltweiter Offline-Navigation hervorragend als Back-up für das fest eingebaute Navi im Wohnmobil eignet. Eine gute Ergänzung ist die vom Europäischen Verbraucherzentrum entwickelte App Mit dem Auto ins Ausland mit alle wichtigen Informationen wie besonderen Verkehrsvorschriften, Maut oder den Kontaktdaten zu Pannendiensten in allen 28 Ländern der EU sowie in der Schweiz, Norwegen und Island.

Ein hilfreicher Reisebegleiter für Wohnmobilfahrer, die vom Stellplatz aus gerne Wanderungen oder Fahrradtouren unternehmen, ist ein Outdoor-Tourenplaner wie z. B. Komoot oder Bergfex, mit dem sich am Urlaubsziel lohnende Routen für die unterschiedlichsten Aktivitäten (u. a. Kanufahren, Bergsteigen, Wanderungen, Fahrradfahren, MTB-Routen) finden lassen. Sehenswürdigkeiten vor Ort nennt eine regionale Umkreissuche wie beispielsweise AroundMe. Bei Reisen in Länder, deren Sprache man nicht mächtig ist, kann eine Wörterbuch-App Kommunikationsproblemen vorbeugen.

> **INFO** **REISEAPOTHEKE**
>
> Im Urlaub krank zu werden, ist kein schöner Gedanke, aber schnell passiert. Ungewohntes Essen führt zu einer Magenverstimmung, und wer tagsüber zu lange in der prallen Sonne war, hat am Abend mit Kopfschmerzen zu kämpfen. Der Erste-Hilfe-Kasten ist meist keine große Hilfe und schnell sinkt die Urlaubsstimmung in den Keller. Erst recht, wenn die nächste Apotheke weit weg ist. Um im Ernstfall richtig versorgt zu sein, gehört daher eine Reiseapotheke unbedingt ins Gepäck. Neben Medikamenten, die regelmäßig eingenommen werden müssen, sollten für eine Wohnmobilreise in Europa mindestens die folgenden Arzneimittel enthalten sein:
>
> ▶ Mücken-Schutzmittel/Insektenabwehrmittel (am besten mit dem Wirkstoff Icaridin)
> ▶ Zeckenzange oder eine sogenannte Zeckenkarte
> ▶ Sonnenschutz. Für Kinder mit heller Haut ist ein Lichtschutzfaktor 50, für Erwachsene Faktor 30 sinnvoll.
> ▶ Schmerz- und Fiebermittel (mit Diclofenac, Ibuprofen oder Parazetamol). Azetylsalizylsäure („Aspirin") ist zwar wirksam, kann aber bei Kindern unter 12 Jahren lebensbedrohliche Nebenwirkungen haben.
> ▶ Fieberthermometer
> ▶ Nasentropfen und Hustenmittel
> ▶ Medikamente gegen Durchfall (Elektrolytmischungen und Loperamid)

Routenplaner gibt es nicht nur fürs Auto. Eine entsprechende Outdoor-App ersetzt den Wander- oder Radführer.

- Desinfektionsmittel (mit Povidon-Jod oder einer Mischung aus Phenoxyethanol und Octenidin)
- Wundsalbe (mit Dexpanthenol, Zinkoxid, Hamamelis oder Kamille)
- Verbandmaterial (Heftpflaster, Mullbinden, Dreieckstuch, kleine Schere)

Rechtzeitig vor Reiseantritt sollten die Ablaufdaten der Medikamente kontrolliert und diese gegebenenfalls ersetzt werden. Da viele Medikamente empfindlich gegen Hitze sind, gehört die Reiseapotheke auf keinen Fall ins Handschuhfach und sollte besser an einem kühlen Ort, eventuell sogar im Kühlschrank, gelagert werden.

Günstig campen mit Rabattkarten

Camping kann ganz schön ins Geld gehen. Um die Reisekasse zu schonen, versprechen verschiedene Rabatt- und Bonuskarten einen Preisnachlass auf den Übernachtungspreis und weitere Vergünstigungen. Wie viel Geld letztlich gespart werden kann, ist je nach Karte, Platz und Saison ganz unterschiedlich. Die Frage, welche Campingkarte den höchsten Rabatt gewährt, lässt sich nicht eindeutig beantworten und ist davon abhängig, ob man eher auf Camping- oder Stellplätzen übernachtet, in welchem Land man Urlaub macht und zu welchem Zeitraum man unterwegs ist.

Die folgende Übersicht der häufigsten Campingkarten bringt etwas Ordnung in das breite Angebot und hilft Ihnen dabei, besser abzuschätzen, ob und welche Karte sich in Ihrem Falle lohnt.

Wer in Skandinavien unterwegs ist, benötigt für die Übernachtung auf einem Platz des Schwedischen Campingverbandes zwingend die Europäische Campingkarte Camping Key Europe (www.campingkeyeurope.se). Sie dient bei der Anmeldung als Identifikationsausweis, beinhaltet eine Haftpflicht- und Unfallversicherung und bringt auch in vielen anderen Ländern Rabatte, und zwar bis zu 20 % Rabatt in der Hochsaison auf über 2 400 Campingplätzen in ganz Europa. Auch bei den Fährtickets in Richtung Norden gibt es Vergünstigungen.

In Deutschland bekommen Sie die Karte vor dem Urlaub zum Beispiel beim ADAC (nur für Mitglieder, ca. 12 €) oder beim BVCD (ca. 18 €). Die Camping Key Europe Karte ist ab Kaufdatum 12 Monate gültig und Sie können die digitale Variante problemlos direkt vor Ort am ersten Campingplatz Ihrer Reiseroute erwerben. Sie erhalten daraufhin einen Zahlencode per SMS, mit dem Sie die entsprechende Smartphone-App My Camping Key aktivieren können. Beim Check-in an der Rezeption brauchen Sie nun nur noch das Smartphone vorzuzeigen, damit der Mitarbeiter den generierten QR-Code scannen kann.

Die ADAC Campcard (www.pincamp.de/produkte) erhalten Sie als Gratis-Zugabe beim Kauf eines ADAC Camping- oder Stellplatzführers sowie der Camping- und Stellplatz-App fürs Smartphone. Geboten werden ein reduzierter Übernachtungspreis für zwei Personen inklusive Strom, Dusche und Hund (soweit erlaubt) auf ausgewählten Plätzen. Zusätzlich gibt es spezielle Sparangebote für längere Aufenthalte (z. B. sieben Übernachtungen zum Preis von sechs) sowie weitere Vergünstigungen wie kostenlosen Fahrradverleih oder Ermäßigungen bei ausgewählten Freizeitangeboten.

Die Camping Card ACSI (www.campingcard.com) ist in Verbindung mit den Campingplatz- bzw. Stellplatzführern des niederländischen Anbieters erhältlich. Sie ist jeweils ein Kalenderjahr gültig und bietet auf teilnehmenden Campingplätzen einen deutlichen Nachlass von bis zu 50 % (Übernachtungspreis von zwei Personen (+ bis zu drei Kinder unter 5 Jahre) und Wohnmobil oder Wohnwagen zwischen 12 und 20 €), gilt allerdings nur in der Nebensaison! Hundebesitzer dürfen sich extra freuen, denn auf allen Plätzen, auf denen Hunde erlaubt sind, ist auch der Hund bereits im Pauschalpreis enthalten.

Für Wohnmobilfahrer interessant ist noch die kostenlose mein Platz Clubkarte (www.mein-platz.com) des gleichnamigen Wohnmobilstellplatz-Internetportals. Sie gewährt Rabatte bei teilnehmenden Stellplätzen, Restaurants sowie einigen Campingausstattern.

FÄHREN BUCHEN

Ob Nordsee, Ostsee oder Mittelmeer: Viele Reiseziele in Europa (und sogar Nordafrika) lassen sich bequem mit der Autofähre erreichen. Statt Stress auf der Autobahn und lästigen Staus bei der Anreise wird so – ganz nach dem Motto „Eine Seefahrt, die ist lustig" – schon der Start in den Urlaub zum Erlebnis.

Die Reedereien rüsten ihre Flotten kontinuierlich auf und längst geht es nicht mehr nur darum, von Hafen A nach Hafen B zu gelangen. Die Schiffe werden immer größer und sind zudem immer komfortabler ausgestattet. Wie bei einer luxuriösen Kreuzfahrt kümmern sich verschiedene Restaurants um das leibliche Wohl der Gäste, und ein umfangreiches Showprogramm, Kinos sowie Shoppingmall und Wellnessbereiche für die Erwachsenen oder Animationsprogramm für die Kleinen lassen während der Passage keine Langeweile aufkommen. Und besser als auf dem Oberdeck mit einem Cocktail in der Hand der Sonne dabei zuzuschauen, wie sie glutrot im Meer versinkt, kann man ohnehin nicht in den Urlaub starten.

Während Ziele wie die Britischen Inseln, Island oder die beliebten Mittelmeerinseln Kreta, Elba, Korsika oder Sardinien ausschließlich auf dem Seeweg zu erreichen sind, bietet die

Eine Fähre bringt Sie ausgeruht in den Urlaub und wieder zurück.

Fährverbindungen in Nordeuropa.

Anreise über die Ostsee in Nordeuropa nach Skandinavien oder ins Baltikum eine in vielerlei Hinsicht interessante Alternative zum Landweg. Die Fährpassage ist dabei oftmals schneller als der Landweg. Auf jeden Fall aber reisen Sie entspannter, und wenn beim Buchen einige Punkte beachtet werden, ist das Fährticket im Vergleich zu den bei der Anreise mit dem Auto durch Kraftstoff, Maut und Abnutzung des Fahrzeugs entstehenden Kosten oftmals sogar günstiger.

Das Streckennetz der Fährverbindungen ist sehr unübersichtlich. Auf beliebten Routen buhlen oft mehrere Reedereien um die Gunst der Kunden, andere Linien verkehren nur an bestimmten Tagen. Die Preise und Konditionen unterscheiden sich von Reederei zu Reederei zum Teil stark und für die Suche nach der in Ihrem Falle bestmöglichen Fährpassage sollten Sie ausreichend Zeit einplanen.

Günstig buchen

Die Höhe des Ticketpreises bemisst sich nach einer Vielzahl unterschiedlicher Faktoren. So macht es beispielsweise nicht nur einen Unterschied, ob Sie in der Hoch- oder Nebensaison fahren, sondern auch, ob Sie werktags oder am Wochenende reisen. Eine wichtige Rolle spielen selbstverständlich die Fahrzeugabmessungen, wobei die Aufschläge für bestimmte Höhen- und Längengrenzen des Fahrzeugs von Reederei zu Reederei sehr stark voneinander abweichen.

Ein weiterer großer Kostenfaktor, neben der Anzahl der mitreisenden Personen, ist die Art der Unterbringung an Bord. Bei kürzeren Überfahrten lässt sich die Zeit gut an Deck verbringen und es wird keine Kabine benötigt. Bei Nachtüberfahrten dagegen ist oftmals die Buchung einer Kabine obligatorisch. Das Angebot reicht dabei vom relativ günstigen Schlafsessel über simple Innenkabinen bis hin zur Luxussuite mit Meerblick für mehrere Hundert Euro. Auf einigen Fähren im Mittelmeer besteht während der Sommermonate die Option zum „Camping an Bord". Dabei kann der Reisende im eigenen Wohnmobil übernachten und spart die Extrakosten für eine Kabine.

Angesichts des großen Angebots an Fährverbindungen zahlt sich ein Preisvergleich praktisch immer aus. Verallgemeinert lässt sich sagen, dass eine frühzeitige Buchung umso mehr lohnt, je länger die Strecke ausfällt. Gerade auf den Skandinavien-Fähren sowie den Verbindungen zu den Britischen Inseln richtet sich der Ticketpreis nach Angebot und Nachfrage. Je näher die Urlaubsmonate rücken, desto weniger freie Kapazitäten haben die Fähren – das gilt insbesondere für die Plätze mit ausreichender Höhe für Wohnmobile – und entsprechend steigt der Preis für die verbleibenden Restplätze.

In der Tendenz sind Fährfahrten über Tag etwas günstiger als die Nachtüberfahrt auf der entsprechenden Strecke, da diese bei Lkw-Fahrern besonders beliebt sind. Mögliche Rabatte räumen einige Anbieter häufig für Senioren über 60 Jahre sowie mitunter junge Erwachsene unter 25 Jahre ein. Auch durch die gleichzeitige Buchung von Hin- und Rückfahrt lässt sich oft etwas Geld sparen.

Bei kurzen Strecken mit engem Fährtakt, beispielsweise bei der Überfahrt von Dänemark nach Schweden über den Öresund oder der Passage über den Ärmelkanal von Calais nach Dover, ist eine frühzeitige Buchung in der Regel nicht erforderlich. Dennoch ist der Kauf über die Website der Fährgesellschaft meist günstiger, als erst direkt am Schalter im Hafen ein Fährticket zu lösen.

Eine Auswahl der wichtigsten Reedereien und Fährverbindungen in Europa:

Britische Inseln

- DFDS Seaways
  u. a. Amsterdam – Newcastle und mehrere Verbindungen über den Ärmelkanal, z. B. Calais – Dover
  www.dfds.com
- Irish Ferries
  Frankreich – Dublin und Verbindungen von Großbritannien nach Irland
  www.irishferries.com
- Stena Line
  u. a. Hoek van Holland – Harwich und Liverpool – Belfast
  www.stenaline.de
- Brittany Ferries
  verschiedene Verbindungen von Frankreich und Spanien nach England sowie Irland
  www.brittanyferries.de
- P&O Ferries
  Calais – Dover sowie aus Rotterdam oder Zeebrugge nach Hull und Fährpassage von England nach (Nord-)Irland
  www.poferries.com

Skandinavien/Baltikum

- Color Line
  Direktfähre Kiel – Oslo sowie kürzere Verbindungen vom dänischen Hirtshals nach Larvik oder Kristiansand in Norwegen
  www.colorline.de
- DFDS Seaways
  Kiel – Klaipeda/Litauen und Kopenhagen – Oslo
  www.dfds.com
- Scandlines
  klassische Vogelfluglinie: Rostock – Gedser oder Puttgarden – Rødby und Verbindung über den Öresund von Helsingør/Dänemark – Helsingborg/Schweden
  www.scandlines.de
- Smyril Line
  ganzjährige Fährverbindung nach Island

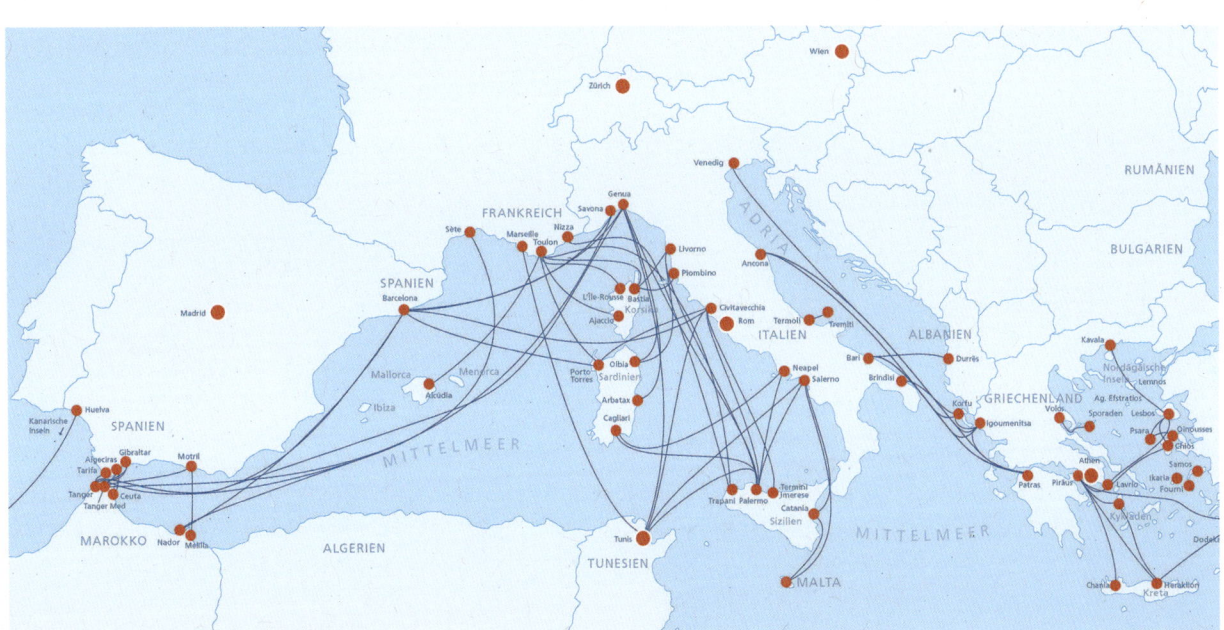

Fährverbindungen in Südeuropa.

und auf die Färöer ab Hirtshals in Dänemark
www.smyrilline.de
- ▶ Stena Line
Kiel – Göteborg, Sassnitz – Trelleborg und Travemünde – Litauen
www.stenaline.de
- ▶ Finnlines
Travemünde – Helsinki und Travemünde – Malmö
www.finnlines.com
- ▶ TT Line
von Travemünde, Rostock und Polen nach Trelleborg/Schweden
www.ttline.com

Westliches Mittelmeer
- ▶ Corsica Sardinia Ferries
Fährpassagen nach Korsika, Sardinien, Elba, Sizilien und Mallorca
www.corsica-ferries.de
- ▶ Grandi Navi Veloci
diverse Fähren im gesamten Mittelmeerraum u. a. Genua – Palermo/Sizilien sowie Genua – Tanger (Marokko) und Genua – Tunis (Tunesien)
www.gnv.it/de
- ▶ Grimaldi Lines
Fähren von Italien und Spanien nach Sardinien, Sizilien, Griechenland, Marokko und Tunesien
www.grimaldi-lines.com
- ▶ Moby/Tirrenia
Fähren von verschiedenen Häfen in Italien nach Sardinien, Korsika, Sizilien und Elba
www.mobylines.de

Östliches Mittelmeer
- ▶ Anek Lines
u. a. Venedig – Griechenland
www.anek.gr
- ▶ Mionan Lines
Fährpassagen von Italien nach Griechenland und innerhalb Griechenlands
www.mioan.gr
- ▶ Superfast Ferries
Fährverbindungen von Italien nach Griechenland
www.superfast.com

> **INFO** **WOHNMOBIL-VERSCHIFFUNG NACH ÜBERSEE**
>
> Während sich die innereuropäischen Reiseziele bequem per Autofähre erreichen lassen, erfordert der Sprung über die Weltmeere zu Fernzielen wie den USA und Kanada oder Australien und Neuseeland die Verschiffung des eigenen Wohnmobils. Mit genügend Vorlauf und Beharrlichkeit ist nahezu jeder Hafen dieser Welt zu erreichen. Faustregel: Die Verschiffung des eigenen Wohnmobils rechnet sich für Langzeitaufenthalte ab etwa zwei bis drei Monaten. Für kürzere Reisen stellt die Miete eines Wohnmobils vor Ort in der Regel die günstigere Alternative dar.
>
> Die Verschiffung erfolgt im Roll-on-Roll-off-Verfahren (RoRo), d. h., das Reisemobil rollt auf eigener Achse an Bord. Im Gegensatz zur Fähre fahren Sie das Fahrzeug nicht selbst, sondern müssen Schlüssel und Fahrzeug in fremde Hände übergeben. Für Campingbusse bietet sich als Alternative ein Container für die Verschiffung an. Deren Standardabmessungen betragen maximal 5,89 m bzw. 12 m in der Länge, 2,35 m in der Breite und 2,38 m in der Höhe. Um das Risiko von Schimmelbildung während des Transports im geschlossenen Container zu vermeiden, sollte der Innenraum des Fahrzeugs möglichst trocken sein. Wenn vorhanden, bietet sich eine Klimaanlage an, um den Feuchtigkeitsgehalt der Raumluft vor dem Einlagern zu reduzieren. Um die Schimmelgefahr weiter zu senken, empfehlen sich als Ergänzung ein oder zwei Luftentfeuchter aus dem Baumarkt, die nach Möglichkeit auslaufsicher konstruiert sein sollten. Damit eventuell auslaufende Salzlauge keine Schäden anrichten kann, wird der Entfeuchter am besten im Spülbecken oder einer Plastikschüssel platziert.
>
> Üblicherweise liefern Sie das Wohnmobil zwei Tage vor der Abfahrt des Schiffes im Hafen ab. Die Überfahrt z. B. an die Ostküste der USA dauert knapp eine Woche und zwei Tage nach Ankunft des Schiffes im Zielhafen können Sie Ihr Reisemobil in Empfang nehmen.
>
> Da die Reedereien nicht für die Beschädigung oder den Verlust des Wohnmobils haften, ist der Abschluss einer Transportversicherung dringend angeraten. Am unkompliziertesten gelingt die Verschiffung mithilfe eines Anbieters, der sich auf die Reisemobilverschiffung spezialisiert hat (z. B. www.seabridge-tours.de).

RICHTIG BELADEN

„Das könnten wir doch aber bestimmt gut gebrauchen..." Beim Packen des Wohnmobils möchte man gerne für alle Eventualitäten gerüstet sein. Ein Schlauchboot wäre toll, um bei hochsommerlichen Temperaturen auf dem Badesee zu plantschen, ohne gescheite Wanderstiefel sind keine Ausflüge möglich und selbstverständlich dürfen auch das Lieblingsessen und ein ausreichend großer Weinvorrat nicht fehlen – wer kann schon wissen, ob es das am Urlaubsort alles zu kaufen gibt. Gut, dass das Wohnmobil eine so große Heckgarage bietet.

Gerade Campinganfänger neigen angesichts der großzügigen Stauräume dazu, viel zu viel einzupacken und das Wohnmobil gnadenlos zu überladen. Sicher, Fahrräder, Campingmöbel und Grill gehören für viele zu einem unbeschwerten Urlaub dazu, aber müssen die umfangreiche Urlaubsbibliothek in gedruckter Form, der Thermomix und eine zusätzliche Sonnenliege für Gäste wirklich mit?

Mit Blick auf die erlaubte Zuladung ist dringend Zurückhaltung angesagt, denn gerade die beliebten Wohnmobile in der 3,5-Tonnen-Klasse erlauben oftmals eine nicht gerade üppige Zuladung und spätestens, wenn eine vierköpfige Familie verreisen möchte, droht ein ernsthaftes Gewichtsproblem.

Je schwerer das Fahrzeug, desto schlechter die Fahrdynamik und desto länger der Bremsweg. Gerät man mit einem Reisemobil, das inklusive Gepäck und Insassen mehr wiegt als die erlaubten 3,5 Tonnen, in eine Polizeikontrolle, kann es teuer werden, und als wäre das nicht schon schlimm genug, darf die Fahrt erst fortgesetzt werden, wenn die überflüssigen Kilogramm ausgeladen sind – was in den meisten Fällen wohl auf eine Entsorgung des überzähligen Gepäcks vor Ort hinauslaufen wird.

Die Beschränkung des Reisegepäcks auf das Wesentliche zahlt sich nicht nur im Hinblick auf die Sicherheit aus, oftmals gestaltet sich der Aufenthalt im Reisemobil deutlich angenehmer, wenn nicht jedes Staufach bis in den letzten Winkel vollgestopft ist. Willkommener Nebeneffekt: Es bleibt Platz für Mitbringsel! Darüber hinaus verbessert jedes eingesparte Kilo die Fahreigenschaften und senkt den Kraftstoffverbrauch. Um sicher unterwegs zu sein, spielt neben dem Gesamtgewicht auch die Verteilung der Ladung im Fahrzeug sowie die akkurate Ladungssicherung eine wichtige Rolle.

Allgemeine Gewichtsgrenzen und Konsequenzen bei Überladung

Im Zusammenhang mit der Beladung des Reisemobils ist es wichtig, einige grundlegende Begriffe korrekt voneinander zu trennen und auseinanderzuhalten:

Die zulässige Gesamtmasse (häufig auch zulässiges Gesamtgewicht genannt) gibt an, was das Fahrzeug in beladenem Zustand maximal wiegen darf. Die Angabe des Gewichts in kg ist unter den Ziffern F.1 und F.2 in der Zulassungsbescheinigung Teil I zu finden.

Die Masse in fahrbereitem Zustand wird von den Wohnmobilherstellern in den Katalogen angegeben. Hier ist allerdings ein detaillierter Blick in das Kleingedruckte erforderlich, da jeder Hersteller im Detail etwas anderes darunter versteht.

Die maximale Zuladung oder Nutzlast ergibt sich aus der Differenz der zulässigen Gesamtmasse abzüglich der Masse in fahrbereitem Zustand:

Zulässige Gesamtmasse
− Masse in fahrbereitem Zustand
= Zuladung

Vor der Reise

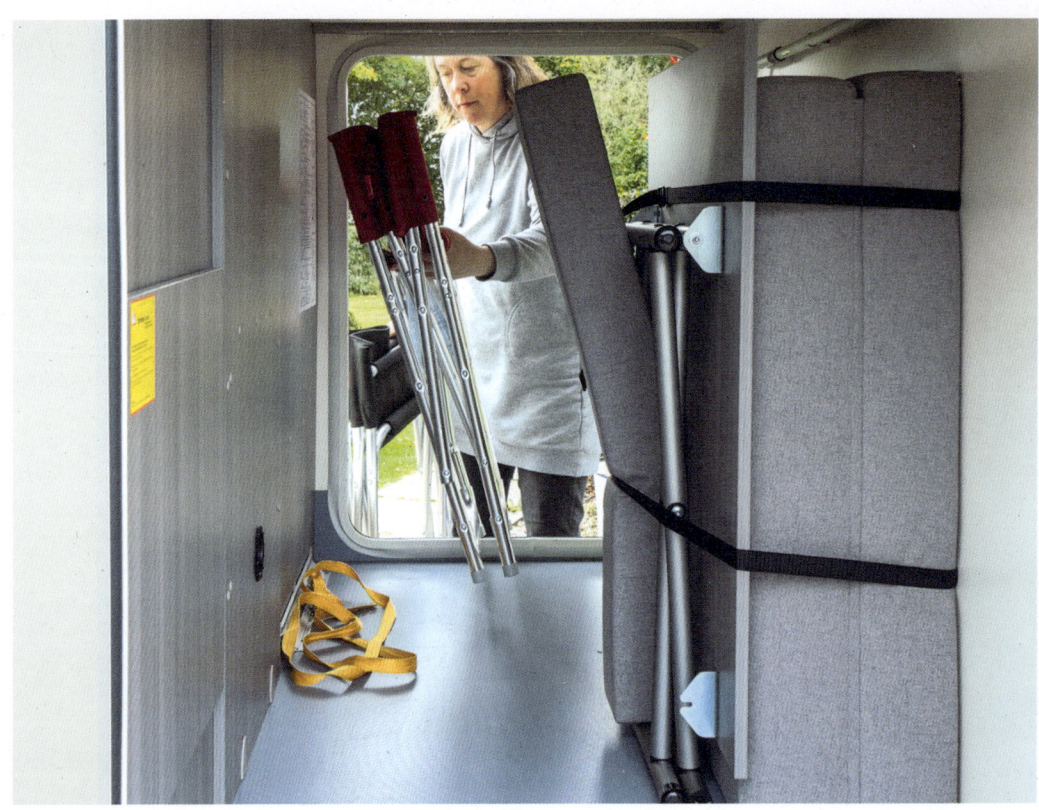

Die Heckgarage eignet sich ideal für den Transport sperriger Gegenstände wie Campingmöbel. Achten Sie aber unbedingt auf die zulässige Belastbarkeit der Heckgarage.

Leider sind viele Wohnmobile schon leer keine Leichtgewichte, doch es wird noch komplizierter: Damit das Wohnmobil nicht überladen wird, darf nicht nur das zulässige Gesamtgewicht nicht überschritten werden, sondern es kommt auch auf die richtige Verteilung des Gewichts innerhalb des Fahrzeugs beziehungsweise genauer gesagt der Verteilung auf die beiden Achsen an. Hier ist die Achslast entscheidend. Sie gibt an, welches Gewicht jeweils auf der Vorder- und Hinterachse lastet. Was hier bei Ihrem Fahrzeug erlaubt ist, steht in der Zulassungsbescheinigung Teil I unter den Ziffern 7.1–7.3.

Abschließend muss auch die Tragfähigkeit der Reifen berücksichtigt werden. Sie wird in Form des Load- oder Lastindex (LI) angegeben und ist neben weiteren Reifenangaben wie Größe oder Durchmesser auf der Reifenflanke eingeprägt. Vermerkt ist kein absoluter Wert, sondern die Tragfähigkeitskennziffer. In einer entsprechenden Tabelle (z. B. bei de.wikipedia.org nach „Tragfähigkeitsindex" suchen) lässt sich dann das erlaubte Gewicht ablesen. Bei einem Fahrzeugneukauf sollte die Tragfähigkeit der zulässigen Gesamtmasse des Wohnmobils entsprechen. Ein genaues Augenmerk verdient dieser Punkt insbesondere beim Gebrauchtkauf sowie für den Fall, dass eine Neubereifung ansteht.

Sowohl das Fahrverhalten wie auch der Bremsweg werden maßgeblich vom Gewicht beeinflusst. Eine Überladung stellt ein erhebliches Sicherheitsrisiko dar und ist kein Kavaliersdelikt. Für Reisemobile bis zu einer zulässigen Gesamtmasse von 7,5 Tonnen können je nach Höhe der Überladung Bußgelder zwischen 10 € und 235 € verhängt werden. Ab einer Überladung von 20 % kommt zusätzlich ein Punkt in Flensburg dazu. Im Ausland sind die Strafen teilweise drakonischer und längst nicht alle europäischen Nachbarn gewähren eine fünfprozentige Toleranz, wie es in Deutschland der Fall ist. Bereits eine fünfprozentige Überladung bedeutet beispielsweise in Frankreich, dass die Weiterfahrt untersagt wird. Richtig teuer kann Übergewicht bei einem Unfall werden, denn im schlimmsten Fall droht sogar der Verlust des Versicherungsschutzes.

Zuladung berechnen und Gesamtgewicht kontrollieren

Um die mögliche Zuladung berechnen zu können, müssen Sie zunächst das Gewicht Ihres Wohnmobils im fahrbereiten Zustand herausfinden. Fündig werden Sie in der Regel in den Katalogen der Hersteller. Zusätzlich ist aber auch die genaue Definition zu recherchieren, was der jeweilige Hersteller unter „fahrbereitem Zustand" versteht.

Üblicherweise sind in die Gewichtsangabe eingerechnet:
- 75 kg Fahrergewicht
- 90 % gefüllten Kraftstofftank
- eine gefüllte Gasflasche
- Verbandkasten, Warndreieck und Bordwerkzeug
- Frischwasser

Gerade den letzten Punkt nutzen viele Hersteller aus, um die Zuladungsmöglichkeit des Wohnmobils „schön" zurechnen. Statt einem vollen Wassertank wird hier die sogenannte Fahrstellung zugrunde gelegt. Statt 100 kg für 100 Liter Wasservorrat werden dann nur 20 kg für eine reduzierte Wassermenge von 20 Liter berechnet. Nun mag es durchaus sinnvoll sein, den Frischwassertank für die lange Anfahrt ans Mittelmeer nicht komplett zu füllen, um Gewicht und damit auch Treibstoff zu sparen. In der Regel möchte man ja aber spätestens vor Ort autark sein und dann ist die 20 l-Fahrstellung alles andere als realistisch.

Als weiterer Punkt ist zu berücksichtigen, dass sich die Gewichtsangabe der Hersteller stets auf die Basisausstattung bezieht. Die Mehrgewichte aller Extras und Ausstattungspakete von der zweiten Gasflasche über eine Radiovorbereitung und eine Markise bis hin zu einem stärkeren Motor müssen dazuaddiert werden und stehen nicht für das Urlaubsgepäck zur Verfügung. Echte Schwergewichte sind u.a. Klimaanlagen und Satellitenanlagen, die zudem durch ihre Montageposition auf dem Dach den Schwerpunkt ungünstig nach oben verlagern.

Um nun zu berechnen, welches Gewicht das Gepäck haben darf, müssen Sie das ermittelte Gewicht in fahrbereitem Zustand sowie das Gewicht aller mitreisenden Personen inklusive Kinder und Haustiere vom zulässigen Gesamtgewicht abziehen.

Die zur Verfügung stehende Zuladungsreserve ist bei allen Wohnmobilen unabhängig von Aufbauform und Grundriss ein entschei-

Zuladung im Wohnmobil

Unser Beispiel zeigt, was bereits eine dreiköpfige Familie samt Gepäck im fahrbereiten Reisemobil auf die Waage bringt.

Ladung	Gewicht (kg)	Zwischensumme Gewicht (kg)
Masse in fahrbereitem Zustand laut Katalog	2850	2850
Markise	35	2885
Fahrradträger	15	2900
Radio/Lautsprecher	5	2905
Wassertank voll	100	3005
Zweite Gasflasche	20	3025
Stromkabel, Wasserschlauch, Auffahrkeile	35	3060
Campingmöbel	20	3080
Grill	10	3090
Küchenausstattung	20	3110
Badausstattung, Handtücher etc.	15	3125
Bettwäsche und Decken	10	3135
Kleidung	45	3180
Fahrräder	60	3240
Vorräte (Lebensmittel und Getränke)	40	3280
Mehrgewicht Fahrer (90 kg)	15	3295
Beifahrer	70	3365
Kind	35	3400

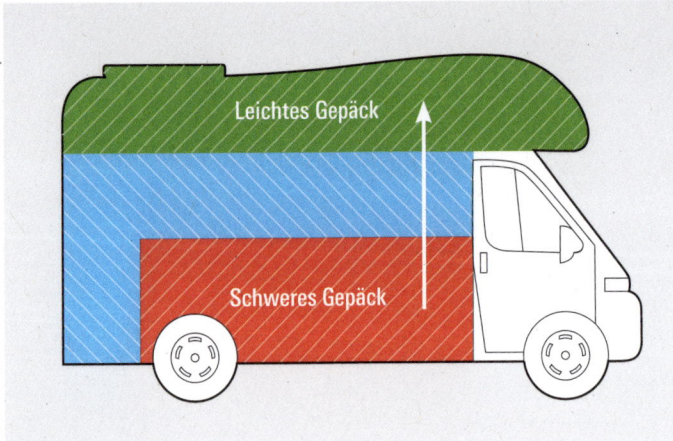

Je tiefer der Schwerpunkt des Reisemobils, desto sicherer die Straßenlage

dender Faktor. Um abzuschätzen, ob die Zuladung des Wohnmobils ausreicht, sollten Sie als Faustregel von einem Grundgewicht für die Basisausrüstung von 200 kg zuzüglich 100 kg für jede mitfahrende Person ausgehen. In der 3,5-Tonnen-Klasse sind Zuladungen um die 500 kg nicht selten, was für zwei Personen ausreicht. Das Maximum der Zuladung bei besonders kompakten und leichten Fahrzeugen liegt zwischen 650 kg und 750 kg und eignet sich somit auch zum Verreisen mit der Familie, wobei allerdings beim Packen schon einige Zurückhaltung angesagt ist, wie das Beispiel auf der vorhergehenden Seite erkennen lässt. Die Tabelle zeigt, dass eine zunächst üppig erscheinende Zuladung von 750 kg schon mit einer dreiköpfigen Familie schnell „aufgebraucht" ist.

Die Rechnerei und akribische Auflistung aller Ausstattungsextras und des Zubehörs ist allerdings sehr aufwendig und Sie sind bei der Berechnung der Masse in fahrbereitem Zustand auf die korrekten Angaben der Hersteller angewiesen. Dazu muss man wissen, dass für die Gewichtsangabe eine 5 %-Regel gilt. Um gegenüber Fertigungstoleranzen gewappnet zu sein, darf das tatsächliche Leergewicht um bis zu 5 % von der Herstellerangabe abweichen. Konkret auf das Beispiel aus der Tabelle bezogen bedeutet das: Ein Fahrzeug, das mit einem Leergewicht von 2 850 kg im Katalog beworben wird, darf tatsächlich zwischen etwa 2 708 kg und 2 992 kg wiegen und die maximal mögliche Zuladung bei 3,5 Tonnen zulässigem Gesamtgewicht kann demnach zwischen 508 kg und 792 kg variieren!

Um eine zuverlässige Aussage bezüglich der Zuladung machen zu können und im Urlaub sicher unterwegs zu sein, empfiehlt es sich daher, das Wohnmobil zu wiegen. Wer keine rund 200 € für eine eigene Caravanwaage ausgeben möchte, findet geeignete Waagen u. a. bei Prüforganisationen wie TÜV und Dekra sowie bei Mülldeponien oder Baustoffhändlern, die man oft umsonst oder für einen kleinen Obolus mit dem Wohnmobil nutzen kann.

Am besten wiegen Sie Ihr Fahrzeug einmal im ungepackten Zustand (aber mit vollem Kraftstofftank!), um das korrekte Leergewicht samt aller zusätzlichen Anbauteile für Ihr Wohnmobil festzustellen. Nach dem Packen geht es dann noch einmal auf die Waage. Dabei sollten Sie nach Möglichkeit auch die einzelnen Achsen wiegen. So ist sichergestellt, dass Sie weder das zulässige Gesamtgewicht noch die erlaubten Achslasten überschreiten – und können mit guter Gewissheit in den Urlaub fahren.

> **INFO** **AUFLASTUNG GEGEN CHRONISCHES ÜBERGEWICHT**
>
> Da die Hersteller auf die 3,5-Tonnen-Grenze schielen, fällt die Zuladung bei vielen Wohnmobilen alles andere als üppig aus. Falls absehbar ist, dass die Nutzlast trotz aller Gewichtsoptimierungsversuche beim Reisegepäck nicht ausreichen wird, führt kein Weg an einer Auflastung vorbei. Dabei bestehen unterschiedliche Möglichkeiten, die von einer Änderung der Einträge in den Fahrzeugpapieren ohne technische Veränderung am Fahrzeug über den Einbau stärkerer Federsysteme bis hin zum Austausch einzelner Fahrwerkskomponenten reichen. Aufgrund der vielfältigen Möglichkeiten empfiehlt sich unbedingt eine individuelle Beratung durch einen Fachmann, falls Sie eine Auflastung in Erwägung ziehen.
> Nicht zu vergessen bei den Überlegungen ist der Punkt, dass Sie durch eine Auflastung zwar mehr Zuladung gewinnen, aber auch mit allen Konsequenzen wie Tempo 100 auf der Autobahn, Lkw-Überholverbot und höheren Steuern leben müssen,

die mit Fahrzeugen oberhalb der 3,5-Tonnen-Grenze einhergehen. Außerdem wird, wenn Sie keinen alten Klasse-3-Führerschein besitzen, die EU-Führerscheinklasse C1 benötigt.

Richtig und sicher packen

Für eine sichere Fahrt ist über die Frage „Wie viel darf ich mitnehmen?" hinaus auch zu klären, wo das Gepäck im Reisemobil verstaut wird. Klar ist: Sicherheitsrelevantes Gepäck wie Warnweste, Verbandkasten und Feuerlöscher müssen in Griffweite untergebracht werden. Ansonsten gilt als generelle Regel für alles, was Sie mitnehmen: Die leichten Sachen kommen nach oben, die schweren nach unten. So verlagert sich der Schwerpunkt des Fahrzeugs nach unten und die Fahrstabilität verbessert sich.

Schwere Gegenstände sollten nach Möglichkeit zwischen den Achsen transportiert werden. Schwere Getränkeflaschen oder Konservendosen haben daher nichts im Hängeschrank über der Küche verloren, sondern sind besser unter einer Sitzbank, in einem Staufach in Bodennähe oder, wenn vorhanden, im Doppelboden aufgehoben.

Ein besonderes Augenmerk beim Beladen verdienen Heckträger und Heckgarage, da sich das zusätzliche Gewicht infolge der Hebelwirkung besonders stark auf die Fahreigenschaften auswirkt. Wenn beispielsweise der Fahrradträger an der Rückseite des Wohnmobils mit zwei schweren E-Bikes beladen wird, wird die Vorderachse wie bei einer Kinderwippe entlastet und die Hinterachse in gleichem Maße zusätzlich belastet.

Die zusätzliche Belastung der Hinterachse ergibt sich aus dem Produkt von Gewicht mal Ladeabstand zur Vorderachse geteilt durch den Radstand. Für das Beispiel im Bild ergibt sich bei einem Radstand von 4 m sowie einem Ladeabstand zur Vorderkante von 6 m bei einem Gewicht von Fahrrädern und Träger von 50 kg eine Entlastung der Vorderachse um 25 kg.

Die Rechnung macht deutlich, wie wichtig es bei Wohnmobilen mit Frontantrieb ist, nach Möglichkeit allzu schweres Gepäck im Bereich hinter der Hinterachse zu vermeiden, weil

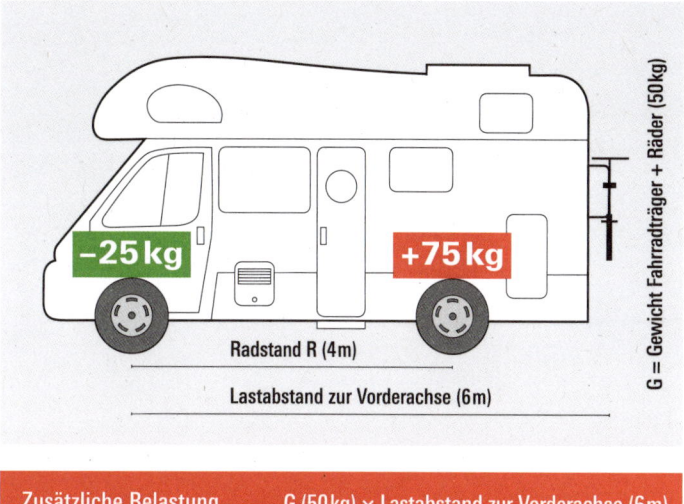

$$\text{Zusätzliche Belastung der Hinterachse (75 kg)} = \frac{G\,(50\,\text{kg}) \times \text{Lastabstand zur Vorderachse (6 m)}}{\text{Radstand R (4 m)}}$$

ansonsten die Vorderachse zu stark entlastet wird und das Lenkverhalten und die Traktion darunter leiden.

Neben der Einhaltung von zulässigem Gesamtgewicht und den einzelnen Achslasten ist außerdem eine zuverlässige Sicherung der Ladung erforderlich, damit diese während der Fahrt nicht verrutschen kann. Grundsätzlich sollten vor dem Losfahren keine losen Gegenstände auf den Ablagen, Regalen und Arbeitsplatten herumliegen, die sich bei einem Bremsmanöver zu gefährlichen „Geschossen" entwickeln können. Zusätzlich sollten alle Möbelverschlüsse kontrolliert werden, um sicherzustellen, dass alle Schubladen und Türen korrekt verschlossen sind. Lobenswerterweise montieren die meisten Hersteller Verzurrschienen am Boden der Heckgarage, sodass sperrige Gepäckstücke wie Campingmöbel oder Grills im Zusammenspiel mit entsprechenden Ösen und Spanngurten sehr zuverlässig für den Transport gesichert werden können. Um Ordnung in der Heckgarage zu schaffen, haben sich verschiedene Anbieter auf die Anfertigung von speziellen Regalsystemen mit Kunststoffboxen und Aluprofilen spezialisiert, in der auch Kleinteile sicher verstaut werden können, sodass diese während der Fahrt kein Eigenleben entwickeln.

Ein langer Hecküberhang führt zur Entlastung der Vorderachse.

UNTERWEGS MIT DEM WOHNMOBIL

Mitten in der Stadt oder weit ab in der Natur? Reisemobile versprechen die totale Freiheit. Aber einfach dort zu schlafen, wo es einem gerade gefällt, ist leider nicht die ganze Wahrheit. Wann darf am Straßenrand genächtigt werden und was genau ist der Unterschied zwischen einem Stell- und einem Campingplatz? Dieses Kapitel bringt Ihnen die unterschiedlichen Möglichkeiten, unterwegs mit dem Wohnmobil zu übernachten, näher und zeigt Ihnen darüber hinaus, was beim Camping mit Kindern zu beachten ist und wie das Haustier mit in den Urlaub fahren kann. Eine Checkliste stellt sicher, dass Sie bei der Abfahrt am Morgen keinen wichtigen Handgriff vergessen und nicht mit vollem Abwassertank oder ausgefahrener Trittstufe losfahren. Schließlich geht es noch um eine wichtige Frage: Was passiert eigentlich nach der Reise mit dem Wohnmobil?

UNTERWEGS IN DEUTSCHLAND UND EUROPA

Viele Wohnmobilfahrer bleiben auf dem Heimatkontinent, obwohl zumindest Teile von Nordafrika auch mit vielen „normalen" Reisemobilen ein lohnendes Ziel sein können. Aber selbst in Europa warten schon genug Überraschungen: Zu unterschiedlich sind die Maut- und Temporegelungen und bereits innerhalb der Europäischen Union warten die einzelnen Länder mit ortsspezifischen Besonderheiten wie plötzlich auf der Fahrbahn auftauchenden Elchen, Linksverkehr oder horrenden Strafen für kleinere Parkvergehen auf. Bevor Sie mit dem Reisemobil ins Ausland fahren, sollten Sie sich daher unbedingt über die dortigen Verkehrsvorschriften informieren.

Stressfrei durch die Mautstation

- Ordnen Sie sich rechtzeitig auf der richtigen Fahrspur ein und vermeiden Sie hektische Spurwechsel.
- Fahren Sie seitlich dicht genug an den Schalter/Automaten heran.
- Deponieren Sie das Mautticket sofort nach dem Erhalt an einer sicheren Stelle auf dem Armaturenbrett.
- Halten Sie beim Verlassen der Autobahn Mautticket und Geld oder Kreditkarte bereit.
- Vor der Weiterfahrt die Quittung nicht vergessen.
- Steuern Sie bei Unklarheiten lieber einen Schalter mit Personal an.
- Wenden oder Rückwärtsfahren ist an Mautstationen streng verboten und es drohen hohe Geldbußen. Im Notfall die Hilfe-Taste am Schalter drücken und den Anweisungen des Personals folgen.

Maut und Straßengebühren

In Europa ist die Zahlung von Mautgebühren für die Nutzung von Autobahnen oder Schnellstraßen so wie bestimmter Tunnel, Brücken und Passstraßen eher die Regel als die Ausnahme. Was bei der Fahrt in den Urlaub mit dem Pkw noch recht überschaubar bleibt, wird bei der Reise mit dem Wohnmobil zur echten Herausforderung und „Mautprellen", ob nun mit Vorsatz oder nicht, kann teuer werden. Von einer einheitlichen Mautberechnung und -erhebung ist Europa bislang noch weit entfernt. Jedes Land kocht sein eigenes Süppchen und wie hoch die Maut ausfällt und auf welchem Weg sie einkassiert wird, ist praktisch in jedem Land (etwas) anders. Mal berechnet sich die Höhe der Maut nach dem Fahrzeuggewicht, mal nach der Fahrzeuglänge, der Fahrzeughöhe oder einer Kombination aus allen drei Faktoren. In Italien führen Doppelachsen, in Spanien Zwillingsreifen zu einem Aufschlag.

Während die Maut in einigen Ländern, z. B. Polen, nur auf bestimmten Autobahnabschnitten fällig wird, werden Autofahrer in Frankreich und Italien beim Befahren von Autobahnen praktisch immer zur Kasse gebeten. In Dänemark wiederum sind lediglich Storebælt- und Øresundbrücke mautpflichtig.

In den meisten Ländern wird eine streckenbezogene Maut erhoben. Dazu gehören innerhalb der EU die Länder Frankreich, Griechenland, Irland, Italien, Kroatien, Polen, Portugal und Spanien sowie Großbritannien, Bosnien-Herzegowina, Mazedonien, Norwegen, Serbien, die Türkei und Weißrussland als Länder außerhalb der Europäischen Union.

An den Auf- und Abfahrten der kostenpflichtigen Streckenabschnitte sind Mautstationen errichtet, wobei sich der bemannte Ticketschalter, an dem man das Bargeld durchs Autofenster hinüberreicht, immer weiter auf dem Rückzug befindet. Selbst der Automat für die Zahlung per Kreditkarte (eine Zahlung per Girocard ist grundsätzlich nirgendwo möglich) ist nicht mehr überall anzutreffen.

So ist beispielsweise auf einigen Autobahnen in Portugal nur noch die elektronische Abrechnung möglich. Dazu wird entweder ein entsprechender Transponder benötigt oder das Kennzeichen des Fahrzeugs muss rechtzeitig vor Fahrtantritt freigeschaltet werden, damit es von den Mautstationen erfasst werden kann. Die anfallenden Gebühren werden dann automatisch von der Kreditkarte eingezogen.

Bei einer Reise durch mehrere Länder sind mit großer Wahrscheinlichkeit unterschiedliche Mautboxen erforderlich, da die einzelnen Systeme oftmals nicht kompatibel zueinander sind. Einen Anfang, um den Mautdschungel zu lichten, macht der Bip&Go Transponder (www.bipandgo.com), der von den Mautsystemen in Italien, Frankreich, Spanien und Portugal akzeptiert wird.

Gänzlich unkompliziert und ohne weiteres Hilfsmittel erfolgt die Begleichung der Maut in Norwegen und Schweden: Hier wird bei der Fahrt auf mautpflichtigen Passagen ein Foto des Kennzeichens geschossen und nach dem Urlaub landet die Rechnung über alle mautpflichtigen Strecken ohne weiteres Zutun im heimischen Briefkasten.

Als Alternative zur streckenabhängigen Maut setzen die acht Länder Bulgarien, Österreich, Rumänien, Schweiz, Slowakei, Slowenien, Tschechien und Ungarn auf eine Vignette, die erforderlich ist, um Autobahnen und z. T. auch Schnellstraßen befahren zu dürfen.

Die Vignetten sind mit unterschiedlichen Gültigkeitszeiträumen von einigen Tagen bis hin zu einem Jahr erhältlich. In der Schweiz gibt es ausschließlich eine Jahresvignette. Neben der klassischen Klebevignette für die Windschutzscheibe ist in vielen Länder die digitale Vignette auf dem Vormarsch. Letztlich wird dabei das Kennzeichen im Mautsystem er-

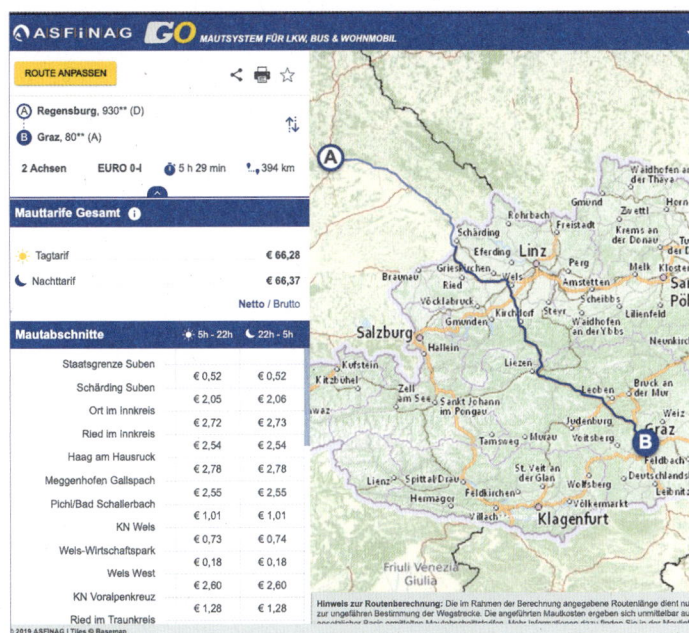

fasst und bei einer Kontrolle überprüft, ob das entsprechende Kennzeichen registriert wurde. Erstaunlich dabei: Während die österreichische Klebevignette, die man sowohl an der Grenze wie auch in grenznahen Tankstellen erwerben kann, sofort nach dem Kauf gültig ist, gilt für den Online-Kauf der E-Vignette eine 18-tägige Sperrfrist: Aufgrund des 14-tägigen Rückgaberechts bei Online-Käufen ist die digitale Vignette frühestens am 18. Tag nach dem Kauf gültig!

Wie in anderen Bereichen spielt auch beim Thema Maut die 3,5-Tonnen-Grenze eine wichtige Rolle. In Österreich beispielsweise reicht für Reisemobile bis zu einer zulässigen Gesamtmasse von 3,5 Tonnen eine einfache Vignette wie bei Pkws. Sie ist wahlweise mit einer Gültigkeit für zehn Tage (9,40 €), zwei Monate (27,40 €) oder ein Kalenderjahr (91,10 €) erhältlich (Preise 2020). Größere Wohnmobile oberhalb der 3,5-Tonnen-Grenze dagegen benötigen zwingend eine elektronische Mautbox, um die Zahlung der Mautgebühren abzurechnen. Die sogenannte GO-Box selbst erhält man als Leihgerät gegen eine Gebühr von 6 € nach Vorlage der Zulassungsbescheinigung an einer der insgesamt 180 GO-Vertriebsstellen. Die

Die Website www.go-maut.at bietet einen Mautrechner und informiert über die österreichische Maut für Fahrzeuge über 3,5 Tonnen.

Reisemobil-Fahrtraining

Ein spezielles Fahrtraining hilft Anfängern, aber auch geübten Wohnmobilfahrern nach einem Fahrzeugwechsel, dabei, das ungewohnte Fahrzeug in Gefahrensituationen besser zu beherrschen. Dabei lernen sie z. B. mit Slalomfahrten und Bremsen auf unterschiedlichen Fahrbahnuntergründen und bei verschiedenen Geschwindigkeiten das Fahrverhalten des eigenen Fahrzeugs besser kennen, und bekommen hilfreiche Tipps, um die Fahrzeuggröße richtig einschätzen zu können, perfekt rückwärts zu rangieren sowie für das sichere Passieren von Engstellen.

Kosten und Dauer variieren je nach Angebot. Ein etwa fünfstündiges Training beim ADAC kostet 145 € für Mitglieder und 155 € für Nichtmitglieder. Neben dem ADAC bieten auch die Wohnmobilhersteller selbst Fahrsicherheitstrainings für Reisemobile an, z. B.:
www.sicherheitstraining.net
www.hymer.com/de/de/service/fahrsicherheitstraining

Abrechnung der Mautgebühren erfolgt dann streckenabhängig, wobei der Tarif neben der zurückgelegten Strecke von der Anzahl der Achsen und der Euro-Emissionsklasse des Fahrzeugs abhängt. Bei einem zweiachsigen Reisemobil mit Euro-6-Motor werden beispielsweise 0,24 € pro gefahrenem Kilometer fällig. Auf einigen Sonderstrecken wie den Alpentunneln oder der Autobahn über den Brennerpass gelten erhöhte Tarife. Detaillierte Informationen und eine Übersicht der GO-Box-Vertriebsstellen in Österreich und dem grenznahen Ausland finden Sie unter www.go-maut.at.

Ohne Frage kann es für eine gemütliche Wohnmobilreise durchaus seinen Charme haben, die mautpflichtigen Strecken zu umfahren. Statt über die Autobahn zu düsen, kann man auf kleineren, ruhigen Straßen die oftmals reizvolle Landschaft erleben und letztendlich lässt sich praktisch jedes Ziel innerhalb Europas auch ohne Mautstraßen erreichen.

Die Fahrtzeit verlängert sich dann allerdings deutlich und gerade, wenn es darum geht, ein weiter entferntes Reiseland schnell zu erreichen, führt kein Weg an der Maut vorbei. Die Mautgebühren sind dann gut investiert, denn auf den in der Regel gut ausgebauten Autobahnen geht es zügig und ohne Umwege entspannt voran.

Der Mautflickenteppich in Europa macht es allerdings erforderlich, sich rechtzeitig vor Urlaubsbeginn intensiv mit den jeweiligen Bestimmungen und Regelungen der zu durchfahrenen Reiseländer zu befassen. Zum einen, um bereits vorab einen besseren Überblick über die zu erwartenden Mautkosten zu bekommen, zum anderen, um ausreichend Zeit zu haben, um alle benötigten Voraussetzungen zu erfüllen, wie beispielsweise Vignetten oder Transponder zu besorgen oder das Kennzeichen zu registrieren.

Sicherheit und Verkehrsregeln

Es ist zwar eine Binse, kann aber gar nicht oft genug gesagt werden: Ein Wohnmobil ist kein Auto. Oft über 7 m in der Länge, eine Breite von um die 2,30 m und eine Höhe um die 3 m sowie das höhere Gewicht, das gilt insbesondere im beladenen Zustand, haben ein deutlich anderes Fahrverhalten zur Folge. Der Bremsweg wird länger und der Wendekreis größer. Es empfiehlt sich daher, bereits vor dem Urlaub mit dem Fahrzeug vertraut zu werden und die besonderen Fahreigenschaften in einer bekannten, ruhigen Umgebung besser kennenzulernen.

Besondere Beachtung verdienen schmale Straßen ohne Fahrbahnmarkierung in der Mitte. Hier ist die Gefahr besonders groß, dass die weit herausragenden Seitenspiegel zweier sich entgegenkommender Fahrzeuge aneinanderstoßen. Das gilt umso mehr, als dass das weitverbreitete Basisfahrzeug Fiat Ducato auch von vielen Handwerkern gefahren wird. So erhöht sich die Wahrscheinlichkeit, dass sich zwei Fahrzeuge begegnen, deren Außenspiegel sich auf gleicher Höhe befinden. Wenn Ihnen ein größeres Fahrzeug entgegenkommt, ist es daher dringend angeraten, die Geschwindigkeit zu reduzieren und möglichst weit rechts zu fahren, um eine Kollision zu vermeiden.

Eine grundsätzliche Grenze zwischen zwei verschiedenen Verkehrswelten markiert die bereits mehrfach erwähnte 3,5-Tonnen-Grenze.

Während die Mehrzahl der Wohnmobile Pkw gleichgestellt sind, gelten für große Wohnmobile mit einem zulässigen Gesamtgewicht zwischen 3,5 und 7,5 Tonnen abweichende Regelungen, allen voran eine Höchstgeschwindigkeit von 80 km/h außerorts und 100 km/h auf Autobahnen.

„Wo darf ich wie schnell fahren?" ist aber nur eine der Fragen, die Sie beachten müssen, um sicher unterwegs zu sein und nicht mit der Straßenverkehrsordnung in Konflikt zu geraten. Angaben zu den Tempolimits im Ausland finden Sie in der Tabelle ab Seite 274. Im Anhang finden Sie auch eine Übersicht der wichtigsten Verkehrszeichen, denen Sie als Wohnmobilfahrer auf einer Reise begegnen können.

Zwar sehen Verkehrszeichen weder welt- noch europaweit exakt gleich aus, aber immerhin fällt die Ähnlichkeit in der Regel so hoch aus, dass man sich auch im Ausland gut zurechtfindet. Unterschiede gibt es in der grafischen Gestaltung der Symbole und bei der Farbwahl, so tragen beispielsweise Verbotszeichen in Finnland, Island und Schweden einen gelben Hintergrund. Einen übersichtlichen Vergleich der wichtigsten Verkehrszeichen in Europa erhalten sie z. B. durch die Eingabe der Suchbegriffe „Verkehrszeichen Europa" bei de.wikipedia.org.

Wenn die Reise ins Ausland führt, ist es zusätzlich erforderlich, sich mit den abweichenden Regelungen und Verkehrsvorschriften für Wohnmobile im Urlaubsland auseinanderzusetzen, denn nicht immer sind die Unterschiede so augenscheinlich wie im Falle des Linksverkehrs in Großbritannien oder Australien.

Zu den wichtigsten Eckpunkten, über die Sie sich informieren sollten, zählen:
▶ Tempolimit
▶ Parken und Übernachten
▶ Abblendlicht am Tag
▶ Kennzeichnung der Ladung auf Heckträger

Mit dem Wohnmobil sind einige spezielle Verkehrsregeln zu beachten.

RICHTIG AUF DIE FÄHRE

Um beim Verladen des Wohnmobils auf die Fähre nicht unter Zeitdruck zu geraten, sollten Sie vorab die konkreten Öffnungszeiten des Check-in erfragen. Die Schalter öffnen in der Regel einige Stunden vor der Abfahrt und sind dann bis etwa 45 Minuten vor dem Ablegen des Schiffes besetzt.

Da viele Fährterminals in den Zentren größerer Städte liegen, sollten Sie bei der Anfahrt einen dichten Verkehr und ausreichend Zeit einplanen. Legt die Fähre bereits am Morgen ab, ist es ratsam, bereits am Tag zuvor auf einem nahegelegenen Stellplatz zu übernachten. Eine umfangreiche Übersicht mit Stellplätzen in Hafennähe hat der österreichische Campingclub auf seiner Website zusammengestellt: www.campingclub.at/stellplaetze_in_hafennaehe.

Bei längeren Überfahrten empfiehlt es sich, bereits vorab eine Reisetasche mit allen wichtigen Utensilien wie Kulturbeutel, Wäsche, Reiselektüre, Medikamente und Wertsachen zu packen, da die Fahrzeugdecks während der Überfahrt oftmals nicht betreten werden dürfen.

Bevor Sie an Bord fahren, müssen die Gasflaschen aus Sicherheitsgründen abgedreht werden. Der Kühlschrank muss daher über das 12-V-Bordnetz betrieben werden und bei längeren Passagen können Kühlakkus helfen, den Stromverbrauch zu senken. Mitunter ist auch eine externe Stromversorgung an Bord möglich. Falls Sie darauf angewiesen sind, sollten Sie das allerdings rechtzeitig vor Reiseantritt in Erfahrung bringen.

Im Hafen angekommen, können Sie direkt zum Check-in fahren. Dort wird nach Vorlage der Buchungsnummer – egal ob am klassischen Schalter vom freundlichen Mitarbeiter oder am modernen Selbstbedienungsautomaten – die Bordkarte ausgedruckt. Für den Fall, dass Sie eine Kabine gebucht haben, dient diese als Zimmerschlüssel und auch alle weiteren Leistungen an Bord, die Sie eventuell dazugebucht haben, beispielsweise Mahlzeiten im Restaurant, sind darauf gespeichert. Verstauen Sie die Karten daher gut und führen Sie diese auf dem Schiff immer mit sich.

Je nach Reiseziel steht anschließend zusätzlich die Zoll- und Personalausweis- oder Reisepasskontrolle an. Danach brauchen Sie sich eigentlich nur in die zugewiesene Fahrspur einzureihen und den Anweisungen des Fährpersonals in den gelben Westen zu folgen.

Den Übergang von der Kaianlage auf die Fähre bildet meist eine Rampe, die je nach Wasserstand und örtlichen Gegebenheiten mitunter recht steil ausfallen kann. Ein großer Winkel wird vor allem für Fahrzeuge mit geringer Bodenfreiheit (z. B. bei Doppelboden) oder einem großem Hecküberhang zum Problem, und die Gefahr ist groß, dass bei der Auffahrt der

Bei einer Fahrt mit der Autofähre wird schon die Anreise zum einmaligen Erlebnis.

Abwassertank oder die Anhängerkupplung aufsetzt. Achten Sie unbedingt auf die vorausfahrenden Fahrzeuge und steuern Sie die Rampe im Zweifelsfall besser leicht schräg an. Nachdem Sie das Fährpersonal auf den Parkplatz auf dem Autodeck eingewiesen hat, heißt es Gang einlegen, Handbremse anziehen, Spiegel einklappen und Auto abschließen.

Tipp aus der Praxis: Vergessen Sie in der Vorfreude nicht, sich die Etage des Fahrzeugdecks und den jeweiligen Treppenaufgang zu merken, um am Zielhafen Ihr Wohnmobil leichter wiederfinden zu können.

Bei der Ankunft sollten Sie auf die Lautsprecherdurchsagen achten und sich rechtzeitig zurück zum Autodeck begeben. Sobald sich die Luke im Bauch des Schiffes öffnet, geht es los und entsprechend den Anweisungen des Personals fährt Fahrzeugreihe für Fahrzeugreihe aus dem Schiff. Bald haben Sie wieder festen Boden unter den Reifen und der Urlaub kann beginnen. Eine wichtige Planungshilfe zur Orientierung im Dschungel der Schiffsrouten über Ostsee, Nordsee, Nordatlantik sowie das Mittelmeer liefert die jährlich aktualisierte Infobroschüre „Fähren, Routen, Reedereien". Sie ist kostenlos erhältlich beim Verband der Fährschifffahrt und Fährtouristik www.faehrverband.org.

ÜBERNACHTEN

Mit dem Wohnmobil können Sie jeden Tag aufs Neue entscheiden, wohin Sie fahren und wo übernachtet wird. Im Grunde genommen stehen drei unterschiedliche Varianten zur Auswahl, um mit dem Wohnmobil Quartier für die Nacht zu beziehen.

Campingplätze sind der Klassiker für einen komfortablen, mehrtägigen Aufenthalt. Der Ausstattungsstandard kann je nach Platz sehr unterschiedlich ausfallen, aber wer zwischen Lappland und Nordafrika einen Campingplatz ansteuert, kann in der Regel mit Sanitäranlagen, Ver- und Entsorgungsmöglichkeiten und einem Stromanschluss rechnen.

Die flexible Anreise ohne Rücksicht auf die Öffnungszeiten von Rezeption oder Schranke versprechen Wohnmobilstellplätze. Deren Spektrum reicht vom Luxusstellplatz mit den gleichen Annehmlichkeiten eines Campingplatzes bis zum einfachen Parkplatz, der über keinerlei Ver- oder Entsorgungsmöglichkeiten verfügt. Vom einfachen Stellplatz ist es dann nur noch ein kleiner Schritt bis zum Freistehen, bei dem Sie sich eine Parkmöglichkeit suchen, wo es Ihnen gefällt und andere nicht gestört werden, die aber nicht explizit für Wohnmobile ausgewiesen ist.

In der Praxis entscheiden sich die meisten Wohnmobilfahrer wohl für eine Kombination aller drei Varianten, je nachdem, was gerade passt. Von Zeit zu Zeit wissen auch Wohnmobilfahrer die Serviceeinrichtungen eines Campingplatzes zu schätzen, beispielsweise um ausgiebig zu duschen oder Wäsche zu waschen. Der zentral gelegene City-Stellplatz bietet sich als Ausgangspunkt für das Sightseeing in der Stadt an, und wenn gerade einmal weder Campingplatz noch Stellplatz in der Nähe

Milde Temperaturen locken in den Wintermonaten viele Wohnmobile nach Marokko und zumindest in den touristischeren Gebieten bieten die Campingplätze einen guten Standard.

sind, kann schon mal der Parkplatz eines Freibades oder ein Wanderparkplatz angesteuert werden.

Damit Sie besser entscheiden können, welche Übernachtungsvariante zu Ihnen passt, folgt eine ausführliche Darstellung der Vor- und Nachteile von Campingplatz, Stellplatz und Freistehen im Vergleich.

Campingplätze

Auf Campingplätzen sind alle Formen der mobilen Behausung von Zelt über Wohnwagen bis hin zu Wohnmobilen willkommen. Die Anlagen sind gezielt auf die Bedürfnisse von Campern ausgerichtet und in der Regel handelt es sich um umzäunte Areale. Die Einfahrt wird durch eine Schranke geregelt und für den Aufenthalt muss man sich zunächst an der Rezeption anmelden.

Die Rezeption ist Anlaufstelle für alle Fragen rund um den Aufenthalt und versorgt Sie beispielsweise mit Informationen zu Freizeitangeboten und Aktivitäten in der Umgebung. Auf größeren Anlagen gibt es oftmals einen eigenen Supermarkt und ein Restaurant oder einen Imbiss.

Die Campingplatzwelt zeigt sich dabei ebenso vielfältig und bunt, wie die Camper selbst. Es gibt durchorganisierte Plätze, die dem allgemeinen Klischee von Zäunen und Hecken um die einzelnen Parzellen und Gartenzwergen vor den Vorzelten voll entsprechen. Andererseits gibt es familiäre Campingplätze, die von den Eigentümern individuell gepflegt und liebevoll in Schuss gehalten werden. Wen es in Grüne zieht, der findet einfache Naturcampings, bei denen die einmalige idyllische Lage im Wald oder am See die spartanische Ausstattung wettmacht. Nach oben hin kennt das Serviceangebot praktisch keine Grenzen und auf den Luxusplätzen gehören auch Swimmingpool, Minigolf, Unterhaltungsprogramm und Kinderbetreuung dazu. Die gute Infrastruktur und das umfangreiche Serviceangebot machen die großen Campingplätze zu eigenständigen Feriendörfern und mehrere Tausend Gäste sind in der Hochsaison keine Seltenheit, aber sicher nicht jedermanns Sache.

==Für den Urlaub mit Kindern sehr interessant ist auch das Camping auf dem Bauernhof.== Die Plätze sind oft sehr naturnah und bieten

neben Landluft und Naturerlebnis auch Tiere zum Anfassen. Aber aufgepasst: Die Stellflächen sind begrenzt und es empfiehlt sich eine frühzeitige Reservierung. Gute Anlaufstellen für die Suche nach Campingmöglichkeiten an Bauernhöfen sind z. B. www.bauernhofcamping.info und www.bauernhofurlaub.de.

Wohnmobile werden meistens auf parzellierten Stellplätzen mit Strom- sowie mitunter auch (Ab-)Wasseranschluss untergebracht. Diese sind üblicherweise ausreichend dimensioniert, sodass ein Vorzelt aufgebaut und die Campingmöbel aufgestellt werden können.

Um die Wege kurz zu halten, sind, je nach Platzgröße, mehrere Sanitäranlagen mit Duschen und WCs über das Gelände verteilt. In zentraler Lage gibt es zudem oftmals eine Gemeinschaftsküche, in jedem Fall aber eine Möglichkeit zum Geschirrspülen. Eine recht neue Entwicklung auf besser ausgestatteten Plätzen sind Geschirrspülmaschinen, mit denen man auch beim Campingurlaub nicht mehr auf den von zu Hause gewohnten Komfort verzichten braucht und im Handumdrehen sind Teller, Tassen und Besteck wieder sauber. Zum Standard, der auf den meisten Plätzen angeboten wird, zählen Waschmaschinen und Wäschetrockner. In Deutschland müssen Sie pro Wasch- bzw. Trockengang mit Kosten in Höhe von jeweils um die 5 € rechnen.

In der Regel hält man bei der Ankunft am Campingplatz zunächst im markierten Bereich vor der Schranke und meldet sich in der Rezeption an. Bei kleinen Plätzen, das gilt insbesondere außerhalb der Saison, kann es durchaus vorkommen, dass die Rezeption selbst zu den üblichen Öffnungszeiten nicht besetzt ist. Meist hängt dann aber ein „Bin gleich zurück"-Schild im Fenster oder es ist ein Zettel mit einer Kontakt-Telefonnummer aufgehängt, unter der der Platzwart für Rückfragen zu erreichen ist. Mitunter können auch die anwesenden Campingplatzbewohner weiterhelfen und wissen, wann und wo Sie sich anmelden können.

Selbst wenn die Schranke geöffnet ist, sollten Sie nicht einfach ohne Rücksprache auf den Platz fahren. Darauf reagiert so mancher Platzwart allergisch, und es ist keine gute Idee, die „gute Seele" des Platzes gleich zum Beginn des Aufenthaltes unnötig zu verärgern.

In der Rezeption werden die Campingplatzgäste willkommen geheißen und die Mitarbeiter helfen mit Rat und Tat bei der Freizeitgestaltung

Auf den meisten Campingplätzen – vor allem in Deutschland und den Niederlanden – gilt eine strikte Mittagsruhe. Üblich ist der Zeitraum zwischen 13 und 15 Uhr. Währenddessen dürfen keine Autos über den Platz bewegt werden und die Zufahrt ist untersagt. Am besten erkundigen Sie sich schon im Voraus, ob es eine Mittagspause gibt und wie lange diese dauert. So ersparen Sie sich nach einer langen Anreise das tatenlose Warten vor dem rot-weißen Schlagbaum, bis Sie endlich auf das Gelände und mit dem Aufbau beginnen können.

Wenn Sie in der Hauptsaison unterwegs sind und den Campingplatz nicht vorgebucht haben, empfiehlt es sich, kurz vor Mittag einzutreffen. Zu diesem Zeitpunkt haben die meisten abreisenden Camper ihre Parzelle bereits geräumt und die Chancen, einen schönen freien Platz zu erwischen, stehen besonders gut. In der Anreisewelle nach der Mittagsruhe dagegen stauen sich die Wohnwagengespanne und Wohnmobile vor der Anmeldung und die besten Plätze sind schnell wieder weg.

Die Schrankenöffnungszeiten sind nicht nur bei der Anreise zu berücksichtigen, sondern spielen auch im Hinblick auf spätere

Die meisten Campingplätze halten für ihre Gäste eine reichhaltiges Serviceangebot bereit.

Ausflüge eine wichtige Rolle. Wenn Sie gerne lange schlafen, es gemütlich angehen und sich viel Zeit mit dem Frühstück lassen, kann es leicht passieren, dass die Abfahrtszeit genau in die Mittagspause fällt. Zu Fuß kommt man aber selbstverständlich immer irgendwie vom Campingplatzgelände herunter.

Bei der Campingplatzanmeldung müssen Sie entweder ein Formular ausfüllen (u. a. Name, Anschrift, beabsichtigte Aufenthaltsdauer) oder einen Ausweis oder Reisepass vorlegen, damit der Mitarbeiter Ihre persönlichen Daten aufnehmen kann.

Die Rezeption dient nicht nur zum Ein- und Auschecken, sondern ist während des Urlaubs die zentrale Anlaufstelle für alle Fragen rund um den Aufenthalt. Ob Sie eine neue Gasfüllung benötigen, wissen möchten, wo der nächste Wochenmarkt stattfindet oder es ein Problem mit dem Stromanschluss gibt: In der Rezeption kann man Ihnen weiterhelfen.

In der Regel sollten Sie schon bei der Anmeldung eine umfassende Einführung zu den Besonderheiten des jeweiligen Platzes bekommen. Je nach Stimmung des Mitarbeiters und Besucherandrang kann die etwas knapper ausfallen. Es empfiehlt sich, in jedem Fall ein paar grundlegende Aspekte zu klären, um sich spätere Nachfragen zu sparen. Auf vielen Campingplätzen müssen die Duschen separat bezahlt werden. Bringen Sie daher am besten gleich in Erfahrung, ob spezielle Jetons oder bestimmte Geldstücke (meist 0,50 €) benötigt werden, um diese gegebenenfalls eintauschen zu können. Oft liegt an der Theke eine Liste aus, in der die Brötchenwünsche für den nächsten Morgen eingetragen werden können, und außerdem sollten Sie sich auf dem Übersichtsplan zeigen lassen, wo Müll, Grauwasser und Chemietoiletten entsorgt werden. Falls Sie zu grillen beabsichtigen, sollten Sie zudem nachfragen, ob Sie den Grill auf der Parzelle aufbauen dürfen oder ob es einen zentralen Grillplatz gibt.

Den perfekten Stellplatz finden

Bleiben Sie nur eine Nacht, spielt es keine so große Rolle, wo genau Sie auf dem Campingplatz das Lager aufschlagen. Je länger Sie aber bleiben möchten, desto besser will die Parzelle gewählt sein. Insbesondere bei größeren Plätzen ist es ratsam, sich bereits vorab über die örtlichen Gegebenheiten zu informieren. Hilfreich dafür ist ein Lageplan, den viele Campingplätze auf ihrer Website bereithalten. Wie man diesen liest, ist im Kapitel „Vor der Reise" auf Seite 213 erläutert.

Am Anfang der Parzellenauswahl steht in vielen Fällen die Preisfrage. Oftmals gibt es unterschiedliche Platzkategorien. So sind beispielsweise die Parzellen in der ersten Reihe mit freiem Blick auf den See teurer. Auch gibt es vielerorts Unterschiede in der Parzellengröße sowie der Ausstattung, beispielsweise mit Wasser- und Abwasseranschluss direkt am Platz. Hier gilt es, ganz genau zu prüfen, was Sie wirklich brauchen und ob sich der Aufpreis lohnt.

Das Prozedere bei der Auswahl einer Parzelle wird überall unterschiedlich gehandhabt. Manchmal zeigt Ihnen die freundliche Dame oder der freundliche Herr an der Rezeption einige freie Plätze auf dem Übersichtsplan zur Auswahl. Andernorts heißt es einfach nur: „Schauen Sie sich um und suchen Sie sich einen freien Platz, der Ihnen gefällt." Um den Entscheidungsprozess abzukürzen, kriegen Sie mitunter einfach einen bestimmten Platz zugewiesen. In der Regel ist es mit einer freundlichen, aber bestimmten Nachfrage durchaus möglich, einen anderen Platz zu bekommen, zumindest, solange der Campingplatz nicht bis auf die letzte Parzelle gefüllt ist.

Die meisten parzellierten Campingplätze sind mehr oder weniger geometrisch angeordnet und die Größe innerhalb der einzelnen Preiskategorien ist in etwa identisch. Eines der wichtigsten Kriterien für die Parzellenauswahl ist dann die Entfernung zum Sanitärgebäude. Hier gilt es, insbesondere in Begleitung von Kindern, einen geeigneten Kompromiss zu finden. Auf der einen Seite sollten die Sanitärgebäude schnell zu erreichen sein, auf der anderen Seite sollte ein gewisser Mindestabstand eingehalten werden. So vermeiden Sie Geruchsbelästigungen und den Anblick von Toilettenkassetten, die direkt an Ihrem Frühstückstisch vorbeigerollt werden, denn oftmals ist auch die Entsorgung der Chemietoiletten im Sanitärgebäude untergebracht.

Wenn Sie Kinder dabeihaben, sollten Sie außerdem darauf achten, dass der Spielplatz in der Nähe liegt. So haben Sie die Kleinen stets im Blick, wenn sie dort herumtoben. Nicht optimal ist dagegen eine Parzelle entlang der „Hauptverkehrsader" des Platzes in Richtung Ausgang/Rezeption oder Restaurant. Um den Trubel und Durchgangsverkehr zu meiden, ist ein ruhiger Seitenweg natürlich besser geeignet.

Auch ein Blick auf die Bewohner der angrenzenden Parzellen hilft bei der Entscheidung. Wer gerne bis in den frühen Morgen hinein feiert und nach exzessivem Alkoholkonsum lautstark Schlager mitgrölt ist neben dem lustigen Trupp junger Männer, vor deren Zelten sich die Bierkisten stapeln, goldrichtig. Alle anderen suchen besser das Weite und ein Plätzchen am anderen Ende des Geländes aus.

Im Sommer ist ein schattiger Platz von Vorteil, denn in der sengenden Sonne wird es schnell ungemütlich heiß. Berücksichtigen Sie bei der Entscheidung unbedingt den Lauf der Sonne. Wenn Sie das Wohnmobil bei der Ankunft am späten Abend im Schatten abstellen, stehen Sie am nächsten Morgen sonst womöglich schon frühzeitig in der prallen Sonne und an gemütliches Ausschlafen ist dann nicht zu denken.

Auf einem Campingplatz müssen nicht zwangsläufig die Gartenzwerge regieren, wie der idyllische Waldcampingplatz im schwedischen Glaskogen-Naturreservat beweist.

Auf vielen Campingplätzen wird die Zufahrt durch eine Schranke geregelt.

Vor dem endgültigen Aufbau des Feriendomizils sollten Sie abschließend noch einen kritischen Blick in Richtung der künstlichen Lichtquellen werfen. Hier sind in erster Linie Straßenlaternen gemeint, oftmals sind aber auch die Stromsäulen nachts dauerhaft beleuchtet. Das fällt tagsüber kaum auf, empfindlichen Naturen kann es aber schnell den Schlaf rauben, wenn es nachts nicht richtig dunkel wird, weil dauerhaft das Licht einer Laterne am Wegrand durch das Fenster auf das Bett scheint.

Haben Sie den geeigneten Platz gefunden, kann es ans Aufbauen und Einrichten gehen. Bei der Ankunft gehört es selbstverständlich zum guten Ton, die Nachbarn zu begrüßen. Gehen Sie es dann gemütlich an und nehmen Sie sich Zeit für das Auspacken, den Aufbau und das Einrichten ihres mobilen Zuhauses für den Urlaub. Nächster Tagesordnungspunkt ist danach ein Erkundungsspaziergang über den Campingplatz.

Wohnmobilstellplätze

Der Luftkurort Viechtach am Schwarzen Regen im Bayerischen Wald war 1983 die erste Gemeinde in Deutschland, die auf einigen öffentlichen Parkplätzen offiziell das Übernachten im Wohnmobil gestattete. Was ursprünglich nur als ein auf vier Monate befristetes Pilotprojekt gedacht war, erwies sich als so erfolgreich, dass es den Grundstein für eine vielfältige Stellplatz-Landschaft in Deutschland legte. Dabei treten die Wohnmobilstellplätze nicht in Konkurrenz zu Campingplätzen, sondern ergänzen das Übernachtungsangebot für Reisemobilfahrer. Sie sind in erster Linie für den kurzzeitigen Aufenthalt gedacht und es gibt keine festen Anreisezeiten. Bezahlt wird die Übernachtungsgebühr oftmals an einem Automaten, oder es kommt abends oder morgens der Platzwart zum Kassieren vorbei. Viele der städtischen Stellplätze zeichnen sich durch ihre sehr zentrale Lage aus und sind damit ein idealer Ausgangspunkt für Citytrips.

Inzwischen haben viele Kommunen die zahlungskräftige Klientel der Wohnmobilfahrer als Einnahmequelle für die lokale Wirtschaft entdeckt und solche Stellplätze eingerichtet. Es gibt aber auch private Betreiber (die nicht selten selber begeisterte Wohnmobilfahrer sind) und auch der eine oder andere Gasthof auf dem Land offeriert die Möglichkeit zur Übernachtung auf seinem Parkplatz, wenn man dort etwas isst. Last but not least haben mittlerweile auch die Campingplatzbetreiber erkannt, dass sich mit Wohnmobilfahrern Geld verdienen lässt und vielerorts Stellplätze vor der Schranke des eigentlichen Campinggeländes eingerichtet.

Im einfachsten Fall ist ein Wohnmobilstellplatz lediglich ein Parkplatz, auf dem das Übernachten durch eine entsprechende Beschilderung erlaubt wird. Häufig bieten ausgewiesene Wohnmobilstellplätze zumindest eine Möglichkeit zur Ver- und Entsorgung. Besser ausgestattete Plätze verfügen zudem über Stromsäulen, die man per Münzeinwurf freischalten kann, um das Wohnmobil ans 230-V-Netz anzuschließen. Die weitere Infrastruktur ist sehr variabel. Mitunter gibt es ein paar Picknickbänke am Platz oder in seltenen Fällen sogar eine Grillmöglichkeit und manchmal finden sich auch öffentliche Toiletten am Platz.

Seit ein paar Jahren im Trend sind Komfort-Stellplätze, die zusätzlich zu Ver- und Entsorgung sowie Stromanschluss auch ein Sanitärgebäude samt der Möglichkeit zum Geschirrspülen und Wäschewaschen bieten. Während der Saison ist zudem oft ein Ansprechpartner vor Ort und es gibt einen Brötchenservice. Kurz gesagt: Es handelt sich um kleine Campingplätze, bei denen Zeltcamper und Wohnwagen außen vor und Wohnmobilfahrer unter sich bleiben.

Die Zufahrt wird oftmals durch eine Schranke geregelt, sodass die Parkflächen nicht durch Pkw blockiert werden können. Im Gegensatz zu Campingplätzen bekommt man das Ticket aber oftmals in Selbstbedienung an einem Kassenautomaten, sodass man jederzeit einchecken kann.

Entsprechend der unterschiedlichen Ausstattung reichen die Preise für die Übernachtung auf einem Wohnmobilstellplatz von kostenlos bis zu etwa 20 € für ein Wohnmobil samt zwei Personen.

Bekanntlich endet die eigene Freiheit dort, wo die Freiheit des anderen beginnt. Das ist auf einem Stellplatz nicht anders als im übrigen Leben auch. Im Gegenteil: Da es gerade auf den beliebten Stellplätzen während der Hochsaison sehr eng werden kann, ist gegenseitige Rücksicht besonders wichtig. Letztendlich entscheidet selbstverständlich der jeweilige Betreiber, was vor Ort erlaubt und was verboten ist. So ist beispielsweise das Ausfahren der Markise und die Nutzung von Campingmöbeln nicht auf jedem Stellplatz gestattet.

Zusätzlich gibt es ein paar allgemeine (ungeschriebene) Verhaltensregeln, die das Miteinander für alle angenehmer gestalten: Eine freundliche Begrüßung der anderen Camper

Kein Dauercamping: Mitunter wird die Anzahl der Übernachtungen auf Stellplätzen begrenzt.

Die zunehmende Verbreitung hat den Wohnmobilplätzen 2017 zu einem eigenen Hinweisschild verholfen, das zukünftig das bislang verwendete Parkplatz-Schild in Verbindung mit dem Zusatzzeichen „Wohnmobil" ersetzen wird.

gehört einfach zum guten Ton dazu und Hundehalter achten darauf, dass sich die anderen Gäste nicht gestört fühlen. Ein absolutes Tabu ist das Ausspülen der Fäkalientanks an Wasserhähnen, an denen andere ihr Frischwasser zapfen. Ebenfalls keine Freunde macht sich, wer die vorhandenen Parkmarkierungen („Aber die Aussicht ist doch viel besser, wenn ich hier quer parke!") missachtet und so dicht am Nachbarn parkt, dass dieser beim Aussteigen aus dem Fahrzeug tief einatmen muss, damit der Bauch weit genug eingezogen ist.

Stadtmenschen, die einmal Landleben pur erleben möchten.

Die landwirtschaftlichen Betriebe bieten ihren Gästen einfache Stellplätze, z. B. auf einer gemähten Wiese neben der Scheune. Sanitäranlagen sowie Ver- und Entsorgungsmöglichkeiten sind eher die Ausnahme, manchmal ist gegen Aufpreis ein Stromanschluss möglich. Da es pro Hof maximal drei Stellplätze gibt, ist eine rechtzeitige Voranmeldung dringend erforderlich.

Die Übernachtung für 24 Stunden ist mit der aktuellen Landvergnügen-Plakette kostenlos. Als Gegenleistung freuen sich die Erzeuger über den Einkauf von regionalen Spezialitäten wie Honig, Obstschnaps oder Brot im Hofladen. Der aktuelle Landvergnügen-Stellplatzführer listet über 650 Partnerbetriebe. Die im Buch enthaltene Plakette ist jeweils bis zum März des Folgejahres gültig: www.landvergnuegen.com.

> **INFO — BESONDERE STELLPLÄTZE AUF DEM LAND**
>
> Quer durchs ganze Land heißen Winzer, Biobauern und Hofkäsereien Reisemobilfahrer willkommen. Sie versprechen ursprüngliches Camping abseits überfüllter Plätze und richten sich an

Stellplätze am Hafen bieten neben einem traumhaften Blick aufs Wasser oft eine gute Infrastruktur.

Das Rauf-aufs-Land-Konzept hat seinen Ursprung in Frankreich und ist mittlerweile in weiteren europäischen Ländern verbreitet:
France Passion in Frankreich:
www.france-passion.com
Greenstop 24 in Italien: www.greenstop24.it
Espana Discovery in Spanien:
www.espana-discovery.es
Swiss Terroir in der Schweiz: www.swissterroir.ch
Pintrip in Dänemark: www.pintrip.eu
Brit Stops in Großbritannien und Irland:
www.britstops.com

Freistehen/Wildcampen

Das Freistehen spaltet die Gemeinde der Wohnmobilfahrer in zwei Lager. Für die einen kommt es unter keinen Umständen infrage, für die anderen gibt es nichts Schöneres. Grundsätzlich darf in Deutschland jedes zugelassene Wohnmobil im öffentlichen Raum geparkt werden, solange keine Schilder vor Ort ein Park- oder Übernachtungsverbot aussprechen. Ein Sonderfall ist das durch ein Verkehrsschild erlaubte Parken auf Gehwegen. Hier gilt die in der übrigen Verkehrsregelung eher ungewöhnliche Gewichtsgrenze von 2,8 Tonnen, die nur von Campingbussen unterschritten wird. Da die meisten Wohnmobile schwerer sind, dürfen sie hier nicht abgestellt werden.

Selbstverständlich geht eine Übernachtung im Fahrzeug über das reine Parken hinaus. Sie ist in Deutschland „zur Wiederherstellung der Fahrtüchtigkeit" grundsätzlich gestattet. Gut geeignet für das freie Stehen sind große Parkplätze, wie man sie z. B. an Sportplätzen, Schwimmbädern oder Einkaufszentren findet. Auch einsame Wanderparkplätze am Waldrand bieten sich oft für eine Übernachtung an. Solange niemand gestört wird und man nichts außer den Reifenspuren zurücklässt sind in der Regel keine Probleme zu befürchten. Klar ist aber: Campingstühle und Markise sollten drinnen bleiben.

Auch in einigen anderen europäischen Ländern, darunter beispielsweise Belgien, ist die Übernachtung im Fahrzeug zur Wiederherstellung der Fahrtüchtigkeit für eine Nacht grundsätzlich erlaubt. Traditionell recht locker wird das Freistehen in den skandinavischen Ländern gehandhabt. Wobei das viel zitierte Jedermannsrecht sich genau genommen auf die Übernachtung mit dem Zelt in der Natur bezieht. Das schlechte Verhalten einzelner Camper hat der guten Tradition geschadet, sodass an immer mehr Parkplätzen ein Schild mit durchgestrichenem Wohnmobil aufgestellt wird. Dennoch lassen sich mit etwas Erfahrung und Gespür noch immer jede Menge einsame und traumhafte Plätze, nicht selten mit Blick auf den See, finden, an denen man unbehelligt übernachten kann und niemandem in die Quere kommt.

Die Erfahrung zeigt, dass das Freistehen mit dem Wohnmobil in vielen Fällen auch in Ländern möglich ist, wo es „offiziell" verboten ist, ohne dass man mitten in der Nacht von einem Ordnungshüter aus den Federn gescheucht und mit einer Geldstrafe belegt wird. In wieweit das Freistehen toleriert wird, hängt dabei vor allem von der Jahreszeit und der jeweiligen Region ab. Während die lokalen Behörden in den touristischen Destinationen mit hoher Campingplatzdichte wie unter anderem in Kroatien, den Niederlanden oder an der spanischen Mittelmeerküste während der Hauptsaison das Wildcamp-Verbot konsequent durchsetzen, wird es in ruhigeren Gegenden mit weniger hohem Wohnmobilaufkommen durchaus toleriert. Wer die Hotspots meidet

Längst dürfen Wohnmobile nicht mehr überall dort stehen, wo es besonders schön ist. Um die verbleibenden Plätze nicht weiter einzuschränken, sollten örtliche Verbote stets beachtet werden.

und einen Bogen um Parkplätze macht, an den die Wohnmobile bereits dicht an dicht stehen, findet in der Nebensaison tolle Möglichkeiten, um mit dem Wohnmobil auf abgelegenen Strandparkplätzen oder Seen im Hinterland zu übernachten.

Leider werden die Möglichkeiten zum Freistehen durch die steigende Zahl an Wohnmobilen und das Fehlverhalten einiger schwarzer Schafe, die es auch in der Reisemobil-Community gibt, immer weiter eingeschränkt. Wenn die Chemietoilette kurzer Hand in den Gulli entleert wird oder der eigene Müll einfach neben dem ohnehin schon überquellenden Abfallbehälter entsorgt wird und die lokale Bevölkerung beim Strandbesuch keinen Parkplatz mehr findet, weil in der ersten Reihe rücksichtslose Wohnmobilfahrer vorzugsweise „quer" parken, um einen besseren Blick aufs Meer zu haben, dann wundert es nicht, wenn auf immer mehr Parkplätzen in schöner Lage inzwischen „Keine Wohnmobile"-Verbotsschilder stehen oder sogar eine Höhenzufahrtsbeschränkung installiert wurde, sodass man mit dem Wohnmobil gar nicht erst auf solche Parkplätze kommt.

Sicherheit

Eine Reise mit dem Wohnmobil ist nicht weniger sicher, als ein Urlaub im Hotel oder in einer Ferienwohnung. Dennoch fährt bei dem einen oder anderen ein mulmiges Gefühl mit und letztlich ist es gar nicht entscheidend, wie realistisch die Gefahr, Opfer einer Straftat zu werden, tatsächlich ist. So dürfte man unter rein rationalen Aspekten auf einem abgelegenen Waldparkplatz, an den sich nicht einmal Gano-

Campingregelungen im Ländervergleich

Das Stell- und Campingplatzangebot sowie die Regelungen zum Freistehen in Europa in der Übersicht

	Campingplatzangebot	Stellplatzangebot	Freistehen
Belgien	gut, vor allem in Küstennähe	gering	Übernachtung außerhalb von Camping- und Stellplätzen maximal eine Nacht gestattet, regionale Verbote beachten
Bulgarien	gering	gering	nicht gestattet
Dänemark	sehr gut	gut	nicht gestattet
Deutschland	sehr gut	sehr gut	zur Wiederherstellung der Fahrtüchtigkeit erlaubt, regionale Verbote beachten
Estland	vor allem an der Küste	nicht vorhanden	außerhalb geschlossener Ortschaften gestattet
Finnland	gut	mittel	regionale Verbote beachten
Frankreich	sehr gut	sehr gut	unterschiedliche Regelungen vor Ort
Griechenland	gut, vor allem an der Küste	gering	nicht gestattet
Großbritannien	sehr gut	nicht vorhanden	unterschiedliche Regelungen vor Ort
Irland	gut	nicht vorhanden	unterschiedliche Regelungen vor Ort
Italien	sehr gut	sehr gut, vor allem in Nord- und Mittelitalien	unterschiedliche Regelungen vor Ort
Kroatien	an der Küste sehr gut	gering	nicht gestattet
Lettland	gut	nicht vorhanden	außerhalb geschlossener Ortschaften gestattet
Litauen	gut an der Küste und an den Seen	nicht vorhanden	außerhalb geschlossener Ortschaften gestattet

ven verirren, sicherer stehen, als auf einem beliebten Stellplatz in einer touristischen Gegend, wo Diebe auf gute Beute hoffen dürfen.

Wer nicht ständig Angst vor Einbruch und Diebstahl haben und ruhiger schlafen möchte, hat verschiedene Möglichkeiten, den Dieben ihr Handwerk so schwer wie möglich zu machen. Einen hundertprozentigen Schutz gegen Einbruch wird es aber nicht geben, denn wenn Kriminelle es darauf anlegen, werden sie einen Weg in das Fahrzeug finden. Die effektivste Schutzmaßnahme ist laut Polizei die Abschreckung: Erkennt ein Dieb bereits im Vorfeld, dass er einen hohen Aufwand betreiben muss, um an die Wertsachen zu gelangen, wird er es lieber anderswo versuchen, so das Kalkül.

Vergleichsweise einfaches Spiel haben die Einbrecher an den Fahrerhaustüren. Oftmals reicht schon ein einfacher Schraubenzieher zum Knacken des Schlosses und mit etwas technischem Know-how gelangen die Diebe durch eine sogenannte Replay-Attacke, bei der eine Sicherheitslücke des Funkschlüssels ausgenutzt wird, um dessen Signal zu kopieren, in Sekundenschnelle ins Auto, und zwar ganz ohne Einbruchspuren am Fahrzeug zu hinterlassen.

Verbesserten Schutz versprechen spezielle Zusatzschlösser (u. a. erhältlich von www.heosolution.de, www.fiamma.it, www.thule.com), die von innen montiert werden und die sowohl für die Fahrerhaus-, Aufbau- oder Schiebe- sowie auch für die Hecktüren angeboten werden. Eine weitere Möglichkeit, um Dieben den Weg ins Fahrerhaus zu versperren, sind spezielle Teleskop-Sicherungsstangen mit Aluminiumblechen an den Enden, die in die Führung der Seiten-

	Campingplatzangebot	Stellplatzangebot	Freistehen
Luxemburg	gut	gering	nicht gestattet
Niederlande	sehr gut	gering	nicht gestattet
Norwegen	gut, insbesondere im südlichen Landesteil	gering	regionale Verbote beachten
Österreich	gut	gut	für eine Nacht gestattet, regionale Verbote beachten
Polen	gut, vor allem an der Küste	gering	nicht gestattet
Portugal	vor allem in Küstennähe	gering	nicht gestattet
Rumänien	vor allem an der Küste	nicht vorhanden	überall gestattet
Schweden	gut im mittleren und südlichen Landesteil	gering	regionale Verbote beachten
Schweiz	gut	gut	nicht gestattet
Serbien	gering	nicht vorhanden	nicht gestattet
Slowakei	mittel	nicht vorhanden	nicht gestattet
Slowenien	gut im Nordwesten des Landes	gering	nicht gestattet
Spanien	sehr gut	gering	nicht gestattet
Tschechien	gut	nicht vorhanden	nicht gestattet
Ungarn	gut	nicht vorhanden	nicht gestattet

scheibe eingeführt werden. Alternativ schwören viele Wohnmobilfahrer auf Spanngurte, mit denen die Griffe von Fahrer- und Beifahrertür miteinander verzurrt werden, sodass sich die Türen von außen nicht öffnen lassen. Die Polizei rät allerdings von solchen Sicherungen zwischen den beiden Fahrertüren ab, da man ansonsten in Notlagen nicht auf dem Fahrersitz Platz nehmen kann, um die Flucht zu ergreifen.

Ein weiterer neuralgischer Punkt sind die Aufbaufenster, die sich – egal ob vorgehängtes oder Rahmenfenster – sehr leicht aufhebeln lassen: Ein leichter Ruck an der richtigen Stelle reicht, schon sind die Kunststoffriegel abgebrochen. Abhilfe schaffen Profile aus Edelstahl oder Aluminium, die entweder verklebt oder von unten auf das Fenster gesteckt werden (z. B. wie sie von diesem Anbieter vertrieben werden: www.womo-sicherheit.de).

Falls die Diebe es trotz aller zusätzlichen Sicherheitsmaßnahmen ins Fahrzeuginnere geschafft haben, bietet ein mit dem Chassis verschraubter Safe Schutz für Wertgegenstände wie Kreditkarten, Bargeld oder Laptop. Bei einigen Herstellern können Sie einen Tresor bereits bei der Bestellung eines Neufahrzeugs als Extra für einen Aufpreis von knapp 300 € wählen. Modelle zum Nachrüsten kosten je nach Größe zwischen ca. 150 und 300 € und wiegen zwischen 5 und 15 kg. Anbieter sind u. a. www.alko-tech.com, ww.dometic.com und www.mobil-safe.net.

Ein wirksames Mittel gegen das Entwenden des gesamten Fahrzeugs bei längeren Standzeiten bietet eine Wegfahrsperre, z. B. in Form eines Lenkradschlosses. Diese massiven Metallstäbe werden am Lenkrad festgeschlossen und machen das Fahrzeug praktisch manövrierunfähig.

Weitere Möglichkeiten zum Diebstahlschutz durch elektronische Alarmanlagen sowie zur Ortung mit einem GPS-Tracker finden Sie ab Seite 198).

Neben der Abschreckung hilft vor allem der gesunde Menschenverstand und durch umsichtiges Verhalten lässt sich das Risiko eines Überfalls oder Einbruchs deutlich verringern:

▶ Parken und Übernachten Sie nicht in düsteren Stadtvierteln oder auf den Autobahnraststätten entlang beliebter Reiserouten, da Diebe hier im Schutz der Anonymität und des hohen Lärmpegels besonders häufig zuschlagen.
▶ Verzichten Sie bei der Reise mit dem Wohnmobil auf teuren Schmuck oder Luxus-Uhren. Führen Sie nur kleine Mengen an Bargeld mit sich und lassen Sie die übrigen Wertsachen wie Kamera, Smartphone und Laptop nicht offen im Fahrzeug herumliegen.
▶ Verschließen Sie stets sorgfältig alle Fenster und Türen, selbst wenn das Fahrzeug nur für kurze Zeit verlassen wird.
▶ Versuchen Sie weder beim Parken noch beim Übernachten das Fahrzeug zu verstecken und sich in die Büsche zu schlagen. Wählen Sie lieber einen beleuchteten, gut einsehbaren Platz.
▶ Halten Sie für Notfälle das Handy griffbereit, um den Notruf der Polizei wählen zu können, und machen Sie mit Licht, Hupe und lautem Rufen auf sich aufmerksam, sobald Sie einen Einbruchversuch bemerken.
▶ Vermeiden Sie im Ernstfall die Konfrontation, denn die meisten Täter sind gewaltbereiter als ihre Opfer, und Wertgegenstände lassen sich zur Not ersetzen.
▶ Im Falle eines Diebstahls können Sie Bank- und Kreditkarten über den allgemeinen Sperrnotruf rund um die Uhr sperren lassen, damit die Diebe nicht auf Ihre Kosten einkaufen gehen: 116 116 (in Deutschland, gebührenfrei) 0049 116 116 (aus dem Ausland, gebührenpflichtig); ausführliche Hinweise unter www.sperr-notruf.de.

KINDER AN BORD

Raus aus dem Alltag und rein ins Abenteuer. Wohnmobilurlaub und Familie passen hervorragend zueinander. Falls unterwegs plötzlich Hunger aufkommt, ist ein Brot aus den Vorräten schnell geschmiert, und sollten die Kinder beim draußen Herumtoben nass und dreckig werden, liegen im Kleiderschrank an Bord Wechselklamotten sofort griffbereit. Ständig wechselnde Orte und täglich neue Spielpartner lassen unterwegs keine Langeweile aufkommen, wobei das Wohnmobil mit seiner vertrauten Atmosphäre einen Wohlfühlfaktor schafft. Ein weiterer Pluspunkt ist die Nähe zur Natur und nach einem Tag draußen an der frischen Luft schmeckt das Stockbrot am Lagerfeuer abends besonders gut. Kurz: Für Abwechslung ist gesorgt und ein Wohnmobilurlaub die perfekte Idee für alle abenteuerlustigen Familien.

Welches Wohnmobil ist am besten geeignet? Was zeichnet einen kinderfreundlichen Stell- oder Campingplatz aus und wie lässt sich die gefürchtete „Wann sind wir endlich da?"-Frage während der Fahrt vermeiden? sind

Täglich wechselnde Aussichten und der Natur ganz nah – da kann kein Hotelurlaub mithalten.

die drei wichtigsten Fragen, die es zu klären gilt, damit der Roadtrip für die ganze Familie zum unvergesslichen Erlebnis wird.

Umfangreiche Hintergrundinformationen zur Auswahl des geeigneten Reisemobils beziehungsweise passenden Aufbaus finden Sie ab Seite 24. Die besten Voraussetzungen für einen gelungenen Urlaub bringen Alkovenmobile mit, die durch die Schlafnische über dem Fahrerhaus die zur Verfügung stehende Grundfläche besonders gut ausnutzen. Aber auch Teilintegrierte mit einem Hubbett oder ein Campingbus mit Aufstelldach verfügen über ausreichend Schlafplätze für die ganze Familie.

Unabhängig vom Wohnmobiltyp steht natürlich die Sicherheit an erster Stelle. Serienmäßige Isofix-Sicherungen für Kindersitze, wie sie bei Pkws inzwischen zur Standardausstattung gehören, finden sich allenfalls bei den Campingbussen. In Wohnmobilen gibt es diese, wenn überhaupt, nur als kostenpflichtige Option und Sie müssen sie daher schon beim Kauf eines Wohnmobils ordern.

Neben dem sicheren Sitz während der Fahrt, gilt auch den Betten im Wohnmobil ein besonderes Augenmerk, um Unfälle zu vermeiden. Alle Betten in luftiger Höhe, ob im Hubbett oder Alkoven, müssen durch ein Gitter oder Netz, das nicht zu grobmaschig oder zu elastisch sein darf, gegen das Rausfallen abgesichert sein. Kleinkinder unter drei Jahren sollten dennoch nie unbeaufsichtigt alleine in der oberen Etage schlafen.

Ein Mindestalter für die Campingtauglichkeit gibt es aber nicht und schon Babys können problemlos mit. Hilfreich ist auf jeden Fall ein Wasserkocher, mit dem sich das Milchfläschchen unkompliziert zubereiten lässt. Wer nicht zu nachtschlafender Zeit aus den Federn möchte, nimmt eine Thermoskanne mit, die das Wasser lange genug warm hält.

Der richtige Campingplatz

Wie der optimale Campingplatz für Kinder aussehen sollte, ist von Familie zu Familie unterschiedlich und hängt außerdem vom Alter der Kinder ab. Für Kinder im Krabbelalter ist eine Wiese als Untergrund natürlich besser geeignet als ein parzellierter Platz mit Schotter. Größere Kinder freuen sich über eine Badestelle,

Camping ist ein Spaß für Klein und Groß.

die aus Sicherheitsgründen möglichst flach abfallen sollte.

Ansonsten gibt es die unterschiedlichsten Angebote, je nach Geschmack. Kleine, naturnahe Plätze locken mit familiärer Atmosphäre und machen das Urlaubsglück mit einer Lagerfeuerstelle perfekt, während 5-Sterne-Komfort-Campingplätze Kinderanimationsprogramm, Indoor-Spielplatz und Hallenbad bieten, die sich als wahrer Segen erweisen können, wenn das Wetter einmal nicht mitspielen sollte. Am besten probieren Sie bei Ihrer ersten Reise einfach unterschiedliche Campingplätze aus, um herauszufinden, in welcher Umgebung es Ihnen und Ihrer Familie am besten gefällt. Grundsätzlich nicht fehlen sollten ein abwechslungsreicher Spielplatz sowie Familienbäder mit niedrigen Waschbecken, Kinder-WCs und Wickelmöglichkeiten.

Für kürzere Aufenthalte, beispielsweise bei der Durchreise auf dem Weg ans eigentliche Urlaubsziel oder für einen Wochenendausflug, bieten sich Wohnmobilstellplätze als Alternative zum Campingplatz an. Allerdings zeigen sich leider längst nicht alle Stellplätze besonders kinderfreundlich. Oftmals sind die Flächen durchgehend gepflastert oder asphaltiert und laden daher wenig zum Spielen ein. Gerade die komfortablen Wohnmobilhäfen sind oft fest in Rentnerhand und zwischen den Wohnmobilen herumtollende Kinder werden kritisch beäugt. Mit ein bisschen Suchen, beispielsweise durch das Lesen der Nutzerbewertungen in den Stellplatz-Apps, lassen sich aber durchaus lohnende Wohnmobilstellplätze finden, die sich durch ihre Lage im Grünen, an einem Badesee oder in der Nähe eines fantasievollen Abenteuerspielplatzes für den Aufenthalt mit Kinder hervorragend eignen.

Mit Kindern im schulpflichtigen Alter erübrigt sich die Frage nach der besten Reisezeit, und natürlich stehen die Chancen für gutes Wetter im Sommer am besten. Allerdings kann es selbst in Deutschland in der Sonne im Wohnmobil sehr heiß werden – dass man sich dann einen Stellplatz im Schatten aussucht, versteht sich von selbst. Ausreichend Sonnenschutz in Form von Sonnenhut, Sonnencreme und Sonnenbrillen nicht vergessen! Mit kleineren Kindern oder für einen Kurztrip über ein verlängertes Wochenende bieten sich Frühling und Herbst an. Auch dann gibt es warme und trockene Tage. Als zusätzliches Plus geht es auf den Campingplätzen meist etwas ruhiger zu und die Übernachtungspreise sind oftmals etwas günstiger.

Als Kleidung sind funktionelle Outdoorklamotten besonders praktisch. Sie trocknen schnell und sind gleichzeitig wind- und wasserfest. Auch wenn bei Ihrem Urlaub (hoffentlich) die meiste Zeit die Sonne scheint, sind Regenjacke, Buddelhose und Gummistiefel im Gepäck ein Muss.

Viel Platz in der Heckgarage können Sie durch das Weglassen von überflüssigem Spielzeug sparen: Erfahrungsgemäß wird hier immer viel zu viel mitgenommen. Kein Kind braucht beim Camping einen Berg an Sandspielzeug oder ein ganzes Regal voller Bücher.

Um auf dem Campingplatz keine Langeweile aufkommen zu lassen, reichen Eimer und Schaufel, ein Ball sowie Malsachen, ein paar Vorlesebücher und ein Kartenspiel für Schlechtwetterphasen vollkommen. Als Ergänzung sind kleine Dinge, die man in der Natur nutzen kann, ideal, z. B. Becherlupen oder Kinder-Klappmesser mit abgerundeter Spitze zum Schnitzen.

Selbst auf Campingplätzen ohne Kinderanimation gibt es viel zu entdecken. Ob Meer, See, oder Wald: Die Natur ist ein riesiger Abenteuerspielplatz und Spielkameraden finden sich auf einem Campingplatz meist im Handumdrehen.

Das vielleicht größte Problem bei einem Campingurlaub mit Kindern ist die Fahrt im Wohnmobil selbst. Daher empfiehlt es sich, die Etappen möglichst kurz zu halten und regelmäßige Pausen einzulegen, in der die Kinder ihren natürlichen Bewegungsdrang ausleben und Frisbee, Ball oder Fangen spielen können.

Um die bei Eltern gefürchtete Frage „Wann sind wir endlich da?" hinauszuzögern, sorgen Lese- und Malbücher für kurzweilige Abwechslung unterwegs. Falls dem Nachwuchs vom Lesen oder Malen während der Fahrt schlecht wird, bieten sich Hörspiele als Alternative an und die meisten Kinder können

Ein spannendes Hörspiel auf den Ohren hebt die Stimmung bei Regenwetter.

stundenlang den Abenteuern von Benjamin Blümchen und Co lauschen. Um die Nerven der Eltern zu schonen, sind getrennte Lautsprecher für den hinteren Bereich oder MP3-Player mit Kopfhörern ein Segen.

Größere Kinder können sich auch gut mit (Rate-)Spielen beschäftigen, beispielsweise Autobingo (jeder Spieler sucht sich eine Farbe aus und bekommt einen Punkt für jedes entgegenkommende Fahrzeug in „seiner" Farbe) oder Tierraten (einer denkt sich ein Tier aus, welches die anderen durch Fragen nach Merkmalen herausbekommen müssen). Als leichter Snack für zwischendurch eignen sich Apfelstücke und Gemüseschnitze von Möhren, Paprika oder Gurken.

Solange es dem Fahrer nichts ausmacht und die Kinder ohne Probleme in ihren Autositzen schlafen, sind Nachtfahrten eine gute Alternative, um längere Strecken zurückzulegen. Grundsätzlich sollten Eltern aber dennoch Reiseziele bevorzugen, die nicht allzu weit entfernt liegen und entspannt mit ein oder maximal zwei Zwischenübernachtungen erreicht werden können.

Camping bei Schlechtwetter

Vor dem Wohnmobil sitzen, sich die Sonne ins Gesicht scheinen lassen und zur Abkühlung hin und wieder ein Bad im kühlen See oder Meer: Natürlich wünschen wir uns im Urlaub alle lieber angenehme Temperaturen und Sonnenschein statt Dauerregen. Camping mit Schönwettergarantie gibt es allerdings praktisch nirgendwo in Mittel- oder Nordeuropa. Schlechtes Wetter bedeutet schlechte Laune? Das muss nicht sein, und es gibt keinen Grund, sich von feuchter Witterung einen Strich durch die Rechnung machen und die Stimmung vermiesen zu lassen. Ganz im Gegenteil: Selbst ein Regentag kann mit oder ohne Kinder zu einem besonderen Erlebnis werden, denn schließlich ist es ja gerade die Nähe zur Natur, die den Reiz eines Urlaubs mit dem Wohnmobil ausmacht. Da gehört schlechtes Wetter einfach dazu.

Der weit verbreitete Spruch vom nicht vorhandenen, schlechten Wetter solange nur die Kleidung stimmt, ist schon etwas überstrapaziert. Man muss das Wetter beim Camping einfach nehmen, wie es kommt. Natürlich hilft dann ein Regenschirm, um auf dem Weg zum Sanitärgebäude trocken zu bleiben, und ausgerüstet mit Gummistiefeln und Regenbekleidung lässt sich, zumindest solange der Niederschlag nicht allzu stark wird, durchaus ein Spaziergang im Wald unternehmen.

Regen? Für Kinder ein großer Spaß

Kinder stören sich ohnehin oft erstaunlich wenig am schlechten Wetter. Sobald Pfützen und Matsch zum Staudamm- und Brückenbauen einladen oder aus Tannenzapfen, Zweigen und Baumrinde selbst gebaute Schiffe fahren gelassen werden können, wird der Regen oft zur schönsten Nebensache der Welt.

Wie wäre es mit einem Gemeinschaftsprojekt für die ganze Familie? Bei der Aufgabe, mit einer einfachen Plane ein provisorisches Dach zu bauen, können Groß und Klein ihren Ideenreichtum und ihr handwerkliches Geschick unter Beweis stellen. Als Material reicht eine einfache Plane aus dem Baumarkt und jede Menge Schnur. Unter dem Ergebnis kann man anschließend Platz nehmen, um gemeinsam zu essen und zu spielen. So vergeht ein ganzer Vormittag wie im Flug und spannender als einfach die Markise auszukurbeln ist es allemal.

Wer lieber trocken bleibt, hat es im Wohnmobil vergleichsweise gut und im Gegensatz zum Zelt ein festes Dach über dem Kopf. Sicher, der Platz ist begrenzt, aber es kann ja durchaus gemütlich sein, sich mit einem guten Buch oder bei einem spannenden Hörspiel in die Sitzecke oder ins Bett zu kuscheln, wenn draußen der Regen aufs Dach prasselt.

Mit Papier, Schere und Stiften zum Malen und Basteln können Kinder sich stundenlang beschäftigen. Außerdem ist Regenzeit Spielezeit und erfahrene Camper haben stets eine kleine Auswahl an Karten- und Gesellschaftsspielen an Bord. Spielesammlungen mit Klassikern wie „Mensch ärgere Dich nicht!" sind auch als kompakte Reiseausgabe erhältlich. Stehen nur Stift und Papier zur Verfügung eignen sich Spiele wie „Schiffe versenken" oder „Stadt Land Fluss" ganz hervorragend zum Zeitvertreib. Gänzlich ohne zusätzliche Hilfsmittel kommen Pantomimespiele wie Scharade oder Berufe-raten aus.

Wenn gar nichts mehr hilft

Aber irgendwann fällt allen die Decke auf den Kopf. Manchmal haben zumindest größere und gut ausgestattete Campingplätze einen Aufenthaltsraum mit TV oder Spielmöglichkeiten oder vielleicht sogar ein Schwimmbad.

Als Alternative zu Hallenbädern bieten Indoor-Spielplätze für kleine oder Kletterhallen für größere Kinder Spaß und Bewegung, wenn es draußen stürmt und regnet. Für Abwechslung sorgen auch Museen, die längst nicht nur in Städten zu finden sind. Ein Heimatmuseum gibt es oftmals selbst in kleinen Gemeinden. Oft wird es mit viel Herzblut und Engagement geführt und ein Regentag bietet eine gute Gelegenheit, um auch einmal eine Sehenswürdigkeit zu besuchen, die man sonst eher links liegen gelassen hätte.

Falls Sie weitere Anregungen für wetterunabhängige Freizeitaktivitäten brauchen, können die Mitarbeiter in der Rezeption sicher weiterhelfen. Ob Kino, Gokart-Bahn, UV-Licht-Golf oder Escape-Room, irgendetwas lässt sich eigentlich immer finden, um auch bei Schietwetter keine Langeweile aufkommen zu lassen.

Tagelang anhaltender, ergiebiger Dauerregen ist die absolute Ausnahme. Falls der Wetterbericht aber tatsächlich auf absehbare Zeit nur Regen, Regen, Regen prognostiziert, spricht nichts dagegen, einfach der Sonne hinterherzufahren. Schließlich ist man mit dem Wohnmobil ja flexibel.

Anders sieht es bei schwerem Unwetter aus. Bei großen Niederschlagsmengen und orkanartigen Windböen sollte man sich besser nicht auf die Straße wagen und das Wohnmobil lieber stehen lassen. Als letzte Instanz können dann ein Tablet mit Netflix-Zugang oder eine Spielekonsole durchaus dabei helfen, die Urlaubsstimmung nicht in den Keller sinken zu lassen.

INFO: VERHALTEN BEI REGEN, STURM UND GEWITTER

Neben ergiebigen Regenfällen sind Sturm und Gewitter zwei weitere Naturgewalten, die Sie beim Camping hautnah erleben können. Mit den folgenden Vorkehrungen kommen Sie sicher durchs Unwetter:

- Fahren Sie eine der beiden Markisenstützen stets um ca. 15 cm weniger aus, damit die Markise schräg steht und das Wasser besser ablaufen kann.
- Sobald es windig wird, sollten Sie die Markise komplett einfahren.
- Lassen Sie Tische und Stühle bei starkem Wind nicht draußen vor dem Mobil stehen, sondern räumen Sie diese rechtzeitig in die Heckgarage, damit nichts herumfliegen kann.
- Ein Vorzelt sollte stets mit entsprechenden Gurten sicher abgespannt werden.
- Bei Gewitter muss das Kabel für die Landstromversorgung abgezogen werden, um Überspannung bei einem Blitzeinschlag zu verhindern.

MIT HAUSTIEREN VERREISEN

Das Wohnmobil bietet ideale Voraussetzungen, um zusammen mit dem Haustier in den Urlaub zu fahren und die aufwendige Suche nach hundefreundlichen Hotels entfällt. Am häufigsten gehen Hunde mit auf Tour, vereinzelt findet man auch Katzen als Mitfahrer im Wohnmobil.

Wer kein eigenes Wohnmobil besitzt und für den Urlaub mit Vierbeinern ein Fahrzeug mieten möchte, muss seinen Anbieter mit Bedacht wählen. Nicht überall sind Haustiere als Mitfahrer willkommen und oftmals wird eine höhere Reinigungspauschale nach dem Urlaub berechnet. Wohnmobilvermieter, die sich auf Tierhalter als Kunden spezialisiert haben, sind beispielsweise:

▶ www.waumobil.de
▶ www.pfotenwandern.de
▶ www.4pfoten-mobile.de

Führt die Reise ins Ausland, sind rechtzeitig vor der Abfahrt die genauen Einreisebestimmungen zu klären. Pflicht in den meisten europäischen Ländern sind ein Mikrochip, eine gültige Tollwutimpfung sowie ein EU-Heimtierausweis.

Auf dem angesteuerten Campingplatz sollten Haustiere im Idealfall nicht nur erlaubt, sondern willkommen sein. Grundsätzlich sind kleinere, naturnahe Plätze sicher besser geeignet. Liegt der Campingplatz am Meer oder einem See, sollten Sie unbedingt sicherstellen, dass es eine separate Hundebadestelle gibt.

Inzwischen haben sich viele Campingplätze auf den Besuch von Gästen mit vier Pfoten eingestellt und bieten sogar ein spezielles Serviceangebot für Hunde wie Hundeduschen oder ausgewiesene Spielwiesen, auf denen die Vierbeiner frei herumtollen dürfen. Auf dem Platz selbst dagegen müssen Hunde meist im Interesse eines harmonischen Miteinander von Campern mit und ohne Hund an der Leine geführt werden. Dass die Hinterlassenschaften eingesammelt werden, sollte eigentlich selbstverständlich sein.

Geeignete Plätze können Sie beispielsweise mit der Suchoption „Hunde erlaubt" im Bereich „Weitere Filter" in der Detailsuche auf der Website des ADAC Campingführers www.pincamp.de finden.

Damit das Haustier sicher im Wohnmobil mitfährt, sind im Handel die unterschiedlichsten Transportsicherungen vom Trenngitter über Transportboxen bis hin zu speziellem Sicherheitsgeschirr, mit dem der Hund auf der Rückbank angeschnallt werden kann, erhältlich. Diese Sicherheitsgeschirre für Hunde hinterließen bei unserem letzten Test 2018 aber keinen guten Eindruck. Keines war besser als ausreichend (Note 4,0). Es gab gute Boxen für Hunde schon ab knapp über 200 € („Transportbox" des Herstellers Trixie) oder sehr gute Boxen ab 300 € aufwärts („Universal-Selbstmontage" des Herstellers Schmidt-Box). Allerdings waren diese wie auch die meisten anderen Boxen für den Kofferraumtransport gedacht und sind damit in vielen Wohnmobilen nicht einsetzbar. Testsieger und auch für die Rücksitzbank geeignet war der „Premiumkennel" von Schmidt-Box für etwa 600 € (baugleich mit der noch teureren „Alustar Rücksitz-Hundebox" von Kleinmetall).

Ähnlich wie beim Verreisen mit Kindern ist allerdings auch den meisten Hunden langes Autofahren zuwider. Daher empfehlen sich Urlaubsziele, die nicht zu weit vom Heimatort entfernt liegen und während der Anfahrt sollten ausreichend Pausen eingelegt werden.

CAMPING IM WINTER

Wenn die Temperaturen sinken, haben Wohnmobilfahrer genau drei Handlungsalternativen. Entweder wird das Wohnmobil für die Dauer des Winters eingemottet (wie es richtig geht, lesen Sie ab Seite 258) oder man fährt dem Sommer hinterher. Für eine stetig wachsende Gruppe allerdings fängt der Campingspaß erst so richtig an, wenn knackige Minusgrade den Schnee unter den Stiefelsohlen knirschen lassen.

Warum auch nicht? Moderne Wohnmobile sind dank guter Isolierung und leistungsstarker Heizungen hervorragend für den Einsatz bei Eis und Schnee gerüstet. Was kann es Schöneres geben, als es sich nach einer erlebnisreichen Winterwanderung oder rasantem Rodelspaß im warmen Wohnmobil gemütlich zu machen und eine heiße Schokolade oder einen Grog zu schlürfen, während der Blick durch die Fenster über die weißgepuderte Landschaft ringsum schweift?

Winterfest oder wintertauglich?

Grundsätzlich lässt sich mit jeder Wohnmobilart in den Winterurlaub fahren, aber

Ein Urlaub mit Wohnmobil im Schnee hat seinen ganz besonderen Reiz.

Unterwegs mit dem Wohnmobil

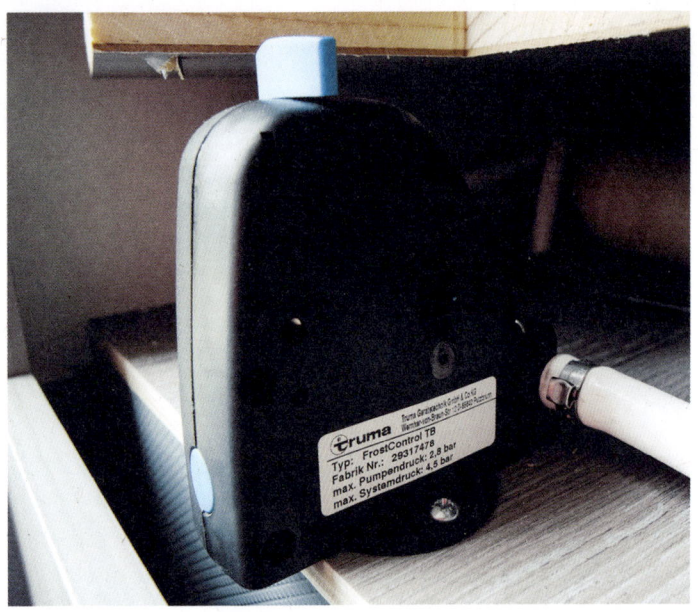

Das automatische Temperaturventil schützt die Wasserinstallationen des Wohnmobils vor Frostschäden.

die verschiedenen Aufbauformen eignen sich unterschiedlich gut für den Einsatz bei niedrigen Temperaturen. Gute Voraussetzungen für das Camping in Eis und Schnee bringen Alkovenmobile mit klassischer Dinette mit, bei denen die Fahrersitze nicht mit in den Wohnraum einbezogen werden. So lässt sich die nur schlecht isolierte Fahrerkabine durch einen dicken Thermovorhang oder eine separate Tür vom gut isolierten Wohnraum abschotten.

Ebenfalls hervorragend geeignet sind Vollintegrierte, die rundherum aus isolierten Wänden in Sandwichbauweise hergestellt sind und ohne ein Fahrerhaus aus Blech auskommen. Praktisch gegen kalte Füße ist in jedem Fall ein Doppelboden mit einer isolierenden Luftschicht zwischen der Fahrzeugunterseite und dem Fußboden des Wohnraums.

Bei Teilintegrierten empfiehlt sich der Einsatz einer spezielle Thermohaube oder Fahrerhausisoliermatte, die von außen über die gesamte Frontpartie gezogen wird, sodass die kostbare Heizwärme nicht über die großen Blech- und Fensterbereiche nach außen entweichen kann und das Fahrerhaus auskühlt. Auch Campingbusse eignen sich mit zusätzlicher Isolierung für die Hecktüren und einer Thermohaube für das Aufstelldach als Basislager für den Skiurlaub.

Falls das Wohnmobil nicht schon serienmäßig für das Wintercamping geeignet ist, bieten die meisten Hersteller ein Winterpaket als Option an, das neben einem isolierten und elektrisch beheizbaren Abwassertank (der Frischwassertank ist bei den meisten Wohnmobilen im Innenraum unter der Sitzbank verbaut) isolierte Leitungen am Unterboden beinhaltet. Wenn Sie mit Ihrem Wohnmobil auch im Winter verreisen möchten, sollten Sie die entsprechende Option beim Kauf unbedingt dazuordern, eine Nachrüstung zum späteren Zeitpunkt ist nur noch mit sehr großem Aufwand und entsprechenden Kosten möglich.

Um die Eignung für das Wintercamping zu beschreiben, werden die beiden Begriffe „winterfest" und „wintertauglich" verwendet. Sie klingen im allgemeinen Sprachgebrauch zwar ähnlich, basieren aber auf zwei unterschiedlichen, klar definierten Normen. Um als „winterfest" (Norm EN 1646-1) bezeichnet werden zu dürfen, muss sich der Innenraum des Wohnmobils bei einer Außentemperatur von -15°C innerhalb von vier Stunden auf +20°C erwärmen lassen. Nach einer Stunde wird die Wasseranlage befüllt und muss reibungslos funktionieren. Weniger streng sind die Anforderungen an die Qualifikation „wintertauglich" (Norm EN 1646-1). Hier schreibt das Prüfverfahren eine Außentemperatur von 0°C vor und die Wasseranlage wird nicht weiter berücksichtigt.

Ob ein Wohnmobil wintertauglich oder winterfest ist, erfahren Sie nur in den Herstellerangaben wie Katalog oder in der Bedienungsanleitung, in den Fahrzeugpapieren ist dieses Kriterium nicht ersichtlich.

Wintercamping liegt im Trend

Die Campingplätze reagieren auf die wachsende Lust am Camping in der kalten Jahreszeit. So haben immer mehr Plätze rund um das ganze Jahr geöffnet und im Idealfall gelangt man mit einem kurzen Spaziergang vom Wohnmobil zum Skilift oder zur Loipe. Zusätzlich wird den Gästen der Aufenthalt so angenehm wie möglich gemacht, beispielsweise durch Sauna und Wellnessangebote und dank Trockenräumen muss niemand die feuchten Schneeklamotten im Wohnmobil aufhängen.

Allerdings sind gerade die komfortablen Wintercampingplätze in den Alpen sehr beliebt und zu den Hauptreisezeiten wie beispielsweise während der Weihnachtsferien oft lange im Voraus ausgebucht. Eine frühzeitige Platzreservierung ist dringend angeraten.

Ebenfalls rechtzeitig vor der Abfahrt sollten Sie die Heizung im Reisemobil einem Testlauf unterziehen, um sicherzustellen, dass Heizung, Boiler und Gebläse ordnungsgemäß funktionieren. Falls nicht, bleibt ausreichend Zeit, um die erforderlichen Reparaturen zu veranlassen. Bei der Gelegenheit empfiehlt sich zusätzlich ein grundlegender Wintercheck des Fahrzeugs.

Intakte Glühkerzen sind die Voraussetzung dafür, dass der Diesel selbst bei niedrigen Temperaturen zuverlässig startet. Schlechte Sichtverhältnisse sind im Winter häufig an der Tagesordnung. Überprüfen Sie daher die Beleuchtungsanlage und erneuern Sie gegebenenfalls die Wischergummis, damit die Sicht selbst im dichten Schneegestöber frei bleibt. Ein Anfrieren der Türen und Fenster lässt sich verhindern, indem die Dichtgummis gereinigt und mit einem speziellen Pflegemittel wieder geschmeidig gemacht werden. Neben der üblichen Kontrolle von Öl- und Bremsflüssigkeit sollte abschließend ein ausreichender Frostschutz für das Scheibenwischwasser sichergestellt werden.

Damit Sie auf winterlichen Fahrbahnen mit Eis, Schnee und Matsch nicht ins Rutschen kommen, müssen Winterreifen ans Wohnmobil montiert werden. Das Profil sollte für einen optimalen Grip mindestens 4 mm, besser 5 mm tief sein. In vielen europäischen Ländern gilt eine generelle oder zumindest situative Winterreifenpflicht wie beispielsweise in Deutschland oder Österreich, die Winterreifen bei kalter Witterung und glatter Fahrbahn vorschreibt.

Als Ergänzung gehört ein Satz Schneeketten ins Gepäck, um den Antriebsrädern bei schwierigen Straßenverhältnissen mehr Traktion verleihen zu können. Schneeketten kommen zwar nicht besonders häufig zum Einsatz, aber damit im Ernstfall jeder Handgriff sitzt, sollten Sie die Montage bereits vorab bei gutem Wetter und ohne klamme Finger ausprobieren.

So läuft's auf dem Platz

Auf dem Campingplatz angekommen, hat der Betreiber hoffentlich schon Schnee geräumt, ansonsten müssen Sie selbst Hand anlegen und die Parzelle vom Schnee befreien, damit Sie besser einparken und manövrieren können.

Steht das Reisemobil in der gewünschten Position sollte lediglich der Gang eingelegt, aber nicht die Handbremse angezogen werden, um deren Festfrieren zu verhindern. Da die Bordbatterie in kalter Umgebung weniger Leistung bringt und im Winter ohnehin mehr Strom gebraucht wird, beispielsweise weil es früher dunkel wird, für einen elektrischen Zusatzheizer oder den Kühlschrankbetrieb (um Gas zu sparen), ist der Anschluss an den Landstrom – wann immer möglich – ratsam. Beim Verbinden des Wohnmobils mit der Stromsäule ist etwas Aufmerksamkeit angebracht: Achten Sie darauf, dass das verlegte Kabel weder festfrieren noch beim Schneeräumen beschädigt werden kann.

Das Heizen und Kochen mit Propangas bereitet selbst bei niedrigen Temperaturen kaum Probleme. Die theoretische Minimaltemperatur von -40 °C, ab der Propangas nicht mehr verdampft, werden in Europa kaum irgendwo erreicht.

Bei Temperaturen um die 0 °C kann unter Umständen der Gasdruckregler Probleme bereiten, da das Flüssiggas Spuren von Wasser enthält. Dieses Wasser wird mit dem Gas zum Regler transportiert, wo durch die Reduzierung des Flaschendrucks von 5 bar auf die benötigten 30 mbar die Temperatur absinkt. Das Wasser kann gefrieren und im ungünstigen Fall verstopft ein winziger Eispfropfen die Gaszufuhr. Abhilfe schafft in dieser Situation ein sogenannter EisEx, eine kleine elektrische Heizung, die das Einfrieren des Gasdruckreglers verhindert. Bei tiefen Temperaturen besteht keine Gefahr mehr, da der Wasseranteil im Flüssiggas bereits in der Flasche gefriert. Das Eis setzt sich am Boden der Flasche ab und kann nicht in den Regler gelangen.

Das Wichtigste: Die Heizung

Kein Gas, keine Heizung. So einfach ist das. Soll der Wohnraum bei Minusgraden draußen auf eine behagliche Temperatur aufgewärmt werden, so ist die Heizung gefordert und der Gasvorrat geht deutlich schneller zur Neige als im Sommer. Je nach Außentemperatur reicht eine 11-kg-Gasfüllung nur für zwei bis drei Tage.

Besonders komfortabel, nicht nur wenn die Flasche mitten in der Nacht leer wird, ist ein Zwei-Flaschen-System mit Umschaltautomatik, sodass die Gasversorgung automatisch auf die volle Flasche wechselt, sobald die erste Flasche aufgebraucht ist. Um die verbleibende Gasmenge im Blick zu haben und sich rechtzeitig um Nachschub kümmern zu können, ist ein Hilfsmittel zur Kontrolle des Füllstands in den Gasflaschen (siehe ab Seite 136) sehr zu empfehlen.

Damit ein unterbrechungsfreier Heizungsbetrieb gewährleistet ist, sollten Sie sich am besten bereits im Vorfeld erkundigen, wie es um den Gasnachschub am Reiseziel bestellt ist. Viele auf Wintergäste spezialisierte Campingplätze bieten für den längeren Aufenthalt alternativ eine Möglichkeit zum Anschluss an eine externe Gasversorgung, sodass keine schweren Gasflaschen geschleppt werden müssen.

In jedem Fall sollten Sie die Heizung laufen lassen, bevor das erste Mal Wasser gebunkert wird. Liegt die Temperatur unter 4 °C öffnet das Frostschutzventil und das eingefüllte Wasser läuft gleich unten wieder aus dem Tank hinaus.

Besondere Aufmerksamkeit verlangt auch der Abwassertank. Liegt dieser unisoliert und nicht beheizt unter dem Fahrzeugboden, so sollte die Ablassschraube geöffnet und ein Eimer daruntergestellt werden, um das ablaufende Grauwasser aufzufangen. Soll dieses nicht als Eisklumpen entsorgt werden, müssen Sie dem Eimer etwas Frostschutzmittel beigeben.

Die Grundausstattung von Wintercampern umfasst Thermomatten und eventuell Trennvorhänge, um den Wärmeverlust über die einfach verglasten Fenster im Fahrerhaus auf ein Minimum zu reduzieren. Gute Dienste leistet ein Vorzelt, das zum einen als Kälteschleuse fungiert und zum anderen als Lagerraum für die Sportgeräte sowie zum Trocknen der nassen Kleidung genutzt werden kann, falls der Campingplatz nicht über einen separaten Trockenraum verfügt.

Aber selbst wenn Sie weder nasse Kleidung noch Handtücher im Wohnraum zum Trocknen aufhängen, ist im Winter regelmäßiges Lüften angesagt, um das unweigerlich entstehende Kondenswasser abzutransportieren. Am besten öffnen Sie zwei Mal täglich alle Fenster und Türen für einige Minuten, damit das Wohnmobil gut durchlüften kann, ohne dass dabei allzu viel Wärme verloren geht.

Ein paar Zentimeter Pulverschnee auf dem Dach des Wohnmobils bieten eine willkommene zusätzliche Isolation. Fallen allerdings größere Mengen Neuschnee, so müssen Sie das Wohnmobil regelmäßig vom Schnee befreien, damit die Last nicht zu groß wird. Hilfreich dafür sind Schneeschaufel und Feger. Eine Leiter erhalten Sie oft beim Platzwart oder in der Rezeption.

Wenn Sie zusätzlich noch täglich das Kaminrohr der Heizung kontrollieren, damit es nicht durch Schnee oder Eis blockieren kann, steht dem ungetrübten Campingvergnügen im Eis und Schnee nichts mehr im Wege.

Die Gegenbewegung: Camping unter Palmen

Nicht immer präsentiert sich der Winter wie aus dem Bilderbuch und statt Raureif und einer dicken Schneehaube sind hierzulande zwischen November und März eher feuchtkaltes Nieselwetter sowie Sturm und Regen an der Tagesordnung.

Auch wenn das Wintercamping immer mehr Anhänger findet, zieht ein Großteil der Reisemobilfahrer das milde Mittelmeerklima dem schmuddeligen deutschen Winter vor. Im Spätherbst macht sich daher alljährlich eine Karawane reiselustiger Wohnmobilfahrer der älteren Generation auf den Weg gen Süden, um der Sonne hinterherzufahren und Weihnachten im T-Shirt verbringen zu können.

Viele Campingplätze haben sich mittlerweile auf die Langzeitüberwinterer eingestellt und locken Camper, die mehrere Wochen bleiben, mit besonders günstigen Konditionen. Wer noch nicht im Ruhestand ist und weniger Zeit zum Reisen zur Verfügung hat, kann sich den Traum vom verlängerten Sommer durch die Wohnmobilmiete vor Ort verwirklichen und darf sich dann über Übernachtungspreise freuen, die verglichen mit der Hauptsaison um etwa 60% günstiger ausfallen.

Wintersonnenziel Nummer eins ist dabei Südspanien, allen voran die Costa Blanca und Costa del Sol. Hier locken eine gute Campinginfrastruktur, viele Sehenswürdigkeiten, unzählige Wander- und Fahrradrouten und vielleicht sogar ein Bad im Meer. Wem es Spanien in den Wintermonaten bereits zu überlaufen ist, der fährt weiter nach Portugal, wo das Klima etwas rauer, vor allem aber windiger, ist und es durchaus auch einmal Regen geben kann. Aufgrund der geringeren Zahl an Camping- und Stellplätzen wird es spätestens ab Januar dennoch schwierig, überhaupt noch eine freie Parzelle zu ergattern. Wer in Italien überwintern möchte, muss schon sehr weit in den Süden fahren, und vor allem Kalabrien sowie Sizilien kommen als Winterflucht in Betracht. Ein weiteres, insbesondere bei abenteuerlustigen Wohnmobilfahrern beliebtes Winterziel ist Marokko. Dabei liegt Nordafrika viel näher, als viele glauben: Von der Südspitze der Iberischen Halbinsel ist es nur ein Katzensprung mit der Fähre hinüber nach Tanger.

Bei aller (Vor-)Freude auf den verlängerten Sommer sollten Sie sich aber stets vergegenwärtigen, dass die lange Anreise zunächst durch winterliche Gefilde führt, bevor die traumhaften Strände und angenehme Temperaturen erreicht sind. Daher unbedingt vorab klären, ob eventuell Länder mit Winterreifenpflicht passiert werden müssen.

Sonne satt statt Schmuddelwetter: In den Wintermonaten zieht es viele Wohnmobilfahrer verstärkt auf die Iberische Halbinsel.

Checkliste: Handgriffe vor der Weiterfahrt

Sicher ist Ihnen auf der Straße auch schon einmal ein Wohnmobil mit aufgestellter Dachluke entgegengekommen. Das kann nicht nur teuer werden, wenn das Fenster durch die tief hängenden Äste eines Baumes beschädigt wird, sondern richtig gefährlich. Im schlimmsten Fall kann eine nicht verriegelte Dachluke bei schneller Fahrt abreißen und nachfolgende Fahrzeuge beschädigen. Auch eine nicht richtig verschlossene Schublade, die während der Fahrt aufschlägt, ist ein häufiger Fehler, der längst nicht nur Anfängern unterläuft.

Damit Sie vor der Abfahrt garantiert nichts vergessen und sicher unterwegs sind, empfiehlt sich ein standardisierter Kontrollgang durch und rund um das Fahrzeug:

- ☐ Chemietoilette entleeren
- ☐ Markise einfahren
- ☐ alle lose herumliegenden Gegenstände in Schränken verstauen
- ☐ Verriegelung von sämtlichen Schränken und Schubladen kontrollieren
- ☐ Verriegelung der Kühlschranktür überprüfen, bei Bedarf Betriebsart auf 12-V-Versorgung umstellen
- ☐ Boiler und Heizung ausschalten
- ☐ bei Fahrzeugen ohne Crash-Sensor: Gasflasche zudrehen
- ☐ Tür zur Nasszelle schließen
- ☐ alle Dachluken und Fenster schließen
- ☐ Fahrräder in der Heckgarage bzw. auf dem Heckträger verzurren und sichern
- ☐ alle Serviceklappen und Heckgarage verschließen
- ☐ CEE-Anschlusskabel für die externe Stromversorgung einholen und Klappe verschließen
- ☐ Auffahrkeile entfernen
- ☐ Kontrollieren, ob Trittstufe und Satellitenantenne eingefahren sind
- ☐ Grauwasser entleeren
- ☐ Frischwasser nachfüllen

NACH DER REISE

Saubere Sache: Die richtige Pflege lässt das Wohnmobil in neuem Glanz erstrahlen. Bei der Fahrzeugreinigung werden die eingetrockneten Insektenreste entfernt, sodass deren Eiweiße nicht den Lack angreifen können und Moos bekommt keine Chance, sich an den Ecken, Kanten und Dichtungen abzusetzen. Das sieht gut aus und trägt zum Werterhalt des teuren Fahrzeugs bei.

Soll das Reisemobil in der kalten Jahreszeit eine Pause einlegen, so gibt es einige Punkte beim Einlagern zu beachten, damit die mobile Ferienwohnung gut durch den Winterschlaf kommt. Und auch zu Beginn der neuen Saison sind einige Handgriffe erforderlich, damit Sie unbeschwert und gut vorbereitet zur ersten Tour des Jahres aufbrechen können. Dieses Kapitel zeigt Ihnen, wie es geht.

Außenreinigung

Eine gründliche Außenreinigung empfiehlt sich im Anschluss an jede längere Tour. Ebenso ist eine Fahrzeugwäsche dringend angeraten vor der Einwinterung im Herbst. Nutzen Sie das Wohnmobil ganzjährig, so sollten Sie das Reisemobil im Frühjahr unbedingt von den Streusalzresten befreien, die sich über den Winter angesammelt haben und die dem Lack und dem Unterboden zusetzen.

Am Anfang stehen Sie vor der Entscheidung zwischen Handwäsche oder Waschanlage. Zwar passt ein Wohnmobil aufgrund seiner Abmessungen nicht durch eine konventionelle Pkw-Waschanlage, es gibt aber eine ganze Reihe von Lkw-Waschanlagen und inzwischen sogar spezielle Waschstraßen für Wohnmobile. Entsprechende Einrichtungen in Ihrer Umgebung finden Sie beispielsweise unter www.lkw-waschanlagen.com. Die Preise umfassen erfahrungsgemäß eine große Spannweite. Eine einfache Maschinenwäsche in der Lkw-Waschstraße gibt es für Wohnmobile bis 7 m ab ca. 25 €, in speziellen Wohnmobil-Waschstraßen liegen die Preise eher bei 40 €.

Vorab sollten Sie in jedem Fall die Bedienungsanleitung des Fahrzeugs konsultieren und mit den Mitarbeitern der Waschstraße klären, inwieweit Anbauteile wie Sat-Anlage, Solarzellen, Dachhauben und Markise die maschinelle Wäsche vertragen und ob sich der Anpressdruck der Walzen steuern lässt. Als problematisch erweisen sich zudem die empfindlichen Acrylfenster des Aufbaus, die in der Waschstraße leicht zerkratzen.

Finden Sie keine wohnmobiltaugliche Waschstraße in annehmbarer Entfernung oder befürchten Sie Schäden an Lack und Aufbauten durch die rauen Bürsten, können Sie alternativ eine SB-Waschbox ansteuern, denn eine Fahrzeugwäsche am Straßenrand oder auf der Auffahrt ist in kaum einer Stadt erlaubt. SB-Waschanlagen sind selbst in kleineren Städten zu finden und in der Regel gibt es mindestens auch einen für höhere Fahrzeuge geeigneten Waschplatz. Ideal ist eine Anlage mit Gerüst, damit sich auch das Dach gut reinigen lässt.

Im ersten Arbeitsschritt ist der Hockdruckreiniger an der Reihe, um den groben Dreck zu entfernen. Achten Sie dabei darauf, dass auch wirklich alle Sandkörner und Schmutzpartikel weggespült werden, ansonsten ist die Gefahr groß, sich bei der anschließenden Behandlung mit der Waschbürste kleine Kratzer in den Lack zu reiben. Halten Sie mit der Hochdruckdüse immer ausreichend Abstand, damit der harte Strahl weder den Lack noch die Beklebung beschädigt. Vergessen Sie bei der Reinigung die Radkästen nicht, aber sparen Sie die Lüftungsgitter von Kühlschrank und Heizungskamin sowie die Zwangsentlüftung des Gaskastens aus, damit kein Wasser in diese Öffnungen eindringen kann.

Problematisch gestaltet sich die Reinigung der Dachoberseite. Falls die Waschbox nicht mit einem Gerüst ausgestattet ist, muss man auf eine selbst mitgebrachte Leiter zurückgreifen. Aufgrund des hohen Rückstoßes sollte dann allerdings auf den Hochdruckreiniger verzichtet werden, um keinen Unfall zu riskieren.

Nach dem Entfernen des groben Drecks kommt die Schaumbürste zum Einsatz, um die Außenflächen gründlich zu reinigen. Arbeiten Sie mit nur geringem Druck und immer von oben nach unten, damit der Dreck gut ablaufen kann.

Machen Sie dabei einen Bogen um die Acrylfenster des Aufbaus. Für die schonende Reinigung dieser empfindlichen Plastikober-

Richten Sie den Wasserstrahl des Hochdruckreinigers nicht direkt auf Dichtungen oder Lüftungsgitter.

Rund um das Wohnmobil kommen eine ganze Menge an Gummidichtungen zusammen. Mit der richtigen Pflege werden diese nicht vorzeitig spröde.

flächen reichen lauwarmes Wasser, eventuell in Verbindung mit einem Neutralreiniger, und ein weiches Tuch völlig aus. Bei stärkeren Verunreinigungen können Sie auf entsprechenden Acrylglasreiniger aus dem Campingfachhandel zurückgreifen. Hier finden Sie darüber hinaus spezielle Polierpasten, mit denen sich kleinere Kratzer auf älteren Fenstern wirkungsvoll entfernen lassen.

Apropos Spezialreiniger: Auch für die Beseitigung der unansehnlichen Regenstreifen, jene schwarzen Schleier, die sich über kurz oder lang unter Fenstern oder Markise bilden, sowie für besonders hartnäckig anhaftende Insekten hält der Campingfachhandel kraftvolle Reinigungsmittel parat. Diese sollten allerdings wirklich nur an den betroffenen Stellen zum Einsatz kommen und können beispielsweise mit einem Schwamm aufgetragen werden.

Zum Abschluss der Fahrzeugwäsche werden der Reinigungsschaum samt Schmutz mit klarem Wasser abgespült und das Wohnmobil wird getrocknet. Zum Finale ist dann noch etwas Handarbeit gefragt und Sie müssen die Lackflächen im Innenbereich hinter den Türen, die Innenkante der Türen und den Bereich hinter den Serviceklappen mit einem weichen Schwamm oder Mikrofasertuch reinigen. Bei dieser Gelegenheit empfiehlt es sich, gleichzeitig alle Dichtungen mit einem geeigneten Pflegemittel zu behandeln, damit das Gummi weich und geschmeidig bleibt und nicht porös wird.

Die Konservierung mit einem zusätzlichen Schutzfilm beispielsweise auf Wachsbasis, um den Lack und die Außenflächen vor Witterungseinflüssen zu schützen, ist zwar nicht nach jeder Wäsche notwendig, aber zumindest zwei Mal im Jahr sinnvoll. Kleinere Kratzer im Lack können mit einem entsprechenden Lackstift übermalt werden.

Das Auftragen der Wachspolitur sollte im Schatten erfolgen und die folgenden Arbeiten sollten auf keinen Fall in der prallen Sonne ausgeführt werden. Zunächst wird das Flüssigwachs mit einem Tuch in kreisenden Bewegungen aufgetragen. Nachdem die Politur entsprechend der Zeitvorgabe auf dem Etikett eingewirkt hat, können die getrockneten Rückstände mit Polierwatte oder weichen Papiertüchern entfernt werden.

Innenreinigung des Wohnraums

Die Reinigung des Wohnraums gestaltet sich vergleichsweise unkompliziert und unterscheidet sich kaum von dem von zu Hause gewohnten Putzen. Entfernen Sie als Erstes alle Teppiche, die anschließend wie auch die Polster gründlich ausgeklopft werden. Nach dem Staubsaugen wischen Sie die Böden, Staukästen, Regale und Tische sowie alle anderen Möbeloberflächen mit einem leicht angefeuchteten Mikrofasertuch ab.

Dabei sollten Sie auf scharfe Reiniger verzichten, die die Oberflächen angreifen können. Verwenden Sie besser lauwarmes Wasser und allenfalls einen leichten, umweltverträglichen Haushalts-Universalreiniger. Das Nachwischen mit einem trockenen Tuch beseitigt überschüssige Feuchtigkeit. Damit alles gut trocknen kann, sollten Sie bereits während des Putzens alle Fenster, Türen und Dachluken öffnen, um eine effektive Durchlüftung zu gewährleisten.

Im Wohnraum eines Wohnmobils finden Sie die unterschiedlichsten Oberflächen vor, die zum Teil eine besondere Behandlung erfordern. Dabei haben sich Reinigungstücher in unterschiedlichen Farben bewährt, um die einzelnen Bereiche wie beispielsweise Kühlschrank und Toilettenbereich zuverlässig voneinander trennen zu können.

Spüle und Gasherd lassen sich mit einem Edelstahlreiniger auf Hochglanz bringen und stärkeren Verunreinigungen auf den Sitzbezügen geht es mit einem Polsterreiniger an den Kragen.

Eine Extraportion Aufmerksamkeit hat der Kühlschrank verdient, schließlich möchten Sie darin auch in Zukunft hygienisch Ihre Lebensmittel lagern. Räumen Sie daher den Kühlschrank zunächst vollständig leer und tauen Sie, soweit vorhanden, das Gefrierfach ab. Entnehmen Sie dann die beweglichen Einzelteile wie beispielsweise Gitter und Türeinsätze und reinigen Sie alles sorgfältig mit einem Essigreiniger, damit Keime, Bakterien und Gerüche keine Chance haben. Lassen Sie anschließend alles gut trocknen und achten Sie darauf, dass die Kühlschranktür zumindest einen Spalt weit geöffnet bleibt, damit sich kein Schimmel bilden kann.

Eine Sonderbehandlung verdient auch die Nasszelle. Da die meisten Wohnmobil-Sanitäreinrichtungen aus Kunststoff und nicht aus Keramik bestehen, dürfen auf keinen Fall haushaltsübliche WC-Reiniger zum Einsatz kommen. Der Caravanhandel hält zu diesem Zweck eine umfangreiche Auswahl an speziellen Badreinigern für die empfindlichen Kunststoff-Oberflächen bereit.

Für die Reinigung des Cockpits im Basisfahrzeug, das ebenfalls überwiegend aus Kunststoff gefertigt ist, reicht dagegen lauwarmes Wasser, dem ein Schuss milder Haushaltsreiniger zugegeben werden kann.

Das Wohnmobil winterfest machen

Wer sein Wohnmobil über die kalten Monate nicht nutzen und es in den Winterschlaf schicken möchte, braucht zu allererst einmal einen geeigneten Abstellplatz. Wird das Fahrzeug während des Standzeitraums abgemeldet oder verfügt es über ein Saisonkennzeichen, so darf es nicht einfach am Straßenrand oder auf einem öffentlichen Parkplatz abgestellt werden.

Wer nicht über ausreichend Platz am Haus verfügt, muss sich daher nach einer Unterbringungsmöglichkeit umschauen. Solche Plätze werden beispielsweise von einigen Wohnmobilhändlern angeboten. Eine weitere Möglichkeit zum Unterstellen stellen Winterlager für Boote dar, die nicht nur entlang der Küsten, sondern auch im Umland der größeren Binnenseen zu finden sind. Diese Lagerhallen akzeptieren oftmals auch Wohnmobile und sind meistens sogar beheizt. Wer auf dem Land lebt, kann sich alternativ nach einer freien Scheune beim Bauern umhören.

Wird das Wohnmobil über einen längeren Zeitraum nicht benutzt, so ist von der Wasserversorgung über die Gasanlage bis hin zu den Batterien eine Reihe von Punkten zu beachten, damit es gut durch den Winter kommt und Sie zum Saisonstart im nächsten Jahr keine bösen Überraschungen erleben und sich über Schimmel, Rost oder defekte Batterien ärgern müssen.

Legen Sie die letzte Saisonfahrt so, dass Sie das Wohnmobil noch bei trockener Witterung in das Winterlager fahren können, um unnötige Feuchtigkeit am Fahrzeug zu vermeiden.

▶ Vor dem Einlagern sollte das Reisemobil wie auf den vorangegangenen Seiten beschrieben gründlich gereinigt und die Außenflächen sollten mit einer Wachspolitur konserviert werden.

▶ Entfernen Sie gewissenhaft alle Nahrungsmittel aus den Vorratsschränken. Eine vergessene Müslipackung im Wohnmobil ist ansonsten eine willkommene Einladung für ungebetenen Nagerbesuch.

▶ Fahren Sie zur nächstgelegenen Entsorgungsstation und entleeren Sie die Fäkalientoilette. Sprühen Sie bei der Gelegenheit zur Pflege die Schieberdichtung mit einem Silikonspray ein.

▶ Entleeren Sie sowohl den Frisch- wie auch den Grauwassertank und alles übrige Brauchwasser aus der Toilettenspülung sowie dem Boiler.

▶ Ziehen Sie die Sicherung der Wasserpumpe, um diese stromlos zu schalten und öffnen Sie die Wasserhähne, damit das Restwasser aus den Leitungen und Armaturen entweichen kann.

- Stoppen Sie auf dem Weg zum Winterlager an einer Tankstelle, um vollzutanken. So kann sich im Kraftstofftank kein Kondenswasser an der Innenseite absetzen, welches zur Korrosion führen und sich später mit dem Diesel vermischen kann.
- Erhöhen Sie gleichzeitig den Reifenluftdruck um etwa 0,5 bar, um das Risiko von Standschäden an den Reifen zu verringern.
- Für das Abstellen im Winterlager gilt: Gang einlegen, aber Feststellbremse nicht anziehen, damit die Bremsklötze nicht an der Bremstrommel festrosten können.
- Kontrollieren Sie den Frostschutz von Motorkühlung sowie Scheibenwaschanlage und füllen Sie gegebenenfalls Frostschutzmittel nach.
- Achten Sie darauf, dass die Kühlschranktür geöffnet ist, stellen Sie die Polster auf und öffnen Sie alle Hängeschränke.
- Platzieren Sie einen ausreichend dimensionierten Luftentfeuchter mit Granulat (gibt es in jedem Baumarkt) im Wohnraum.
- Drehen Sie die Gasflasche zu.
- Stellen Sie sicher, dass die Batterien vollgeladen sind und klemmen Sie diese ab oder schließen Sie das Wohnmobil wenn möglich an den Landstrom an. Wird das Wohnmobil in einer unbeheizten Halle abgestellt, so empfiehlt es sich, die Batterien auszubauen und zu Hause an einem Ladegerät frisch zu halten.
- Über den Winter sollten Sie nach Möglichkeit in regelmäßigen Abständen etwa alle vier Wochen die Luftentfeuchter kontrollieren und gegebenenfalls ausleeren und Granulat nachfüllen sowie das Fahrzeug zusammen mit einem Helfer ein paar Zentimeter vor- und zurückrollen, um die punktuelle Belastung der Reifen zu reduzieren (auf keinen Fall den Motor nur für wenige Sekunden starten).

Das Wohnmobil aus dem Winterschlaf wecken

Wenn das Wohnmobil über den Winter nicht in einer Garage oder Halle verbracht hat, sondern durchgehend in Bewegung war, ist im Frühjahr eine gründliche Außenreinigung erforderlich, um die Karosserie und den Unterboden von den aggressiven Folgen des Streusalzes zu befreien.

In jedem Fall sollten Sie das Reisemobil nach dem Winter gründlich auf mögliche

Bei einigen Wohnmobilen sind die Wartungsöffnungen des Frischwassertanks von außen zugänglich, bei anderen Fahrzeugen liegen die Öffnungen oftmals unter der Sitzbank.

Feuchtigkeitsschäden hin untersuchen, da ein Wassereintritt in den Wohnraum teure Reparaturen nach sich ziehen kann, wenn diese nicht rechtzeitig behoben werden.

Begutachten Sie dazu zunächst von außen alle Dichtungen an Dachluken, Be- und Entlüftungen sowie Fenstern und Türen auf Beschädigungen und wiederholen Sie den Vorgang von der Innenseite.

Klemmen Sie dann die Batterien wieder an, kontrollieren Sie deren Spannung und laden Sie sie wenn nötig voll.

Vor der ersten Saisonausfahrt sollten der Frischwassertank und die gesamte Wasseranlage gereinigt und desinfiziert werden. Öffnen Sie die Revisionsöffnung des Frischwassertanks und kontrollieren Sie die Tankinnenwände auf Algenbewuchs und Kalkablagerung. Eine detaillierte Anweisung zur gründlichen Tankreinigung und -pflege finden Sie ab Seite 123.

Anschließend können Sie die Wasseranlage durchspülen und befüllen. Führen Sie dann einen Funktionstest durch und nehmen Sie die Bereiche rund um den Wassertank, die Küchenzeile und das Bad in Augenschein und achten Sie penibel auf einen möglichen Wasseraustritt. Das gilt insbesondere für den Fall, wenn Sie vor der Einlagerung vergessen haben, den Wasserkreislauf vollständig zu entleeren und durch den Frost geplatzte Leitungen zu befürchten sind.

Schließen Sie nun die Gasflasche wieder an und testen Sie die Funktion aller Gasverbraucher wie Herd, Heizung, Warmwasserboiler und Kühlschrank. Werfen Sie bei der Gelegenheit auch einen Blick auf die TÜV-Plakette auf dem Kennzeichen und die Gasprüfungsplakette (oder alternativ ins gelbe Prüfbescheinigungsheft), um den Termin für die nächste Hauptuntersuchung nicht zu verpassen.

Bevor Sie sich hinter das Steuer setzen, steht noch der Funktionstest der lichttechnischen Anlagen am Basisfahrzeug wie Blinker, Bremslicht und Scheinwerfer auf dem Programm. Messen Sie abschließend den Reifenluftdruck und korrigieren Sie ihn gegebenenfalls. Die Werte für den empfohlenen Luftdruck finden Sie unter anderem in der Bedienungsanleitung des Fahrzeugs. Nun steht dem Start in die neue Campingsaison aber wirklich nichts mehr im Wege. Viel Spaß und gute Reise!

SERVICE

GLOSSAR

3,5-TONNEN-GRENZE Mit dem EU-Führerschein Klasse B dürfen Wohnmobile mit einer zulässigen Gesamtmasse von bis zu 3,5 Tonnen bewegt werden. Die alte Klasse 3 (bis 1999) berechtigt zum Fahren von Reisemobilen bis zu 7,5 Tonnen.

A
ABSORBERKÜHLSCHRANK Eine von zwei Kühlschranktypen im Wohnmobil (vgl. → Kompressorkühlschrank). Nahezu geräuschloser Betrieb mit wahlweise 230-V-Netzstrom, 12-V-Gleichspannung oder Gas möglich. Bei einfachen Modellen erfolgt die Wahl der Energieart manuell, Komfortgeräte speisen sich automatisch aus der jeweils optimalen Energiequelle.
ABWASSERTANK Behälter für die Aufnahme des Schmutzwassers aus Dusche und Spüle des Wohnmobils (keine Fäkalien!). Für das Wintercamping sollten Ab- und → Frischwassertank isoliert und/oder beheizbar sein.
AGM-BATTERIE Für zyklische Be- und Entladevorgänge optimierter Batterietyp, bei dem der Elektrolyt in einem Glasfaservlies gebunden ist (= Absorbent Glass Matt), wird häufig als → Aufbaubatterie genutzt.
ALKOVEN Schlafnische über dem Fahrerhaus mit einem festen Doppelbett, insbesondere bei Familien-Wohnmobilen beliebt
AUFBAUBATTERIE Zusätzliche Batterie (auch Bordbatterie genannt), die die Stromversorgung der 12-V-Verbraucher an Bord (z. B.: Licht, Heizungsgebläse, Kühlschrank) übernimmt, wenn das Fahrzeug nicht an eine externe 230-V-Stromversorgung angeschlossen ist.
AUFFAHRKEILE Hilfsmittel aus Kunststoff in Schräg-, Stufen- oder Rundform, um das Fahrzeug auf unebenen Flächen waagerecht auszurichten
AUFLASTUNG Erhöhung der → zulässigen Gesamtmasse (häufig auch zulässiges Gesamtgewicht genannt), beispielsweise durch den Einbau zusätzlicher Luft- oder Stahlfedern, um eine höhere Zulademöglichkeit zu erreichen
AUFSTELLDACH Bei Campervans und Kastenwagen häufig anzutreffende zeltartige Erweiterung des Dachs, um Stehhöhe und meist zwei zusätzliche Schlafplätze zu generieren. Weitere gebräuchliche Bezeichnungen sind Schlafdach, Klappdach oder Hubdach.
AUSSTELLFENSTER Nach außen schwingendes Kunststofffenster, dessen Öffnung sich stufenlos verstellen lässt

B
BASISFAHRZEUG Transporter-Fahrgestell eines Automobilherstellers, auf dem der Wohnmobilhersteller die Wohnkabine aufbaut
BEDIENPANEL, ZENTRALES Zentrales Kontrollboard zur Anzeige der Lade- und Füllstände von Batterie und Wassertanks sowie für die Bedienung von Innenraumbeleuchtung und Heizung
BORDBATTERIE → siehe Aufbaubatterie
BRENNSTOFFZELLE Autarke Stromquelle, die aus Methanol-Tankpatronen elektrischen Strom erzeugt, mit dem die Bordbatterie(n) geladen werden

C
CEE Europaweiter Standard (Commission on the Rules for the Approval of the Electrical Equipment) für die dreipolige Außensteckdose an der Seitenwand des Wohnmobils zum Stromanschluss an den Verteilerkasten auf dem Stell- oder Campingplatz. Falls auf einem einfach ausgestatteten Campingplatz nur haushaltsübliche Schukosteckdosen

vorhanden sind, ist ein entsprechender Adapter erforderlich.

CHEMIETOILETTE → siehe Kassettentoilette

CI-BUS Abkürzung für Caravaning-Industrie-BUS, ein Standard, der es ermöglicht, Geräte unterschiedlicher Hersteller miteinander zu vernetzen und über das → zentrale Bedienpanel zu steuern

COMBI-HEIZUNG Warmluftheizung mit integriertem Boiler, um gleichzeitig den Innenraum sowie auch das Brauchwasser für Küche und Bad zu erwärmen

CRASH-SENSOR Sicherheitsvorrichtung, um im Falle eines Unfalls die Gasversorgung zu unterbrechen. Voraussetzung für Verwendung von gasbetriebenen Geräten wie Heizung und Kühlschrank während der Fahrt.

D

DACHHAUBE Fensteröffnung im Dach (meist 29 cm × 29 cm oder 40 cm × 40 cm) für natürlichen Lichteinfall im Innenraum, meist mit einer Kombination aus Verdunklungsrollo und Moskitonetz zum Schutz gegen Insekten bei geöffneter Dachhaube

DINETTE Bezeichnung für eine Sitzgruppe mit zwei gegenüberliegenden Sitzmöglichkeiten und einem Tisch dazwischen. Die häufig anzutreffende Halbdinette bezieht auf der einen Seite die nach hinten in den Wohnraum gedrehten Fahrersitze mit ein.

DOPPELBODEN Zweiter Boden, meist in Verbindung mit einem → Tiefrahmen-Chassis, für verbesserte Isolation, zusätzlichen Stauraum und die frostsichere Unterbringung von Tanks und Leitungen

DREHKONSOLE Drehmechanismus zwischen (Bei-)Fahrersitz und Sitzkonsole, um diese nach dem Entriegeln um 180° in Richtung Innenraum zu drehen

E

EINFÜLLSTUTZEN Abschließbare Öffnung an der Fahrzeugaußenwand zum Befüllen des Frischwassertanks

ENTSORGUNG Ablassen des → Grauwassers aus dem → Abwassertank sowie Ausgießen der Fäkalien aus der → Kassettentoilette an einer speziellen, dafür geeigneten Entsorgungsstation

F

FAHRERHAUSVERDUNKLUNG Gardine, Rollo oder Plissees zum blickdichten Verschließen und Abdunkeln der Fenster in der Fahrerkabine

FRISCHWASSERTANK Fest eingebauter Tank für die Aufnahme des sauberen Wasservorrats für Spüle, Dusche und WC-Spülung

FROSTWÄCHTER Temperaturgesteuertes Ventil, das bei Unterschreiten einer Temperatur von 3 °C automatisch öffnet, um den Frischwassertank und Boiler zu entleeren und vor Frostschäden zu schützen

G

GASKASTEN Zum Wohnraum hin abgedichtetes Staufach mit einer Zwangsentlüftung am Boden zum sicheren Verstauen der Gasflaschen

GASPRÜFUNG Vorgeschriebene Sicherheitsprüfung alle zwei Jahre durch einen anerkannten Sachverständigen, um Lecks und Schäden an der Gasversorgung rechtzeitig zu erkennen

GASWARNER An das 12-V-Bordnetz angeschlossener Sensor, der mit einem akustischen Signal je nach Ausführung vor Narkosegas, Flüssiggas oder Kohlenmonoxid im Innenraum des Wohnmobils warnt

GEL-BATTERIE Gängiger Batterietyp für die → Aufbaubatterie, bei dem der Elektrolyt in einem Gel gebunden ist und daher nicht auslaufen kann

GRAUWASSER Abwasser aus Küche und Bad (ohne Fäkalien), das in regelmäßigen Abständen an dafür vorgesehenen Stellen abgelassen werden muss → Entsorgung

H

HECKGARAGE Geräumiges Staufach für Fahrräder, Campingmöbel und andere sperrige Gegenstände im Heck des Wohnmobils, welches sich häufig über die gesamte Aufbaubreite erstreckt

HEKI umgangssprachliche Abkürzung für „Hebe-Kippdach" → Dachhaube

HUBBETT Platzsparend unter der Decke angebrachtes Einzel- oder Doppelbett, das für die Nacht je nach Ausführung entweder elektrisch oder manuell herabgelassen werden kann

HUBSTÜTZE Auf der Chassisunterseite angebrachtes Hilfsmittel für einen sicheren Stand. Vollautomatische hydraulische Hubstützen bringen das Fahrzeug auf Knopfdruck in eine waagerechte Position. Günstiger, aber für weniger große Traglasten geeignet, sind elektrische Hubstützen. Mechanische Hubstützen, die über eine Kurbel ausgefahren werden, sind in erster Linie zum Abstützen des Fahrzeugs gedacht, damit es im Stand weniger schwankt.

K

KASSETTENTOILETTE Gängigster Toilettentyp in Wohnmobilen, bei dem die Fäkalien in einem von außen über die → Serviceklappe zugänglichen Tank gesammelt werden. Zur Geruchsminimierung und Beschleunigung des Zersetzungsprozesses wird dem Tank ein → Sanitärzusatz beigemengt.

KEDERLEISTE Schiene mit einer Aufnahme (entweder am Fahrzeug direkt oder an der Markise) für den Keder, d. h. den verstärkten, runden Rand einer Zeltplane oder eines Sonnensegels

KOMPRESSORKÜHLSCHRANK Zweite neben dem → Absorberkühlschrank gebräuchliche Bauform für Kühlschränke in Wohnmobilen, die wie haushaltsübliche Kühlschränke funktionieren und ausschließlich mit Strom betrieben werden können.

L

LADEBOOSTER Elektronisches Gerät, um die von der Lichtmaschine während der Fahrt abgegebene Strommenge zu erhöhen und die Batterien (→ Aufbaubatterie) möglichst rasch und effizient aufzuladen.

LITHIUM-EISENPHOSPHAT-AKKUS (LIFEPO$_4$) Modernster Batterietyp für die autarke Stromversorgung mit hoher Energiedichte. Bei gleicher Kapazität deutlich kompakter und leichter als eine entsprechende Bleisäure-Batterie (→ AGM-Batterie, → Gel-Batterie). Sehr teuer

M

MARKISE Seitlich am Fahrzeug in einem Kasten untergebrachtes, aufrollbares Sonnendach, das bei Bedarf herausgekurbelt werden kann

MONOCOQUE-BAUWEISE Bezeichnung für einen einteiligen GfK-Aufbau ohne Fugen, an denen Wasser eindringen könnte an den Kanten von Heck, Dach und Seitenwänden. Erste Campingfahrzeuge in Monocoque-Bauweise gab es bereits in den 1960er-Jahren, aufgrund des aufwendigen und teuren

Herstellungsprozesses bieten aber nur Spezial-Hersteller diese Aufbauart an.

P

PORTA POTTI Portable Chemietoilette, die oft in Campingbussen anstelle einer → Kassettentoilette zum Einsatz kommt

PUSHLOCK Gängigste Art von Möbelschlössern im Wohnmobil in Form eines Druckknopfes, der ein einfaches Ver- und Entriegeln von Schubladen und Schränken ermöglicht

S

SANITÄRZUSATZ Flüssigkeit oder Tab mit Chemie, um die Fäkalien in der Toilettenkassette schneller zu zersetzen und Geruchsentwicklung zu vermeiden

SERVICEKLAPPE Kleine Klappen zum Zugriff auf bestimmte Bereiche wie Stromanschluss, Gasversorgung oder den Fäkalientank der → Kassettentoilette

SLIDE-OUT Ausfahrbarer Erker, um den Innenraum des Wohnmobils im Stand zu vergrößern

T

TIEFRAHMEN-CHASSIS Im Vergleich zum Standardchassis abgesenkter Fahrzeugrahmen, der einen höheren Innenraum oder einen → Doppelboden ermöglicht, ohne dass die Fahrzeughöhe wächst

TOILETTENENTLÜFTUNG Nachrüstung in Form eines elektrischen Absauglüfters für → Kassettentoiletten, um den Einsatz des → Sanitärzusatzes überflüssig zu machen, da die Zersetzung durch erhöhte Sauerstoffzufuhr beschleunigt wird

W

WINTERFEST Das Attribut wird von den Herstellern analog zur DIN-EN-1646-1 Stufe III verwendet, d. h.: der Innenraum des auf −15°C herabgekühlten Wohnmobils muss sich innerhalb von vier Stunden auf +20°C erwärmen lassen. Zusätzlich wird auch die Frostsicherheit der Wasserversorgung überprüft.

WINTERTAUGLICH Das Attribut wird von den Herstellern analog zur DIN-EN-1646-1 Stufe II verwendet, d. h.: Der Innenraum des auf 0°C ausgekühlten Wohnmobils muss sich innerhalb von zwei Stunden auf +20°C erwärmen lassen.

Z

ZULADUNG Differenz zwischen der zulässigen Gesamtmasse und der Masse im fahrbereiten Zustand (= Gewicht von Fahrer + vollem Kraftstofftank + volle Gasflaschen + Wassertank im Fahrzustand)

ZULÄSSIGE GESAMTMASSE Maximales Gewicht, dass das Fahrzeug im beladenen Zustand inklusive aller Insassen nicht überschreiten darf

ZURRSCHIENE Einrichtung am Boden der → Heckgarage, um sperrige Gegenstände beim Transport sachgerecht zu sichern

ADRESSEN

Campingmessen
Vor allem im Frühjahr und Herbst bieten die zahlreichen Urlaubs-, Freizeit- und Caravaningmessen eine gute Gelegenheit, um sich umfassend über das Thema Caravaning zu informieren, die unterschiedlichen Wohnmobile persönlich in Augenschein zu nehmen und auszuprobieren sowie mit den Herstellern ins Gespräch zu kommen.

Neben den beiden großen Messen, der Caravan Salon in Düsseldorf im Herbst und der CMT in Stuttgart im Frühjahr, erschließen unzählige kreuz und quer über ganz Deutschland verteilte Regionalmessen bei kurzem Anreiseweg ein übersichtliches Angebot und einen direkten Draht zum Fachhandel vor Ort.

abf Hannover
Große norddeutsche Freizeitmesse jedes Jahr Ende Januar.
Internet: www.abf-hannover.de

Auto Camping Caravan
Große Publikumsmesse auf dem Berlin Expo-Center Airport in Schönefeld/Selchow im März mit großer Auswahl an Reisemobilen und Campingzubehör.
Internet: www.auto-camping-caravan.de

Caravan Live
Ausstellung für Reisemobile, Caravans und Zubehör in Freiburg im Breisgau im Oktober.
Internet: www.caravanlive.de

Caravan Salon Düsseldorf
Weltgrößte Messe für mobile Freizeit jährlich Ende August.
Internet: www.caravan-salon.de

Caravan Salon Austria
Größte Messe für Camping und Caravaning in Österreich mit großer Gebrauchtwagenschau und vielfältigem Rahmenprogramm im Oktober.
Internet: www.caravan-wels.at

Caravaning Hamburg
Größte Caravaningmesse Norddeutschlands jedes Jahr im Februar.
Internet: www.caravaninghamburg.de

CMT – Die Urlaubsmesse
Weltweit größte Publikumsmesse für Camping, Tourismus und Freizeit mit großer Neuheiten-Schau und unzähligen Inspirationsmöglichkeiten für die nächste Tour mit dem Wohnmobil alljährlich im Januar.
Internet: www.messe-stuttgart.de/cmt/

f.re.e – Die Reise- und Freizeitmesse
Größte bayerische Reise- und Freizeitmesse an fünf Tagen jedes Jahr im Februar mit rund 1 300 Ausstellern.
Internet: www.free-muenchen.de

Reise + Camping Essen
Größte Reise- und Urlaubsmesse in NRW mit zahlreichen Freizeitfahrzeugen und Ständen der unterschiedlichsten Urlaubsländer jedes Jahr im Februar.
Internet: www.die-urlaubswelt.de

Suisse Caravan Salon
Größte Schweizer Messe für Camping und Caravaning im Oktober in Bern.
Internet: www.suissecaravansalon.ch

TC Touristik & Caravaning Leipzig
Größte ostdeutsche Reisemesse mit Schwerpunkt auf mobiler Freizeit im November.
Internet: www.tc-messe.de

Online-Fachhandel für Campingbedarf

In jeder Region gibt es Händler, die oftmals mit gutem Service beratend zur Seite stehen. Die folgenden großen Onlineshops sind hilfreich, um sich einen Überblick zu verschaffen und zu stöbern. Neben Allroundhändlern wie Amazon und Ebay sind auch Outdoorshops für viele Produkte eine gute Anlaufstation.

Camping Wagner
Online-Versandhändler für Camping, Caravaning & Outdoor. Das Sortiment umfasst neben der Campinggrundausstattung auch Zubehör für Fahrzeugtechnik, Elektrotechnik, Wasser- und Sanitärausrüstung sowie Ersatzteile. Der gedruckte Katalog präsentiert über 14 000 Produkte auf 960 Seiten. Eine noch größere Auswahl bietet der über 31 000 Artikel umfassende Onlineshop.
Internet: www.campingwagner.de

Camping-Profi
Großhändler für Camping- und Freizeitartikel mit umfangreichem Zubehör- und Ersatzteilsortiment. Kein Verkauf an Endverbraucher. Über die Suchfunktion lässt sich ein Partner-Campingfachhandel vor Ort finden.
Internet: www.camping-profi.de

Intercaravaning
Fachhandelskette für Wohnmobile und Wohnwagen mit umfangreichem Onlineshop für Campingzubehör und Outdoorartikel.
Internet: www.intercaravaning.de

Frankana Freiko
Großhandelsunternehmen für Camping- und Freizeitzubehör mit Onlineshop auch für Endverbraucher. Das Sortiment umfasst über 12 000 Artikel vom Campingführer bis zur Solaranlage.
Internet: www.frankana.de

Freizeitwelt
Onlineshop für Outdoor-, Camping- und Caravaningausrüstung.
Internet: www.freizeitwelt.de

Fritz Berger
Campingfachhändler mit über 50-jähriger Tradition. Neben dem Onlineshop gibt es im gesamten Bundesgebiet über 70 Filialen vor Ort. Der umfangreiche Printkatalog präsentiert über 15 000 Produkte auf mehr als 570 Seiten.
Internet: www.fritz-berger.de

Movera
Fachhändler mit umfangreichem Zubehör- und Ersatzteilangebot, das mehr als 10 000 Produkten von über 100 Marken umfasst. Eingekauft werden kann im Onlineshop oder bei einem der zahlreichen Handelspartner vor Ort.
Internet: www.movera.com

Reimo
Anbieter von Camping- und Reisemobilzubehör sowie Komponenten für den Selbstausbau von Wohnmobilen.
Internet: www.reimo.de

Stellplatz- und Campingführer

ADAC (www.adac.de/produkte)
Camping- und Stellplatzführer in jeweils zwei Bänden für Deutschland/Nordeuropa sowie Südeuropa. Auch als Smartphone-App erhältlich.

Bruckmann Verlag
(www.verlagshaus24.de/bruckmann/)
Länderspezifische Tourenführer zum Verreisen mit Wohnmobil oder Campervan.

Conrad Stein Verlag (www.conrad-stein-verlag.de)
Reiseführer zu beliebten Wohnmobilrouten und Basiswissen zu Spezialthemen wie Minicamper oder Wintercamping in Nordskandinavien.

France Passion (www.france-passion.com/de/)
Stellplatzführer ähnlich dem Landvergnügen-Konzept für Frankreich.

Landvergnügen (www.landvergnuegen.com)
Stellplatzführer zu kleinen, privaten Stellplätzen auf Weingütern, Biobauernhöfen, Käsereien uvm. in Deutschland, die mit der enthaltenen

Vignette während des jeweiligen Kalenderjahrs kostenfrei genutzt werden können.

Pintrip (www.pintrip.eu)
Stellplatzführer ähnlich dem Landvergnügen-Konzept für Dänemark.

Rau-Verlag (www.rau-verlag.de)
Länderspezifische Wohnmobiltourenführer.

Reise Know-How Verlag (www.reise-know-how.de)
Länderspezifische Wohnmobiltourenführer.

Womo-Verlag (www.womo.de)
Wohnmobilreiseführer mit ausgearbeiteten Routen- und Stellplatzvorschlägen.

Fachzeitschriften

Promobil (www.promobil.de)
Monatliches Reisemobilmagazin mit ausführlichen Fahrzeugtests, Neuvorstellungen, Zubehör, Praxistipps und Reiseberichten sowie einem großen Stellplatzteil.

Reisemobil international (www.reisemobil-international.de)
Monatlich erscheinendes Wohnmobil-Magazin mit umfangreichem Serviceteil und Reisereportagen. Beim Profitest beurteilen neben den Redakteuren jeweils sechs Experten die Eigenschaften eines Wohnmobils.

Auto Bild Reisemobil (www.autobild.de)
Monatlich erscheinendes Wohnmobilmagazin aus dem Hause Axel Springer mit einem Mix aus klassischen Test- und Ratgeberbeiträgen sowie ausgefallenen Geschichten aus der Camping-Welt.

Camping & Reise Magazin (www.camping-und-reise.de)
Zweimonatliches Magazin zum Campingtourismus in seiner ganzen Bandbreite.

MobilSzene aktuell (www.reisemobil-union.de)
Die viermal jährlich erscheinende Mitgliederzeitschrift der Reisemobil-Union liefert in erster Linie Verbandsinformationen. Die Online-Fassung ist auch für Nichtmitglieder kostenlos im Internet einsehbar.

Mobil Total (www.mobiltotal.de)
Halbjährlich erscheinendes Servicemagazin mit umfangreichem Stellplatzkatalog mit über 100 000 Übernachtungsplätzen in ganz Europa sowie Reisereportagen, Fahrzeugtestberichten und Neuigkeiten aus der Caravaningbranche.

Wohnmobil & reisen (www.wohnmobilundreisen.de)
Dreimal jährlich erscheinender Marktüberblick zu rund 150 aktuellen Reisemobilen samt Fotos und technischen Daten sowie Hintergrundinformationen zu Technik, Ausstattung und Produktneuheiten.

Wohnmobil & Caravan (www.wohnmobil-und-caravan.ch)
Fünfmal jährlich erscheinendes Freizeitmagazin für Wohnmobil- und Caravaninteressierte aus der Schweiz.

Clever Campen (www.clever-campen.de)
Fünfmal im Jahr erscheinendes Campingmagazin zu allen Spielarten der mobilen Freizeit von Zelt bis Luxusmobil.

CamperVans (www.campervans.de)
Zweimonatliches Fachmagazin für Kastenwagen und Campingbusse aus dem DoldeMedien Verlag mit Fahrzeugtest, Service- und Praxisthemen sowie Reisereportagen.

Campingbusse (www.promobil.de)
Viermal jährlich erscheinendes Sonderheft der Zeitschrift Promobil mit dem Fokus auf Kastenwagen und Vanlife.

Besondere Verkehrszeichen für Reisemobile

Verkehrsschilder mit Bezug auf das Gewicht

Einige Straßen oder Brücken sind nicht für besonders schwere Fahrzeuge geeignet, und um Schäden zu vermeiden, ist die Durchfahrt für bestimmte Gewichtsklassen verboten.

Verbot für Kraftfahrzeuge über 3,5 t
Das Lkw-Durchfahrtsverbot betrifft alle Fahrzeuge mit einer zulässigen Gesamtmasse von über 3,5 Tonnen und verbietet daher auch Wohnmobilen über 3,5 Tonnen die Einfahrt.

Tatsächliche Masse
Dieses Verkehrszeichen gibt das konkrete Gewicht an, welches das Fahrzeug nicht überschreiten darf. Ist das Wohnmobil schwerer als angegeben, darf die Straße nicht befahren werden.

Verkehrsschilder in Bezug auf die Fahrzeugabmessungen

Notieren Sie am besten die genauen Abmessungen Ihres Fahrzeugs auf einem gut sichtbaren Aufkleber am Armaturenbrett neben dem Lenkrad. Obacht: Vergessen Sie Anbauteile wie die Solarzellen auf dem Dach oder eine seitlich montierte Markise nicht!

Tatsächliche Höhe
Dieses Schild untersagt die Durchfahrt für alle Fahrzeuge, die einschließlich Zuladung höher sind als angegeben.

Tatsächliche Breite
Dieses Schild untersagt die Durchfahrt für alle Fahrzeuge, die einschließlich Außenspiegel und Ladung breiter sind als angegeben.

Verkehrsschilder Überholverbot

Überholverbot für Kraftfahrzeuge über 3,5 Tonnen
Das Lkw-Überholverbot gilt auch für größere Wohnmobile mit einer zulässigen Gesamtmasse über 3,5 Tonnen.

Verkehrsschilder in Bezug auf das Parken

Parken
Auf so gekennzeichneten Parkplätzen dürfen grundsätzlich auch Reisemobile parken.

Parken auf Gehwegen
Das Verkehrszeichen „Parken auf Gehwegen" ist eine der seltenen Abweichungen von der 3,5-Tonnen-Grenze. Hier dürfen nur Reisemobile parken, deren zulässiges Gesamtgewicht 2,8 Tonnen nicht überschreitet. Schwerere Reisemobile dagegen dürfen hier nicht abgestellt werden, da der Unterbau der meisten Bürgersteige nicht für so hohe Belastungen ausgelegt ist.

Sonstige Verkehrszeichen

Seitenwind
Dieses Verkehrszeichen richtet sich zwar nicht explizit an Wohnmobilfahrer, ist aufgrund der großen Fahrzeughöhe aber dennoch relevant. Insbesondere Alkovenmobile mit hohen Aufbauten sind extrem anfällig für Seitenwind. Wird beispielsweise vor einer Brücke mit diesem Schild vor Seitenwind gewarnt, so ist erhöhte Aufmerksamkeit gefragt. Meist folgt dem Verkehrszeichen in kurzem Abstand ein Windsack, sodass Sie die aktuelle Windstärke und Windrichtung besser einschätzen können. Verringern Sie gegebenenfalls das Tempo und seien Sie darauf vorbereitet, Gegenlenkbewegungen ausführen zu müssen.

Tempolimits in Europa

Übersicht der Tempolimits und Mautbestimmungen in Europa für Wohnmobile unter 3,5 Tonnen sowie abweichende Mautregelungen für Wohnmobile mit einem zulässigen Gesamtgewicht von über 3,5 Tonnen.

	Tempolimit innerorts in km/h	Tempolimit außerorts in km/h	Tempolimit Schnellstraße in km/h	Tempolimit Autobahn in km/h
Belgien	50	90	120	120
Bulgarien	50	90	–	130 (z. T. 140)
Dänemark	50	80	80	130
Deutschland	50	100	120	Empfohlende Richtgeschwindigkeit 130
Estland	50	90	–	110 (90 bei Führerschein < 2 Jahre)
Finnland	50	80 (z. T. 100)	–	80 (z. T. 100)
Frankreich	50	90 (80 bei Führerschein < 3 Jahre sowie bei Nässe)	110 (100 bei Führerschein < 3 Jahre sowie bei Nässe)	130 (110 bei Führerschein < 3 Jahre sowie bei Nässe)
Griechenland	50	90 (z. T. 110)	–	130
Großbritannien	48	96	112	112
Irland	50	80	60–100	120
Island	50	90 (80 auf unbefestigten Straßen)		
Italien	50	90	110 (90 bei Führerschein < 3 Jahre sowie bei Nässe)	130 (100 bei Führerschein < 3 Jahre; 110 bei Nässe)
Kroatien	50	90 (80 Fahrer < 25 Jahre)	110 (100 bei Fahrer < 25 Jahre)	130 (120 bei Fahrer < 25 Jahre)
Lettland	50 (20 in Wohngebieten)	90	90 (z.T. 100/110)	–
Litauen	50	90 (70 bei Führerschein < 2 Jahre sowie auf unbefestigten Straßen)	100 (90 bei Führerschein < 2 Jahre)	110 (90 bei Führerschein < 2 Jahre)

Mautpflicht	Berechnung	Bezahlung	Abweichende Maut für Wohnmobile > 3,5 t < 7,5 t
Nur einzelne Brücken/Tunnel	Fahrzeughöhe	Mautstation	–
Nationalstraßen	wie Pkw	Vignette (nur digital)	Maut entsprechend Euro-Emissionsklasse
Nur Storebælt- und Øresundbrücke	Länge (bis 6 m/ab 6 m/bis 9 m)	Mautstationen	–
–			
–			
–			
Streckenabhängige Maut auf Autobahnen	Mautstationen oder Transponder	Fahrzeughöhe + zulässiges Gesamtgewicht	
Autobahnen und City-Maut	Mautstationen	Anzahl der Achsen und Fahrzeughöhe	
Abschnitt der Autobahn M6 nördlich von Birmingham, einige Brücken und Tunnel sowie City-Maut in London	Mautstation; z. T. Registrierung erforderlich	Fahrzeughöhe, Anzahl der Achsen; Abgasnorm	
Großteil der Autobahnen, einige Tunnel und Brücken	Mautstationen	wie Pkw	
Ausschließlich der Vaðlaheiðargöng Tunnel	Keine Barzahlung möglich, vorherige Registrierung der Kreditkarte für elektronische Bezahlung erforderlich	Zulässige Gesamtmasse	
Autobahnen und bestimmte Passstraßen/Tunnel	Mautstationen, z. T. elektronisch	Fahrzeughöhe und Zahl der Achsen; in Alpentunnel auch nach zulässigem Gesamtgewicht	
Autobahnen	Mautstationen	Fahrzeughöhe, Anzahl der Achsen und zulässiges Gesamtgewicht	
–			
Umweltabgabe für die Kurische Nehrung	Mautstation	Fahrzeuglänge	

	Tempolimit innerorts in km/h	Tempolimit außerorts in km/h	Tempolimit Schnellstraße in km/h	Tempolimit Autobahn in km/h
Niederlande	50	80	100	130
Norwegen	50	80	90 (z. T. 100)	90 (z. T. 100)
Österreich	50	100	100	130 (z. T. 110)
Polen	50 (z. T. 60)	90	100 (120 bei vier Spuren)	140
Portugal	50	90 (z. T. 100)	100	120
Rumänien	50	80 (60 bei Führerschein < 1 Jahr)	90 (70 bei Führerschein < 1 Jahr)	120 (100 bei Führerschein < 1 Jahr)
Slowakei	50	90	–	130 (90 auf Stadtautobahnen)
Slowenien	50	90	100	100
Spanien	50	80	90	100
Schweden	Laut Beschilderung	Laut Beschilderung	Laut Beschilderung	Laut Beschilderung
Schweiz	50	80	100	120
Tschechien	50 (50 m vor Bahnübergängen: 30)	90 (50 m vor Bahnübergängen: 30)	110	130
Ungarn	50	90	110	130

Mautpflicht	Berechnung	Bezahlung	Abweichende Maut für Wohnmobile > 3,5 t < 7,5 t
Nur einzelne Tunnel	Mautstation	Fahrzeughöhe und Fahrzeuglänge	
Tunnel, Brücken und einzelnen Straßenabschnitte; City-Maut in einigen Städten	Elektronische Erfassung des Kennzeichens	Wie Pkw	AutoPASS-Chip und die entsprechende Registrierung erforderlich
Autobahnen und Schnellstraßen	Vignette	Wie Pkw	Streckenabhängige Maut, Go-Box erforderlich
Autobahnen	Mautstationen	Anzahl der Achsen; Fahrzeuge > 3,5 Tonnen: Mautbox Viabox	Auch Schnell- und Landesstraßen mautpflichtig, Mautbox Viabox erforderlich
Autobahnen	Mautstationen; auf einigen Abschnitten nur elektronische Mautportale (Registrierung erforderlich)	Anzahl der Achsen und Fahrzeughöhe	
Nationalstraßen	Elektronische Vignette	Wie Pkw	
Autobahnen und Schnellstraßen	Elektronische Vignette	Wie Pkw	
Autobahnen und Schnellstraßen	Vignette	Wie Pkw	Streckenabhängige Maut
Streckenabschnitte des Autobahnnetzes	Mautstationen	Wohnmobile mit Zwillingsbereifung werden unabhängig vom zulässigen Gesamtgewicht höher bemautet	
Øresundbrücke; City-Maut in Göteborg und Stockholm	Mautstation; City-Maut automatisch mit nachträglicher Rechnung	Länge (bis 6 m/ab 6 m/bis 9 m)	
Autobahn	Jahresvignette; abweichende Regelungen in Alpentunneln sowie auf Passstraßen	Wie Pkw	Schwerverkehrsabgabe für alle Straßen, zu entrichten an der Grenze
Autobahnen und Schnellstraßen	Vignette	Wie Pkw	Streckenabhängige Maut mit Mautbox
Autobahnen und bestimmte Schnellstraßen	Elektronische Vignette	Wie Pkw	Höhere Maut

STICHWORTVERZEICHNIS

3,5-Tonnen-Grenze 88, 231, 266
12-V-Bordnetz 153

A

Abblendlichtautomatik 15
Abgasnormen 17
Abkochen 122
Absaugeinrichtung 130
Absorberkühlschrank 148, 266
Abstützen 169
Abwasch 165
Abwassertank 266
Achslast 224
ADAC Campcard 218
ADAC Camping-/Stellplatzführer 211
AdBlue 19
AGM-Batterie 154, 266
Alarmanlagen 198, 199
Alko-Chassis 17, 21
Alkoven 24, 266
Alkovenbett 46
Alkoven-Wohnmobile 26, 61, 254
Allradantrieb 21
Anforderungsprofil erstellen 86
Anhängerkupplung 96
Anmeldung 110
Antennen, mobile 195
Antirutschmatten 163
Antrieb 20
Anzahl der Reisenden 87
Apps für unterwegs 216
ASCI Campingführer 211
Assistenzsysteme 15
Audio-Streamingdienste 189
Aufbaubatterie 91, 153, 266
Aufbauformen 24ff
Auffahrkeile 169, 266
Auflastung 226, 266
Aufstelldach 26, 266
Aufwand, zeitlicher 69
Ausland, Gasversorgung 137
Ausland, Haustiere 252
Ausland, mit Mietfahrzeug 70
Ausland, Verkehrsvorschriften 233
Auslandsreise, Versicherungsschutz 108

Ausleihe unter Freunden 80
Ausrichtung, waagerechte 169
Außenbeleuchtung 199
Außengassteckdose 145
Außenreinigung 259
Ausstattung 161
Ausstellfenster 266
Autarkie 90, 119, 122, 129, 135f, 141f, 147ff, 154ff, 157ff
Autogas (LPG) 137
Autoradio 188

B

Backofen 145
Bad 47ff
Ballon-Kredit 102
Bambus-Geschirr 163
Barsitzgruppe 58
Basisfahrzeug 14, 37, 266
Batterie und Batterientypen 91, 153f
Batterie, Kapazität 155
Batterie, Lebensdauer 99, 155
Bauernhof 237
Bedienpanel, zentrales 266
Befüllungsfilter 122
Beladen 162, 223
Beleuchtungsanlage prüfen 255
Belüftungsmöglichkeiten 89
Bereifung 24
Betriebsanleitung 81
Bett und Bettenarten 36, 38ff
Bett, französisches 42
Betten für Kinder 248
Bewegungsmelder 199
Beweislast, Umkehr der 106
Bluetooth-Lautsprecher 189
Boden, doppelter 89
Boiler 117
Boot 92
Bordatlas 210
Bordbatterie 266
Bordbatterie (siehe Aufbaubatterie)
Bordbatterie laden 155
Bordelektronik prüfen 101
Bordtechnik 115

Bremsweg 232
Brennstoffzelle 157, 266
Bulli (siehe Campingbus)
Butan 131
BVCD Campingführer 212

C

California (VW) 15
California Beach (VW) 25
campen, günstiges 218
CamperClean 129
Camping Card ACSI 218
Campingbus 24, 59
Campingbus, Wohnausstattung 25
Campingführer 210
Campingkarten 218
Campingklappstuhl 176
Camping-Onlineportale 209
Campingplatz 89, 235f
Campingplatz finden 207, 208
Campingplatz finden, im Internet 211
Campingplatz im Winter 255
Campingplatz mit Kindern 248
Campingplatz vorbuchen 212
Campingplatz, anmelden 237
Campingplatz, Anreise 238
Campingplatz, Parzellenauswahl 238
Campingplatz, Platzplan lesen 213
Campingplatz, Rezeption 236, 238
Campingplatz, Sanitäreinrichtungen 90, 208
Campingplatz, Serviceeinrichtungen 208
Campingplatz, Zeitpunkt der Anreise 237
Campingstuhl 175
Campingtisch 177
Campingvergleich 244
Campstar (Pössl) 15
Campster (Pössl) 15
Caravaningmesse 84
CDW (= Collision Damage Waiver) 75
CDW-Selbstbeteiligungs-Reduzierung 75
CEE-Kabel/Kupplung/Stecker 151, 266
Chassis 21f
Chemietoilette 267
Chemietoilette auffrischen 69
Chlor 121
CI-BUS (= Caravaning-Industrie Binary Unit System) 198, 267
Citroën Jumper 14
Combi-Heizung 267
Crashsensor 267
Crosscamp 15

D

Dachhaube 267
Dach-Klimaanlage 142

Dachluken, zusätzliche 96
Dachreling 92
Dachträgersysteme 92
Datenvolumen 192
DCC-Camping-/Stellplatzführer Europa 211
DCC-Stellplatzführer Europa 211
Deutschland, Reisen innerhalb 204
Diebe 109, 199, 245
Diebstahlschutz 199, 246
Diebstahlschutz, mechanischer 199
Dieselmotor 17, 18
Domantenne 195
Doppelboden 267
Drehkonsole 267
Drei-Wege-Finanzierung 102
Druckwasserpumpe 116
Dunstabzug 145
Dutch Oven 168

E

E-Bikes transportieren 180
ECC-Campingführer 211
EG-Übereinstimmungserklärung (COC) 110
Einbruch 109
Einbruchschutz 199, 245
Einfüllstutzen 267
Einrichtungsstil 93
Einzelbett 40
Elektrogrills 167
Emaille-Becher 164
Energieversorgung 131
Entlüftungssystem Toilette (Sog-System) 130
Entnahmefilter 123
Entwicklung, technische 15
E-Scooter 180
ESP (= Elektronisches Stabilitätsprogramm) 21
Etagenbett (siehe Stockbett)
Euro 6d-Temp Norm 19
Euro-Norm 18
Europa, Reisen innerhalb 205
Europäische Campingkarte 218
eVB-Nummer 110
E-Wohnmobile 17

F

fahrbereiter Zustand 225
Fähre buchen 220
Fähre, auf der 234
Fähre, Nacht- oder Tagverbindungen 220
Fähren 219
Fahrerhausverdunklung 267
Fahrhilfen, elektronische 15
Fahrkomfort erhöhen 22
Fahrradmitnahme 178
Fahrtraining 232

Fährüberfahrten, Gasversorgung 134
Fahrverbote 17f
Fahrwerk, Optimierung 22
Fahrzeug-Interieur-Versicherung 76
Fahrzeugpapiere 101
Fahrzeugschutzbriefe 108
Fäkalientank 126
Fäkalientank entleeren 128
Faltgrill 165
Faltstuhl 175
Falttisch 177
Federsysteme, verbesserte 22
Feinstaub 18
Fenster sichern 246
Fenster, zusätzliche 96
Ferienstraßen 205
Fernlichtautomatik 15
Fernsehen 193
Fernsehen, Antennenformen 195
Fernsehen, terrestrisches (DVB-T2) 194
Fernsehen Internet (siehe Internetfernsehen)
Fernsehgeräte 196
Fernzugriff 198
Festbett 39
Fiat Camper Assistance 15
Fiat Ducato 14ff, 232
Fiat-Standard-Leiterrahmen 22
Finanzierung 87, 102
Flachantenne 195
Flachrahmen 22
Fluganreise 70
Ford Transit 15
Frachtkosten 95
Freistehen (siehe auch Autarkie) 89f, 235, 243
Freizeitmöglichkeiten 207, 251
Frisch- und Abwassertank 90
Frisch- und Abwassertanks, beheizte 89
Frischwasserschlauch 119
Frischwassersystem 116
Frischwassertank 116, 267
Frischwasserversorgung 118
Frontantrieb 20
Frostwächter 117, 267
Führerschein 73, 88
Führerschein, internationaler 73

G

Garantie 105
Garantieverlängerung 105
Gasbedarf ermitteln 135
Gasflaschen 131
Gasflaschenkasten 37
Gasfüllstand bestimmen 136
Gas-Gebläseheizung 138
Gasgeruch 135
Gasgrills 166

Gasheizung mit integriertem Wasserboiler 139
Gasherd 91, 144
Gaskasten 267
Gaskocher (siehe Gasherd)
Gaskocher, Alternative 145
Gasprüfung 134, 267
Gasprüfung, Prüfheft 134
Gasprüfung, Wegfall der Pflicht zur 134
Gasverbrauch senken 136
Gasversorgung 131
Gasversorgung im Ausland 137
Gasversorgung, Grundlagen 132
Gaswarner 201, 267
Gebrauchtkauf 98
Gebrauchtkauf, Check 101
Gebrauchtkauf, Zeitpunkt 100
Gel-Batterie 154, 267
Gepäck 92
Gepäck verstauen 227
Gepäck, sicherheitsrelevantes 227
Geräte zentral steuern 198
Gesamtgewicht kontrollieren 225
Gesamtmasse, zulässige 223, 269
Geschirr 162
Geschirr, Material 163
Geschirrspülmaschinen 165
Gewährleistung 105
Gewicht 88
Gewichtsgrenzen 223
Glas und Glasgeschirr 164
GPS-Koordinaten 186
GPS-Tracker 200
Grauwasser 124, 267
Grauwasserentsorgung 124
Grill 165, 238
Größe 87
Grundriss 32

H

Haftpflichtversicherung 106
Halbdinette 54
Halterungen, zusätzliche 92
Haushaltsgeräte 152
Haushaltsware aus Edelstahl 165
Hausratversicherung 109
Haustiere 76, 252
Hebelwirkung 227
Heckantrieb 21
Heckgarage 36, 178, 227, 267
Heckküche (siehe Querküche im Heck)
Heckquerbad 52
Hecksitzgruppe 59, 89
Heckträger 96, 179
Heizsysteme per App steuern 141
Heizung 95, 138, 255f
Heizung im Winter 256

Heizung testen 255
Heki 268
Herd (siehe Gasherd)
High Pressure Laminate 93
Hockdruckreiniger 259
Holzkohlegrills 166
Hotspot, mobiler 191
Hubbett 28f, 39, 45, 268
Hubstütze 268
Hubstützen, elektrische 171
Hubstützen, hydraulische 170
Hybrid-Kocher 145

I

Induktionskochplatten 145
Inhaltsversicherung 109
Innenraum, Zustand prüfen 99
Innenreinigung 260
Internet über das Mobilfunknetz 191
Internet unterwegs 191
Internetfernsehen (WLAN) 196
IP-Schutzklassen 159
Isolation 89
Iveco Daily 15

J

Jedermannsrecht 243

K

Kaffeemaschinen 165
Kassettenmarkisen 172
Kassettentoilette 126, 268
Kassettentoilette mit Entlüftungssystem 130
Kassettentoilette, Alternativen 130
Kastenwagen 24, 26, 60
Kauf 83, 104
Kauf, Kosten 66, 68, 84
Kauf, nach dem 87, 105
Kauf, Schritte zum 87
Kauf, Zeitpunkt 100
Kederleiste 268
Kfz-Steuer 110
Kinder beschäftigen 249ff
Kindern, Reisen mit 237, 247
Kindersitze 248
Klapptische 177
Kleidung 249
Klimaanlage 138, 142
Kochen 91, 144
Kochen, draußen 145
Komfort-Stellplätze 241
Kompressorkühlschrank 148, 268
Konservierung 260
Kosten, laufende 67

Kosten, Möbelausstattung 94
Kraftstoffheizung 141
Kredit 104
Kreuz-Wasserwaage 170
Küche/Küchenzeile 26f, 37, 91, 60ff, 144
Küche, draußen (siehe Outdoorküche) 165
Küchenausstattung 162
Küchenformen 54ff
Küchenzeile, Möbel 94
Kühlschrank 89, 96, 147
Kühlschranktypen 148
Kühltipps 149
Kuppelantenne 195
Kupplungsträger 178
Kurbelstützen, mechanische 171

L

Ladebooster 153, 268
Ladung sichern 227
Landstrom 151
Landvergnügen-Plakette 243
Länge 88
Längsheckbad 50
Längsküche 61
Längssitzgruppe 57
Lastenträger 180
Laufleistung 98
Lautsprecher, mobile 189
Leasing 103
Leichtbauplatten 93
Leiterrahmen 22
Lenkradschloss 246
Liefertermin 105
Lithium-Eisen-Phosphat-Akku (LiFePO$_4$) 155, 268
L-Küche 62
Lkw-Vorschriften 88
Load- oder Lastindex (LI) 224
L-Sitzgruppe 56
LTE-Router 191
Lüften 136
Lufthebekissen 170
Luftheizung 138

M

MAN TGE 15
Mängel nach dem Kauf 105
Marco Polo (Mercedes-Benz) 15
Markise 89, 96, 172, 268
Markise handhaben 173
Masse in fahrbereitem Zustand 223
Maut 89, 215, 230
Mautstation 230, 231
Medikamente, nötige 217
Mein Platz Clubkarte 218
Melamin 163

Membranpumpen 116
Mercedes Activity 25
Mercedes-Benz Sprinter 15
Messen 84, 96, 270f
Mietausfall-Versicherung 76
Miete 65
Miete, Buchung 77
Miete, Freikilometer 76
Miete, Haustiere 76, 252
Miete, Nachteile 71
Miete, Saison 73
Miete, Übergabe 81, 215
Miete, Versicherung 75
Miete, Voraussetzung 73
Miete, Zusatzkosten 76
Mietfahrzeug im Ausland 70
Mietpreis 73
Mietpreis anrechnen lassen 67
Mindestprofiltiefe 24
Möbel, hinterlüftete 93
Möbel, Material 93
Möbeldesign 94
Modelle sichten 96
Monocoque-Bauweise 268
Motorisierung 16
Motorleistung, Auswahl 95
Motorroller transportieren 180
MPPT-Laderegler (= Maximum Power Point Tracking) 158
Multimedia 183
Musik hören 188

N

Nassbatterie 154
Nasszelle 26, 27, 36, 47, 90
Nasszelle reinigen 261
Naviceiver 184, 187
Navigation 184
Navigations-Apps 185
Navigationsgeräte (siehe auch Naviceiver)
Navigationsgeräte, externe 185
Navigationsmöglichkeiten im Vergleich 184
Neukauf 98
Niveauausgleich 169
Nivellieren 169
Notbremssystem 15
Notrufnummern der Autohersteller 16
Nugget (Ford) 15, 26
Nutzlast (siehe Zuladung, maximale)

O

Offline-Karten 185
Omnia-Backofen 146
Ortungssysteme 200
Outdoorküche 165

P

Packen 223, 227
Packliste 92, 181
Pannendienst 81
Parabolantenne 195
Pfanne 165
Photovoltaikanlage 158
Pizzastein 167
POI (Points of Interest) 186
Polycarbonatgläser 165
Porta Potti 25, 126, 268
Porzellan 164
Prepaid-Daten-SIM-Karten 192
Probefahrt 88, 101, 104
Propan 131
Pumpenarten 116
Pushlock 268
PWM-Laderegler (Pulse Wide Modulation) 158

Q

Queensbett 27, 43
Querbett 41
Querküche im Heck 63

R

Rabattkarten 218
Radio an Batterie anschließen 190
Radio hören 188
Ratenkredit, klassischer 102
Raumbad 51
Raumklima 96
Reedereien 221ff
Regen 250, 251
Regiestühle 175
Reifenluftdruck 24
Reifentypen 24
Reinigung 69, 258
Reinigungsmittel für innen 261
Reise, nach der 258
Reiseabbruchversicherung 76
Reiseapotheke 217
Reisedauer 86, 204
Reisegepäckversicherung 109
Reisegewohnheiten 86, 88
Reisen nach Übersee 222
Reiseplanung 204
Reiserücktrittsversicherung 76
Reisevorbereitung 203, 216
Reiseziel 204
Renault Master 15
Replay-Attacke 245
Rezepte-App 144
Rolltische 177
Routen, bekannte, Deutschland 205

Routenplanung 215, 217
Rückfahrkamera 95, 183
Rundkeile 169
Rundsitzgruppe im Heck (siehe Hecksitzgruppe)

S

Sachmängelhaftung (siehe Gewährleistung)
Safe 246
Saisonkennzeichen 109, 261
Sanitärbereich 36, 47
Sanitärzusatz 268
Sanitärzusätze ohne Chemie 129
Satellitenfernsehen (DVB-S(2)) 195
SB-Waschbox 259
Schadstoffausstoß, Gebrauchtkauf 99
Schadstoffklasse 18
Schadstoffklasse ermitteln 110
Schaumbürste 259
Schnee 256
Schneeketten 255
Schränke 93
Schraubenfedern 22
Schwarzwasser 124
Schwenkbad 49
SCR-Katalysatoren (= Selective Catalytic Reduction) 19
Seitenbad 48
Seitenspiegel 232
Serviceklappe 268
Servicenetz 15
Sharing-Plattformen 78
Sicherheit 232, 245
Sicherheit für Kinder 248
Sicherheit, Tipps für mehr 246
Sicherheitsausstattung 95
Silberionen 121
Sitzgelegenheiten zum Mitnehmen 175
Sitzgruppe 37, 53, 87
Skew-Automatik 195
Slide-out 268
Smart-TV-Dongle 196
Sog-System 130
Solaranlage (siehe Photovoltaikanlage)
Solarmodul 96
Solartaschen 159
Sommerreifen 24
Sommerreisen 88
Sondertilgungen 104
Sonnenschutz 89, 172
Sperrholz 93
Sperrzonen 99
Spezialreiniger 260
Spontanität 71
Sportgeräte transportieren 92
Spritkosten 215
Spritverbrauch 89

Städtetrip, Regelungen beachten 20
Starterbatterie 153
Staukasten-Klimaanlage 142
Stauraum 92
Stellplatz 89f, 235, 240
Stellplätze auf dem Land 242
Stellplätze finden 210, 217
Stellplatzführer 210
Sterne-Bewertungen 207, 209
Steuern 110
Stickoxide 18
Stockbett 44, 87
Strandstühle 175
Straßengebühren 230
Strombedarf berechnen 156
Stromgeneratoren 157
Stromkreise 150
Stromquellen, alternative 157
Stromsäulen 152
Stromverbrauch 91
Stromverbrauch, elektrische Verbraucher 152
Stromversorgung 89, 91, 150
Stützensysteme, hydraulische 170
Süden, in den 256

T

Tagesetappen 215
Tankentleerung, vollständige 125
Tankreinigung 123
Tarps 172
Tauchpumpen 116
Teilintegrierte Wohnmobile 24, 27, 62, 254
Teilkaskoversicherung 106
Teleskop-Sicherungsstangen 246
Tempolimit 88, 233
Thermohaube 254
Thermomatten 256
Tiefrahmen 22
Tiefrahmen-Chassis 268
TMC (= Traffic Message Chanel) 187
Toilette 47, 126
Toilette entleeren 127
Toilette, integrierte 26f
Toilette, tragbare 25
Toilettenentlüftung 268
Totwinkelassistent 15
Trägersysteme für Fahrräder 178
Treibstoffverbrauch 88
Trenntoilette 130
Trennvorhänge 256
Trinkwasser 118
Trinkwasser abkochen 122
Trinkwasseranlage grundreinigen 124
Trinkwasseraufbereitung 120
Trinkwasserdesinfektion durch UV-Licht 122
Trinkwasserdesinfektion, Zusatz zur 121

Trinkwasserkonservierung 120
Trockentoiletten 130
Truma Combi-Warmluftheizung 140
Türbreite 95

U

Überladung 223
Übernachtung am Straßenrand 90
Übernachtungsplätze finden 207
Überwinterung 88, 253, 261
Überwinterung, nach der 262
UKW-Radio 188
Umweltplakette 18
Umweltzonen 17, 18
Unterwegs 229
Urlaubsform testen 66

V

Variobad 49
Ver- und Entsorgungsstationen 127
Ver- und Entsorgungsstationen 125
Verbrennertoilette 130
Verkehrsregeln 232
Verkehrszeichen 233
Vermieter, Übersicht 78
Vermieter-Insolvenz, Schutz vor 76
Vermietung, eigene 79
Vermietung, eigene, Steuern 80
Vermietung, private 78
Vernetzung 198
Verschiffung nach Übersee 222
Versicherung 106
Versicherung, Miete 75
Versicherungsschutz auf Auslandsreisen 108
Vertragsverhandlungen 104
Video-Streamingdienste 196
Vignette 231
Volldinette 55
Vollintegrierte Wohnmobile 24, 29, 63, 254
Vollkaskoversicherung 107
Vollluftfederung 23, 171
Vorderradantrieb 20
Vorzelt 89, 172
Vorzelt handhaben 173
Vorzelt im Winter 256
Vorzelte 172
VW Crafter 15
VW T6 / T6.1 15
VW-Bus 24

W

Wachspolitur 260
Warmwasserbereiter 117
Warmwasserheizung 96, 138, 141
Wartung 69
Waschstraßen 259
Wasser (siehe Trinkwasser)
Wasserfilter 122
Wassersäulen 118
Wassertank 89
Wassertank reinigen 69
Wasserversorgung 116
Wechselrichter 152
Wegfahrsperre 246
Weiterfahrt, vor der 258
Wendekreis 232
Werkstätte 15
Wertverlust 68, 98
Wetter, schlechtes 250, 251
Wetterschutz 172
Wiegen 226
Wildcampen (siehe Freistehen)
Winkelküche (siehe L-Küche)
Winterfest 253, 254, 269
Winterfest machen 261
Winterreifen 24, 255
Winterreisen 89, 96, 206, 253
wintertauglich 253, 254, 269
WLAN 191, 196
Wohnmobilhäfen 90
Wohnmobilproduktion, Einblick in die 19
Wohnmobiltyp auswählen 74
Wohnmobiltypen 58
Wohnraumaufteilung 38

Z

Zelte mit Luftgestänge 174
Zerhackertoilette 130
Zubehör 161
Zuladung 269
Zuladung berechnen 225
Zuladung, erlaubte/maximale 223
Zulassung 110
Zulassungspapiere, Kosten 95
Zulassungsstelle 110
Zurrschiene 269
Zusatzheizer, elektrische 141
Zusatzluftfedern 23
Zusatzschlösser 246

BILDNACHWEIS

Für die freundliche Überlassung danken wir:

Fotos
A. Linnepe GmbH: 201
Adria Mobil d.o.o.: 34, 54, 61
Al-Ko VT Holdings GmbH: 17 (unten), 21, 23, 171
Bose: 189
Bürstner GmbH & Co. KG: 33 (unten), 35 (Freisteller; Mitte rechts; unten rechts), 42, 43 (links), 45, 48 (links), 50 (links), 52 (links), 57, 59, 62
Custom-Bus/CB Fahrzeugbau GmbH & Co. KG: 31
Defa Germany GmbH: 200
Dethleffs GmbH & Co. KG: 43 (rechts), 56
Feuerdesign Tischgrill-Shop: 166
Fiat: 14, 17 (oben)
Fritz Berger GmbH: 163, 176
Frankia-GP GmbH: 35 (unten links), 51, 58
Gettyimages: 53, 69, 107
Helinox Europe: 176
Hobby: 36, 37
Erwin Hymer Group SE: 26, 29, 33 (Freisteller), 63 (Compass), 193
Jvckenwood Deutschland GmbH: 189
Knaus Tabbert AG: 44 (rechts)
Megasat Werke GmbH: 197
Outwell: S. 176
Paj UG: 200
Pössl Freizeit und Sport GmbH: 32 (Freisteller; unten rechts) 40, 49, 52 (rechts), 55
Sunlight GmbH & Martin Erd: 41, 44, 46, 48 (rechts)
Truma Gerätetechnik GmbH & Co. KG: 116, 137, 139, 146, 253
Uquip.de: 176
Verband der Fährschifffahrt und Fährtouristik e. V.: 220, 221
Westfalia Mobil GmbH: 55 (links), 60 (links)
WM aquatec GmbH & Co. KG: 123

Screenshots
www.go-maut.at: 231
www.google.de/maps: 209
www.urbanaccessregulations.eu: 18
www.yescapa.de: 77
Mit dem Auto ins Ausland (App): 108
MyHobby (App): 199
Stellplatzradar (App): 216

Die Stiftung Warentest wurde 1964 auf Beschluss des Deutschen Bundestages gegründet, um dem Verbraucher durch vergleichende Tests von Waren und Dienstleistungen eine unabhängige und objektive Unterstützung zu bieten.

Wir kaufen – anonym im Handel, nehmen Dienstleistungen verdeckt in Anspruch.

Wir testen – mit wissenschaftlichen Methoden in unabhängigen Instituten nach unseren Vorgaben.

Wir bewerten – von sehr gut bis mangelhaft, ausschließlich auf Basis der objektivierten Untersuchungsergebnisse.

Wir veröffentlichen – anzeigenfrei in unseren Büchern, den Zeitschriften test und Finanztest und im Internet unter www.test.de

Michael Hennemann ist ein echter Wohnmobilfreak: Jedes Jahr reist er rund 25 000 Kilometer mit seinem eigenen Camper. Unterwegs kommt auf mehr als 100 Übernachtungen pro Jahr. Er ist erfolgreicher Outdoor-Autor und schreibt Wander- und Kanuführer. Gemeinsam mit seiner Familie lebt er in Schleswig-Holstein.

© 2020 Stiftung Warentest, Berlin

Stiftung Warentest
Lützowplatz 11–13
10785 Berlin
Telefon 0 30/26 31–0
Fax 0 30/26 31–25 25
www.test.de
email@stiftung-warentest.de
USt-IdNr.: DE136725570

Vorstand: Hubertus Primus
Weitere Mitglieder der Geschäftsleitung:
Dr. Holger Brackemann, Julia Bönisch, Daniel Gläser

Alle veröffentlichten Beiträge sind urheberrechtlich geschützt. Die Reproduktion – ganz oder in Teilen – bedarf ungeachtet des Mediums der vorherigen schriftlichen Zustimmung des Verlags. Alle übrigen Rechte bleiben vorbehalten.

Programmleitung: Niclas Dewitz

Autor: Michael Hennemann, Twedt
Projektleitung und Lektorat: Niclas Dewitz
Mitarbeit und fachliche Unterstützung: Beate-Kathrin Bextermöller, Merit Niemeitz, Michael Sittig

Korrektorat: Nicole Woratz, Berlin
Titelentwurf: Josephine Rank, Berlin
Grundlayout: Büro Brendel, Berlin
Grafik, Satz: Christian Königsmann
Bildredaktion: Christian Königsmann, Dr. Karsten Treber, Berlin
Bildnachweis – Titel: iStock, shutterstock
Fotos: Michael Hennemann (wenn nicht anders im Bildnachweis S. 285 angegeben)
Illustrationen: Christian Königsmann, René Reichelt

Produktion: Vera Göring
Verlagsherstellung: Rita Brosius (Ltg.), Romy Alig, Susanne Beeh
Litho: tiff.any, Berlin
Druck: Westermann Druck Zwickau GmbH

ISBN: 978-3-7471-0324-1

Wir haben für dieses Buch 100 % Recyclingpapier und mineralölfreie Druckfarben verwendet. Stiftung Warentest druckt ausschließlich in Deutschland, weil hier hohe Umweltstandards gelten und kurze Transportwege für geringe CO_2-Emissionen sorgen. Auch die Weiterverarbeitung erfolgt ausschließlich in Deutschland.